21世纪计算机专业系列精品教材

Internet应用技术

主　编　邓　浩　马　涛

副主编　吴掬鸥　陈新文

刘　河

内容简介

本书注重实际应用与操作,按照"理论以够用为度,技能以实用为本"的原则编写内容。全书共分12个模块,分别是计算机网络的基础知识,Internet的概述、接入方式、信息检索、工具使用,电子邮件系统,即时消息系统,电子商务系统,博客与论坛系统,Internet的其他应用,手机Internet的应用,Internet的安全与故障排查。

本书是一本为满足高职高专学生学习Internet技术的需要而编写的实用型教材,对于希望学习使用Internet的读者也有很好的参考价值。

图书在版编目(CIP)数据

Internet应用技术/邓浩,马涛主编. —天津:天津大学出版社,2011.8

21世纪计算机专业系列精品教材

ISBN 978-7-5618-4080-1

Ⅰ.①I… Ⅱ.①邓…②马… Ⅲ.①互联网络-高等学校-教材 Ⅳ.①TP393.4

中国版本图书馆CIP数据核字(2011)第162760号

出版发行 天津大学出版社
出 版 人 杨欢
地　　址 天津市卫津路92号天津大学内(邮编:300072)
电　　话 发行部:022-27403647　邮购部:022-27402742
网　　址 www.tjup.com
印　　刷 廊坊市长虹印刷有限公司
经　　销 全国各地新华书店
开　　本 185mm×260mm
印　　张 17.75
字　　数 443千
版　　次 2011年8月第1版
印　　次 2011年8月第1次
定　　价 39.00元

前　言

在当今世界，计算机互联网络几乎无处不在，它已经扩展到各行各业，深入到千家万户，对人们的学习、工作和生活以及对社会的影响越来越大。几乎是人人都希望掌握网络知识，尤其是高职高专院校的学生，必须熟练地掌握利用 Internet 进行通信、获取信息和发布信息的各种技巧，系统地学习 Internet 的基础知识及其应用显得尤为重要。

高等职业教育是以能力培养为基础的专业技能教育，要求学生在掌握必备的理论基础知识的基础上，应具备较强的实际应用和操作能力。本书旨在淡化理论，注重实际应用与操作，按照“理论以够用为度，技能以实用为本”的原则，让学生在了解计算机网络基础的同时掌握 Internet 的连接、使用方法和技巧，培养学生实际动手能力，使学生能够更好地利用 Internet 上丰富的资源。

全书共分 12 个模块，模块一介绍计算机网络的基础知识，内容包括计算机网络概述、数据通信与体系结构、IP 协议与地址、传输介质与网络设备、局域网和广域网技术基础等；模块二介绍 Internet 的概述，内容包括 Internet 的产生和发展、Internet 在中国的发展、Internet 的组成结构和特点、Internet 的管理机构、Internet 的主要服务等；模块三介绍 Internet 的接入方式，内容包括 Internet 接入网络概述、接入方式简介、电话拨号连接设备、ADSL 宽带连接的设置、多用户共享 ADSL 连接的设置等；模块四介绍 Internet 的信息检索，内容包括网页浏览器的使用、信息检索的途径与方法等；模块五介绍 Internet 的工具使用，内容包括下载工具、FTP 工具和其他软件工具的使用等；模块六介绍电子邮件系统，内容包括 Web 方式收发邮件及使用 Foxmail 和 Outlook 客户端进行邮件收发等；模块七介绍即时通信系统，内容包括主流聊天软件 QQ 和 MSN 的常规使用方法等；模块八介绍电子商务系统，内容包括电子商务概述、电子商务的功能、电子商务的系统构成、网上购物及网上开店的操作等；模块九介绍博客与论坛系统，内容包括博客概述、个人博客、论坛系统介绍等；模块十介绍 Internet 的其他应用，内容包括网络电话 Skype 和网上银行的应用等；模块十一介绍手机 Internet 的应用，内容包括手机上网的参数设置方法、UC 浏览器的使用、手机 QQ 和飞信的使用、手机银行的使用等；模块十二介绍 Internet 的安全与故障排查，内容包括 Internet 的安全现状、计算机病毒、病毒防范与查杀、常见故障诊断与排查等。

本书是一本为满足高职高专学生学习 Internet 技术的需要而编写的实用型教材，对于希望学习使用 Internet 的读者也有很好的参考价值。

本书在编写过程中，得到了众多一线教师的大力支持，特别是魏亮老师对本书多次提出宝贵建议并参与了全书的编排、审定及校对工作，为本书的最后出版作出了巨大贡献，在此向他们表示感谢。

由于时间仓促，加之作者水平有限，书中难免存在错误和疏漏之处，恳请使用本教材的教学单位和读者给予批评指正。

作者

2011 年 7 月

目 录

模块一　计算机网络基础

任务目标

- 了解计算机网络的定义、产生和发展、功能、组成及分类
- 了解数据通信的相关概念、OSI 参考模型和 TCP/IP 参考模型的各层功能特点
- 掌握 IP 地址的分类及域名地址的应用
- 了解局域网和广域网相关技术特点

任务一　计算机网络概述

1. 计算机网络的定义

计算机网络是现代计算机技术与通信技术密切结合的产物，是随着社会对信息共享和信息传递日益增强的需求而发展起来的，它涉及计算机与通信两个领域的内容。一方面，计算机技术的发展渗透到通信技术中，提高了通信网络的各种性能；另一方面，通信技术又为计算机之间的信息传送和数据交换提供了必要的手段。

计算机网络是指将地理位置分散且功能各自独立的多台计算机，利用传输介质和网络设备互联起来，通过功能完善的网络软件(包括网络通信协议、网络操作系统和网络服务应用程序等)实现资源共享和信息传递的系统。

从这个定义可以看出，计算机网络涉及以下多个方面：

(1)至少需要两台计算机互联；

(2)计算机都具有独立的数据处理和存储能力；

(3)资源共享和信息传递是计算机网络的主要目的和功能；

(4)计算机之间的互联要通过网络设备和传输介质来实现；

(5)实现通信和信息交换必须遵循统一的网络协议。

2. 计算机网络的产生和发展

计算机网络的发展历史虽然仅有不到 40 年，但其发展速度与广泛应用的程度是非常惊人的。纵观计算机网络的产生和发展过程，大致可以将它分为四个阶段。

1)第一阶段，以主机为中心的终端联机系统

计算机在诞生之初，其设计的代价和成本都非常高昂，大量普及并互相连接是根本做不到的，因此出现了终端(Terminal)。所谓终端，即仅包括输入和输出设备的系统，与主机(Host)的最大区别在于终端无法完成数据的处理和存储。在 20 世纪 50 年代，人们利用通信线路将多台终端设备连到一台计算机上，构成“主机—终端”系统。主机依据终端所发来的操作指令完成数据的处理和存储，之后再将数据结果反馈给终端。这种以单主机为中心的联机系统是计算机网络的雏形，从计算机网络定义的角度看，这一阶段所形成的并不是真

正意义上的计算机网络，而且在实际应用中还存在主机系统负荷重，线路利用率低等不足。但在这个阶段中，人们逐步开始了计算机技术与通信技术相结合的研究，是现代计算机网络发展的基础。

2）第二阶段，以通信子网为中心的多机互联结构

20 世纪 60 年代，计算机应用普及范围逐渐增大，许多行业都开始配置大、中型计算机系统。因此，在地理分散的各个部门之间需要交换的信息量也越来越大，使得多个计算机系统需要通过通信线路连接成为一个通信网络，以方便信息的交换。这一阶段的计算机网络主要采用分组交换技术实现了传输和交换信息，即将信息报文（Message）划分成若干个较小的数据段（Segment），并给每个数据段添加控制信息，封装成一个分组（Packet），每个分组独立传输。源主机发出的报文经过分组交换网中的节点交换设备逐站进行接收、存储、转发，最后到达目标主机。例如美国的 ARPANET 就是这一阶段的典型代表，它是现代 Internet 的前身，奠定了 Internet 的发展基础。由于没有成熟的网络操作系统的支持，所以资源共享利用程度不高。但是，各个计算机都已具备独立处理和存储数据的能力，并且不存在主从关系，互联之后才形成了真正意义上的计算机网络。

3）第三阶段，以体系结构为中心的标准化网络

经过 20 世纪 60 至 70 年代的前期发展，人们对组网的技术、方法和理论的研究日趋成熟。为了促进网络产品的开发，各大厂商纷纷制定了自己的网络技术标准，出现了众多的网络体系结构与网络协议。例如 IBM 首先于 1974 年推出了该公司的系统网络体系结构（System Network Architecture，SNA），并可为用户提供能够互联的成套通信产品；而 DEC 公司在 1975 年宣布了自己的数字网络体系结构（Digital Network Architecture，DNA）；1976 年 UNIVAC 宣布了该公司的分布式通信体系结构（Distributed Communication Architecture，DCA）等等，而这些网络技术标准只在一个厂商范围内有效。所谓遵从某种标准的、能够互联的网络通信产品，也只是同一厂商生产的同类型设备，厂商之间的产品是无法实现互相兼容的。网络通信市场这种各自为政的状况使得用户在投资时无所适从，也不利于各厂商之间的公平竞争，更重要的是这种局面限制了计算机网络的长期发展。因此，将这些网络体系结构和网络协议进行国际标准化统一处理成为了急需解决的问题。1977 年，国际标准化组织（International Standardization Organization，ISO）设立分会，以“开放系统互联”为目标，专门研究网络体系结构、网络互联标准等，并于 1984 年，正式颁布了“开放式系统互联基本参考模型（Open System Interconnection Basic Reference Model）”，简称 OSI 参考模型。OSI 模型共有 7 层，这就是人们常说的“七层模型”。OSI 的提出，开创了一个全新的、开放式的、统一的计算机网络体系结构新时代，真正实现了不同厂商设备之间的互联和互通，促进了计算机网络技术的进一步发展。

4）第四阶段，以 TCP/IP 协议为中心的 Internet 应用

20 世纪 80 年代开始出现了微型计算机，这种更适合办公室环境和家庭使用的新型计算机对社会生活的各个方面都产生了深刻的影响，1972 年诞生的以太网使得计算机网络得到了快速发展。1985 年，美国国家科学基金会 NSF 利用 ARPANET 协议建立了用于科学研究和教育的骨干网络 NSFNET。20 世纪 90 年代，NSFNET 代替 ARPANET 成为美国国家骨干网，并且走出了大学和研究机构，进入了公众社会。从此，网上的电子邮件、文件下载和消息传输等服务受到越来越多人的欢迎并被广泛使用。1992 年，Internet 学会成立，该学会把

Internet 定义为“组织松散、独立的国际合作互联网络”。1993 年,美国伊利诺大学国家超级计算中心成功开发了网上浏览工具 Mosaic(即后来的 Netscape),使得各种信息可以方便地在网上进行交流。浏览工具的实现引发了 Internet 发展和普及的高潮,上网不再是网络操作人员和科学研究人员的专利,而成为了一般人员进行远程通信和交流的工具。当时的美国总统克林顿宣布正式实施国家信息基础设施(National Information Infrastructure,NII)计划,这就是人们常说的“信息高速公路”建设。20 世纪 90 年代后期,Internet 完全进入商业化运作,以非常惊人的高速度发展,网络上的主机数量、上网人数、网络信息流量每年都在成倍地增长。

目前,Internet 是覆盖全球的信息基础设施之一,对于用户来说,它像是一个庞大的远程计算机网络。用户可以利用 Internet 实现全球范围的电子邮件、电子传输、信息查询、语音与图像通信服务等功能。实际上,Internet 是一个用路由器实现多个远程网和局域网互联的网际网,接入 Internet 的计算机不计其数。Internet 的发展将对推动世界经济、社会、科学、文化的发展产生不可估量的作用。计算机网络技术正逐步走向系统化和工程化,它将进一步朝着开放、综合、高速、智能的方向发展,从而被应用到更为广泛的领域,满足用户的更多需求。

3. 计算机网络的功能

随着计算机网络技术的不断发展和日益普及,计算机网络的应用已渗透到社会的各个领域,其功能也得到了不断扩展,促进了社会各行各业的快速发展,为人们的美好生活提供了更加有效的手段,也使整个社会获得了巨大的经济利益和社会效益。其功能主要体现在以下几个方面。

1)数据通信

计算机网络为我们提供了最快捷、最经济的数据传输和信息交换的手段,利用网络可以方便地实现远程文件和多媒体信息的传输,特别是在当今的信息化社会中,随着人们对信息快速性、广泛性和多样性要求的不断提高,网络数据传输这一功能显得越来越重要。

2)资源共享

计算机网络的主要目的就在于实现资源共享。所谓资源共享是指网内用户无论身在何处,也无论所访问的资源在何处,均能使用网内计算机系统中的全部或部分资源,就像是使用本地数据一样方便、灵活。资源共享避免了重复投资和劳动,提高了资源的利用率,优化了系统的性能。

资源共享主要包括硬件资源共享、软件资源共享和数据资源共享三部分。

3)高可靠性和可用性

建立计算机网络,可以大大提高系统的可靠性和可用性。在计算机网络中,同一资源可以分布在系统中的多处,当系统某部分出现故障,马上可从另一部分获得同样的资源,避免了因个别部件或局部故障而导致整个系统失效。

4)分布式计算和均衡负荷

利用计算机网络的分布式计算和均衡负荷特点,可以将一些大型且复杂的处理任务分散到不同的计算机上,这样既可以使一台计算机负担不会太重,又可以减少用户信息在系统中的处理时间,均衡网络中各个机器的负载,从而实现分布式处理,起到均衡负荷的作用。

5)集中式控制和管理

利用计算机网络的数据传输功能,还可以对分散的对象进行实时的、集中的跟踪管理与监控。无论是企业办公自动化中的管理信息系统(Management Information System, MIS)、工厂自动化中的计算机集成制造(Computer Integrated Manufacturing System, CIMS)、企业资源规划系统(Enterprises Resources Planning, ERP),还是政府部门的办公自动化系统(Office Automation, OA),都是典型的对分散信息与对象进行集中控制与管理的例子。

实际上,从应用角度看,计算机网络还有许多功能。特别是随着网络社会化和社会网络化的不断加深,人们对网络的功能与应用将会有更深和更广泛的认识。

4. 计算机网络的组成

计算机网络是一个庞大而复杂的系统,不同的计算机网络在规模、结构、硬件和通信协议、软件配置等方面都存在很大差异。无论网络的复杂程度如何,都可以通过系统组成和功能组成两个方面来看其具体组成。

1)从计算机网络的系统组成来看

从系统组成来看,计算机网络主要由计算机系统、数据通信系统、网络软件三部分组成。

(1)计算机系统是网络的基本组成部分,它主要完成数据信息的收集、存储、管理和输出任务,并提供各种网络资源,一般包括主机和终端或服务器和客户机。

(2)数据通信系统是连接网络的桥梁,它主要提供各种连接技术和信息交换技术,一般包括通信控制处理机、传输介质和网络连接设备。其中通信控制处理机的主要功能是线路传输控制、错误检测与恢复、代码转换以及数据帧的装配与拆卸等。

(3)网络软件是计算机网络中不可缺少的组成部分。网络的正常工作需要网络软件的控制。网络软件一方面授权用户对网络资源实施访问,帮助用户快速方便地访问网络;另一方面也能够管理和调度网络资源,提供网络通信和用户所需的各种网络服务。网络软件一般包括网络操作系统、网络协议、管理和服务软件等。其中网络操作系统运行在网络硬件设施的基础之上,是网络软件的核心,其他应用软件或服务都需要网络操作系统的支持才能发挥作用。

2)从计算机网络的功能组成来看

从功能组成来看,计算机网络主要由通信子网和资源子网两部分组成,如图 1-1 所示。

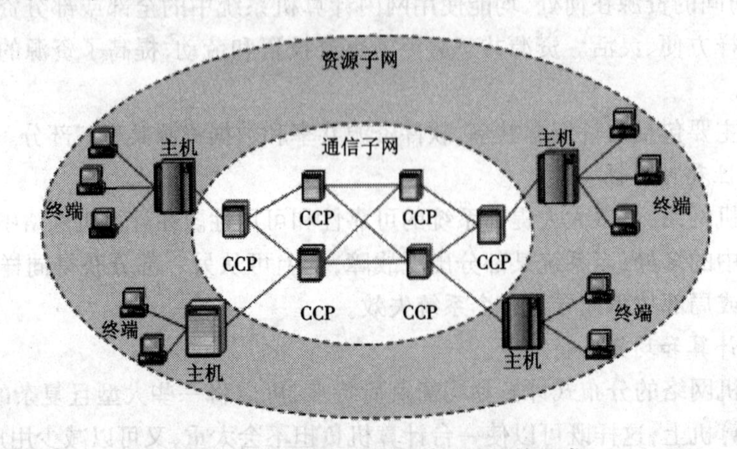

图 1-1　从功能组成看计算机网络的组成

(1)通信子网主要负责网络的数据通信,面向通信提供数据传输、存储转发、数据选择和协议转换等数据通信功能。一般包括网络节点和通信链路。所谓网络节点,即转接点或中间节点,它的作用是控制信息的传输;所谓通信链路,即信息传输的通道,通常指同轴电缆、双绞线、光纤、卫星和微波等有线或无线传输介质。

(2)资源子网主要负责网络的数据处理,面向用户提供各种网络资源和网络服务功能。一般包括主机、终端、各种网络软件和数据资源等,它们都是信息传输的端节点。

5. 计算机网络的分类

目前在世界上已出现了各种形式的计算机网络,对网络的分类也存在很多说法。因此认识这些按不同标准所划分出来的计算机网络类别,更加有利于全面了解网络系统的各种特性。

1)按覆盖范围和规模划分

根据网络所覆盖的地理范围和规模、应用的技术条件和工作环境的不同,可分为局域网、城域网和广域网3种。

(1)局域网(Local Area Network,LAN),是指在有限的地理范围内构成的规模相对较小的,由计算机、通信线路和网络设备组成的网络,其范围一般在几米到几十千米,可以是一个办公室、一幢大楼或一个园区。按采用的技术和标准不同,又可分为共享式网络和交换式网络。

(2)城域网(Metropolitan Area Network,MAN),是指城市或区域内的网络,其覆盖范围介于广域网和局域网之间,可以是一个地区、一个城市或者一个行业系统。技术上与局域网类似,可由若干彼此互联的局域网组成,每个局域网都有自己独立的功能特点和组成结构,以实现不同类型的局域网也能资源共享的目的。

(3)广域网(Wide Area Network,WAN),又称远程网,是指在地理范围和规模上相对较大的,使用分组交换技术,利用公用分组交换网、卫星通信网和无线分组交换网将分布在不同地区的计算机网络互联起来,以达到更大范围的资源共享目的的网络,其范围一般从几十千米到几千千米不等,可以是覆盖一个国家和地区或横跨几个洲所形成的一种国际性的互联网络。

2)按传输速率划分

根据网络的传输速率不同,可分为低速网、中速网和高速网3种。所谓传输速率是指每秒传送的信息量的多少,单位为bit/s(英文缩写为bps)。

(1)低速网,是指数据传输速率为300 Kbps～1.4 Mbps的网络,通常是依靠调制解调器利用电话交换网来实现的。

(2)中速网,是指数据传输速率为1.5 Mbps～45 Mbps的网络,主要是传统的公用数字数据网。

(3)高速网,是指数据传输速率为50 Mbps～750 Mbps的网络。

3)按传输介质划分

根据网络所采用的传输介质不同,可分为有线网和无线网两种。所谓传输介质是指数据收发用于双方建立连接的物理媒介或传输信号的载体,即有线媒介或无线媒介。

(1)有线网,是指由可见的传输介质构成的网络。常见的有线介质有双绞线、同轴电缆和光纤等。

(2)无线网,是指由不可见的传输介质构成的网络。常见的无线介质有无线电、微波、红外、蓝牙或激光等。

4)按使用范围划分

根据网络所属的使用范围不同,计算机网络可分为公用网和专用网两种。

(1)公用网,是为全社会所有的人提供服务的网络,通常由国家电信部门组建。对所有的人来说,只要符合网络拥有者的要求就能使用这个网络。

(2)专用网,是只为拥有者提供服务的网络,是某个部门为了满足本单位特殊业务工作的需要而组建的。这个网络不向拥有者以外的人提供服务。

5)按网络控制方式

根据网络的控制方式不同,可分为集中式网络和分布式网络两种。

(1)集中式网络,这种网络的处理和控制功能都高度集中在一个或少数几个节点上,所有的信息流都必须经过这些节点之一。因此,这些节点是网络处理和控制的中心,其余的大多数节点则只有较少的处理和控制功能。集中式网络的主要优点是实现简单,故早期的网络都属于这一种,目前仍有采用。例如广域网的非骨干部分,为了降低建网成本,仍采用集中控制方式和较低的通信速率实现。缺点是实时性差,可靠性低,缺乏较好的可扩充性和灵活性。

(2)分布式网络,在这种网络中,不存在一个处理的控制中心,网络中的任一节点都至少和另外两个节点相连接,信息从一个节点到达另一个节点时,可能存在多条路径。同时,网络中的各个节点均以平等地位相互协调工作和交换信息,并可共同完成一个大型的任务。这种网络具有信息处理的分布性、高可靠性、可扩充性及灵活性等优点,是网络技术发展的方向。目前大多广域网中的骨干部分,就是采用分布式的控制方式,结合较高的通信速率,提高了网络性能。

6)按工作模式划分

根据网络的工作模式不同,可分为对等网络和基于服务器的网络两种。

(1)对等网络,它是最简单的网络,网络中不需要专门的服务器,主要用于功能较简单的网络环境。接入网络的每台计算机既没有工作站和服务器角色上的区分,也没有管理与被管理关系,都是平等的。每台计算机既可以使用其他计算机上的资源,也可以为其他计算机提供共享资源。

(2)基于服务器的网络,即客户机/服务器模式的网络,主要用于功能较复杂、网络服务较多或有网络管理需求的网络环境。在这种网络中,配置有一台或多台高性能的计算机专门为其他计算机提供网络服务或管理功能,这类计算机称为服务器(Server);而其他与之相连的用户计算机通过向服务器发送各种请求来获得相应服务,这类计算机称为客户机(Client)。这种 C/S 模式的网络在性能上很大程度取决于服务器的配置和客户机的数量。随着 Internet 的发展与应用,也出现了一种可替代 C/S 模式的新模式,即浏览器/服务器(Browser/Server,B/S)模式,这种 B/S 模式的网络在客户维护和使用成本上能满足更低的要求和达到更好的效果。

7)按信号传输方式划分

根据网络数据的信号传输方式不同,可分为广播式网络和点到点网络两种。所谓信号传输是指信号如何从发送端到达接收端的过程。

（1）广播式网络，在这种网络中，所有主机共享一条通信信道，信号在共用介质中传输，所有接入该介质的站点都能接收到信号，由于信道共享会引起访问冲突，需要专门的介质访问控制方法加以控制。无线网和总线形网络都属于这种类型。这种网络的优点是节省传输介质，缺点是出现故障不易排查。

（2）点到点网络，在这种网络中，每两台主机之间、两台节点设备之间或主机与节点设备之间都存在一条物理信道，设备发送的信号沿信道传输，只有信道另一端的设备能唯一地接收，即信号以一点发出到另一点接收的方式传输，几乎没有信道竞争问题，不需要专门的介质访问控制方法。星形网络和环形网络都属于这种类型。这种网络的优点是通信质量好、安全，且易于故障的诊断和排查。

6. 计算机网络的拓扑结构

拓扑学是一种研究与大小、距离无关的几何图形特征的方法，是从图论演变而来的。在计算机网络中，以计算机和通信设备等网络单元为“点”，通信线路为“线”，可以构成不同的几何图形，即网络的拓扑结构（Topology）。网络拓扑就是通过网络节点和通信线路之间的几何关系表示网络结构，反映网络中各实体的结构关系。拓扑设计是组建计算机网络的第一步，也是实现各种网络协议的基础，它对网络性能、系统可靠性和通信费用都有重大影响。

计算机网络按照采用拓扑结构的不同，可分为总线形拓扑结构、星形拓扑结构、环形拓扑结构、树形拓扑结构和网状拓扑结构等。

1）总线形拓扑结构

在总线形拓扑结构中，采用单根传输线路作为公共传输信道，所有网络节点通过专用的连接器连接到这个公共信道上，这个公共的信道称为总线。任何一个节点发送的数据都能通过总线进行传输，同时能被总线上的所有其他节点接收到，但是当某一连接的设备监听到总线上有传输的数据时，只接收与自己地址匹配的数据。可见，总线形拓扑结构的网络是一种广播式网络。典型的总线形拓扑结构的网络是由粗同轴电缆或细同轴电缆组建的共享式以太网。总线形拓扑结构如图 1-2 所示。

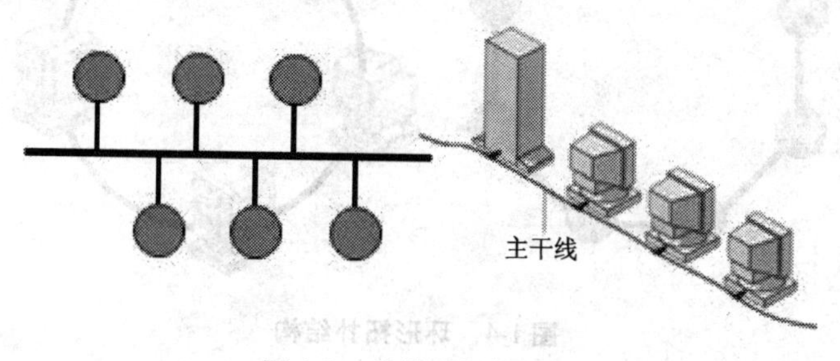

图 1-2　总线形拓扑结构

总线形拓扑结构的特点是结构简单、易于扩充；但网络中节点过多时，冲突会造成传输速率减慢，而且网络中有任何地方发生故障都会造成网络瘫痪。目前，在组建网络的实践中，已很少采用。

2）星形拓扑结构

在星形拓扑结构中，网络中所有的节点都连接到网络中心集线设备上，如集线器或交换机等，中心设备从其他的网络设备接收信号，然后确定路线并将信号发送到正确的目标地点。每个网络设备都能独立访问介质,共享或独立使用各自的带宽进行通信。典型的星形拓扑结构的网络是使用集线器组建的共享式以太网和使用交换机组建的交换式以太网。星形拓扑结构如图 1-3 所示。

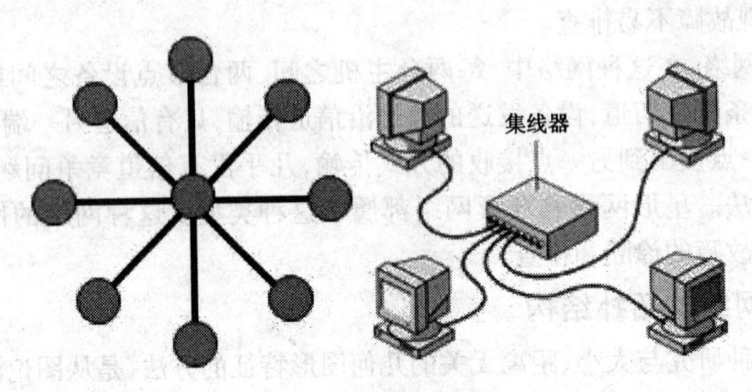

图 1-3 星形拓扑结构

星形拓扑结构的特点是结构简单、易于实现;但对中心设备的要求很高,中心设备发生故障会直接造成网络瘫痪。

3)环形拓扑结构

在环形拓扑结构中,网络上每个工作站有两个连接,分别连接到离自己最近的节点上,全网各节点和通信线路连接形成一个闭合的物理环路。数据绕环单向逐站传递,每个工作站都作为信号的中继器工作,接收和响应与自己地址相匹配的分组,并将不匹配的分组发至下一工作站。典型的环形拓扑结构的网络是令牌环网络和光纤分布式数据接口(FDDI)网络。环形拓扑结构如图 1-4 所示。

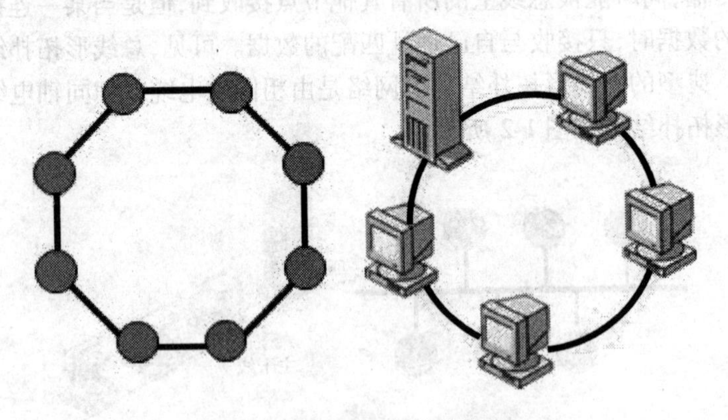

图 1-4 环形拓扑结构

环形拓扑结构的特点是路径选择简单、传输延迟固定;但增减节点较复杂,单环传输数据缺少可靠性保障,而且与总线形拓扑结构相同,有任何地方发生故障都会造成网络瘫痪。

4)树形拓扑结构

树形拓扑结构是从总线形拓扑结构和星形拓扑结构演变而来的,是一种多层拓扑结构。各节点按一定的层次连接起来,其形状像一棵倒挂的树,故称树形拓扑结构。在树形拓扑结构的顶端有一个根节点,它带有分支,每个分支也可以带有子分支。这种树形拓扑结构与总线形拓扑结构的主要区别在于是否有根节点的存在。树形拓扑结构如图 1-5 所示。

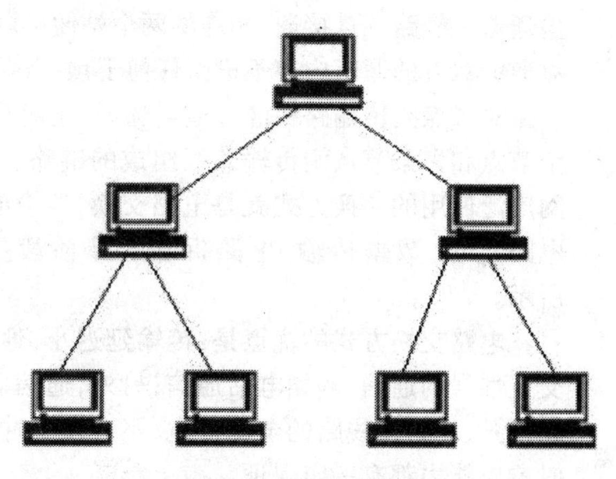

图 1-5　树形拓扑结构

树形拓扑结构可以看成是一种多级的星形拓扑结构，它适合于分层管理和控制的网络系统，其特点与星形拓扑结构相同。

5）网状拓扑结构

网状拓扑结构是指将各网络节点与通信线路互联形成不规则或规则的网状。具体实践时又分为全互联网状结构和部分互联网状结构两种。如果网络中每个节点到其他每个节点都有一条直接的链路相连，即为全互联网状结构，反之则为部分互联的网状结构。Internet 一般都采用网状拓扑结构。网状拓扑结构如图 1-6 所示。

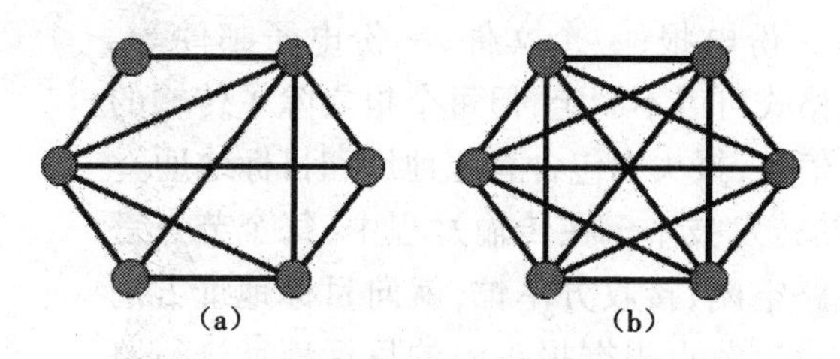

图 1-6　网状拓扑结构

（a）部分互联；（b）全互联

在网状拓扑结构的网络中，传输数据时可充分合理地利用网络资源，并且具有很高的可靠性，但组建时的成本较高，投入较大。

7. 计算机网络的数据交换

在通信系统中，数据经由通信子网从源节点向目标节点传输时，需要经过若干个中间节点的转接，数据在通信子网中各节点间传输的过程称为数据交换。一个数据通信网的有效性、可靠性和经济性直接受网络中所采用的交换方式的影响。通过这些中间节点将数据进行集中和转送，使通信传输线路为各个用户所共用，可以大大节省通信线路，提高传输设备的利用率，降低系统费用。

常用的数据交换方式主要有电路交换、报文交换和分组交换。

1）电路交换

电路交换（Circuit Switching）也称线路交换，它是一种直接的交换方式，是在数据的发送端和接收端之间，直接建立一条物理的、临时的通道，供通信双方专用，即提供一条专用的传

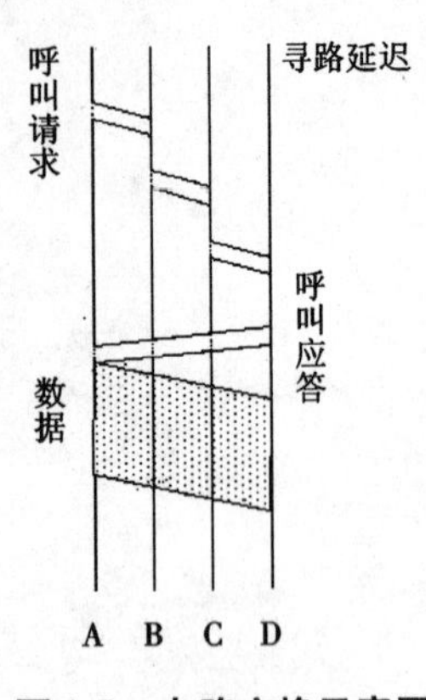

图 1-7 电路交换示意图

输通道。线路一旦接通,相连的两个站便可以直接通信,交换装置对通信双方的通信内容不进行任何干预。这条通道是由节点内部电路对节点间传输路径经过适当选择、连接而完成的,是一条由多个节点和多条节点间传输路径组成的链路。目前,公用电话交换网广泛使用的交换方式就是电路交换,经由电路交换的通信包括电路建立、数据传输、电路拆除 3 个阶段。电路交换如图 1-7 所示。

电路交换方式的优点是:传输延迟小,通信实时性强,适用于交互性强的通信,例如电话通信;另外,通信双方一旦建立物理线路连接,便独占线路的全部带宽,不会发生冲突,对其可靠性和实时响应能力都有一定保证。

电路交换方式的缺点是:建立物理线路连接所需的时间较长,对于计算机网络通信显然不合适,因为计算机网络通信具有突发性的特点,真正传输数据所需要的时间很短;另外,中间节点不具有存储功能,也就没有数据差错控制能力;还有,物理线路的带宽是预先分配好的,即使通信双方没有数据要交换,线路也不能被其他用户所使用,从而造成了带宽的浪费。

2)报文交换

报文交换(Message Switching)也称消息交换,不像线路交换那样需要建立物理信道,在交换时,数据以报文(Message)为单位。所谓报文,可以是一份电报、一个文件、一份电子邮件等。报文的长度可以不限,格式可以不固定,但每个报文除了传输的数据外,必须附加报头信息,报头中包含有源地址和目标地址。

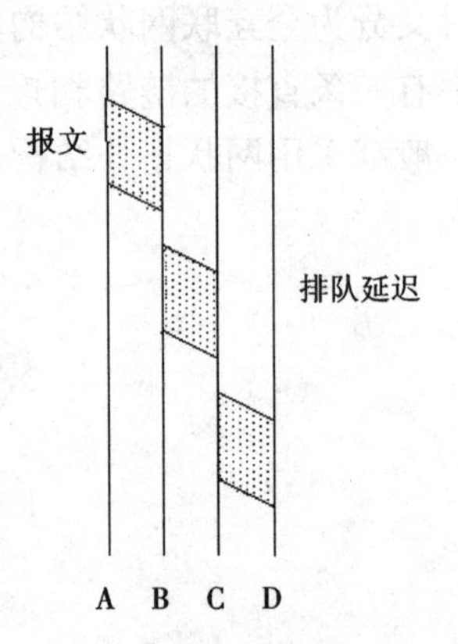

图 1-8 报文交换示意图

报文交换采用存储转发技术。在传输过程中,每个节点都要对报文暂存,一旦线路空闲,接收方不忙,就向目标地址方向传送,直至到达目标节点。节点根据报头中的目标地址进行路径选择,并且对收发的报文进行相应的处理,例如差错检查和纠错、流量控制,甚至可以进行编码方式的转换等。所以,报文交换是在两个节点间的链路上逐段传输的,不需要在两个节点之间建立由多个节点组成的电路信道。报文交换如图 1-8 所示。

报文交换方式的优点是:线路利用率高,传输可靠性高。因为不要求交换网为通信双方预先建立一条专用的数据通路,也就不存在建立电路和拆除电路的过程。由于报文交换系统能对报文进行缓存,所以可以使许多报文分时共享一条通信介质,也可以将一个报文同时发往多个目标站,提高了线路的利用率。另外,每个节点在存储转发中都进行了差错控制,且当出现大量通信时,报文会被延时转发,而不会被拒绝转发,提高了数据传输的可靠性。

报文交换方式的缺点是:延时较大,不适合实时性和交互性强的通信。由于采用了对完整报文的存储和转发,该系统需要节点有足够大的存储缓冲区,而且节点的存储和转发延时较大。另外,由于每个节点都要把报文完整地接收、存储、检错、纠错、转发,产生了节点延迟,并且报文交换对报文长度没有限制,报文可以很长,这样就有可能会长时间占用某两节点之间的链路。

3)分组交换

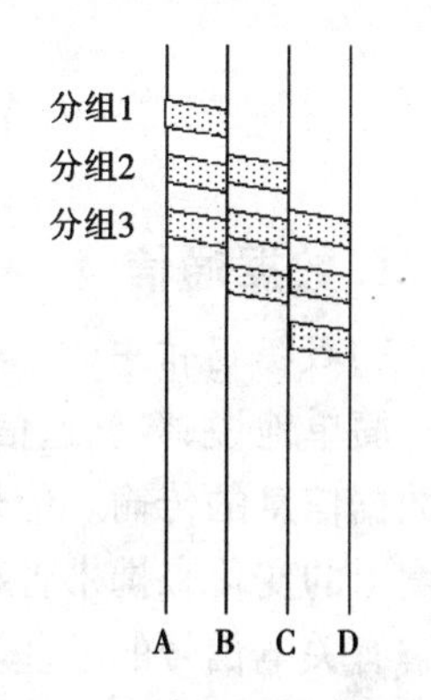

图 1-9　分组交换示意图

分组交换(Packet Switching)也称包交换,它结合了报文交换和电路交换的优点,尽可能地克服了两者的缺点。它以更短的、更标准的"分组"(Packet)为单位进行交换传输。所谓分组是一组包含呼叫控制信号和数据的二进制数,把它作为一个整体加以转发,每个分组的长度都是受限且较短的。同时,这些呼叫控制信号、数据以及可能附加差错控制信息的分组也是按规定的格式排列的。在分组交换方式中,数据报文的长度是受限制的,在发送方将数据报文分割成若干个分组后,为每个分组分配一个顺序编号,各个分组经由网络节点存储转发到接收方后,接收方再将分组按照编号顺序重组成原来的数据报文。分组交换如图 1-9 所示。

分组交换方式的优点是:速率快、效率高、可靠性好。由于分组长度受限且较短,对转发节点的存储空间要求较低,可以用内存来缓冲分组,因此实时性好。另外,它能够保证数据不会长时间独占线路带宽,转发延时小,提高了传输效率,在传输出错时,检错容易并日重发的时间开销小,因而适合于交互式通信。

分组交换方式的缺点是:分组和重组报文增加了两端节点的负担。

分组交换在实际应用中可分为数据报方式和虚电路方式。

(1)数据报(Datagram)方式,也称面向无连接的数据传输。每个分组的传输路径和传输时间是完全由网络具体情况而随机确定路由和转发的。因此,存在先发数据后到、后发数据先到的情况,即乱序问题。

数据报方式的特点是:传输类似邮政系统的信件投递。避免了线路交换中的呼叫建立过程,每个分组都携带完整的源地址和目标地点信息,能够在节点间独立地传输。即分组在经过每个中间节点时,节点都会根据目标地址、当时的网络流量及故障等网络状态,按一定路由选择算法选择一条到达目标地址的最佳路径,直至传输到目标。由于每个分组必须携带目标地址和源地址等信息,造成了传输过程中额外的开销,而且分组在各个节点处存储转发需要排队,会造成一定的延时。

(2)虚电路(Virtual Circuit)方式,也称面向连接的数据传输。在虚电路方式中,发送任何分组之前,需要在通信双方之间建立一条逻辑连接,类似电路交换方式,只不过电路交换的连接是建立在物理上的。其通信过程也分为虚电路的建立、数据的传输和虚电路的拆除 3 个阶段。实践中又分为仅当需要时建立连接的"交换型虚电路"和总是一直建立连接的"永久性虚电路"。数据均沿同一逻辑链路传送至接收方,不会出现乱序问题。

虚电路方式的主要特点是:它将电路交换和数据报交换结合起来,避免了一条线路被物理独占的情况。由于所有分组都是从一条逻辑连接的虚电路上传输到接收方,每个分组均携带相同的虚电路号,而不必再携带目标地址和源地址等信息;节点仅需在建立逻辑连接时进行路径选择,之后不必再对每个分组进行路由,只需完成转发即可。此外,接收端无须对分组重新排序,缩短了延时。但如果虚电路发生意外中断时,需要重新建立连接。

任务二　数据通信与体系结构

1. 数据通信

1）数据通信中的术语

简单地说，数据通信是借助于电信号或光信号通过传输线路，在发送端和接收端之间进行数据信息的传输。信号是数据信息的载体，是通过电压、电流、电荷及电磁波等物理量在强度上的变化来携带各种形式的数据信息（如语音、文本、图像和视频）进行传输的。因此，理解有关电信号的一些基本概念和结论，是学习数据通信的基础。

（1）信息（Information），是客观事物属性和相互联系特性的表征，它反映了客观事物的存在形式和运动状态。事物的运动状态、结构、温度、颜色等都是信息的不同表现形式，而数据通信系统中传送的文字、语音、图像、符号、数据等也是一些包含一定信息内容的不同信息形式。由于信息形式与信息内容的对立统一，有时也直接把它们看成一些不同的信息类型，简称文字信息、语音信息、图像信息和数据信息等。

（2）数据（Data），一般可以理解为“信息的数字化形式”或“数字化的信息形式”。狭义的数据通常是指具有一定数字特性的信息，如统计数据、气象数据、测量数据及计算机中的计算数据等。但在计算机网络中，数据通常被广义地理解为在网络中存储、处理和传输的二进制数字编码。语音信息、图像信息、文字信息以及从自然界直接采集的各种自然属性信息（模拟数据）均可转换为二进制数字编码（数字数据）在计算机网络系统中存储、处理和传输。

（3）信号（Signal），简单地讲就是携带信息的传输介质。在通信系统中常常使用的电信号、电磁信号、光信号、载波信号、脉冲信号、调制信号等术语就是指携带某种信息的具有不同形式或特性的传输介质。国际电报电话咨询委员会（CCITT）在有关信号的定义中也明确指出，“信号是以其某种特性参数的变化来代表信息的”。根据信号参数取值不同，信号可分为模拟信号和数字信号，如图 1-10 所示。

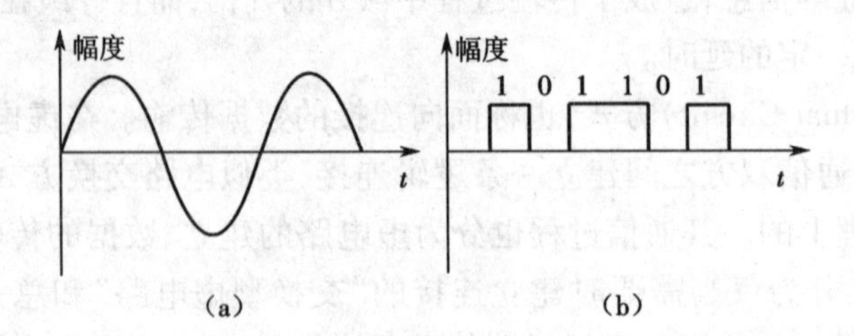

图 1-10　信号

（a）模拟信号；（b）数字信号

模拟信号是在一定的数值范围内可以连续取值的信号，是一种连续变化的信号，如声音信号是一个连续变化的物理量，这种信号可以按照不同频率在各种不同的介质上传输。例如普通电话机输出的信号就是频率和振幅连续改变的模拟信号。

数字信号是一种离散的脉冲序列，它用数字来表示几个非连续的物理状态，最简单的离散数字是二进制数字 0 和 1，它可以分别表示信号的两个物理状态（如低电平和高电平）。

利用数字信号传输的数据，在受到一定限度内的干扰后是可以恢复的，例如计算机输出的脉冲信号是数字信号。

2）通信系统的基本组成

一般来说，用任何方法通过任何媒体将信息从某一地点传送到另一地点的过程都能称为通信。为了保证信息传输的实现，通信必须具备3个基本要素，即通信的三要素：信源、信道和信宿。

信源是信息产生和出现的发源地，既可以是人，也可以是计算机等设备；信宿是接收信息的目的地。

信道是数据信息传输的必经之路，是信息传输过程中承载信息的传输媒介，一般由传输线路和传输设备组成。按照所使用的传输介质的类型，信道可以分为有线信道和无线信道。按照信道中传输数据信号类型的不同来分，信道又可以分为模拟信道和数字信道。数字信道是指可直接传输二进制信号或经过编码的二进制数据的信道；模拟信道是指可传输连续变化的信号或二进制数据经过调制后得到的模拟信号的信道。

在数据通信中，计算机（或终端）设备起着信源和信宿的作用，通信线路和必要的通信转接设备构成了通信信道。通信系统的组成如图1-11所示。

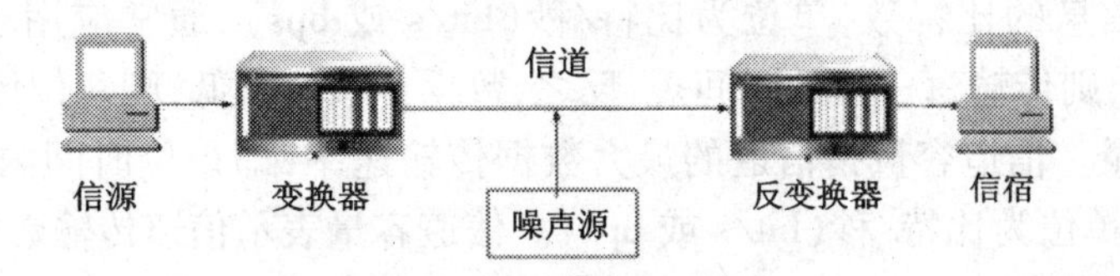

图1-11　通信系统的组成

噪声源是信道中的噪声以及分散在通信系统其他各处噪声的集中表示。信号在传输过程中受到的干扰称为噪声，干扰可能来自外部，也可能是由信号传输过程本身产生。变换器和反变换器均是进行信号变换的设备，在实际的通信系统中有各种具体的设备名称。

3）数字通信与模拟通信

数字信号在数字信道中传输，称为数字通信；模拟信号在模拟信道中传输，称为模拟通信。

数字信道中只能传输数字信号，模拟信号不能在数字信道中传输，需要将模拟信号先转换成数字信号，然后在数字信道中传输，使用编码解码器，能将模拟信号变换为数字信号，也能将数字信号恢复为模拟信号。数字信号也不能在模拟信道中传输，需要将数字信号先转换成模拟信号才能在模拟信道中传输，使用调制解调器，能将数字信号变换为模拟信号，也能将模拟信号恢复为数字信号。数字通信与模拟通信如图1-12所示。

总之，两种通信强调的是信道中传输的信号形式，即信道的形式。但数字信号并非只能在数字信道中传输；反之，模拟信号也并非只能在模拟信道中传输。

4）数据通信的主要指标

（1）带宽。带宽是一个非常重要的性能指标。带宽原指某个信号具有的频带宽度，即最高频率和最低频率之差，单位是赫兹（Hz）。对于模拟信道，带宽是指信道能够传送的电磁波信号的最高频率与最低频率之差。对于数字信道，在很多情况下，带宽即数据传输速率或比特率。

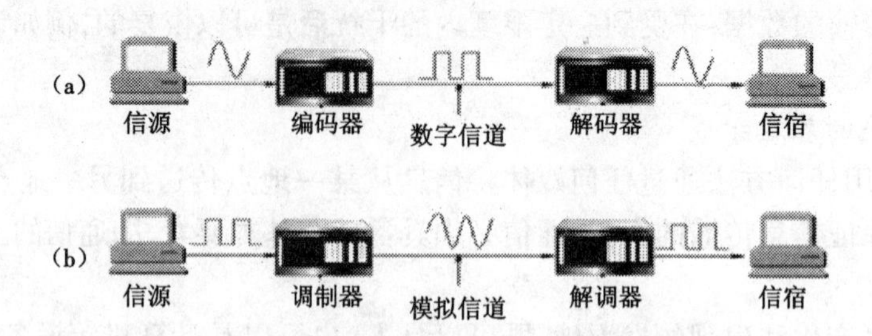

图 1-12 数字信号与模拟信号的传输

(a)模拟信号在数字信道中传输;(b)数字信号在模拟信道中传输

通信信道的带宽必须大于或等于信号的带宽,才能保证传输的信号不失真。带宽越大,传输数据的能力越强。例如,语音信号包含 100 Hz ~ 8 kHz 的频率分量。而人类语音信号包含的频率范围为 400 Hz ~ 600 Hz。普通电话线路的频率范围为 300 Hz ~ 3 000 Hz,带宽在 2 700 Hz。所以人类语音通过电话线路传输基本上不产生失真,而高保真音响产生的音乐通过电话线路传输会产生极大的失真。

(2)数据传输速率。数据传输速率是指每秒能够传输多少位数据,也表示单位时间(每秒)内传输实际信息的比特数,单位为比特/秒(bit/s 或 bps),通常应用于数字通信系统。数据传输速率高,则传输每一位的时间短,反之,数据传输速率低,则每位传输时间长。

(3)信道容量。信道容量指信道的最大数据传输速率,即单位时间内可传送的最大位数。信道容量的单位为比特/秒(bit/s 或 bps)。信道容量表示信道传输数据的能力。

信道容量与数据传输速率的区别在于,信道容量表示信道的最大数据传输速率,是信道传输数据能力的极限,而数据传输速率则表示实际的数据传输速率。例如公路上飞驰的汽车,在汽车的时速表上显示了汽车当前的速度,表盘上还显示了汽车的最高时速,它们虽然采用相同的单位,但表示的含义却不相同。

(4)波特率。波特率是指单位时间内传输码元的个数,即信号经过调制后的传输速率,表示调制后信号每秒变化的次数,单位为波特(Baud)。每个码元表示一个波形或一个电平,波特率又叫调制速率或码元速率。

对于模拟信号的传输,波特率是指调制解调器上输出的调制信号每秒钟调制载波状态改变的次数。对于数字信号传输,波特率是指线路上每秒钟传送的波形个数。

(5)吞吐量。吞吐量是信道在单位时间内成功传输的信息量,单位一般为 bit/s。例如,某信道 10 分钟内成功传输了 8.4 MB 的数据,那么它的吞吐量就是 8.4 MB/600 s = 14 Kbit/s。

(6)延迟。延迟是指从发送端发出第一位数据开始,到接收端成功地接收到最后一位数据为止所经历的时间。它主要分为传输延迟和传播延迟两种,传输延迟与数据传输速率和中继或交换设备的处理速度有关,传播延迟与传播距离有关。

(7)误码率。误码率又称错误率,是指二进制数据位传输时出现差错的概率。在数据传输过程中,信号由于受自身原因或外界干扰,出错在所难免,误码率是衡量通信信道可靠性的重要指标,误码率的公式如下。

误码率 = 接收出现差错的比特数/总的发送的比特数

在计算机通信网络中,一般要求误码率低于 10^{-9}。若误码率达不到这个指标,可通过差错控制的方法进行检验和纠错。根据测试,电话线路在 300 ~ 2 400 Kbps 传输速率时,平

均误码率为 $10^{-2} \sim 10^{-4}$，在 4 800 ~ 9 600 Kbps 传输速率时，平均误码率为 $10^{-4} \sim 10^{-6}$，因此普通的通信线路如果不采用差错控制技术，是不能够满足计算机通信要求的。

(8) 网络负载。网络负载是指网络单位面积中的数据分布量，即数据在网络中的分布密度。在计算机网络中网络负荷不宜过小，也不宜过大。网络负荷量过小，网络的吞吐能力也会小，导致网络的利用率低；网络负荷量过大，容易产生阻塞现象，直接导致网络吞吐量降低。

5) 数据通信方式

数据通信方式是指通信双方之间的工作形式和信号传输方式，主要有并行通信和串行通信两种。

(1) 并行通信。并行通信是指将数字信号序列（按字符或码元的比特数）分成 n 比特同时输送到 n 条并行信道中，可以一次同时传输若干比特的数据。其特点是需多条信道、通信线路复杂、成本较高，但传输速率快且不涉及同步控制问题，多用于计算机内部交换数据和短距离传输数据，比如计算机与打印机之间的通信。计算机在连接打印机进行打印任务时，把一个字符分为 8 位，每次并行传输 8 比特信号，如图 1-13 所示。

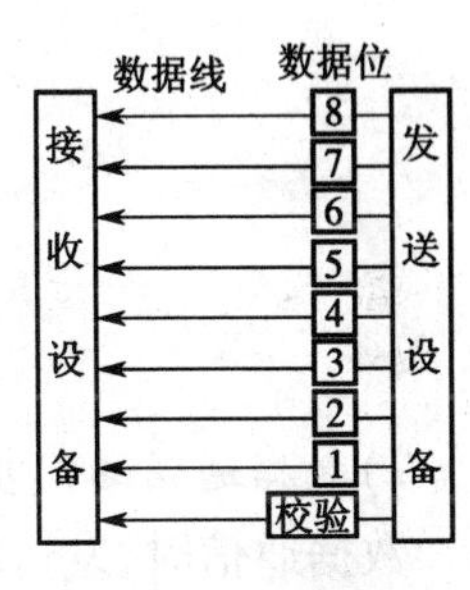

图 1-13 并行通信

(2) 串行通信

串行通信是指构成字符的二进制代码序列在一条数据线上以位为单位，按时间顺序逐位传输的方式。其特点是只需一条信道，通信线路简单、成本低廉、易于实现，一般用于较远距离的通信。缺点是传输速度较慢，需要解决收发双方的同步控制问题，否则接收端不能正确区分所收到的字符。当前计算机网络中普遍采用的通信方式就是串行传输，如图 1-14 所示。

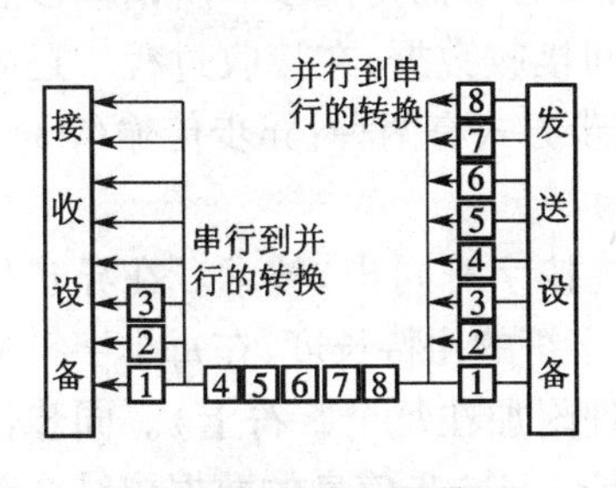

图 1-14 串行通信

同步问题是在串行传输时，位与位之间、字符（通常由若干个数据位组成）与字符之间没有停顿（没有时间间隙）而造成的。即接收端在收到了一大串数据位后，不知哪几位是一个字符，或者说一个字符从何处开始到何处结束，也就无法正确恢复数据所携带的信息。

6) 串行通信的方向模式

在串行通信中，根据数据在线路上的流向，可分为单工通信（Simplex）、半双工通信（Half Duplex）和全双工通信（Full Duplex）。

(1) 单工模式。单工模式也称单向模式。它是指在任何时刻，信号只能从固定的发送端设备向固定的接收端设备单向传输的工作模式，即发送端只能发送信息，而接收端只能接收信息，收发双方的功能不可互换。比如广播电台与收音机、电视台与电视机的通信，遥控玩具均属于这种类型，如图 1-15 所示。

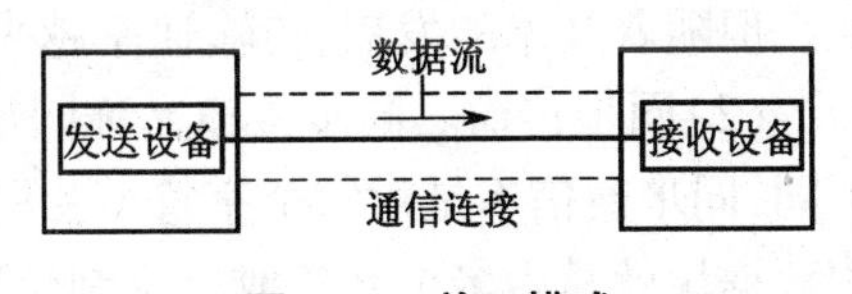

图 1-15 单工模式

(2) 半双工模式。它是指在任何一个时刻，信号只能单向传输，从甲方向乙方，或从乙方向甲方，每一方都不能同时收、发信息。比如对讲机、收发报机等之间的通信，如图 1-16

所示。

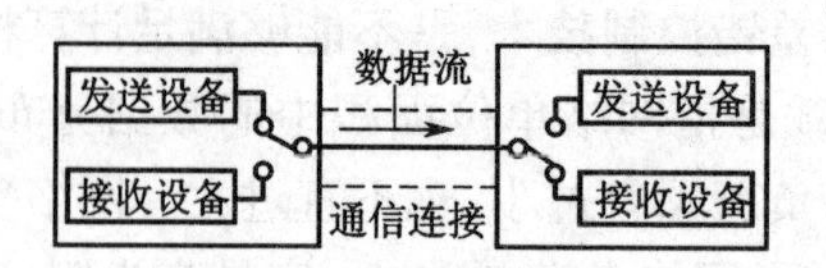

图 1-16　半双工模式

(3)全双工模式。在任何一个时刻,信号能够双向传输,每一方都能同时进行数据的发送与接收工作。因此,全双工通信是两个单工通信方式的结合,它要求发送设备和接受设备都具有独立的发送数据和接收数据能力。比如普通电话、手机,如图 1-17 所示。

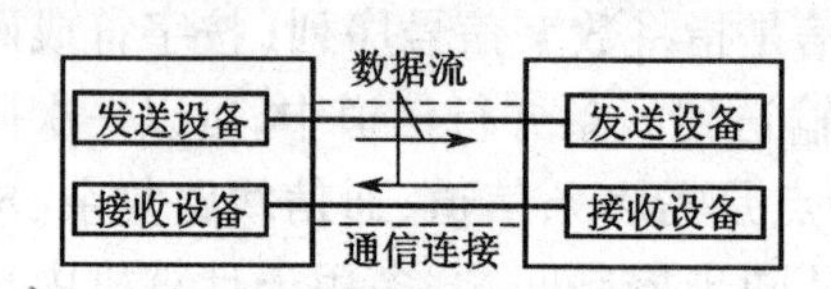

图 1-17　全双工模式

7)数据通信的同步控制

数据通信时,发送端将数据转换成信号,通过传输介质传送出去,接收端收到信号后,再将其转换为原始数据。为了保证传输数据的正确性,收发两端必须保持同步。所谓同步就是接收端要按发送端所发送的每个码元的重复率和起止时间接收数据,在接收过程中还要不断校准时间和频率。在计算机网络中,通常采用的数据同步方式有两种:异步传输(Asynchronous Transmission)和同步传输(Synchronous Transmission)。

(1)异步传输。异步传输又称异步通信,采用"群"同步(按字符同步)技术。在异步传输的通信系统中,传输的信息一般以字符为单位传输。忽略字符的比特长度,在每个字符的前后加上同步控制信息(同步信息也是几个数据位,可由硬件附加在每个字符上)。同步信息通常由起始位、校验位和停止位三部分构成,所传输的数据位与同步信息的数据位结合起来构成一个数据帧。

在数据传输过程中,字符可顺序出现在比特流中,每个字符作为一个独立整体进行发送,字符与字符间的间隔时间是任意的,即字符间采用异步定时,但字符中的各个比特位用固定的时钟频率传输,所以字符间的异步定时和字符中比特位之间的同步定时,是异步传输的特征。

异步通信的特点是实现简单、可靠、经济,常用于计算机与终端之间的数据通信。但由于需要添加诸如起始位、校验位、停止位等附加位,相对同步通信来说,主要缺点是速率较低。但随着技术的发展,传输速率越来越高,其应用范围也日益广阔。

(2)同步传输。同步传输又称同步通信,采用"位"同步(按位同步)技术。与异步通信不同,同步通信不是对每个字符单独同步,而是以数据块为传输单位,并对其进行同步。所谓数据块就是由多个字符或二进制位串组成的。在数据块的前后加上同步信息。通常要附加一个特殊的字符或比特序列,以标志数据块的开始与结束。这样,一个数据块的数据位与同步信息的数据位结合起来构成一个数据帧。同步通信又可分为面向字符和面向位流两种传输方式。

在同步通信中,如果收、发双方时钟保持准确同步,接收端可定时地分出一个个码元,然后再按顺序分出帧与字符。时钟同步是依靠发数据时以帧为单位,在帧头位置插入同步字符,接收端校验该字符来建立同步的。

同步通信的特点是开销少、效率高,适合于较高速率的数据传输;缺点是整个数据块一旦有一位误传,就必须重传整个数据块。

(3)同步传输与异步传输的区别:同步传输是以帧为单位,面向比特的传输,是从数据中抽取同步信息,通过特定的时钟线路协调时序;而异步传输是以字符为单位,面向字符的传输,是通过字符起始位和停止位来同步,对时序的要求较低,相对于同步传输效率较低。

8)数据传输方式

数据传输方式有以下3种。

(1)基带传输。基带(Baseband)是指调制前原始电信号占用的频带,是原始电信号固有的基本频带。基带信号是未经载波调制的信号。在数据通信中,由计算机、终端等直接发出的数字信号以及模拟信号经数字化处理后的脉冲编码信号,都是二进制数字信号。这些二进制信号是典型的矩形波脉冲信号,由"0"和"1"组成。这种数字信号又称为"数字基带信号"。在信道中直接传输基带信号时,称为基带传输。

基带传输的信号既可以是模拟信号,也可以是数字信号,具体类型由信源决定。基带传输主要是传输数字信号,是在通信线路上原封不动地传输由计算机或终端产生的0和1数字脉冲信号。基带传输的特点是简单、成本低。基带传输占据信道的全部带宽,任何时候只能传输一路基带信号,信道利用率低。基带信号在传输过程中很容易衰减,在不进行再生放大的情况下,传输距离一般不大于2.5 km。因此,基带传输只用于局域网中的短距离传输。

(2)频带传输。如果要利用公共电话网实现计算机之间的数字信号传输,就必须将数字信号转换成模拟信号。所谓频带传输,是将数字信号调制成模拟信号后再发送和传输,到达接收端时,再把模拟信号解调为原来的数字信号。为此,需要在发送端选取某个频率的模拟信号作为载波,用它承载要传输的数字信号,然后通过电话线路将其送至另一端。在接收端再将数字信号从载波上分离,恢复为原来的数字信号波形。这种利用模拟信道实现数字信号传输的方法,称为频带传输。

采用频带传输方式时,发送端和接收端都需要安装调制解调器,进行模拟信号和数字信号的相互转换。频带传输不仅解决了利用电话系统传输数字信号的问题,而且还可以实现多路复用,提高了传输信道的利用率,如图1-18所示。

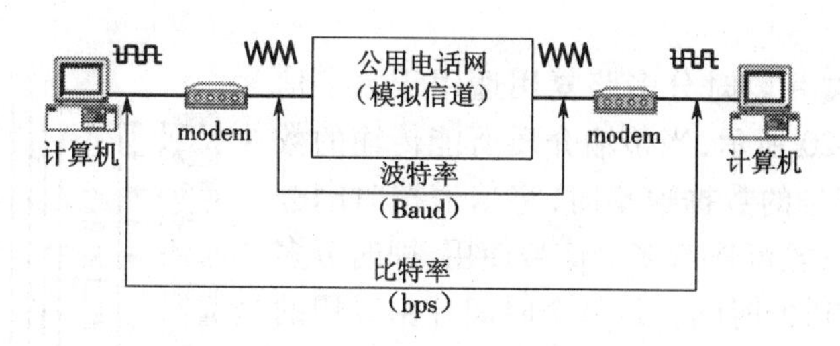

图1-18　频带传输通信

(3)宽带传输。宽带是指带宽比音频更宽的频带。利用宽带进行的传输称为宽带传输。宽带传输可以在传输介质上使用频分多路复用技术。由于数字信号的频带很宽,不便于在宽带网中直接传输,通常将其转化成模拟信号后再在宽带网中传输。

宽带信道能够被划分成多个逻辑信道或频率段进行多路复用传输,信道容量大大增加;对数据业务、TV 或无线电信号用单独的信道传输;宽带传输能够在同一信道上进行数字信息或模拟信息服务;宽带传输系统可以容纳全部广播信号,并可进行高速数据传输;宽带比基带的传输距离更远。

9) 多路复用技术

多路复用技术就是在单一的传输信道上,同时传输多路信号。采用多路复用技术能把多个信号组合在一条物理的信道上进行传输,其方法是在发送端将若干个彼此无关的信号合并为一个能在一条共用信道上传输的复合信号,在信号的接收端还能将复合信号分离出与原来一样的若干个彼此无关的信号来。

信道复用技术包括复合、传输和分离 3 个过程。其原理是,由多路复用器合并 N 个输入通道的信号(N 取决于所用传输介质的限制因素)组成一路复合信号,经传输速率较高的线路传输后,由多路译码器将复合信号按通道号再分离出来,然后把它们送到相应的输出端。不论一个多路复用系统中输入或输出端的数量为多少,都只需要一条传输线路,在远距离传输时可大大节省电缆的安装和维护费用。常用的多路复用技术有 4 种:频分多路复用(FDM)、时分多路复用(TDM)、波分多路复用(WDM)和码分多路复用(CDM)。

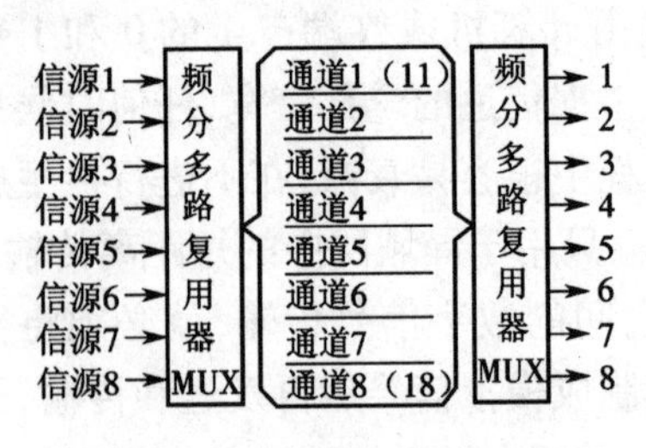

图 1-19　频分多路复用

(1)频分多路复用。频分多路复用适用于模拟信号的传输。如图 1-19 所示,当传输介质的可用带宽(频谱范围)超过单一信号所需的带宽时,可在一条通信线路上设计多路通信信道,将线路的传输频带划分为若干个较窄的频带,将每个窄频带构成一个子信道,用于传输一路信号;每路信道的信号以不同的载波频率进行调制,各个载波频率互不重叠,使得一条通信线路可以同时独立地传输多路信号,即频分多路复用分割的是传输介质的频率。为使各路信号的频带相互不重叠,需要利用频分多路复用器来完成这项工作。为了防止干扰,各信道之间留有一定的频谱间隔。接收时,用适当的滤波器分离出不同信号,分别进行解调接收。

例如有线电视中一路电视频道所用带宽为 6 MHz,闭路电视的同轴电缆可用带宽为 470 MHz,若从 50 MHz 开始传输电视信号,采用频分多路复用,有线电视的同轴电缆可同时传输 70 个频道的节目。

(2)时分多路复用。时分多路复用适用于数字信号的传输。如图 1-20 所示,当传输介质所能传输的数据速率超过单一信号的数据速率时,将信道按时间分成若干个时间片段,轮流地给多个信号使用,即时分多路复用分割的是信道的时间。每一个时间片由复用的一路信号占用信道的全部带宽,时间片大小可以是传输一位,也可以传输由一定字节组成数据块。互相独立的多路信号顺序地占用各自的时隙,合成一个复用信号,在同一信道中传输。在接收端按同样的规律把它们分开,从而实现一条物理信道传输多个数字信号。

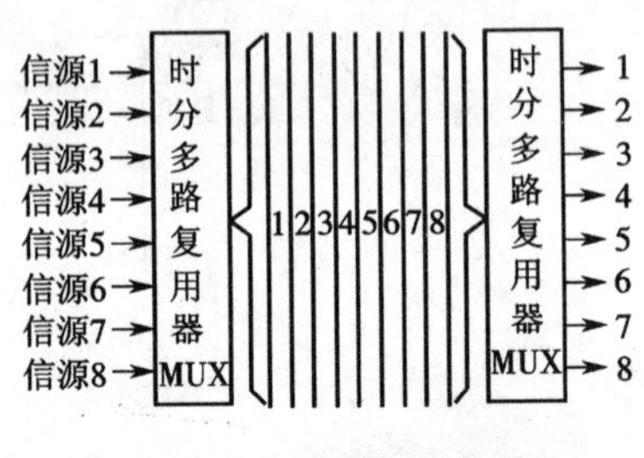

图 1-20　时分多路复用

时分多路复用又可分为同步时分复用(STDM)和异步时分复用(ATDM)。

①同步时分复用采用固定时间片分配方式,将传输信号的时间按特定长度划分成时间段(一个周期),再将每一个时间段划分成等长度的多个时隙,每个时隙以固定的方式分配给各个用户,各个用户在每一个时间段都顺序分配到一个时隙。由于时隙已预先分配给各个用户且固定不变,无论是否传输数据,都占有时隙,容易形成浪费,因此利用率较低。

②异步时分复用能动态地按需分配时隙,避免每个时间段中出现空闲时隙。当某路用户有数据发送时才把时隙分配给它,否则不分配,因此提高了资源的利用率和传输速率。

(3)波分多路复用。波分多路复用主要用于全光纤网组成的通信系统。波分复用就是光的频分复用。人们借用传统的载波电话的频分复用的概念,可以做到使用一根光纤来同时传输与多个频率都很接近的光载波信号,这样就使得光纤的传输能力成倍地提高了。由于光载波的频率很高,而习惯上是用波长而不用频率来表示所使用的光载波,因而称其为波分复用,所图1-21所示。

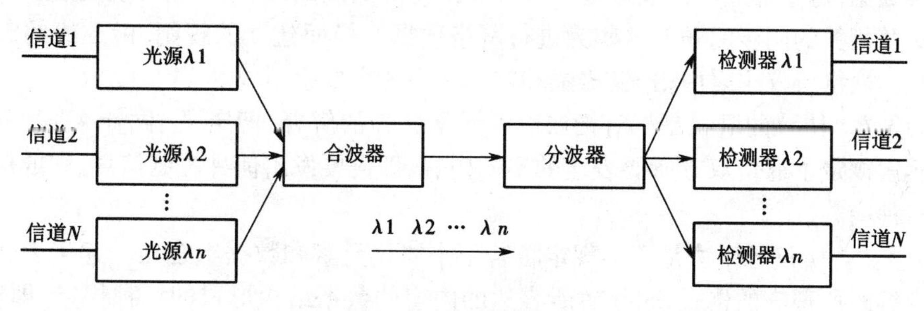

图1-21　波分多路复用

最初,只能在一根光纤上复用两路光载波信号,但随着技术的发展,在一根光纤上复用的路数越来越多。波分多路复用能够复用的光波数目与相邻两波长之间的间隔有关,间隔越小,复用的波长个数就越多。现在已经能做到在一根光纤上复用80路或更多路数的光载波信号,这种复用方式就是密集波分复用技术(DWDM)。

波分多路复用的通信系统分为单向系统和双向系统两种。在单向系统中,发送端用合波器将工作在不同波长的光发射机所发射的光载波信号合起来,通过同一根光纤传送到接收端;在接收端用分波器将不同波长的光载波信号分开,然后分别将它们送到相应光波长的光接收机,对各自所接收到的光信号做进一步的处理。在双向系统中,采用双向耦合器将工作在不同波长的光发射机所发射的光载波信号结合起来,通过同一根光纤传送到接收端;在接收端也用双向耦合器将不同波长的光载波信号分开,然后分别将它们送至相应光波长的光接收机,并做进一步处理。由于通信两端通过一根光纤同时接收和发送,因此实现了双向波分复用功能。

光波复用技术在通信中具有很好的应用前景,常规光纤通信只利用了光纤带宽的很小的一部分。如果能很好利用光波复用和光频复用技术,将使一根光纤的传输容量大大提高。电子系统速率在当今条件下已经达到极限,但采用光波复用技术仍可大幅度提高光纤的总传输速率。

(4)码分多路复用。码分多路复用是根据不同的编码来区分各路原始信号,通过和各种多址技术结合产生了各种接入技术。码分多路复用技术是一种用于移动通信系统的技术,移动终端的联网通信就大量使用码分多路复用技术。

在蜂窝系统中，以信道来区分通信对象，一个信道只容纳一个用户进行通话，许多同时通话的用户以信道来区分，这就是多址。码分多路复用将需要传输的具有一定信号带宽的信息数据用一个带宽远大于信号带宽的高速伪随机码进行调制，使原数据信号的带宽得到扩展，经载波调制后再发送出去。码分多路复用具有抗干扰性好，抗多径衰落，保密安全性高，同频率可在多个小区内重复使用，容量和质量之间可做权衡取舍等优点。例如，它允许每个站任何时候都可以在整个频段范围内发送信号，利用编码技术可以将多个并发传输的信号分离，并提取所期望的信号，同时把其他信号当做噪声加以拒绝。它可以将多个信号进行线性叠加而不是将可能出现冲突的帧丢弃掉。

2. 体系结构

1) 网络协议

计算机网络有许多互相连接的节点，在这些节点之间不断地进行数据交换。要做到有序地交换数据，每个节点就必须遵守一些事先约定好的规则，这些规则明确规定了所交换数据的格式及相关的同步问题。这些为进行网络数据交换而建立的规则、标准或约定统称为网络协议。网络协议主要由语义、语法和定时关系 3 个要素组成。

(1) 语义。协议的语义是指对构成协议元素含义的解释，即定义“做什么”。不同类型的协议元素规定了通信双方所要表达的不同内容，即需要发出何种控制信息、完成何种协议及做出何种应答。

(2) 语法。协议的语法是用于规定将若干个协议元素和数据组合在一起来表达一个更完整的内容时所遵守的格式，它是对所表达的内容的数据结构形式的一种规定，即定义“怎么做”。

(3) 定时关系。定时关系是事件执行顺序的详细说明，规定了事件的执行顺序，即定义“何时做”。

由此可见，网络协议是计算机网络不可缺少的部分。

2) 网络体系结构

很多经验和实践表明，对于非常复杂的计算机网络协议，为了减少网络设计的复杂性，大多数网络都以分层或分级的方式来进行组织，把计算机网络这个庞大的、复杂的问题划分成若干较小的、简单的问题，采取“分而治之”的方法来解决。分层的好处在于，层次中的每一层都实现相对独立的功能，因此就能将一个难以处理的复杂问题分解为若干个较容易处理的问题。

网络体系结构是计算机网络的分层、各层协议、功能和层间接口的集合。不同的网络，其体系结构、层的数量、各层名字和功能都不相同。在任何网络中，每一层是为了向其上层提供服务而设置的，每一层都对上层屏蔽协议的具体实现细节。

网络体系结构是对计算机网络及其部件所应该完成功能的精确定义。需要说明的是，这些功能究竟由何种硬件或软件来完成，则是一个遵循体系结构来实现的问题。可见，体系结构是抽象的，是存在于理论上的，而对它的实现是具体的，是运行在计算机软件和硬件上的。

3) 接口与服务

网络中各节点都具备相同的层次，不同节点的对等层具有相同的功能；同一节点内相邻层之间通过接口进行通信，每一层使用其下层提供的服务为其上层提供服务；不同节点的对等层通过协议实现通信。

相邻层之间都有一个接口,同一节点的相邻层之间通过接口交换信息,低层向高层通过接口提供服务。只要接口条件不变、低层功能不变,低层功能的具体实现方法和技术的变化不会影响整个系统的工作。

对等层之间需要交换信息,把对等层协议之间交换的信息称为协议数据单元(Protocol Data Unit,PDU)。对等层之间并不能直接进行信息传输,而需要借助于下层提供的服务来完成,所以说,对等层之间的通信是虚拟通信,直接通信发生在相邻层之间。在协议数据单元传到下层之前,会在其中加入新的控制信息,称为协议控制信息(Protocol Control Information,PCI)。PDU 与 PCI 共同组成的信息称为服务数据单元(Service Data Unit,SDU),相邻层之间传递的就是这种服务数据单元,其中的控制信息部分只是帮助完成数据传输任务的,它本身不是数据的一部分。

每一层的功能都是为它上层提供的,相邻层之间服务的提供是通过服务访问点(Service Access Point,SAP)来进行的。SAP 是逻辑接口,是上层使用下层服务的地方,一个接口可以有多个服务访问点。

4)数据的封装与解封

为了实现对等层通信,当数据需要通过网络从一个节点传送到另一个节点时,必须在数据的头部(或尾部)加入特定的协议头(或协议尾)。这种增加协议头(或协议尾)的过程叫做数据的封装,如图 1-22 所示。同样,当数据到达接收方后,接收方要识别和提取协议信息,去除封装过程所加协议头(或协议尾)的过程叫做数据的解封,如图 1-23 所示。

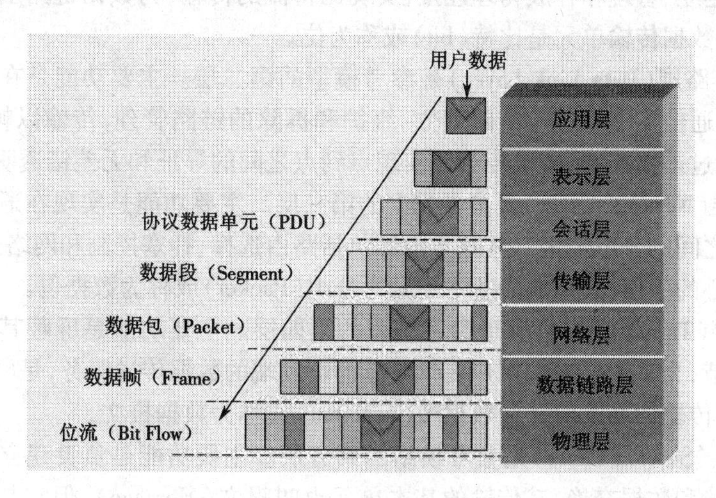

图 1-22 数据的封装

3. OSI 参考模型

OSI 参考模型是分层体系结构的一个实例。其中的"开放"是指只要遵循 OSI 标准,一个系统就可以与位于世界上任何地方、遵循同样标准的其他系统进行通信。OSI 参考模型定义了开放系统的层次结构、层次之间的相互关系及各层所包括的服务。OSI 参考模型并非指某一个网络或产品,它只是规定了各层的功能,解释了一些概念,用来协调进程间通信标准的制定,没有提供可以实现的具体方法,只是数据在计算机之间流动的过程描述。各个生产厂商可以自由设计和生产自己的网络产品,只要符合 OSI 参考模型,具有相同的功能即

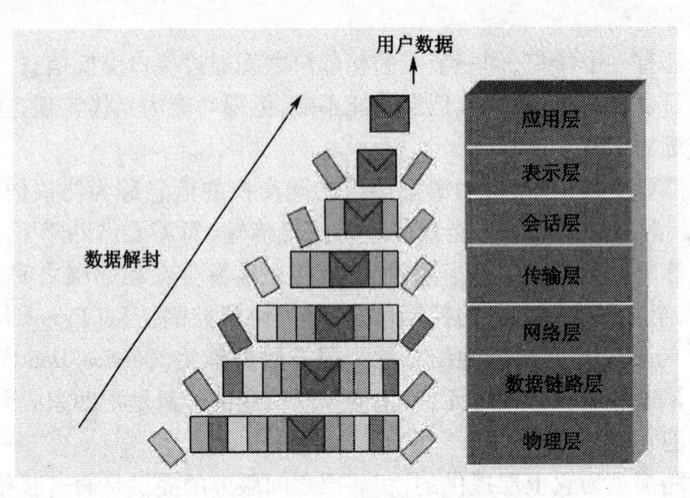

图 1-23 数据的解封

可实现各系统间的互联。

1)层次与功能

OSI 参考模型是一个概念性的框架,将整个通信功能分成 7 个层次,由低到高依次是物理层、数据链路层、网络层、传输层、会话层、表示层和应用层。各层的功能如下。

(1)物理层(Physical Layer)是参考模型的最底层。主要功能是利用传输介质在通信的网络节点之间建立、管理和释放物理连接,实现比特流的传输,为数据链路层提供数据传输服务,物理层的数据传输单元是比特(bit)或称为位。

(2)数据链路层(Data Link Layer)是参考模型的第二层。主要功能是在物理层提供服务的基础上,在通信实体间进行链路建立、维护和拆除的链路管理,传输以帧(Frame)为单位的数据,并通过差错控制、流量控制等实现点到点之间的寻址和无差错透明传输。

(3)网络层(Network Layer)是参考模型的第三层。主要功能是实现在通信子网内源节点到目标节点之间的分组传送。其基本内容包括路由选择、拥塞控制和网络互联等,是网络体系结构中核心的一层,其传输的基本单元为分组(Packet)或称为数据包。

(4)传输层(Transport Layer)是参考模型的第四层。主要功能是屏蔽其下层面向通信的数据传输细节,为其上层面向用户提供可靠的端到端的数据传送服务,是网络体系结构中关键的一层,其传输的基本单元为数据段(Segment)或称为数据报文。

(5)会话层(Session Layer)是参考模型的第五层。主要功能是负责建立和维护两个节点间的会话连接和数据交换,其传输的基本单元也叫报文(Message),但它与传输层的报文有本质的不同。

(6)表示层(Presentation Layer)是参考模型的第六层。主要功能是负责有关数据表示的问题,主要包括数据格式的转换、数据加密和解密、数据压缩与恢复等功能,其传输的基本单元为报文(Message)。

(7)应用层(Application Layer)是参考模型的最高层。主要功能是为用户的应用程序提供网络各种服务,是用户使用网络功能的接口,其传输的基本单元为报文(Message)。

2)数据的流动

在 OSI 参考模型中,数据传输的整个过程分为 3 个阶段:封装、传输、解封。

(1)当发送端的应用进程需要发送数据到网络中另一台主机的应用进程时,数据首先被传送给应用层,应用层为数据加上本层的控制报头后,传递给表示层。

(2)表示层接收到这个数据单元后,加上本层的控制报头,再传递给会话层。

(3)会话层接收到这个数据单元后,再加上本层的控制报头,传递给传输层。

(4)传输层接收到这个数据单元后,加上本层的控制报头,形成新的协议数据单元——数据段,再传递给网络层。

(5)网络层接收到这个数据单元后,由于网络层的数据长度是受限的,所以将这个数据段分成更小的数据单元——数据分组,再分别加上本层的控制报头,传递给数据链路层。

(6)数据链路层接收到这个分组数据单元后,加上本层的控制报头,形成更适合传输的协议数据单元——数据帧,再传递给物理层。

(7)物理层将数据信息以比特流的方式转换成信号再通过传输介质传送至接收端。

(8)如果不能直接到达目标主机,则会先传送到通信路由设备上进行转发。

(9)当最终到达目标主机时,比特流将通过物理层依次向上层传递。每层对其相应的控制信息进行识别和处理,然后再将去掉该层控制信息的数据提交给上层处理,直至最高层。

数据就这样通过封装、传输和解封,完成了一个发送端到接收端的传输过程,如图 1-24 所示。数据的传输是一个相当复杂的过程,但对于用户来说,这些复杂的处理过程是透明的。

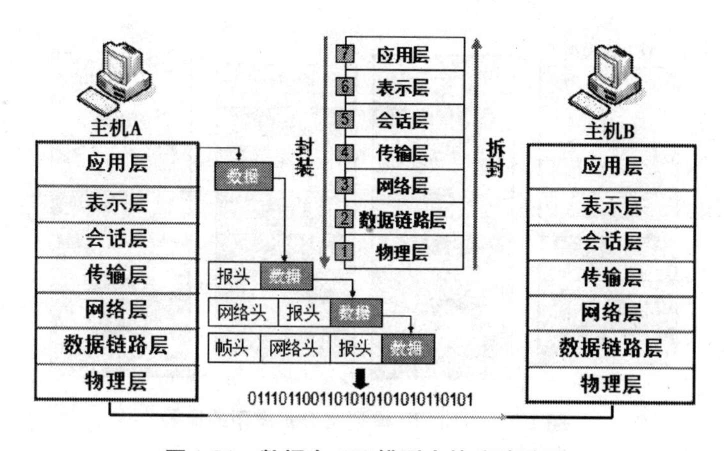

图 1-24　数据在 OSI 模型中的流动过程

4. TCP/IP 参考模型

OSI 参考模型的提出是计算机网络技术发展的一个里程碑,它为网络的标准化提供了一致的框架和前景。但由于 OSI 模型的庞大,协议实现过分复杂,层次划分不太合理等原因,在建立网络时,并没有完全依赖 OSI 参考模型。事实上,伴随 Internet 的飞速发展,基于 TCP/IP 协议的 Internet 网络有着自己的网络体系结构——TCP/IP 参考模型。尽管它不是某一标准化组织提出的正式标准,但这种体系结构目前已被公认为事实上的网络标准。

TCP/IP 是一组通信协议的代名词,这组协议使任何具有网络设备的用户能访问和共享 Internet 上的信息,其中最重要的协议是传输控制协议 TCP 和网际协议 IP。TCP 和 IP 是两个独立且紧密结合的协议,负责管理和引导数据信息在 Internet 上进行传输。两者使用专门的报头定义每个报文的内容。TCP 协议负责和远程主机的连接,IP 协议负责寻址,将报文发送到其该去的地方。

1)TCP/IP 的版本

TCP/IP 发展到现在,一共出现了 6 个版本,目前使用的主要是第 4 个版本,它的网络层协议 IP 一般记做 IPv4。随着网络的发展,IPv4 也出现了一些如地址匮乏,地址类型复杂以及安全方面的问题。第 5 个版本是基于 OSI 模型提出的,由于层次变化太大,代价太高,因此未形成标准。第 6 个版本的网络层协议记做 IPv6,也称为 IPng,其地址空间、数据完整性、保密性与实时语音、视频等方面都有很大的改进,是 IP 发展的趋势。

2)TCP/IP 的特点

TCP/IP 有以下特点。

(1)开放的协议标准。可以免费使用,并且独立于特定的计算机硬件与操作系统。

(2)统一分配网络地址。使整个 TCP/IP 设备在网络中具有唯一的 IP 地址。

(3)适应性强。可适用于局域网、广域网以及 Internet。

(4)标准化的高层协议。可为用户提供多种可靠的网络服务。

3)层次与功能

TCP/IP 模型与 OSI 模型类似,也是分层体系结构,但比 OSI 参考模型的层数少,一般为 4 层,由低到高依次是网络接口层、互联层、传输层和应用层。两个模型的比较如图 1-25 所示。

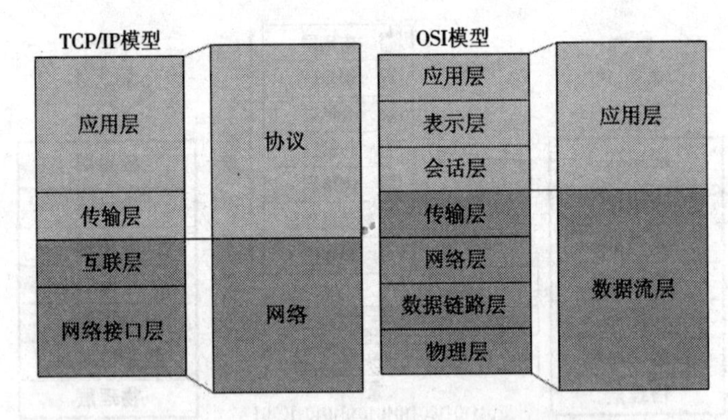

图 1-25 TCP/IP 模型与 OSI 模型的比较

(1)网络接口层(Network Interface Layer)是 TCP/IP 模型的最底层,又称网络访问层。功能对应 OSI 模型的物理层和数据链路层。负责接收从互联层发来的 IP 数据包,并将 IP 数据包通过底层物理网络发送出去;或者从底层物理网络上接收数据帧,抽取出 IP 数据包交换给互联层。TCP/IP 标准没有定义具体的网络接口协议,而是提供灵活性,以适应各种网络类型,如 LAN、MAN 和 WAN,这也说明了 TCP/IP 可以运行在任何网络上。

(2)互联层(Internet Layer)是 TCP/IP 模型的第二层,又称网际层。功能对应 OSI 模型的网络层。负责处理来自传输层的报文,将报文形成数据分组(IP 数据包),并为该数据包进行路径选择,进行流量及拥塞控制等,最终将数据包从源主机发送到目标主机,并可以实现跨网传输。最常用的协议是 IP,其他协议用来协助 IP 协议的操作。

(3)传输层(Transport Layer)是 TCP/IP 模型的第三层,又称主机到主机层。功能对应

OSI 模型的传输层。负责主机到主机之间的端到端通信，确保源主机传送的数据正确到达目标主机。传输层定义了 TCP 和 UDP 两种协议来进行数据传送。

（4）应用层（Application Layer）是 TCP/IP 模型的最高层，功能对应 OSI 模型高三层（会话层、表示层和应用层）。负责为用户提供各种网络服务。

4）各层的主要协议

TCP/IP 实际上是一个协议栈或协议簇，用来将主机和通信设备组成 TCP/IP 网络，TCP/IP 可以为各种各样的应用提供服务，也可以连接到各式各样的网络，如图 1-26 所示。

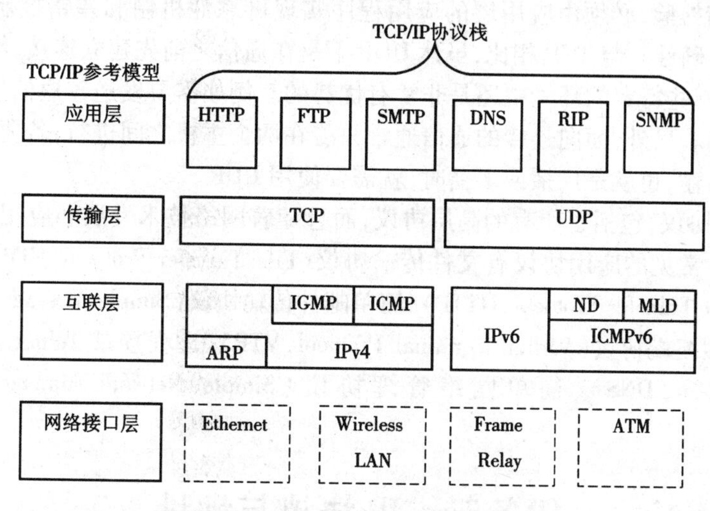

图 1-26　TCP/IP 参考模型与协议栈

（1）网络接口层协议，主要包括各种物理网络协议，如以太网（Ethernet）、令牌环网（Token Ring）、帧中继（Frame Relay）、ISDN 和分组交换网 X. 25 等。当各种物理网络作为传送 IP 数据帧的通道使用时，可以认为是属于网络接口层的范畴。

（2）互联层协议，主要包括 IP、ICMP、ARP 和 RARP。

①IP（Internet Protocol）：网际协议，是 TCP/IP 的核心协议，规定互联层数据分组的格式。IP 的任务是对数据进行相应的寻址和路由，并从一个网络转发到另一个网络。IP 在每个发送的数据包前加入一个控制信息，其中包含了源主机的 IP 地址、目标主机的 IP 地址和其他一些控制信息。

②ICMP（Internet Control Message Protocol）：Internet 控制消息协议，提供网络控制和消息传递功能。例如，如果某台设备不能将 IP 数据包转发到另一网络，就向发送数据包的源主机发送一个消息，并通过 ICMP 解释这个错误。

③ARP（Address Resolution Protocol）：地址解释协议，将逻辑地址（IP 地址）解析成物理地址（MAC 地址）。

④RARP（Reverse Address Resolution Protocol）：反向地址解释协议，将物理地址解析成逻辑地址。

网络中的主机之间在通信时，必须要知道彼此的物理地址。ARP 和 RARP 的作用就是将源主机和目标主机的 IP 地址与它们的 MAC 地址相匹配。

（3）传输层协议，主要包括 TCP 和 UDP。

①TCP(Transmission Control Protocol):传输控制协议,是面向连接的可靠传输层协议。所谓面向连接是指在实际发送数据之前先建立一条收发双方的逻辑连接,以提供数据传输的可靠性保障。TCP 将源主机应用层的数据分成多个分段,然后将每个分段传送到互联层,互联层将数据封装为 IP 数据包,并发送到目标主机。目标主机的互联层将 IP 数据包中的分段传送给传输层,再由传输层对这些分段进行重组,还原成原始数据,传送给应用层。TCP 还要完成流量控制和差错检验的任务,以提供可靠的数据传送。

②UDP(User Datagram Protocol):用户数据报协议,是面向无连接的不可靠传输层协议。UDP 不进行差错检验,必须由应用层的应用程序实现可靠性机制和差错控制,以保证端到端的数据传输正确性。与 TCP 相比,虽然 UDP 不是在通信之前先建立连接,然后再传输,显得不可靠,但在一些特定的环境中还是非常有优势的。例如需要发送较短信息,则不值得花费代价建立连接。另外,面向连接的通信通常只能在两个主机之间进行,若要实现一对多或多对多的数据传输,也就是广播或多播时,就需要使用 UDP。

(4)应用层协议,包括了所有的高层协议,而且随着网络技术发展和应用的增加不断有新的协议加入。常见的应用协议有文件传输协议(File Transfer Protocol,FTP)、超文本传输协议(Hyper Text Transfer Protocol,HTTP)、简单邮件传输协议(Simple Message Transfer Protocol,SMTP)、虚拟终端协议(Virtual Terminal Protocol,VTP)、远程登录 Telnet、域名系统(Domain Name System,DNS)、简单网络管理协议(Simple Network Management Protocol,SNMP)等。

任务三 IP 协议与地址

1. IP 协议

1)IP 协议的特点

(1)IP 是一种不可靠的、面向无连接的数据报传输协议。无连接意味着 IP 并不维护 IP 数据报发送后的任何状态信息,它不能保证数据报的可靠投递,只是尽力而为,IP 本身没有能力证实数据报是否被正确接收。数据报可能在线路延迟、路由错误或数据报分片与重组等过程中受损,但 IP 不检测这些错误,当发生错误时就丢弃该数据报。对于传输可靠性要求高的应用,网络层采用 IP,传输层就采用 TCP。

(2)IP 协议对传输层屏蔽了低层物理网络实现的细节。在互联的网络中,可能是广域网,也可能是城域网或局域网,它们的物理层、介质访问控制子层的协议可能是不同的,也就是说这些物理网络协议在帧格式、地址格式及差错恢复机制等细节方面有很大差异。TCP/IP 使用 IP 数据报来统一不同的物理网络的帧,这样就可以屏蔽低层物理网络在帧格式与地址上的差异,使网络的互联和通信变得更易于实现。

(3)IP 协议可以实现信息的跨网传输。在 Internet 中,数据报传送有直接传送和间接传送两类。若数据报的源主机和目标主机在同一网络内,则采用直接传送方式。若不在同一网络内,则通过路由器的转发进行间接传递,这样就可以实现数据报的跨网传输。

(4)IP 协议使用统一的、全局的地址描述法。IP 协议提供了一种 Internet 通用的地址格式,用于屏蔽各种物理网络的地址差异,即 IP 地址。IP 地址由 IP 管理机构进行统一管理和分配,保证互联网上运行的设备不会产生地址冲突,保证信息能正常跨网传输。

2)IPv4

当前使用的IPv4协议是20世纪70年代末期设计和提出的,尽管取得了巨大的成功,但随着Internet规模和网络技术的发展,IPv4逐渐暴露出地址数量不足、报头过于复杂、不易扩充、缺少安全与保密机制等不足和局域性,其中以地址不能满足分配的问题最为突出。

早在1993年,研究人员即宣布现有的IPv4版本的地址将在20世纪末被全部分配完毕,但直至今天我们仍然可以通过正常途径申请获得部分IP地址(以C类地址为主)。这是因为当研究人员发现这个问题的同时,也提出了一些办法来尽可能地延缓这件事情的发生,这些措施主要包括:①采用无类域间路由(CIDR),使IP地址的分配更加合理;②采用网络地址转化(NAT)技术,节省IP地址的使用;③采用具有更大地址空间的IPv6协议地址。虽然前两种措施已被广泛采用,但却不能从根本上解决IP地址将要耗尽的问题。因此,人们期盼着IPv6的早日普及,只有它才是解决问题的根本办法。

3)IPv6

IPv6和IPv4一样,仍是无连接的传输协议,与IPv4地址不兼容,但却兼容网络层之上的协议。其主要特点如下。

(1)拥有更大地址空间。IPv6将地址长度从4版本的32位增加到128位,同时还对IP主机可能获得的不同类型地址做了一些调整。目前全球联网设备已分配的地址仅占IPv6地址空间中极小的一部分,IPv6有足够的地址空间余量供未来的发展使用,这就彻底解决了IP地址不够用的问题。

(2)简化了报头格式。IPv6使用固定长度为40字节的报头格式,称为基本头部,只包含8个字段,并取消了校验功能,这就加快了路由的处理速度。

(3)改进了扩展选项。IPv6定义了许多可选的扩展头部,把4版本的选项功能放在可选的扩展头部中,不仅可提供比4版本更多的功能,还可以提高路由效率。

(4)支持网络资源的预分配。支持主机面向实时的视频传输等带宽和延时较高的应用。

(5)允许协议扩充。IPv6允许协议增加新的内容,以适应未来技术的发展。

(6)加入身份验证和保密机制。IPv6全面支持IPSec(IP Security),使用了两种安全性扩展,IP身份验证头信息(AH)和IP封装安全性程序(ESP)。

4)IPv4到IPv6的过渡

由于现有Internet上多数路由器还在使用4版本IP做路由,要在短期内实现4版本到6版本的转变是不现实的。因此,IPv4到IPv6的过渡只能采用循序渐进的方式,同时还必须能向后兼容,能路由和转发IPv4的分组。目前,常用双协议栈技术和隧道技术来实现过渡策略。

双协议栈技术是指在完全过渡到IPv6之前,使一部分主机和路由器同时安装IPv4和IPv6两个协议。同时,主机和路由器必须同时具有两种IP地址,即一个IPv4地址和一个IPv6地址。这种装有两种协议的主机和路由器既可以使用IPv4通信,也能使用IPv6通信。但是,双协议栈主机仍需使用域名系统DNS来确定目标主机的地址类型。

隧道技术是在IPv6的数据报进入IPv4网络前,把IPv6数据报作为数据部分整个封装成IPv4数据报,就像把信装进信封一样,然后IPv6数据报就可以在IPv4的网络中进行传输了。当IPv4数据报离开IPv4网络时,再将原来的IPv6数据报交给主机的IPv6协议栈处理。这种方法就像在 IPv4 网络中开了一个专门传输 IPv6 数据报的隧道一样，所以叫隧道技术。

由于 IP 协议是网络层的核心协议，所以它的转变会比较缓慢。在未来的时间里，IPv4 和 IPv6 将同时并存、相互作用一段时间，但从 IPv4 过渡到 IPv6 已成为网络发展的必由之路，IPv6 的发展将使用户感受到新技术带来的全新服务，并在下一代网络中发挥巨大作用。

2. IPv4 地址

1) IP 地址的组成与表示

IP 地址是网络上任一设备用来区别于其他设备的标志，不可争用。目前采用的 IP 地址的编址方案是 IPv4 版本。根据 TCP/IP 的规定，IP 地址用 4 个字节共 32 位二进制数表示，由网络号和主机号两部分组成，其中网络号用来标志互联网中的一个特定网络；主机号用来标志该网络中主机的一个特定连接，如图 1-27 所示。

网络号(NetID)	主机号(HostID)

图 1-27　IP 地址的组成

其表示方法主要有点分十进制法和后缀标记法两种。

(1) 点分十进制法。将每个字节的二进制数转化为 0 ~ 255 之间的十进制数，各字节之间采用“.”分隔。例如：11000000101010000000111100001010 可表示为 192.168.15.10。

(2) 后缀标记法。在 IP 地址后加“/”，“/”后的数字表示网络号位数。例如：129.16.7.31/16，其中 16 表示网络号占 16 位。

2) IP 地址的分类

为适应不同大小的网络，Internet 定义了 5 种类型的 IP 地址，即 A、B、C、D、E 类，使用较多的是 A、B、C 类，D 类用于组播，E 类为保留使用的地址。5 类 IP 地址的构成情况如图 1-28 所示。

<table>
<tr><th rowspan="2">位</th><th colspan="8">第一个字节</th><th>第二个字节</th><th>第三个字节</th><th>第四个字节</th></tr>
<tr><th>0</th><th>1</th><th>2</th><th>3</th><th>4</th><th>5</th><th>6</th><th>7</th><th>8……15</th><th>16……23</th><th>24……31</th></tr>
<tr><td>A类</td><td>0</td><td colspan="7">网络地址(数目少)，占7位</td><td colspan="3">主机地址(数目多)，占24位</td></tr>
<tr><td>B类</td><td>1</td><td>0</td><td colspan="7">网络地址(数目中等)，占14位</td><td colspan="2">主机地址(数目中等)，占16位</td></tr>
<tr><td>C类</td><td>1</td><td>1</td><td>0</td><td colspan="7">网络地址(数目多)，占21位</td><td>主机地址(数目少)，占8位</td></tr>
<tr><td>D类</td><td>1</td><td>1</td><td>1</td><td>0</td><td colspan="7">组播地址(Multicast)，占28位</td></tr>
<tr><td>E类</td><td>1</td><td>1</td><td>1</td><td>1</td><td>0</td><td colspan="6">保留使用</td></tr>
</table>

图 1-28　IP 地址的构成情况

(1)A 类地址。用于支持特大型网络,第一个字节的第一位为“0”,其余 7 位表示网络号;第二、三、四个字节共计 24 个比特位,用于表示主机号,如图 1-29 所示。

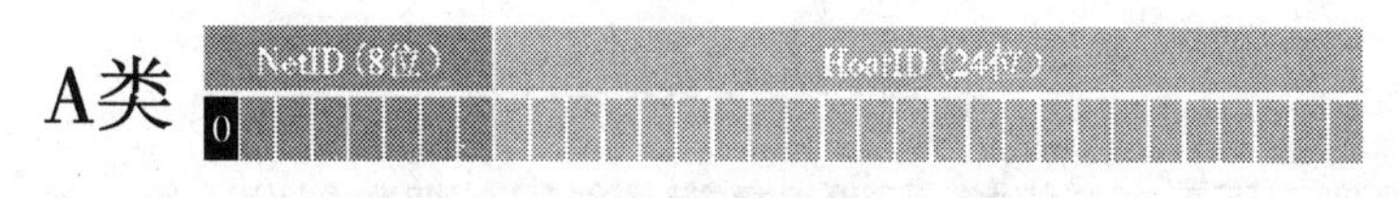

图 1-29　A 类地址构成

通过网络号和主机号的位数,可以知道 A 类地址的网络数为 2^7(128)个,每个网络包含的主机数为 2^{24}(16 777 216)个,A 类地址的范围是 0.0.0.0 ~ 127.255.255.255,如图 1-30 所示。

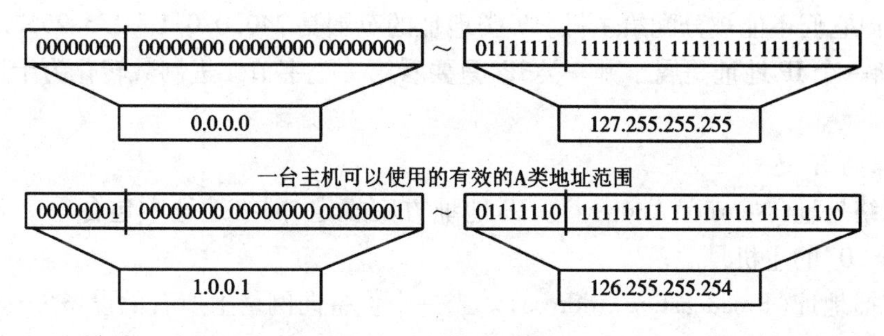

图 1-30　A 类地址范围

由于网络号 0 和 127 被保留用于特殊目的,所以 A 类地址的有效网络数为 2^7-2(126)个,其范围为 1 ~ 126。另外,主机号全为 0 和全为 1 也有特殊作用,所以每个网络号包含的主机数目应该是 $2^{24}-2$(16 777 214)个。因此,一台主机能够使用的 A 类地址的有效范围是 1.0.0.1 ~ 126.255.255.254。

(2)B 类地址。用于支持大中型网络,前两位为“10”,剩下的 6 位和第二个字节的 8 位共 14 个比特位用来表示网络号;第三、四个字节共计 16 个比特位,用于表示主机号,如图 1-31 所示。

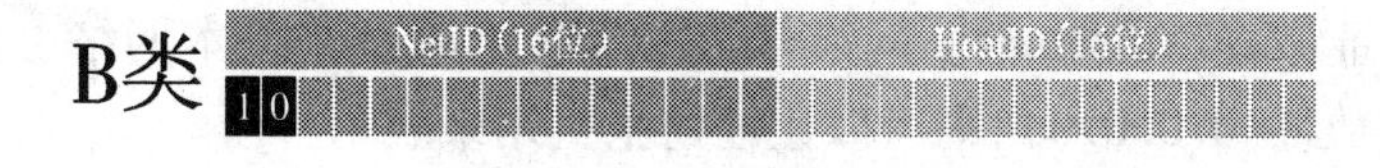

图 1-31　B 类地址构成

B 类地址的网络数为 2^{14} 个,每个网络包含的主机数为 2^{16} 个(实际有效的主机数是 $2^{16}-2$),由于主机号全为 0 和全为 1 有特殊作用,所以 B 类地址的有效范围是 128.0.0.1 ~ 191.255.255.254。

(3)C 类地址。用于支持大量的小型网络,前三位为“110”,剩下的 5 位和第二、三个字节的 16 位共 21 个比特位用来表示网络号;第四个字节共计 8 个比特位,用于表示主机号,如图 1-32 所示。

C 类地址的网络数为 2^{21} 个,每个网络包含的主机数为 2^8 个(实际有效的主机数是 2^8-2),由于主机号全为 0 和全为 1 也有特殊作用,所以 C 类地址的有效范围是 192.0.0.1 ~ 223.255.255.254。

图 1-32　C 类地址构成

(4)D 类地址。用于支持组播,所谓组播就是能同时把数据发送给一组主机,只有那些已经登记可以接收组播地址的主机才能接收组播的数据包。D 类地址第一个字节前四位为"1110"。它是一类专门用途的地址,并不指向特定网络。D 类地址的范围是 224.0.0.1 ~ 239.255.255.254。

(5)E 类地址。第一个字节前四位为"1111"。E 类地址是为将来预留的,同时也用于实验目的,但它们不能被分配给主机。E 类地址的范围是 240.0.0.1 ~ 255.255.255.254。

要判断一个 IP 地址是属于哪一类 IP,只要看第一个字节二进制数转化为十进制数后的数值即可。

3)特殊的 IP 地址

(1)网络地址(Network Address)。IP 地址方案规定,网络地址中包含一个有效的网络号和一个全"0"的主机号。

(2)广播地址(Broadcasting Address)。当一个设备向网络上所有的设备发送数据时,就产生了广播。为了使网络上所有设备能够注意到这样一个广播,必须使用一个可进行识别和侦听的 IP 地址。IP 地址方案规定,主机号为全"1"的 IP 地址是保留给广播使用的。其中又分为包含一个有效的网络号和一个全"1"的主机号的直接广播(Directed Broadcasting)和 32 位全为"1"的全网广播(Limited Broadcasting)。

(3)回送地址(Loopback Address)。任何一个以 127 开头的 IP 地址(127.0.0.1 ~ 127.255.255.255)都是回送地址,也叫回环地址。用于网络软件测试以及本地主机进程间通信。在每个主机上对应于 IP 地址 127.0.0.1 都有个接口,称为回送接口。IP 地址方案规定,无论什么程序,一旦使用回送地址发送数据,协议软件不进行任何网络传输,立即将其返回。

(4)"零"地址(Zero Address)。网络号为"0"的 IP 地址是指本网络上的某台主机。而 32 位全为"0"的地址(0.0.0.0),则可以让任何主机用来表示自己。

(5)特殊用途地址。特殊测试用途的 IP 地址,如 169.254.X.X。如果你的主机使用了动态主机设置协议(DHCP)功能自动获得一个 IP 地址,那么当你的 DHCP 服务器发生故障,或响应时间太长而超出了一个系统规定的时间,系统就会为你分配这样一个地址。也就是说它是用于补充 DHCP 服务器功能停止的缺陷而专门设计的一种 IP 地址。

(6)特别保留地址,又称私有地址。它是 IANA(Internet Assigned Numbers Authority)为了满足像企业网、校园网、办公室、网吧等内部网络使用 TCP/IP 协议的需要,将 A、B、C 类地址中的一部分保留出来,作为私有用途的 IP 地址空间。这样既可节省 IP 地址,又可以隐藏内部网络的结构,提高内部网络的安全性。当内部网络使用这类地址接入 Internet 时,它们不会与 Internet 相连的其他使用相同 IP 地址的内部网络发生地址冲突,原因是使用了地址转换技术(NAT)将私有地址转换成合法的公用地址,见表 1-1。

表 1-1　NAT 的 A、B、C 类 IP 地址范围

类别	IP 地址范围	网络 ID	网络数
A	1.0.0.1 ~ 10.255.255.254	10	1
B	172.16.0.0 ~ 172.31.255.254	172.16 ~ 172.31	16
C	192.168.0.1 ~ 192.168.255.254	192.168.0 ~ 192.168.255	256

(7)组播地址。从 224.0.0.0 到 239.255.255.255 都是组播地址。组播地址多用于一些特定的程序,其中 224.0.0.1 特指所有主机,224.0.0.2 特指所有路由器。

4)子网掩码

与 IP 地址一样,子网掩码也是由 32 位二进制数组成,子网掩码不能单独存在,它必须结合 IP 地址一起使用。

子网掩码中用 1 的位数表示 IP 地址中网络号部分和子网号部分,用 0 的位数表示 IP 地址中主机号部分。若没有进行子网划分,则默认的子网掩码数值在各类 IP 地址中的情况如表 1-2 所示。

表 1-2　各类 IP 地址中子网掩码数值

类	二进制	十进制	后缀表示
A	11111111.00000000.00000000.00000000	255.0.0.0	/8
B	11111111.11111111.00000000.00000000	255.255.0.0	/16
C	11111111.11111111.11111111.00000000	255.255.255.0	/24

子网掩码的主要功能如下。

(1)用来将一个网络划分成多个子网。通过子网的划分,使我们对网络的有效管理及范围得到了精确和缩小。划分后,我们得到了更多的网络,所以说管理精确了;但同时每个网络内可支持的主机数量却相对减少了,所以说范围缩小了。

(2)用来区分一个 IP 地址内的网络号和主机号所占的位数,也就是通常我们判断一个 IP 地址属于哪个网络时所用的基本理论。其方法是将 IP 地址和对应的子网掩码做二进制“与”运算,得到的网络号即为该 IP 地址所属的网络或子网。例如:判断主机地址 192.9.168.210/28 处于哪一个网络或子网,如表 1-3 所示。

表 1-3　判断 IP 地址属哪个网络示例

主机地址	11000000.	00001001.	10101000.	11010010
网络掩码	11111111.	11111111.	11111111.	11110000
子网地址	11000000.	00001001.	10101000.	11010000
	192.	9.	168.	208

5)IP 地址的获取方法

一台使用 TCP/IP 协议进行网络连接操作的主机,必须在使用协议之前获取 IP 配置,即

每台主机均需要一个“IP 地址”、一个“子网掩码”和一个“默认网关”。IP 配置内容的获取方法主要有以下两种。

(1)静态指定。它是采用手工配置 IP 地址的方法,使每台主机拥有一个固定不变的 IP 地址。

(2)动态获得。它是采用自动获取 IP 地址的方法,在打开计算机时,由 DHCP 服务器临时分配一个 IP 地址,主机通过这种方法所获取的 IP 地址不是固定的。

3. IPv6 地址

IPv6 地址的长度为 128 位,即有 2^{128} 个 IP 地址,其地址空间是 IPv4 的 2^{96} 倍,足以保证全世界每个人都拥有一个或多个 IP 地址。IPv6 地址有 3 种表示方法:冒号十六进制表示法、零压缩表示法和内嵌 IPv4 的 IPv6 表示法。

1)冒号十六进制表示法

冒号十六进制表示法是 IPv6 首选的、书写形式最长的、最完整的表示方法。这种方法用冒号将 128 位分割成 8 个 16 位的段,每段被转换成一个 4 位十六进制数,并用冒号隔开。即有 8 段,每段 4 位十六进制数,用冒号分割。例如:

2254:cade:23ef:cdae:ad54:cda3:3340:bacd

2)零压缩表示法

零压缩表示法是当 IPv6 地址中有 0 值时的表示方法,具体有以下 3 种情况。

(1)前导压缩法。当 IPv6 地址中存在一个或多个前导 0 的 16 位十六进制字段时,可以使用 16 位字段的前导压缩法。用这种方法表示 IPv6 地址时,每个字段的前导 0 可以简单地去除,以缩短 IPv6 地址的书写长度。但是,如果 16 位字段的每个十六进制数都是 0,则至少要保留一个 0。例如:

0000:0000:0000:0000:0000:0000:0000:0001,可表示为 0:0:0:0:0:0:0:1

(2)双冒号法。若在一个以冒号十六进制的表示法表示的 IPv6 地址中有多个连续的字段的值都是 0,这些 0 可以简记为“::”,表示有多组 16 位零。这种零压缩法又称双冒号法。“::”只能在一个地址中出现一次,可用于压缩一个地址中前导、末尾或相邻的 16 位零。例如:

ace5:1:0:0:0:0:0:36cd,可以表示为 ace5:1::36cd

(3)两种方法结合。将上述两种零压缩表示法相结合,即同时压缩连续的 0 的 16 位字段和压缩 16 位字段中的前导 0,可以缩短 IPv6 地址的书写长度。例如:

0000:0000:0000:0000:0000:0000:0000:0001,可表示为::1

3)内嵌 IPv4 的 IPv6 表示法

这种地址表示法由两部分组成:6 个高 16 位的十六进制数字段和 4 个低 8 位的二进制字段(即 IPv4 地址)。其中,6 个高位字段之间用冒号分隔,后面 4 个低位字段(4 位十进制数)之间用点号分隔,也可以将后面 32 位的 IPv4 地址用 4 位十六进制数字表示。例如:

0000:0000:0000:0000:0000:0000:211.98.168.32,也可表示为 0:0:0:0:0:0:211.98.168.32 或::211.98.168.32

4. 域名地址

1)域名概念

在网络上辨别一台计算机的方式是利用 IP 地址。但是一组 IP 地址数字很不容易记忆,因此,需要为网上的服务器取一个有意义又容易记忆的名字,这个名字就是域名(Domain Name)。

例如百度网站,一般使用者在浏览这个网站时,都会输入 www. baidu. com,而很少有人会记住这台服务器的 IP 地址是多少,就如同我们在称呼朋友时,一定是叫他的名字,而没有人会去叫他的身份证号码。但由于在 Internet 上真正区分主机的还是 IP 地址,所以当使用者输入域名后,浏览器必须先去一台有域名和 IP 地址对应关系的数据库主机中查询这台主机的 IP 地址。而这台被查询的主机称为域名服务器(Domain Name Server),由域名地址转换到 IP 地址的过程称为域名解析服务(Domain Name Resolution Service)。这种由客户端查询到服务器端解析所构成的系统称为域名系统。

2)域名结构

域名结构采用层次化的树状结构。因看似一棵倒挂的树,也称域树结构。其结构分为不同级别,包括根域、顶级域、一级子域、二级子域等,如图 1-33 所示。

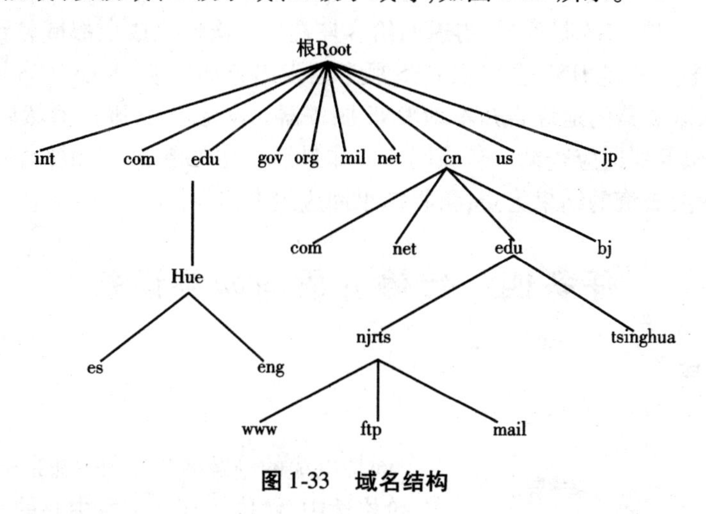

图 1-33 域名结构

其中,根节点仅代表域名命名空间的根,不代表任何具体的域,称为根域(Root)。顶级域的划分采用了两种模式,即组织模式和地理模式。组织模式最初只有 6 个,分别是 com(商业机构)、edu(教育单位),gov(政府部门)、mil(军事单位)、net(提供网络服务的系统)和 org(非商业机构的组织),后来又增加了一个为国际组织所使用的 int;地理模式是指代表不同国家或地区的顶级域,如 cn 表示中国、us 表示美国、uk 表示英国、jp 表示日本、hk 代表中国香港等。

顶级域的管理权被分派给指定的管理机构,各管理机构对其管理的域可继续进行划分,即划分子域并将子域的管理权授予其下属的管理机构,如此层层细分,就形成了层次化的域名结构。

Internet 的域名由因特网网络协会负责网络地址分配的委员会进行登记和管理。全世界现有 3 个大的网络信息中心:InterNIC 负责美国及其他地区,RIPENIC 负责欧洲地区,APNIC 负责亚太地区。中国互联网络信息中心(China Internet Network Information Center,CNNIC)负责管理我国顶级域名 cn,为我国的互联网服务提供商(ISP)和网络用户提供 IP 地址、自治系统 AS 号码和中文域名的分配管理服务。

一台主机的名字由它所属各级域的域名和分配给该主机的名字共同构成。书写的时候，按照由小到大的顺序，顶级域名放在最右边，分配给主机的名字放在最左边，每级名字的长度最多 63 个字符，各级名字之间用圆点“.”分隔，全名总长则不能超过 255 个字符。

3）域名解析

域名解析是指将域名转换成对应的 IP 地址的过程，它主要由 DNS 服务器来完成。DNS 使用了分布式的域名数据库，以层次型结构分布在世界各地，每台 DNS 服务器只存储了本域名下所属各域的 DNS 数据。当客户端需要将某主机域名转换成 IP 地址时，询问本地 DNS，当数据库中有该查询域名记录时，DNS 会直接做出回答。如果没有，本地 DNS 会向根 DNS 服务器发出查询请求。域名解析采用自顶向下的查询方法，从根服务器开始直到最底层的服务器。域名解析的具体实现可采用递归解析和迭代解析两种方式。

（1）递归解析。本地 DNS 服务器会向根 DNS 服务器发出查询请求，根 DNS 服务器向该域之下一层 DNS 服务器查询，该层 DNS 服务器再向其下层 DNS 服务器查询，依次逐层查询，直到获得客户端所要查询的结果为止。将结果逐次向上层 DNS 服务器回传，最后由根 DNS 服务返回给本地 DNS 服务器，再返回给客户端。一次性完成全部域名到 IP 地址变换。

（2）迭代解析。本地 DNS 会向根 DNS 服务器发出查询请求，上层 DNS 服务器会将该域名之下一层授权服务器的地址告知本地 DNS 服务器。本地 DNS 服务器然后向那台 DNS 服务器查询，远方服务器回应查询。若该回应并非最后一层的答案，则继续往下一层查询，直到获得客户端所要查询的结果为止，再将结果回应给客户端。

任务四 传输介质与网络设备

1. 传输介质

1）同轴电缆

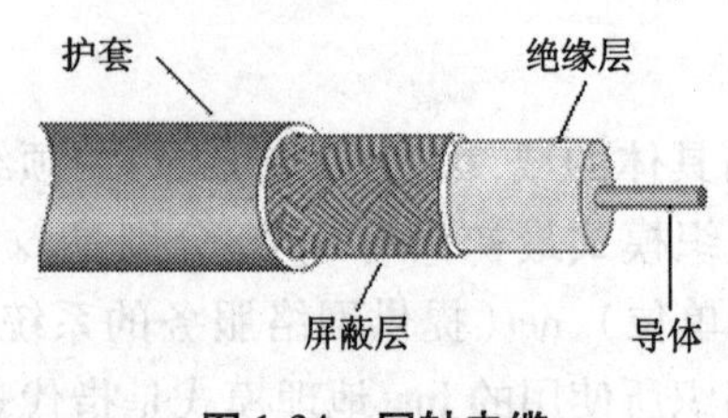

图 1-34 同轴电缆

同轴电缆的绝缘效果很好，频带较宽，数据传输稳定，价格适中，性价比高。它由中心的一根铜质芯线内导体和外面依次包着的绝缘层、网状编织的外导体屏蔽层和塑料保护外层组成，由轴心相同而得名同轴电缆，如图 1-34 所示。

通常按特性阻抗数值的不同，可将同轴电缆分为 50 Ω 基带同轴电缆和 75 Ω 宽带同轴电缆。基带电缆用于传输基带数字信号，是早期计算机网络的主要传输介质；宽带电缆是有线电视系统 CATV 中标准的传输电缆，在这种电缆上传输的信号采用了频分复用的宽带模拟信号。

用于计算机网络的 50 Ω 基带电缆又可按线缆直径不同分为粗缆和细缆。

（1）粗缆用于 10Base－5 以太网，线缆单根最大无中继距离为 500 m，可通过 4 个中继器将 5 段电缆连接，将网络范围扩延至 2 500 m，每段线缆支持的最大节点数为 100 个，但仅其中 3 段可容纳节点。

（2）细缆用于 10Base－2 以太网，线缆单根最大无中继距离为 185 m，也可以通过 4 个中继器将 5 段电缆连接，将网络范围扩延至 925 m，每段线缆支持的最大节点数为 30 个，也是只有其中 3 段可容纳节点。

值得注意的是，使用基带电缆组建网络时，需要在两端连接 50Ω 的反射电阻，又称终端电阻器。同轴电缆组网的其他连接设备,粗缆与细缆也不尽相同。在与粗缆连接时,收发器是外置在电缆上的,要求使用9芯D型AUI接口,网卡上必须带有粗缆连接接口(通常在网卡上有“DIX”字样的标志);在与细缆连接时,收发器是内置在网卡上的,需要BNC接口、T型连接器配合使用,如图1-35所示,网卡上必须带有细缆连接接口(通常在网卡上有“BNC”字样的标志)。

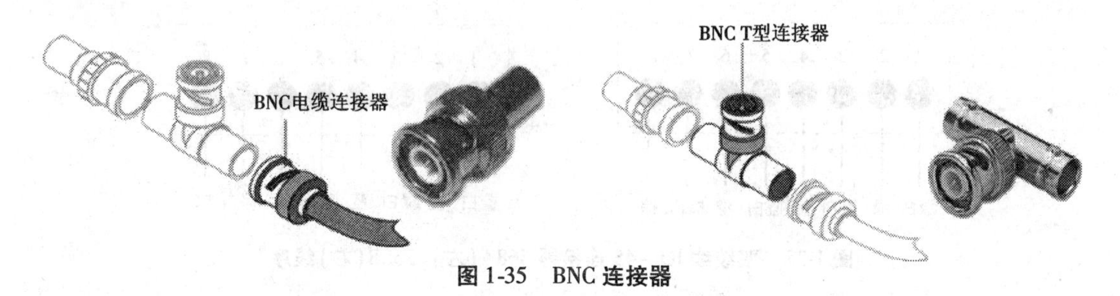

图1-35　BNC连接器

2)双绞线

双绞线是目前使用最广泛、价格最低廉的一种传输介质,由一对或多对绝缘铜导线按一定的密度绞合在一起,其绞合的目的在于抵消相邻线对之间所产生的电磁干扰并减少线缆端接点处的近端串扰,其名称也由此而来。为了便于区分,每根铜导线都有不同颜色的保护层。

通常按照是否具有屏蔽层可分为屏蔽双绞线(Shielded Twisted Pair,STP)和非屏蔽双绞线(Unshielded Twisted Pair,UTP)。与UTP相比,STP采用了良好的屏蔽层,因此抗干扰性更好。目前美国电子工业协会/美国电信工业协会(EIA/TIA)为双绞线定义了6种不同的型号,分别为CAT1(一类线)、CAT2(二类线)、CAT3(三类线)、CAT4(四类线)、CAT5(五类线)和CAT6(六类线)。由于双绞线结构简单、安装方便、价格便宜,所以市场应用相当广泛,而且有一种速率和性能介于五类和六类线之间的双绞线更是受到用户的青睐,它就是CAT5e(超五类线)。

双绞线既可以传输模拟信号,也可以传输数字信号。计算机网络中使用的双绞线一般由4对铜芯线绞合在一起,有8种不同的颜色,分别是橙白、橙、绿白、绿、蓝白、蓝、棕白、棕。它适合用于较短距离的信息传输,当距离较远时需要通过中继设备扩延范围,线缆最大单根无中继距离为100 m。使用双绞线组建网络,双绞线与网卡、双绞线与集线器的接口叫RJ-45连接器,俗称水晶头。水晶头由8个金属片和塑料构成,当金属片面对我们时,引脚序号从左至右依次为1、2、3、4、5、6、7、8,如图1-36所示。

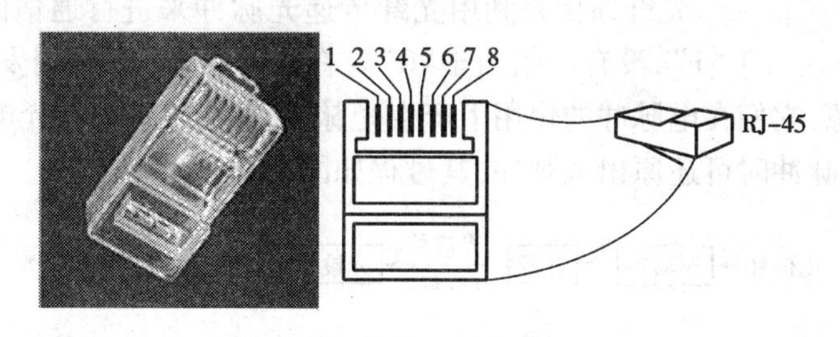

图1-36　RJ-45水晶头

根据 EIA/TIA 接线标准，双绞线与 RJ－45 接头连接时需要 4 根导线通信，两条用于发送数据，另外两条用于接收数据。RJ－45 接口的制作有两种标准：EIA/TIA 568A 和 568B，如图 1-37 所示。

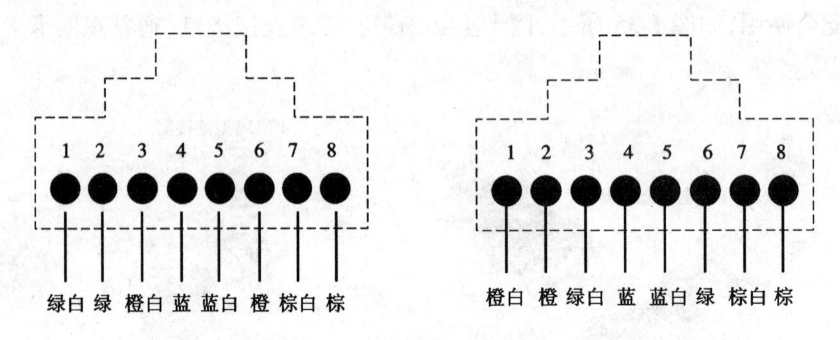

图 1-37 双绞线 RJ－45 连接器 568A(左)、568B(右)线序

对于 RJ－45 连接器及与之对应的 RJ－45 端口在设备中都有固定的标准，而且这个标准是唯一的。也就是说，哪几个引脚发送数据，哪几个引脚接收数据，对于不同的设备来说都是固定的。

由此可见，双绞线在制作时对线序是有不同要求的，按不同标准制作后的双绞线的用途也不相同。根据线序的排列不同所制作的双绞线主要分为两种，一种是线缆两端均使用同一标准(568A 到 568A，或 568B 到 568B)的直通线，这种双绞线主要用于交换机与计算机网卡之间的连接，是用户端连接 Internet 时经常使用的线缆线序；另一种是线缆两端采用不同标准(568A 到 568B)的交叉线，这种双绞线主要用于两台相同类型的设备之间的连接，例如交换机与交换机之间或网卡与网卡之间的连接，是在特殊条件下使用的特殊线缆线序。

无论是何用途的双绞线，在制作时需要使用的工具主要有压线钳和电缆测线仪等。

3)光纤

光纤是新一代的传输介质，是光导纤维的简称。与铜质介质相比，光纤具有一些明显的优势。因为光纤不会向外界辐射电子信号，所以使用光纤介质的网络无论是安全性、可靠性，还是传输速率等网络性能方面都有了很大的提高。

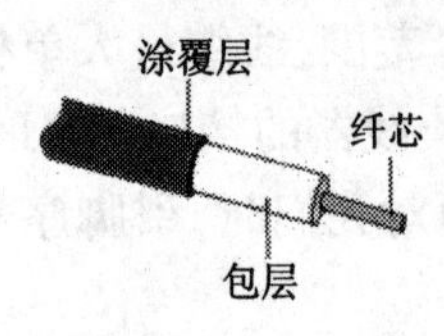

图 1-38 光纤

光纤由能传导光波的纯石英玻璃棒拉制而成的纤芯、紧靠纤芯的包层和外面的涂覆层所组成，如图 1-38 所示。基于光的全反射原理，光波在光纤与包层界面形成全反射，从而使光信号被限制在光纤中向前传输。

光纤通信是利用光纤传递光脉冲来进行通信的，有光脉冲相当于“1”，没有则相当于“0”。在发送端，可以采用发光二极管或半导体激光器作为光源，它们在电脉冲的作用下产生光脉冲，在接收端利用光电二极管作为光检测器，在检测到光脉冲时可还原出电脉冲，其过程如图 1-39 所示。

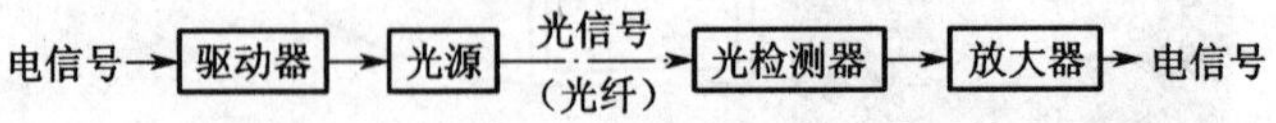

电信号 → 驱动器 → 光源 —光信号(光纤)→ 光检测器 → 放大器 → 电信号

图 1-39 光纤通信

光纤具有高宽带、高数据传输速率、抗干扰能力强、传输距离远等优点，但是它的成本高并且连接技术比较复杂，主要用于长距离的数据传输和网络的主干。常用的3个频段的中心波长分别为0.85 μm、1.3 μm和1.55 μm。根据使用的光源和传输模式的不同，光纤可分为多模光纤和单模光纤两种。

(1)多模光纤(MMF)采用发光二极管作为光源，其定向性较差。当纤芯的直径比光波波长大很多时，由于光束进入芯线中的角度不同，而传播路径也不同，这时，光束是以多种模式在芯线内不断反射而向前传播，如图1-40(a)所示。多模光纤的传输距离一般在2 km以内。

(2)单模光纤(SMF)采用注入式激光二极管作为光源，激光的定向性较强。单模光纤的纤芯直径一般为几个光波的波长，当激光束进入纤芯中的角度差别很小时，能以单一的模式无反射地沿轴向传播，如图1-40(b)所示。

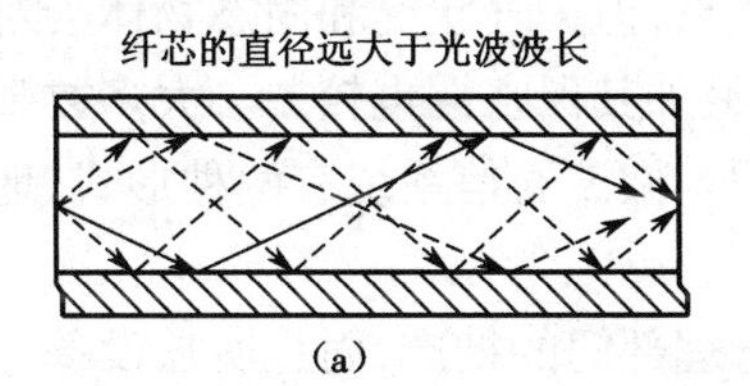

(a)

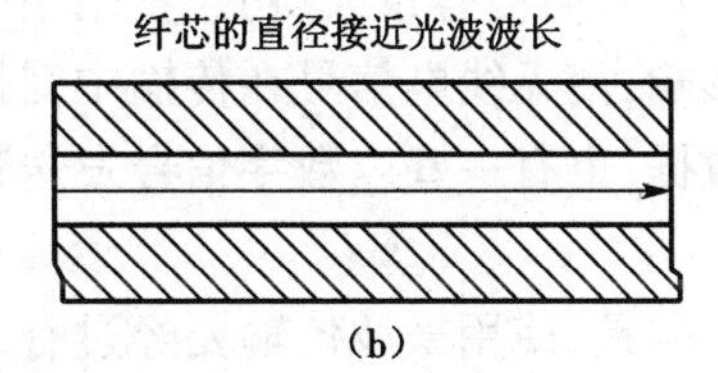

(b)

图1-40　多模光纤和单模光纤

(a)多模光纤；(b)单模光纤

光纤的规格通常用纤芯与反射包层的直径比值来表示，如62.5/125 μm、50/125 μm、8.3/125 μm。其中8.3/125 μm的光纤只用于单模传输。单模光纤的传输率较高，但比多模光纤更难制造，价格也更高。

光纤跳线两端的插接件称为光纤插头，常用的光纤插头主要有SC和ST两种规格。一般用于网络设备端连接的是SC插头，而用于配线架端连接的是ST插头，如图1-41所示。最直观的区别方法就是SC是方形头，而ST是圆形头。

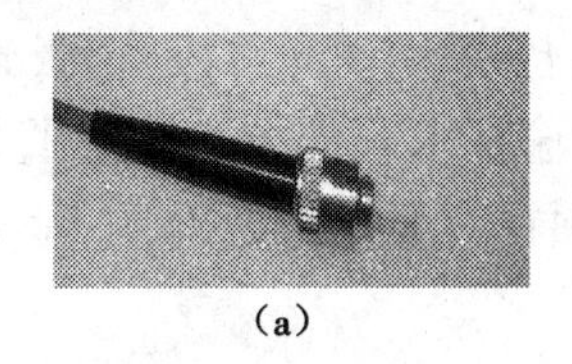

(a)

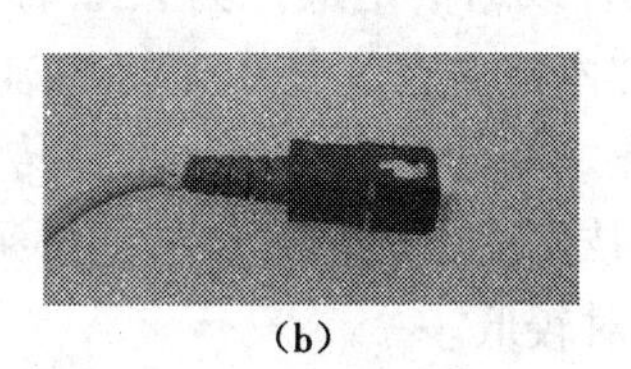

(b)

图1-41　光纤连接插头

(a)ST接头外形；(b)SC接头外形

4)无线介质

无线传输是以宇宙空间为传输媒体的信道。目前，用于数据通信的无线介质与无线技术主要有无线电波、微波和红外线。

(1)无线电波。频率范围在30 kHz～30 000 MHz之间的电磁波被称为无线电波，它所对应的波长为10 km～0.1 mm。根据电波的波长，无线电波又被分为长无线电波、中无线电波和短无线电波，简称长波、中波或短波。长波波段主要用于远距离通信，如航海导航、气象预报等；中波波段常用于广播，同时也可用于空中导航；短波波段主要用于电报通信、广播等。

目前,在 802.11 系列无线局域网中所使用的传输介质即为无线电波,主要使用 2.4 GHz 的电波频段。802.11b 工作在 2.4 GHz 频段,最大传输带宽 11 Mbps。802.11a 工作在 5.8 GHz 的电波频段,最大传输带宽 54 Mbps。

蓝牙(Bluetooth)是使用无线上网的另一种技术,目前也使用无线电波中的 2.4 GHz 电波频段,但其传输距离很短,仅在 10 m 以内,传输速率也较慢,仅限于 1 ~ 2 Mbps,但随着技术的发展,其传输性能还会得到进一步的提高。

(2)微波。微波的频率范围很广,其载波频率范围可为 2 MHz ~ 40 GHz,可同时传输大量数据。微波通信在数据通信中占有重要地位,例如两个带宽为 2 MHz 的频带可容纳 500 多条语音线路。如果用来传输数字信号,其传输速率可达若干 Mbps。微波通信也可与有线通信结合使用。

微波通信具有通信容量大、初建费用小等优点,但大气状况和固态物体会对微波通信系统产生不良影响,使无线电信号在传输中受损,另外其保密性也较差。大多数微波系统以模拟信号发送数据,也有一些以数字信号发送数据。微波通信系统有两种形式:地面系统和卫星系统。

需要注意的是,使用微波传输要经过有关管理部门的批准,而且所需设备也需要得到有关部门允许才能使用。

微波是直线方式传播,由于地球表面是一个曲面,因此微波在地面传播时其传播距离受到限制,一般只有 50 km 左右。为了实现远距离通信,必须在两个终端之间增加若干个中继站。中继站把来自前一站的信息经过放大后再送到下一站。通过这种“接力”通信的方式可以传输电话、电报、图像、数据等信息。目前,利用微波通信所建立的计算机网络正在日益增多。

此外,在基于微波的长途通信中,人们经常借助于通信卫星来实现微波信号的中继,这种方式被称为卫星通信,此时需要使用多个卫星作为微波中继站。

(3)红外线。红外线通信是最广为人知的无线传输方式,它不受电磁干扰和射频干扰的影响。红外传输技术建立在红外线光的基础上,采用发光二极管、激光二极管或光电二极管来进行站点与站点之间的数据交换。红外传输技术既支持点到点通信,也可以广播式通信。但是,红外传输技术要求通信站点之间必须在直线视距之内,中间不能有或尽量少遮挡物,数据传输速率相对较低。

(4)蜂窝无线通信。蜂窝无线通信主要用于移动通信。早期的移动通信系统采用大区制的强覆盖模式,即建立一个无线电台基站,架设很高的天线塔,使用很大的发射功率,覆盖范围可以达到 30 ~ 50 km。大区制的优点是结构简单、不需要交换,但频道数量较少,覆盖范围有限。为了提高覆盖区域的系统容量和充分利用频率资源,人们提出了小区制的概念。

所谓小区制是指将一个大区制覆盖的区域划分成多个小区,每个小区中设立一个基站,通过基站在本区的用户移动终端之间建立通信。小区覆盖的半径较小,一般为 1 ~ 20 km,因此可以用较小的发射功率实现双向通信。

由若干彼此相邻的小区构成的覆盖区叫做区群。由于区群的结构酷似蜂窝,因此人们将小区制移动通信系统叫做蜂窝移动通信系统。区群中各小区的基站之间可以通过电缆、光缆或微波链路与移动交换中心连接。移动交换中心通过线路与市话交换局连接,从而构成了一个完整的蜂窝移动通信的网络结构。这样,由多个小区构成的通信系统的总容量将大大提高。

在无线通信网中,任一用户发送的信号都是广播的,均能被其他用户接收,所以网中用户如何能从接收的信号中识别出本地用户地址,就要用到多址接收技术。在蜂窝移动通信系统中,多址接入方法主要有 3 种:频分多址接入(FDMA)、时分多址接入(TDMA)与码分多址接入(CDMA)。

第一代移动通信是模拟方式,即用户的语音信息的传输采用模拟语音方式。第二代移动通信是数字方式,它涉及语音信号的数字化与数字信息的处理、传输问题。第三代移动通信是基于现有的和正在开发的各种通信技术,充分发挥地面移动通信网、卫星移动通信网和固定通信网的互联,组成一个可供个人通信服务的全球无缝覆盖的通信网络。

2. 网络设备

1)中继器

中继器(Repeater,RP)是连接网络线路的一种设备,常用于两个网络节点之间物理信号的双向转发工作。由于存在损耗,在线路上传输的信号功率会逐渐衰减,衰减到一定程度时将造成信号失真,因此会导致接收错误。中继器就是为解决这一问题而设计的。它完成物理线路的连接,对衰减的信号进行放大,保持与原数据相同,以此来实现网络传输距离的扩延,如图 1-42 所示。

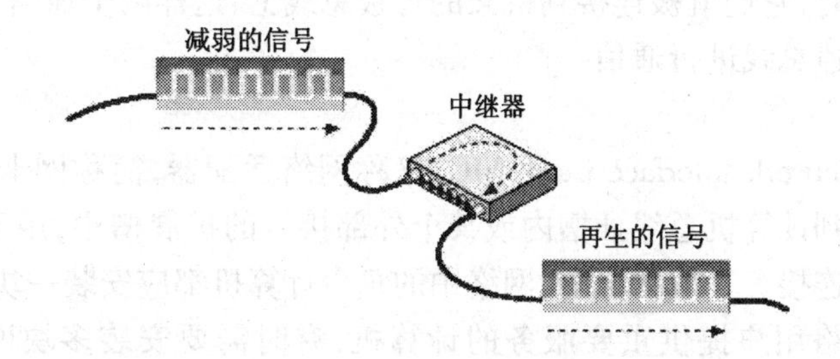

图 1-42　中继器的功能

中继器是最简单的网络互联设备,工作在 OSI 的物理层,主要完成物理层的功能,中继器只是把比特流从一个电缆段“复制”到另一个电缆段上,完成信号的复制、调整和放大功能,不具备检查错误和纠正错误的功能,甚至会将错误也传入另一段电缆,有时还会引起一些传输延迟,用中继器互联起来的网段仍然还是一个网段。

需要注意的是使用中继器连接的以太网不能形成环形,而且不能无限制使用,原则上,一个以太网最多使用 4 个中继器,连接 5 段电缆。

2)集线器

集线器(HUB),也是很常见的一种价格低廉、使用简便的网络互联设备,如图 1-43 所示。它和中继器一样,工作在 OSI 的物理层。事实上,集线器本质上就是多端口的中继器,基于集线器连接的网络可以是星形拓扑,但在集线器内部,各端口都是通过背板总线连接在一起的,在逻辑上仍然还是一个共享的总线结构。

图 1-43　HUB

集线器本身不能识别目的地址,采用广播方式向所有节点发送。在这种方式下很容易造成网络堵塞,因为接收数据的一般来说只有一个终端节点,而现在对所有节点都发送,那么绝大部分数据流量是无效的,这样就造成整个网络数据传输效率相当低。另一方面由于所发送的数据包每个节点都能侦听到,那显然就不会很安全了,容易出现一些不安全因素。

集线器通常提供 RJ-45、BNC 和 AUI 三种端口,以适用于不同种类的电缆组建网络的需要。此外,一些高档集线器还提供光纤端口或其他类型的端口。

根据集线器端口所提供数据传输速率的不同,可分为 10M 集线器、100M 集线器和 10/100M 自适应集线器。另外,根据外形尺寸及扩延方式的不同,可分为独立式集线器、堆叠式集线器和模块化集线器。

(1)独立式集线器,它是最简单的一种集线器,带有多个(8 个、12 个、16 个或 24 个)RJ-45 端口。它可通过双绞线、同轴电缆或光纤实现级联,以增大端口密度或扩展网络覆盖范围。

(2)堆叠式集线器,带有一个堆叠端口,每台堆叠式集线器通过堆叠端口,使用一条高速链路实现集线器之间的高速数据传输,这条高速链路是用一根特殊的电缆将两台集线器的内部总线相连接,因此,这种连接在速度上要远远超过独立集线器的级联连接。

(3)模块化集线器,又称为机架式集线器,它配有一个机架或卡箱,带多个插槽,每个插槽可插入一块通信卡(模块),每个通信卡的作用就相当于一个独立型集线器。当通信卡插入机架内的卡槽中时,它们就被连接到机架的背板总线上,这样两个通信卡上的端口之间就可以通过背板的高速总线进行通信。

3)网卡

网络接口卡(Network Interface Card,NIC)又称网络适配器,简称网卡,是计算机与网络的接口。通常插入到计算机总线插槽内或某个外部接口的扩展槽中,用于实现计算机和传输介质之间的物理连接。一般情况下,网络中的每台计算机都应安装一块网卡,而某些数据吞吐量较大或为网络用户提供重要服务的计算机,有时需要安装多块网卡。网卡工作在 OSI 的数据链路层,功能主要包括数据转换、数据缓存、通信服务以及实现无盘工作站的复位和引导。

(1)网卡的地址。每块网卡上都有一个全球唯一的固化地址,又称为 MAC 地址,或称为物理地址。MAC 地址是一个 48 位(bit)地址,用 12 个十六进制数表示(如:00-80-C8-4B-EB-0A)。MAC 地址分为两个部分,如图 1-44 所示。前 24 位表示网卡生产厂家的标志码(Vendor Code),由国际电子电气工程委员会(IEEE)统一分配;后 24 位是网卡的系列号(Serial Number),由网卡的生产厂家自主分配。

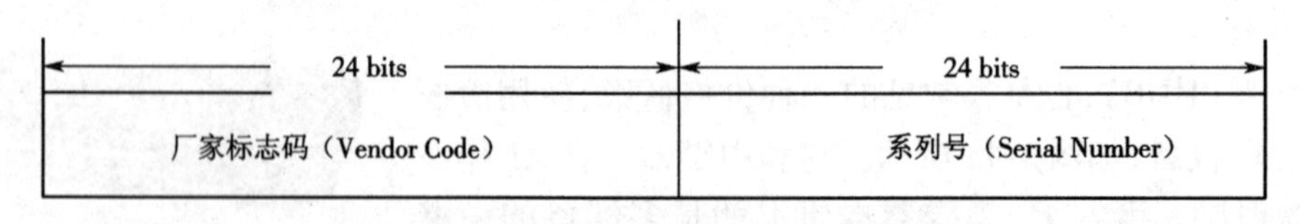

图 1-44　MAC 地址

(2)网卡的类型。网卡的类型很多,不同类型的网络所使用的网卡是不同的。根据所支持带宽的不同,可分为 10M 网卡、10/100M 自适应网卡、100M 网卡和 1000M 网卡等;根据总线类型的不同,可分为 ISA 网卡、PCI 网卡和专门用于笔记本电脑的 PCMCIA 网卡等,如表 1-4 所示;根据用途的不同,可分为工作站网卡和服务器网卡;根据用于连接传输介质端口类型的不同,可分为 RJ－45 端口(双绞线)网卡、AUI 端口(粗缆)网卡、BNC 端口(细缆)网卡和 SC 或 ST 端口(光纤)网卡;根据用于连接传输介质端口的数量,可分为单端口网卡、双端口网卡(如 RJ－45＋BNC)、多端口网卡(如 RJ－45＋BNC＋AUI)等。

表 1-4　按总线类型分类的网卡

用于台式 PC 机的网卡	用于笔记本电脑的网卡	用于无线网的网卡

4)网桥

网桥(Bridge)又称桥接器,工作在 OSI 的数据链路层。主要存在于早期的以太网中。传输的网桥只有两个端口,用于连接不同的网段,在两个网段之间对数据帧进行接收、存储与转发,具有主机地址学习和信息过滤的功能。

网桥使用个数没有限制,所以利用网桥可以实现大范围的局域网的互联。网桥收到数据帧后,先读取地址信息,若帧的目标地址和源地址同在一个网段,则直接滤掉,不转发;若不在同一网段,则向相应端口转发。这样,可减少一些不必要的转发活动,提高了网络的可用带宽。也就是说,网桥相当于两端口的交换机。但随着交换机的日益普及,网桥已被淘汰,在现代网络中很少出现。

5)交换机

交换机(Switch)是集线器的升级换代产品,是随着网络传输媒体类型的日益丰富,人们对数据传输速度和传输性能的要求日益提高而出现的。从外观上来看,它与集线器基本上没有多大区别,都是具有多个端口的长方形盒状体(如图 1-45 所示),但却完全克服了集线器的种种不足。广义的交换机就是一种在通信系统中完成信息交换功能的设备,目前已得到广泛应用。

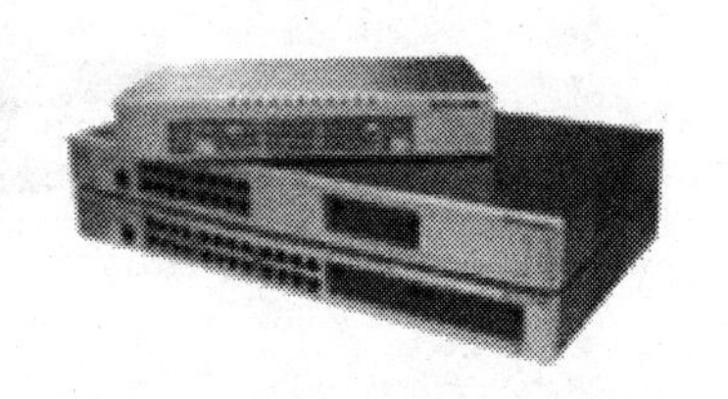

图 1-45　交换机

交换机工作在 OSI 的数据链路层,每个端口都是独享带宽的,不像集线器每个端口都是共享带宽。这样,在速率上对于每个端口来说有了根本的保障,可以实现多点之间并发的数据通信,每个节点都可视为独立的网段,连接在其上的网络设备独自享有固定的一部分带宽,无须同其他设备竞争使用。如当节点 A 向节点 D 发送数据时,节点 B 可同时向节点 C 发送数据,而且这两个传输都享有带宽,都有着自己的虚拟连接。例如,现在使用的是 10 Mbps 8 端口以太网交换机,因为每个端口都可以同时工作,所以在数据流量较大时,它的总流量可达到 8×10 Mbps＝80 Mbps;而使用 10 Mbps 的共享式 HUB 时,因为它是属于共享带宽式的,所以同一时刻只能允许一个端口进行通信,即使数据流量再忙,HUB 的总流通量也不会超出 10 Mbps。所以端口数量越多,区别越明显。

交换机的工作原理是特别值得注意的,当交换机从某个节点收到一个数据帧后,将立即在其内存的 MAC 地址表(一个端口号和 MAC 地址的关系表)中进行查找,以确认该目标 MAC 地址的网卡连接在哪一个端口上,然后从该端口转发数据帧。如果在表中没有找到该 MAC 地址,也就是说,该目标 MAC 地址是首次出现,交换机就将数据包广播到所有节点。拥有该 MAC 地址的网卡在接收到广播帧后,将立即做出应答,从而使交换机将其节点的 MAC 地址添加到 MAC 地址表中。换言之,当交换机的某一端口收到一个帧时(广播帧除外),将对地址表执行两个动作。一是检查该帧的源 MAC 地址是否已在地址表中,如果没有,则将该 MAC 地址加到地址表中,这样以后就知道该 MAC 地址在哪一个端口上。二是检查该帧的目标 MAC 地址是否已在地址表中,如果已在地址表中,则将该帧发送到对应的端口即可,而不必广播该帧;如果目标 MAC 地址不在地址表中,则将该帧广播至所有端口(源端口除外),相当于该帧是一个广播帧。

通过交换机的过滤和转发,可以有效地隔离广播风暴,减少错误包的出现,避免共享冲突。使用交换机把网络"分段",对照地址表,交换机只允许必要的网络流量通过交换机。

交换机的分类方法有很多种,按照不同的原则,交换机可以分为很多种。例如按照工作层的不同,有二层、三层和多层交换机;按照网络设计模型的不同,有核心层、汇聚层和接入层交换机;按照外观和架构的特点不同,有机箱式、机架式和桌面式交换机;按照最大传输速率的不同,有十兆、百兆、千兆和万兆交换机。此外,从广义上来说,交换机还可以分为广域网交换机和局域网交换机;按照采用的网络技术不同,也可以分为以太网交换机、ATM 交换机、程控交换机等。

6)路由器

路由器(Router)是网络中常见的进行网间连接的关键设备,如图 1-46 所示。可以说,路由器是 Internet 中最重要的互联设备,它工作在 OSI 的网络层,能够跨越不同的物理网络类型,连接多个逻辑上分开的网络,其可靠性直接影响网络互联的质量。

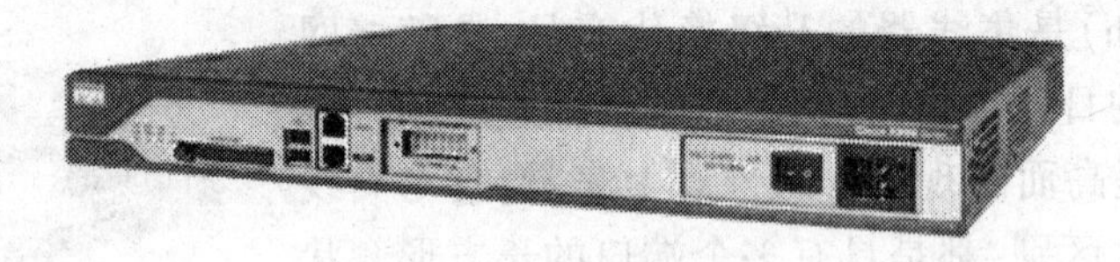

图 1-46　路由器

路由器的基本功能可以归纳为"为到达的数据包选择一条最佳的路径",即路由器能根据接收到的数据包的源地址和目标地址来决定如何将收到的数据转发到下一级网络。IP 数据包到达路由器后,由路由器在网络中寻找、比较、选择有没有到达目标网络的合适路径,如果有则将数据包转发出去。此外,路由器还可以实现对 IP 数据进行差错处理及简单的拥塞控制等功能,能对不同速率的网络进行速率匹配,以保证信息分组的正确传输。

在 TCP/IP 环境中,路由器利用网络层定义的 IP 地址来区别不同的网络,实现网络的互联和隔离,保持各个网络的独立性。由于是在网络层的互联,路由器可以方便地连接不同类型的网络,只要网络层运行 IP,通过路由器就可互联起来,可以互联不同的 MAC 协议、不同的传输介质、不同的拓扑结构和不同的传输速率的异类网络。路由器不转发广播消息,而是把广播消息限制在各自的网络内部。

路由器拥有多个端口,用于连接多个 IP 子网。每个端口的 IP 地址和网络号要求与所连接的 IP 子网的网络号相同。不同的端口设置不同的网络号,对应不同的 IP 子网,对于路由器而言,至少需要为它分配两个以上的 IP 地址,用于连接两个以上的不同网络。路由器转发 IP 分组时,只根据数据分组的目标 IP 地址当中的网络号部分,选择合适的端口,把分组转发出去。路由器如果判定端口所接的是目标子网,就直接把分组通过端口送到网络上,否则要选择下一个路由器来传送分组。和主机一样,路由器也有它的默认网关。默认网关的主要作用是用来传送未知目标分组。简单说,路由器把知道如何转发的分组送到相应端口转发,把不知道如何转发的分组送到网关处理,这样一级级地传送,分组最终将被送到目的地,送不到的分组则被网络丢弃。

路由器依靠路由表来工作,路由表中保存着子网的标志信息、网络中路由器的个数和下一个路由器的地址等内容。路由表有静态和动态之分,由网络管理员事先设置好的固定的路由表称为静态(Static)路由表,它不会随未来网络结构的改变而改变;而动态(Dynamic)路由表是路由器根据网络系统的运行情况而自动调整的路由表。路由器根据路由选择协议(Routing Protocol)提供的功能,自动学习和记忆网络运行情况,在选择路由时自动计算数据传输的最佳路径。

路由器作为重要的互联设备,还有其他许多应用,可以在内网和外网之间配置访问控制列表(Access Control List,ACL),实现基于 IP 数据包过滤的防火墙功能。ACL 可以根据数据包的源和目标 IP 地址、源和目标端口号以及协议类型对流经路由器的数据进行过滤,实现内外网之间的安全保护;还可以通过网络地址转换(Network Address Translation,NAT)功能实现内网的私有地址和公网地址之间的转换,缓解 IP 地址资源紧张的问题,也可以保护内网的网络结构。

7)服务器

服务器(Server)是一种高性能的计算机(见图 1-47),它作为网络的节点,存储、处理网络中 80% 的数据。服务器的构成与微型计算机基本类似,有处理器、硬盘、内存、系统总线等,但它们是针对具体的网络应用特别定制的,因而服务器与微型计算机在处理能力、稳定性、可靠性、安全性、可扩展性、可管理性等方面都存在着差异。

图 1-47　服务器

服务器的种类是多种多样的,适用于不同功能、不同应用环境的各种特定服务器不断出现。按应用层次划分,主要包括入门级服务器、工作组级服务器、部门级服务器和企业级服务器;按用途划分,主要包括通用型服务器和专用型服务器;按服务器结构划分,主要包括台式服务器、机架式服务器和机柜式服务器。

8)不间断电源

不间断电源(Uninterruptible Power System,UPS)是一种含有储能装置,以逆变器为主要组成部分的恒压恒频的不间断电源,主要用于给单台计算机、计算机网络系统或其他电力电子设备提供不间断的电力供应。各种型号的UPS设备如图1-48所示。

图1-48 各种型号的UPS设备

很多企事业单位对外提供的网络服务都是7×24小时的,比如金融行业或政府行业;另外,设备上存储的数据是非常宝贵和重要的,如果由于突然断电造成网络或设备的损坏,甚至丢失数据,将对企事业单位及社会造成严重影响。所以,不仅要求网络及设备在工作时的稳定,同时还要求它们在工作时间上的连续性,这正是UPS的应用环境。

当市电输入正常时,UPS将市电稳压后供应给设备使用,此时的UPS就是一台稳压器,同时它还向机内电池充电;当市电间断(停电)时,UPS立即将机内电池的电能通过逆变转换的方法向设备继续供应220 V交流电,使设备维持正常工作并保护设备的软、硬件不受损坏。

UPS电源主要包括交流稳压电源和直流稳压电源两大类。按其工作原理可分为后备式、在线式以及在线互动式三种。

任务五 局域网技术

1.局域网的定义

局域网是一种局部范围内传递信息和共享资源的网络系统。美国电气电子工程师协会(IEEE)对局域网的定义为:局域网中的数据通信被限制在几米至几千米的地理范围内,例如,一幢办公楼、一座工厂或一所学校,能够使用具有中等或较高数据传输速率的物理信道,并且具有较低的误码率,由单一组织机构所使用。这一定义确定了局域网在地理范围、经营管理规模和数据传输速率等方面的主要特征。

2. 局域网的特点

(1)它是范围局限的网络。局域网覆盖的地理范围通常在几米至几千米范围内,是一个相对较小的范围,但并非严格定义,一个办公室网络或一个园区网络都可以是局域网。

(2)它是高速传输的网络。局域网的数据传输速率很高,通常在 10 Mbps ~ 1 000 Mbps 之间,吉比特的局域网也已经出现。

(3)它是高可靠性的网络。局域网的数据传输误码率较低,一般为 $10^{-8} \sim 10^{-11}$,而且具有较短的延时。局域网通常采用短距离基带传输,可以使用高质量的传输介质,从而提高了数据传输质量。

(4)它是私有化管理的网络。局域网通常由一个单位或组织拥有,易于安装、组建、维护和管理,具有较好的灵活性。

(5)它是开放的网络。局域网支持"点对点"和"点对多点"的通信,允许不同型号、不同厂家的各种类型计算机以及低速或高速的外部设备连入局域网,实现数据通信和网络资源的共享。同时,局域网还可支持多种传输介质,如同轴电缆、双绞线、光纤和无线传输等。

(6)它是高性价比的网络。局域网的协议简单、结构灵活、建网成本低、周期短、便于管理和扩充。

3. 局域网的应用模式

局域网的应用模式主要有对等网模式和客户端/服务器模式。

1)对等网模式

在对等网模式中,相连的计算机系统之间彼此处于同等地位,没有主从之分,故称为对等网络(Peer to Peer Network)。在这种模式下,所有计算机都可以既作为服务器,同时又作为客户端。当某计算机访问其他计算机时,它就充当客户端的角色;此时,它可能也在为其他计算机提供服务,那么它也充当服务器的角色。计算机之间能够相互共享资源,共享网络中各计算机的存储容量和具有的处理能力。对等网的组建和维护比较容易,且成本低,结构简单;但文件存储分散,数据保密性差,而且不易升级。对等网模式如图 1-49 所示。

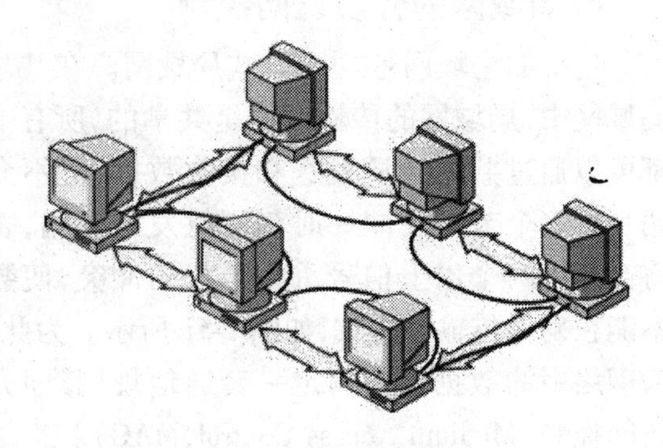

图 1-49　对等网模式

对等网的优点是组建和维护容易;网络投资较少;所有计算机地位平等,没有从属关系,没有特定的服务器;可实现低价格组网,是建立小型网络的首选;设置方便,使用简单;用户可通过设定密码对共享资源进行安全保护和控制;安全性验证在本地计算机中进行。缺点是数据的保密性差;由于资源共享,为网络中的计算机带来了额外的负担;文件的存放分散,没有一个统一的地方保存一些重要文件;缺乏统一的组织和管理,且用户数通常小于 10 个。

对等网模式中的计算机一般不区分所安装的操作系统版本。

2)客户端/服务器模式

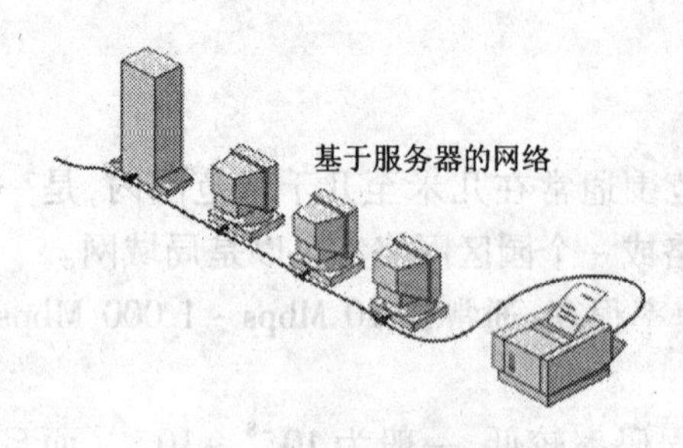

图 1-50 客户端/服务器模式

客户端/服务器(Client/Server)模式由一台或多台专用服务器管理控制网络的运行。该模式可使所有客户端共享服务器的软硬件资源,而且客户端之间也可以相互自由访问。但是,共享文件和数据一般全部都集中存放在服务器上,数据处理任务主要由服务器完成,提高了网络的工作效率。通常,这种组网方式适用于计算机数量较多,位置相对分散,信息传输量较大的场合。客户端/服务器模式如图 1-50 所示。

客户端/服务器模式的优点是具有统一的文件存储,允许在相同的数据基础上工作,并方便备份关键的数据,数据的保密性很强;可将软硬件集中到一起来使用,降低了总体的费用;可共享一些价格较为昂贵的设备,如彩色激光打印机等;可以严格地对每一个用户设置访问权限,具有很高的安全性能;用户只需要输入安全密码登录服务器就可以共享网络中的所有可共享资源,使用户从对等网的共享资源管理工作中解脱出来;易于管理大量的用户,通过集中化管理,可避免数据分散在不同的计算机中。缺点是需要一台较高配置的计算机作为服务器,增加了网络的投资;在服务器上需要安装所需的网络操作系统,与单机操作系统相比,网络操作系统的价格要高得多;一般至少需要一名专职的网络管理人员。

客户机/服务器模式中一般要求在服务器端安装服务器版本的操作系统,如 Windows Server 2003 等;在客户端安装客户端版本的操作系统,如 Windows XP 或 Vista 等。

4. 局域网的介质访问控制

传统的局域网是“共享”式局域网。在共享式局域网中,局域网的传输介质是共享的,所有节点都可以通过共享介质发送和接收数据,但不允许两个或多个节点在同一时刻同时发送数据,否则将会产生两个以上信号重叠干扰的冲突,使数据不能正确地传输和接收,如图 1-51 所示。为此,需为网络中的数据传输制定一套通信规则,即介质访问控制(Medium Access Control,MAC)。

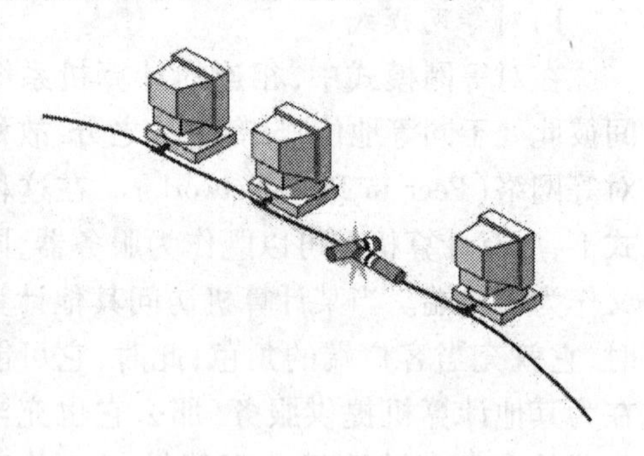

图 1-51 “共享”冲突

介质访问控制主要有以分布式控制模式为主的轮循方法和以集中式控制模式为主的争用方法两种。局域网的拓扑结构不同,所采用的介质访问控制也不同。常用的介质访问控制有以太网中的带冲突检测的载波侦听多路访问(CSMA/CD)和令牌环网中的令牌传递(Token Passing)。

5. 局域网的参考模型

局域网的标准化工作,就是在平衡软、硬件差异的基础上,使不同生产厂商的局域网产品之间能有更好的兼容性,以适应各种不同类型计算机组网的需求,并有利于产品成本的降低。国际上从事制定和颁布局域网标准的机构主要有国际标准化组织(ISO),美国电气电子工程师协会(IEEE)的 802 委员会、欧洲计算机制造商协会(ECMA)、美国国家标准局

(NBS)、美国电子工业协会(EIA)、美国国家标准化协会(ANSI)等。

IEEE 在 1980 年 2 月成立的局域网标准委员会(简称 IEEE 802 委员会)是专门从事局域网标准化工作的组织中最有影响力的,其中对局域网的发展最具贡献的是制定和颁布了 IEEE 802 标准系列,即局域网参考模型。该标准已于 1984 年 3 月被 ISO 接受成为国际标准,称为 ISO 802 标准。

遵循 OSI 参考模型的原则,IEEE 802 标准主要是解决局域网低三层的功能。802 标准仅包括 OSI 参考模型最低两层的功能,由于局域网内部大多采用共享信道的技术,所以局域网通常不单独设立网络层,局域网的高层功能则由具体的局域网操作系统来实现。OSI 模型的数据链路层功能,在局域网模型中被分成介质访问控制(MAC)和逻辑链路控制(Logical Link Control,LLC)两个子层,如图 1-52 所示。

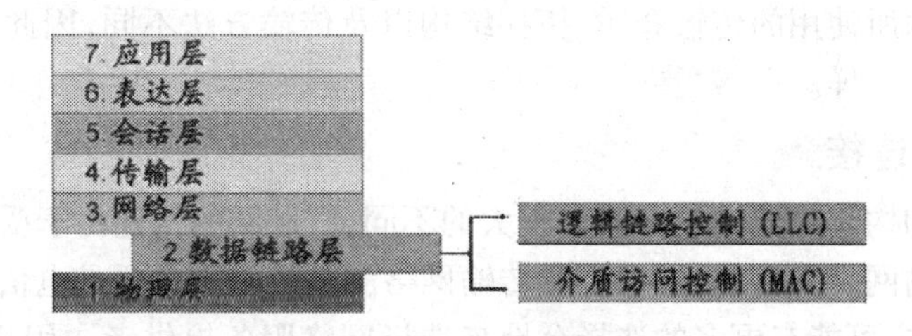

图 1-52　局域网参考模型

对于局域网而言,物理层是必需的,它负责处理机械、电气、功能和过程方面的特性,以建立、维持和撤销物理链路;数据链路层也是必需的,它负责把不可靠的传输信道改成可靠的传输信道,采用差错检测和帧确认技术,传送带有校验的数据帧。

逻辑链路控制层(LLC)主要提供一个或多个相邻层之间的逻辑接口,称为服务访问点(SAP),负责帧的接收、发送及流量控制功能;介质访问控制层(MAC)完成带有地址字段和差错校验字段帧的封装与拆分工作,进行差错控制,选择媒体访问控制方式,管理链路上的通信等功能;物理层负责物理连接和在媒体上传输比特流。

局域网技术的飞速发展使局域网在传输介质的使用、介质访问控制方式以及数据链路控制方法等方面呈现出多样化,为了使不同系统能相互交换信息,IEEE 802 委员会设置了多个分管委员会,分别制定了不同系列的局域网协议标准,并得到了国际标准化组织(ISO)的认可。

任务六　广域网技术

1. 广域网的定义

广域网也称远程网,它是指覆盖范围广(通常可以覆盖一个国家或地区,也可横跨几个大洲)的一类数据通信网。两个以上远距离连接的局域网都可以构成广域网,大型广域网可以由分布在各地的众多局域网和城域网组成。Internet 就是最著名、最典型的广域网代表,它由全球成千上万的局域网和广域网组成。

2. 广域网的特点

(1)主要提供面向通信的服务,借用公用网络支持用户使用计算机进行远距离的信息交换。

(2)覆盖范围广,通信距离可从数千米到数千千米,但由此需要考虑的因素也增多,如介质的成本、线路的冗余、介质带宽的利用和差错处理等。

(3)广域网是一种跨地区的数据通信网,一般使用电信运营商提供的设备作为信息传输平台,由其负责组建、管理和维护,并向社会提供面向通信的有偿服务,因此存在服务流量统计和计费问题。

(4)广域网连接能支持不同的传输速率,从公共交换电话网络(PSTN)拨号连接的56 Kbps到全速率同步光纤网络(SONET)连接的10 Gbps,每一种广域网技术采用的传输方法都将会影响到实际的网络吞吐量。

(5)广域网技术主要对应于OSI参考模型底层的物理层、数据链路层和网络层。由于不同的广域网技术所使用的传输介质、拓扑结构以及传输方法不同,因此,不同的广域网技术的可靠性也都不一样。

3. 广域网的连接

构建广域网和构建局域网的方式有很大的不同,广域网的构建由于受各种因素的制约,必须借助公共传输网络。目前,提供公共传输网络服务的机构主要是电信部门,随着电信运营市场的开放,用户可能有更多的选择余地来选择网络服务提供者。用户对公共传输网络的内部结构和工作机制不必关心,只需了解公共传输网络提供的接口以及如何实现和公共传输网络之间的连接,并通过公共传输网络实现与远程端点之间的交换。

因此,设计广域网的前提在于掌握各种公共传输网络的特性、公共传输网络和用户网络之间的互联技术。

4. 常用连接设备

广域网中常用的连接设备有以下几种。

(1)广域网交换机。它是运营商网络中使用的多端口网络互联设备,工作于OSI参考模型的数据链路层,可以对X.25、帧中继等数据流进行操作。

(2)接入服务器。它是广域网中用户连接的汇聚点,可将多个用户连接集合在一起接入广域网。

(3)调制解调器。主要用于数字数据和模拟信号之间的转换,从而能够通过电话线路传输数据信息。

(4)综合业务数字网(ISDN)终端适配器。用于实现ISDN基本速率接口(BRI)与其他接口(如RS-232)设备的连接,相当于一台ISDN调制解调器。

(5)信道服务单元/数据服务单元(Channel Service Unit/Data Service Unit,CSU/DSU)。它类似数据终端设备(DTE)到数据通信设备(DCE)的复用器,可以提供信号再生、线路调节、误码纠正、信号管理、同步控制和电路测试等功能。

任务七 IP地址配置与测试

1. IP地址的配置

IP地址的配置如图1-53所示。

(1)在桌面依次单击“开始”→“设置”→“控制面板”→“网络连接”→“本地连接”,进入“本地连接　状态”对话框。

(2)单击“属性”按钮,进入“本地连接　属性”对话框;

(3)在“本地连接　属性”中,选中“Internet 协议(TCP/IP)”之后单击“属性”按钮。

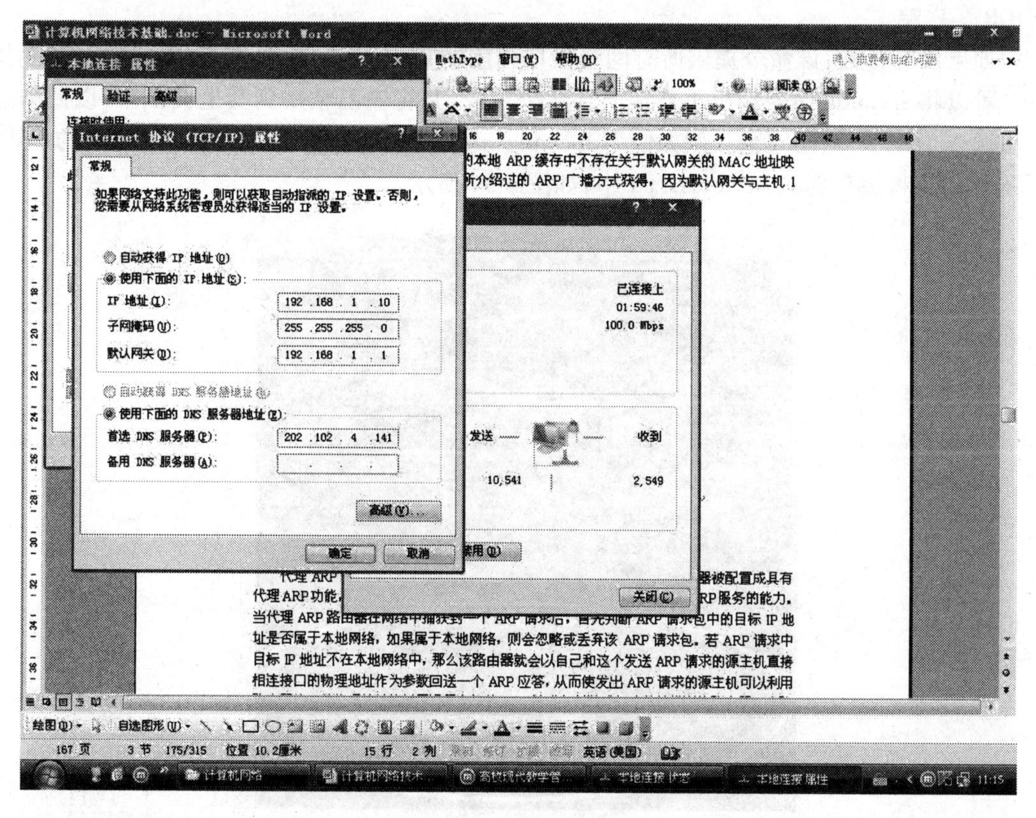

图 1-53　IP 地址的配置

(4)在“Internet 协议(TCP/IP)属性”对话框中,即可进行静态的指定或动态获取方式的选择及配置。

①动态获取方法的步骤是选中“自动获得 IP 地址”选项前的单选按钮,再选中“自动获得 DNS 服务器地址”选项前的单选按钮即可。

②静态指定方法的步骤是选中“使用下面的 IP 地址”选项前的单选按钮,之后分别输入“IP 地址”、“子网掩码”、“默认网关”,再选中“使用下面的 DNS 服务器地址”前的单选按钮,然后分别在“首选 DNS 服务器”和“备用 DNS 服务器”中输入已知 DNS 服务器的地址即可。

(5)返回“本地连接属性”对话框,单击“确定”按钮保存所做的设置即配置完毕。

2. IP 地址测试

1)查看 IP 配置命令

Ipconfig 命令主要用来显示当前的 TCP/IP 配置,也用于手动释放和更新 DHCP 服务器指派的 TCP/IP 配置,这一功能对于运行 DHCP 服务的网络特别有用。

(1)语法格式为:Ipconfig[/all | /renew | /release]。

(2)参数含义如下。

• all:提供所有网络接口(包括任何已配置的串行端口)的完整 TCP/IP 配置列表。

• renew:刷新所有 DHCP 配置参数,只适于 DHCP 的客户端。

• release:释放当前的 DHCP 配置。该选项将禁用本地系统的 TCP/IP,并且适用于 DHCP 客户端。

如果没有参数,该命令提供所有网络接口当前的 TCP/IP 配置值,包括 IP 地址和子网掩码。可以将 Ipconfig 命令输出重新定向到某个文件,并将输出粘贴到其他文档中,以此来进一步调查 TCP/IP 网络问题。例如使用 Ipconfig/all > C:\ipreport. txt,所有网络接口的 TCP/IP 配置信息将保存到 C:\ipreport. txt 中,如图 1-54 所示。

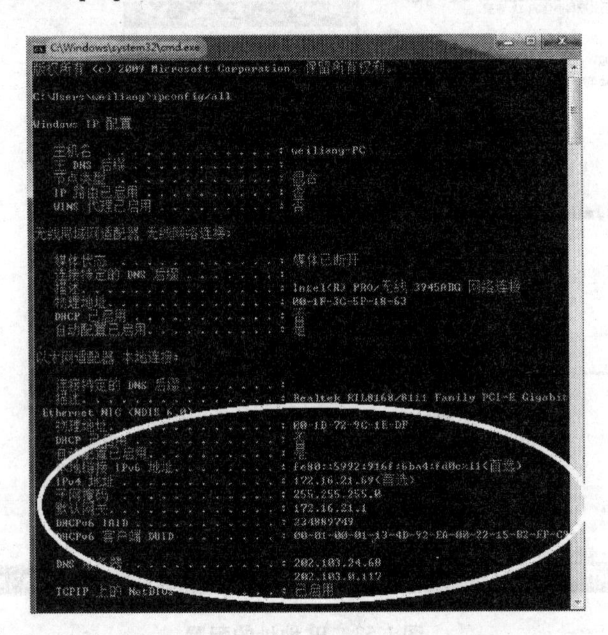

图 1-54　本机上输入 Ipconfig/all 命令

2)连通性测试命令

Ping 是个使用频率极高的实用程序,用于确定本地主机是否能与另一台主机交换(发送与接收)数据报。根据返回的信息,就可以推断 TCP/IP 参数设置是否正确以及运行是否正常。

简单地说,Ping 就是一个测试程序,如果 Ping 运行正确,大体上就可以排除网络访问层、网卡、MODEM 的输入输出线路、电缆和路由器等存在的故障,从而减小了问题的范围。但由于可以自定义所发数据报的大小及无休止地高速发送,Ping 也被某些别有用心的人作为拒绝服务攻击(DDOS)的工具。缺省情况下,在 Windows 系统中运行的 Ping 命令将发送 4 个 ICMP 回送请求数据包,每个数据包 32 字节,如果一切正常,应能得到 4 个回送应答。

(1)语法格式为:ping [-t] [-a] [-n count] [-l length] [-f] [-i ttl] [-v tos] [-r count] [-s count] [-j computer - list] | [-k computer - list][-w timeout] destination - list

(2)常用参数及用法如下。

ping IP - t——连续对 IP 地址执行 Ping 命令,直到被用户以 Ctrl + C 中断。

ping IP -l 2000——指定 Ping 命令中的数据长度为 2 000 字节,而不是缺省的 32 字节。

ping IP - n count——执行特定次数的 Ping 命令。

ping IP - a——执行解析计算机 NetBios 名。

ping IP - f——在数据包中发送"不要分段"标志。一般所发送的数据包都会通过路由分段再发送给对方,加上此参数以后路由就不会再分段处理。

(3)Ping 检测的典型次序如下。

正常情况下,当使用 Ping 命令来查找问题所在或检验网络运行情况时,需要使用许多 Ping 命令,如果所有运行都正确,就可以相信基本的连通性和配置参数没有问题;如果某些 Ping 命令出现运行故障,它也可以指明到何处去查找问题。下面就给出一个典型的检测次序及对应的可能故障。

ping 127.0.0.1:用于检测本地网卡是否能进行正常的数据收发。

ping 本机 IP:用于检测本地网络的 TCP/IP 协议配置是否正确。

ping 局域网内其他 IP:用于检测本地主机是否可以通过网络与本地网络中其他主机收发数据。

ping 网关 IP:用于检测本地主机是否可以到达负责本地网络的网关设备,即是否可以到达本地路由器接口。

ping 远程 IP:用于检测本地主机是否可以跨网络与其他网络中的主机进行数据收发。

ping Internet 站点名:用于检测本地主机是否可以正确连接 DNS 服务器并进行站点访问。

如果上面所列出的所有 Ping 命令都能正常运行,那么计算机进行本地和远程通信的功能基本上就没有问题了。

模块二 Internet 概述

任务目标

- 了解 Internet 的产生和发展
- 了解 Internet 在中国的发展
- 了解 Internet 的组成结构和特点
- 了解 Internet 的管理机构
- 掌握 Internet 的主要服务

任务一 Internet 的产生和发展

1. Internet 简介

因特网(Internet)是一个建立在网络互联基础上的最大的、开放的全球性网络。Internet 拥有数千万台计算机和上亿个用户,是全球信息资源的超大型集合体。所有采用 TCP/IP 协议的计算机都可加入 Internet,实现信息共享和相互通信。与传统的书籍、报刊、广播、电视等传播媒体相比,Internet 使用方便,查阅更快捷,内容更丰富。今天,Internet 已在世界范围内得到了广泛的普及与应用,并正在迅速地改变人们的工作方式和生活方式。

Internet 采用了目前在分布式网络中最为流行的客户机/服务器运行方式、大大增加了网络信息服务的灵活性。用户可以通过自己计算机的客户程序发出请求,与装有相应服务器程序的主机进行通信,从而获得所需要的信息。

Internet 把网络技术、多媒体技术和超文本技术融为一体,体现了多种信息技术互相融合的发展趋势,以真正发挥它们应有的作用,Internet 为教学、科研、商业广告、远程警觉诊断和气象预报等应用提供了新的手段。

Internet 具有极为丰富的、免费的信息资源,已经成为服务于全世界各行各业的通用信息网络,而且绝大多数的服务都是免费提供的,这种方式吸引更多的用户使用网络,从而形成良性循环。

2. Internet 的产生和发展

Internet 的萌芽期起源于 20 世纪 60 年代中期由美国国防部高级研究计划局(ARPA)资助的 ARPANET,ARPANET 也是世界上第一个远程分组交换网。它于 1969 年 12 月建成时只有 4 个节点,随着越来越多的节点的加入,在短短几年间 ARPANET 就遍及了全美国。在 ARPANET 的发展过程中,人们发现 ARPANET 协议很难运行于多个网络之上,于是又研究和开发了适于互联网通信的 TCP/IP 协议,并开发了一整套方便适用的网络应用程序接口和大量的工具软件及管理软件,这使得网络的互联变得非常容易,从而激发更多的网络加入到 ARPANET 中,TCP/IP 协议也为 Internet 的发展奠定了基础。

由于 ARPANET 是美国国防部(DOD)所管辖的网络,不可避免地限制了一些大学使用它,为此美国国家科学基金会(NSF)于 1984 年开始着手筹建一个向所有大学开放的计算机网络。NSF 利用 56 Kbps 的租用线路建成了连接全美 6 个超级计算机中心的骨干网,并且筹集资金建成了大约 20 个地区网,连接到骨干网上。包括骨干网和地区网的整个网络被称为 NSFNET,NSFNET 通过线路与 ARPANET 相连,由此推动了 Internet 的发展。

与此同时,其他国家和地区也纷纷建立了类似于 NSFNET 的网络,这些网络通过通信线路同 NSFNET 或 ARPANET 相连。80 年代中期人们将这些互联在一起的网络看做是一个互联网络,后来就以 Internet 来称呼它。

Internet 的规模一直呈指数级增长,除了网络规模在扩大外,Internet 的应用领域也在走向多元化。Internet 的真正飞跃发展应该归功于 20 世纪 90 年代的商业化应用。最初的网络应用主要是电子邮件、新闻组、远程登录和文件传输,网络用户也主要是科技工作者。然而万维网问世之后,一下子将无数非学术领域的用户带进了网络世界,万维网以其信息量大、查询快捷方便而很快为人们所接受。随着多媒体通信业务的开通,Internet 已经实现了网上购物、远程教育、远程医疗、视频点播、视频会议等新应用。可以说,随着世界各地无数的企业和个人纷纷加入,终于发展演变成今天成熟的 Internet,它的应用领域已经深入到社会生活的方方面面。

任务二 Internet 在中国的发展

1. 经历的两个阶段

Internet 在我国的发展可划分为两个阶段。

第一阶段为 1987—1993 年,其特点是:通过 X.25 线路实现和 Internet 电子邮件系统的互联。代表事件是:1987 年 9 月 20 日 22 点 55 分,由北京的中国学术网(CANET)向世界发出第一封中国的电子邮件,标志着我国开始接入 Internet 网。

第二阶段从 1994 年开始,其特点是:通过连接实现了 Internet 的全功能服务。代表事件是:由中科院、北京大学、清华大学和国内其他科研教育单位的校园网组成的中国国家计算机与网络设施(NCFC)于 1994 年 5 月 21 日完成了我国最高域名的注册,即以 CN 作为我国最高域名在 Internet 网管中心登记注册,实现了真正的 Internet 的 TCP/IP 连接,从那时起,我国才算真正加入了国际 Internet。

2. 形成的 4 个骨干网络

在正式加入 Internet 之后,我国又于 1995 年 11 月建成了中国教育和科研计算机网(CERNET);于 1995 年 5 月建成了中国公用计算机互联网(CHINANET);于 1996 年 9 月正式开通了中国金桥网(CHINAGBN)。

到目前为止,我国最大的、拥有国际线路出口的公用互联网络,即骨干网络,共有 4 个。它们是 CHINANET、CHINAGBN、CERNET 和 CSTNET(中国科技网)。其中 CSTNET 是在 NCFC 和 CASNET(中科院网络)的基础上建设和发展起来的。

负责我国 Internet 域名和域名注册的机构——中国互联网络信息中心(CNNIC)就设在 CSTNET 的网络中心。

任务三 Internet 的组成结构和特点

1. Internet 的工作模式

Internet 采用了目前最流行的客户机/服务器工作模式，凡是使用 TCP/IP 协议，并能与 Internet 的任意主机进行通信的计算机，无论是何种类型，采用何种操作系统，均可看成是 Internet 的一部分。

2. Internet 的组成结构

从物理的角度来说，Internet 就是由硬件和软件构成的系统。而硬件主要包括通信线路、网络设备和计算机（主机和终端）；软件则包括操作系统、网络协议和应用程序。Internet 的全部服务实际上都是由操作系统、网络协议和应用程序共同实现的。

严格地说，用户并不是将自己的计算机直接连接到 Internet 上，而是连接到其中的某个网络上，再由该网络通过网络干线与其他网络相连。网络干线之间通过路由器互联，使得各个网络上的计算机都能相互进行数据和信息传输。例如，用户的计算机通过拨号上网，连接到本地的某个 ISP 的主机上。而 ISP 的主机通过高速干线与本国及世界各国各地区的无数主机相连。这样，用户仅通过一家 ISP 的主机，便可遍访 Internet。因此也可以说，Internet 是分布在全球的 ISP 通过高速通信干线连接而成的网络。

Internet 的这种结构形式，使其具有众多特点。

(1) 灵活多样的入网方式。这是由于 TCP/IP 协议成功地解决了不同的硬件平台、网络产品、操作系统之间的兼容性问题。

(2) 采用了分布网络中最为流行的客户机/服务器模式，大大提高了网络信息服务的灵活性。

(3) 将网络技术、多媒体技术融为一体，体现了现代多种信息技术互相融合的发展趋势。

(4) 方便易行。任何地方仅需通过电话线、普通计算机即可接入 Internet。

(5) 向用户提供极其丰富的信息资源，包括大量免费使用的资源。

(6) 具有完善的服务功能和友好的用户界面，操作简便，无须用户掌握更多的专业计算机知识。

3. Internet 的特点

Internet 发展之所以如此迅速，被称为 20 世纪末最伟大的发明，就是因为 Internet 从一开始就具有开放、自由、平等、合作和免费的特性。也正是因为这些特性，使得 Internet 被称为 21 世纪的商业“聚宝盆”。Internet 的特点主要有开放性、共享性、平等性、低廉性、交互性、合作性、虚拟性、个性化和全球性。

(1) 开放性。Internet 是开放的，可以自由连接，没有时间和空间的限制，任何人只要遵循规定的网络协议就可以随时随地地接入 Internet。在 Internet 上，任何人都可以享受创作的自由，其运作是由使用者相互协调来决定的，网络中的每个用户都是平等的。这种开放性使得网络用户不存在任务限制，只要你接入，信息的流动、用户的言论及使用都是自由的。

(2) 共享性。Internet 上的资源是共享的，所有用户都可以分享 Internet 上的资源。用户在网络上可以随意查阅别人的网页,从中寻找自己需要的信息。

(3)平等性。Internet 上是"不分等级"的,计算机之间具有同等权利。在 Internet 上,你是怎样的人仅仅取决于通过键盘操作而表现出来的你。如果你说的话听起来像一个聪明而有趣的人说的,那么你就是这样的一个人,它与你的年龄、长相或者身份都没有关系,个人、企业和政府组织之间也是平等的。

(4)低廉性。Internet 是从学术交流和信息交流开始的,人们早已习惯了对它的免费使用。商业化之后,ISP 一般采用低价策略占领市场,用户支付的通信费和网络使用费等大为降低,增加了网络的吸引力。目前,网络上大部分资源是完全免费的,而接入费用也是用户可以接受的。

(5)交互性。交互性指 Internet 上的信息具有双向传递能力,它是通过两个方面实现的:一是通过网页等形式实现实时的人机对话;二是通过电子邮件等形式实现异步的人机对话。而 Internet 恰好可以作为平等自由的信息的沟通平台,信息的流动和交互是双向式的,信息沟通双方可以平等地进行交互。

(6)合作性。Internet 是一个没有中心的自主式的开放组织,它强调的是资源共享和双赢互利的发展模式。

(7)虚拟性。Internet 是通过对信息的数字化处理和信息的流动代替传统实物流动,使得 Internet 通过虚拟技术具有许多现实实际中才具有的功能。

(8)个性化。Internet 作为一个新的沟通虚拟社区,可以鲜明突出个人的特色,它引导的是个性化时代的开始。

(9)全球性。Internet 从一开始进行商业化运作,就表现出了无国界性。信息流动是自由的、无限制的。因此,Internet 从一诞生就是全球性的产物。

任务四 Internet 的管理机构

1. 标准管理机构

Internet 的发展和正常运转需要一些管理机构的管理,如 IP 地址的分配;各种标准的形成也需要有专门的技术管理机构。众所周知,Internet 不受某一政府或个人的控制,但它本身却以自愿的方式组成了一个帮助和引导 Internet 发展的最高组织,即 Internet 协会(Internet Society,ISOC)。它是一个非营利性组织,成立于 1992 年,其成员包括与 Internet 相连的各组织与个人。该组织本身并不经营 Internet,但它支持 Internet 结构委员会(Internet Architecture Board,IAB)开展工作,并通过 IAB 实施。

IAB 负责定义 Internet 的总体结构(框架和所有与其连接的网络)和技术上的管理,对 Internet 存在的技术问题及未来将会遇到的问题进行研究。IAB 下设 Internet 研究任务小组(IRTF)、Internet 工程任务小组(IETF)和 Internet 网络号码分配机构(IANA)。IAB 的组织架构如图 2-1 所示。

IRTF 的主要任务是促进网络和新技术的开发与研究。

IETF 的主要任务是解决 Internet 出现的问题,帮助和协调 Internet 的改革和技术操作,为 Internet 各组织之间的信息沟通提供条件。

IANA 的主要任务是对诸如注册 IP 地址和协议端口地址等 Internet 地址方案进行控制。

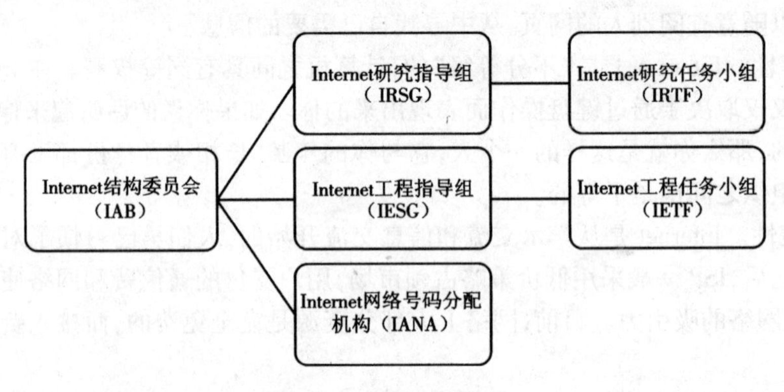

图 2-1 IAB 组织架构

Internet 的运行管理可分为两部分:网络信息中心(InterNIC)和网络操作中心(InterNOC)。信息中心负责 IP 地址分配、域名注册、技术咨询、技术资料的维护与提供等。网络操作中心负责监控网络的运行情况以及网络通信量的收集与统计等。

几乎所有关于 Internet 的文字资料,都可以在 RFC(Request For Comments)文档中找到,它的意思是"请求评论"。RFC 是 Internet 的工作文件,其主要内容除了包括对 TCP/IP 协议标准和相关文档的一系列注释和说明外,还包括政策研究报告、工作总结和网络使用指南等。

2. 域名管理机构

Internet 域名与地址管理机构(ICANN)是为承担域名系统管理、IP 地址分配、协议参数配置以及主服务器系统管理等职能而设立的非营利机构。现由 IANA 和其他实体与美国政府约定进行管理。

ICANN 理事会是 ICANN 的核心权力机构,根据 ICANN 的章程规定,它设立 3 个支持组织,从 3 个不同方面对 Internet 政策和构造进行协助、检查以及提出建议。这些支持组织帮助促进了 Internet 政策的发展,并且在 Internet 技术管理上鼓励多样化和国际参与。

(1)地址支持组织(ASO)负责 IP 地址系统的管理。

(2)域名支持组织(DNSO)负责互联网上的 DNS 的管理。

(3)协议支持组织(PSO)负责涉及 Internet 协议的唯一参数的分配。此协议是允许计算机在 Internet 上相互交流信息、管理通讯的技术标准。

3. IP 地址管理机构

IP 地址分配机构分为三级:IANA、地区级 IR(Internet 注册机构)、本地级 IR。

(1)IANA:负责为全球 Internet 上的 IP 地址进行编号分配的机构。按照地区级 IR 的需要,IANA 将部分地址空间分配给它们。

(2)地区级 IR:负责该地区的登记注册服务。目前全球共有 3 个地区级 IR,它们是 ARIN、RIPE 和 APNIC。其中,ARIN 主要负责北美地区,RIPE 主要负责欧洲地区,APNIC 主要负责亚太地区。由于这 3 个地区的 IR 的服务覆盖范围没有遍及全球,因此它们同时还为所在地区的周边范围提供注册服务。

(3)本地级 IR:本地级 IR 从地区级 IR 中获得 IP 地址空间。本地级 IR 一般是以国家为单位设立的,它为本国的 ISP 和用户向地区级 IR 申请 IP 地址。

任务五 Internet 的主要服务

1. 万维网服务

1)服务简介

万维网(World Wide Web,WWW)是 Internet 上集文本、声音、图像、视频等多媒体信息于一体的全球信息资源网络,是 Internet 上的重要组成部分,也称 Web 服务。该服务是 Internet 上最受欢迎、最方便的信息服务类型。万维网服务可以在世界范围内任意查找、检索、浏览和添加信息,具有生动直观、易于使用、统一的图形用户界面,提供站点之间互相链接、漫游的透明访问等特点。

WWW 是以超文本标记语言(Hyper Text Markup Language,HTML)与超文件传输协议(HTTP)为基础,提供面向 Internet 服务的信息浏览服务。HTML 将专用的标记嵌入文档中,对一段文本的语义进行描述,经浏览器翻译后产生多媒体效果,并可提供文本的超链接。Internet 采用超文本和超媒体的方式组织信息,将信息的链接扩展到整个 Internet 上。

超文本中不仅含有文本信息,还包括图形、声音、图像、视频等多媒体信息,更重要的是其中隐含着指向其他超文本的链接,这种链接称为超链接(Hyper Links)。利用超文本,用户能轻松地从一个网页跳转到其他相关内容的网页上,而不必关心这些网页分散在何处。

2)运作方式

WWW 服务采用了客户机/服务器模式。信息资源以网页的形式存储在 Web 服务器中,用户通过浏览器向 Web 服务器发出请求;Web 服务器根据客户端的请求内容,将保存在 Web 服务器中的页面发送给客户端;浏览器在接收到该页面后对其进行翻译,并将该页面显示给用户。用户也可以通过页面中的超链接方便地访问位于其他 Web 服务器中的页面或者其他网络信息资源。万维网的工作过程如图 2-2 所示。

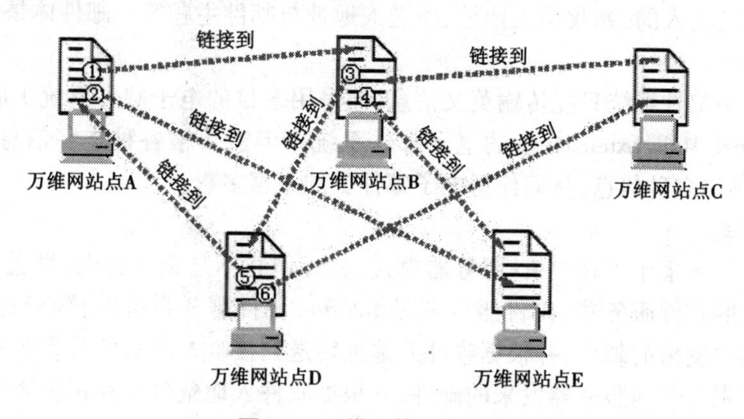

图 2-2 万维网的工作过程

3)主页的概念

主页(Home Page)是指个人或机构的基本信息页面,用户可以通过主机访问有关的信息资源。主页一般可以包含文本、图像、表格、超链接等元素。

文本(Text)就是通常所说的文字,它是页面中最基本的元素;图像(Image)即图片;表格

(Table)类似于 Word 中的表格,表格内容一般为字符类型;超链接用于将 HTML 元素与其他主页相连。

4) URL 与浏览器

Internet 中有很多 Web 服务器,每台服务器又存储着很多页面,想要找到所需的页面,可以使用统一资源定位器 URL(Universal Resource Locator)。URL 地址由三部分组成:协议、服务器域名、网页文件名。其格式如下:

协议://服务器域名/访问的页面路径及文件名

浏览器(Browser)是用户访问 WWW 的桥梁和获取 WWW 信息的窗口,是一个客户端的应用程序,其主要功能是让用户获取 Internet 上的各种资源。借助浏览器用户可以在浩瀚的 Internet 海洋中漫游,搜索和浏览自己感兴趣的所有信息。常用的浏览器有 Microsoft Internet Explorer 等。

2. 电子邮件服务

1) 服务简介

电子邮件 E-mail 是 Internet 上使用非常广泛的服务。用户只要与 Internet 连接,具有收发电子邮件的客户端程序及 E-mail 邮件地址,就可以与 Internet 上其他拥有 E-mail 地址的用户方便、快速、经济地交换电子邮件。

电子邮件具有功能齐全、传输信息量大、方便迅捷、费用低廉等优点。邮件中除文本外,还可以包含声音、图像、应用程序等各种信息。此外,用户还能使用邮件方式在 Internet 上订阅电子杂志、获取所需文件、参与有关的公告和讨论组,甚至还可浏览 WWW 信息资源等。

2) 邮件格式

电子邮件由邮件头(Mail Header)与邮件体(Mail Body)两部分组成。邮件头由多项内容构成,其中一部分是由系统自动生成的,如发信人地址、邮件发送的日期和时间;另一部分是由发件人自己输入的,如收信人地址、抄送人地址与邮件主题等。邮件体是实际要传送的信函内容。

传统的电子邮件系统只能传输英文信息,而采用多目的电子邮件系统扩展 MIME(Multipurpose Internet Mail Extensions)的电子邮件系统不但能传输各种文字信息,还能传输图像、语音与视频等多种信息,从而使得电子邮件更加丰富多彩。

3) 运作方式

电子邮件服务采用了客户机/服务器模式,其运作并不复杂。首先,发送方将写好的邮件发送给自己的邮件服务器(邮件服务器是 Internet 邮件服务系统的核心);发送方的邮件服务器接收用户发来的邮件,并根据收件人地址转送到接收方的邮件服务器中;接收方的邮件服务器接收来自其他服务器发来的邮件,并根据收件人地址分发到相应的电子邮箱中;接收方可以在任何时候或任何地点从自己的邮件服务器中读取邮件,并对它们进行转发、删除等操作。电子邮件的工作过程如图 2-3 所示。

使用电子邮件服务,必须要拥有一个电子邮箱。它是由提供电子邮件服务的机构为用户建立的,其中包括用户名与密码两个重要组成部分。所谓建立电子邮箱就是在邮件服务器的硬盘上,为用户开辟一块专用的存储空间,用来存放用户的邮件。任何人都可以将电子邮件发送到任何人的电子邮箱中,但只有电子邮箱的合法拥有者在正确登录后,才能查看电

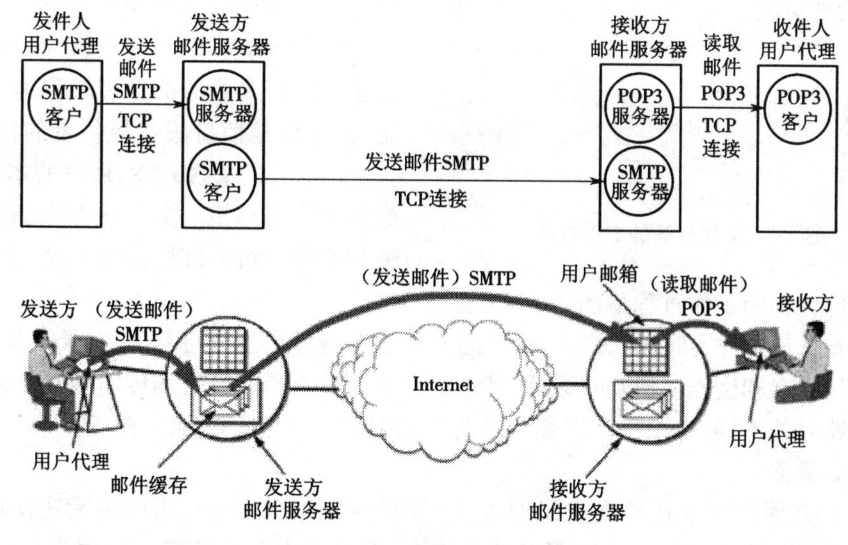

图 2-3 电子邮件的工作过程

子邮件内容或处理电子邮件。

每个电子邮箱都有一个邮箱地址,称为电邮地址。其格式是固定的,并且在全球范围内是唯一的。电邮地址的格式为:用户名@ 服务器域名。其中“@ ”符号表示“at”,是用户名和服务器域名之间固定且唯一的分隔符号;用户名是在邮件服务器上为用户建立的电子邮件账号名称。

4)客户端程序

收发电子邮件必须有相应的程序支持。电子邮件程序向邮件服务器中发送邮件时,使用的是 SMTP 协议;而从邮件服务器中读取邮件时,使用的是 POP(Post Office Protocol)或 IMAP(Interactive Mail Access Protocol)协议,这取决于邮件服务器支持的协议类型。目前使用较普遍的 POP 协议为第 3 版,故又称为 POP3 协议。

常用的邮件客户端程序有 Outlook、FoxMail 等,这些程序提供了邮件的接收、编辑、发送、转发和删除等管理功能。大多 Internet 浏览器也都包含了收发电子邮件的功能,如 Internet Explorer。

3. 文件传输服务

1)服务简介

文件传输协议(FTP)是 Internet 上文件传输的基础。通常所说的 FTP 是基于该协议的一种应用服务,是 Internet 最早提供的服务功能之一,是广大用户获得丰富资源的重要手段。文件传输服务提供了在 Internet 的任意两台计算机之间相互传输文件的机制,包括文本文件、二进制可执行文件、声音文件、图像文件、数据压缩文件等,都可以用 FTP 传送。

由于采用 TCP/IP 协议作为 Internet 的基础,无论两台 Internet 上的计算机在地理位置上相距多远,只要它们都支持 FTP 协议,就可以相互传送文件。这样做不仅可以节省实时联机的通信费用,而且可以方便地阅读和处理传输的文件。采用 FTP 传输文件时,不需要对文件进行复杂的转换,因此具有较高的效率。Internet 和 FTP 相结合,使每台联网的计算机都好像拥有了一个容量巨大的文件资源库。

(2)运作方式

图 2-4 文件传输的工作过程

FTP 服务采用了客户机/服务器模式，远程提供 FTP 服务的计算机称为 FTP 服务器，它通常是信息服务提供者的计算机，相当于一个大的文件仓库；用户的本地计算机称为 FTP 客户机。文件从 FTP 服务器传输到 FTP 客户机的过程称为下载；反之则称为上传。文件传输的工作过程如图 2-4 所示。

FTP 服务是一种实时的联机服务，访问 FTP 服务器前必须进行登录，登录时要求用户输入正确的用户名和密码。成功登录后，才能访问服务器上授权查看和传输的文件，根据所使用的用户账号的不同，可以将 FTP 服务分为普通 FTP 与匿名 FTP 服务两类。

3)FTP 服务

普通 FTP 服务要求用户在登录时提供正确的用户名与密码，否则将无法使用 FTP 服务。虽然这样做可以很好地控制服务器的安全，但对于大量没有账号的用户是不方便的。为了便于用户获得 Internet 上的资源，许多机构提供了一种称为匿名 FTP 的服务。

匿名 FTP 服务实质是在 FTP 服务器上建立了一个公开账号 Anonymous，并为账号设置了公共目录的访问权限。如果用户要访问这些匿名的 FTP 服务器，一般是不需要输入用户名和密码的，目前 Internet 用户使用的大多数 FTP 服务都是匿名 FTP 服务。为了保证安全，几乎所有匿名 FTP 服务都只设置了用户下载文件的授权，而不允许用户上传文件。在未将文件下载到本地之前，用户是无法了解文件内容的。

4)客户端程序

一般可以使用 WWW 浏览器去搜索需要的资源，然后利用 WWW 浏览器支持的 FTP 功能下载文件，当然也可以使用专门的 FTP 客户端程序进行下载。常用的 FTP 操作有 3 种：FTP 命令行、浏览器与 FTP 下载软件。

FTP 命令行是最早的 FTP 客户端程序，它需要进入 MS－DOS 窗口，并且 FTP 命令行包括了几十条命令，对初学者来说比较难使用；而浏览器不但支持 WWW 方式访问，还支持 FTP 方式访问，通过它可以直接登录到 FTP 服务器并下载所需文件；FTP 下载软件能解决下载过程中网络连接意外中断导致下载失败的问题，它可以通过断点续传功能来继续下载文件的剩余部分。

目前常用的 FTP 下载工具主要有迅雷、网际快车和 FlashFXP 等。

4. 远程登录服务

1)服务简介

远程登录(Telnet)也是 Internet 早期提供的基本服务功能之一。为了实现协同工作的方式，人们开发了远程终端协议——Telnet 协议，它详细定义了客户机与远程服务器之间的交互过程。

远程登录是指使用 Telnet 命令，使连接后的计算机暂时成为远程计算机的一个仿真终端的过程。一旦成功地实现了远程登录，用户的计算机就可以像使用本地计算机一样工作。由于所有的远程操作都是在远程计算机上完成的，用户的计算机仅仅只是作为一台仿真终端向远程计算机传送击键信息及反馈显示结果，所以远程登录允许在任意类型的计算机之间进行通信。

2)远程登录协议

在 TCP/IP 协议栈中有两个远程登录的协议:Telnet 协议和 Rlogin 协议。

Telnet 协议的主要优点是能够解决不同类型计算机系统之间的互操作。不同系统的差异性首先表现在不同系统对终端键盘输入命令的解释上,即键盘定义的差异性。为了解决此问题,Telnet 协议引入了网络虚拟终端(Network Virtual Terminal,NVT)的概念。它提供了一种专门的键盘定义,用来屏蔽不同计算机系统对键盘输入的差异性。

Rlogin 协议是 Sun 公司专门为 BSD UNIX 系统开发的远程登录协议,它仅适用于 UNIX 系统,不能很好地解决不同类型的计算机之间的互操作性问题。

3)运作方式

Telnet 服务也采用了客户机/服务器模式,在远程登录过程中,用户的实终端采用用户终端的格式与本地 Telnet 客户机进程通信;远程主机采用远程系统的格式与远程 Telnet 服务器进程通信。远程登录的工作过程如图 2-5 所示。

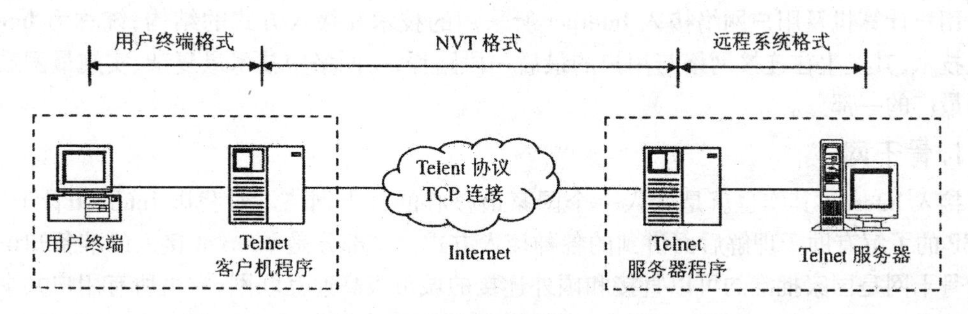

图 2-5 远程登录的工作过程

在 Telnet 客户机进程与 Telnet 服务器进程间,通过网络虚拟终端 NVT 标准进行通信。在采用网络虚拟终端后,不同的用户终端格式只与标准的网络虚拟终端打交道,而与各种不同的本地终端格式无关。Telnet 客户机进程与 Telnet 服务器进程一起完成用户终端格式、远程主机系统格式与标准网络虚拟终端 NVT 格式的转换。

4)远程登录方法

使用 Telnet 功能,需要具备两个条件。第一,用户的计算机要有 Telnet 应用软件;第二,在远程计算机上有自己的用户账号。

用户在使用 Telnet 命令进行远程登录时,首先应在 Telnet 命令中给出对方计算机的主机名或 IP 地址,然后根据对方系统的询问,正确提交合法的用户名与密码。一旦连接成功,本地计算机就能像通常的终端一样,直接访问远程计算机系统的全部资源,如硬件、程序、操作系统、应用软件和信息等。远程登录软件允许用户直接与远程计算机交互,通过键盘或鼠标操作,客户端程序将有关的信息发送给远程计算机,再由服务器将输出结果反馈给用户,用户退出远程登录后,用户的键盘、显示控制权又回到本地计算机。

模块三 Internet 的接入方式

任务目标

- 掌握各种主流 Internet 接入技术的特点
- 能配置 PSTN 拨号上网
- 能配置 ADSL 接入

任务一 Internet 接入网络概述

用户计算机及用户网络接入 Internet 所采用的技术和接入方式的结构，统称为 Internet 接入技术，其发生在连接网络与用户的最后一段路程，是网络中技术最复杂、实施最困难、影响面最广的一部分。

1. 骨干网

接入 Internet 其实也就是接入一个国家最核心的骨干网络。对我国 Internet 骨干网以及 ISP 的了解有助于理解后面讲到的各种接入方式。这部分是 Internet 接入的准备知识。

骨干网是国家批准的可以直接和国外连接的城市级高速互联网，它由所有用户共享，负责传输大范围（在城市之间和国家之间）的骨干数据流。骨干网基于光纤，通常采用高速传输网络传输数据和高速包交换设备提供网络路由。建设、维护和运营骨干网的公司或单位就被称为 Internet 运营机构（也称为 Internet 供应商）。不同的 Internet 运营机构拥有各自的骨干网，以独立于其他供应商。国内各种用户想连到国外都得通过这些骨干网。我国现有 Internet 骨干网互联情况及出口带宽如图 3-1 所示。

1）中国科技网（CSTNET）

CSTNET 由中国科学院计算机网络信息中心运行和管理，始建于 1989 年，于 1994 年 4 月首次实现了我国与国际互联网络的直接连接，为非营利、公益性的国家级网络，也是国家知识创新工程的基础设施。它主要为科技界、科技管理部门、政府部门和高新技术企业服务。

2）中国公用计算机互联网（CHINANET）

CHINANET 是由中国电信部门经营管理的中国公用计算机互联网的骨干网，于 1994 年成立，现已基本覆盖全国所有地州市，并与中国公用分组交换数据网（CHINAPAC）、中国公用数字数据网（CHINADDN）、帧中继网、中国公用电话网（PSTN）和中国公用电子信箱系统（CHINAMAIL）互联互通。它作为中国最大的 Internet 接入单位，为中国用户提供 Internet 接入服务。

3）中国教育和科研计算机网（CERNET）

CERNET 是由国家投资建设，教育部负责管理，清华大学等高等学校承担建设和运行的全国性学术计算机互联网络，是全国最大的公益性计算机互联网络。CERNET 始建于 1994

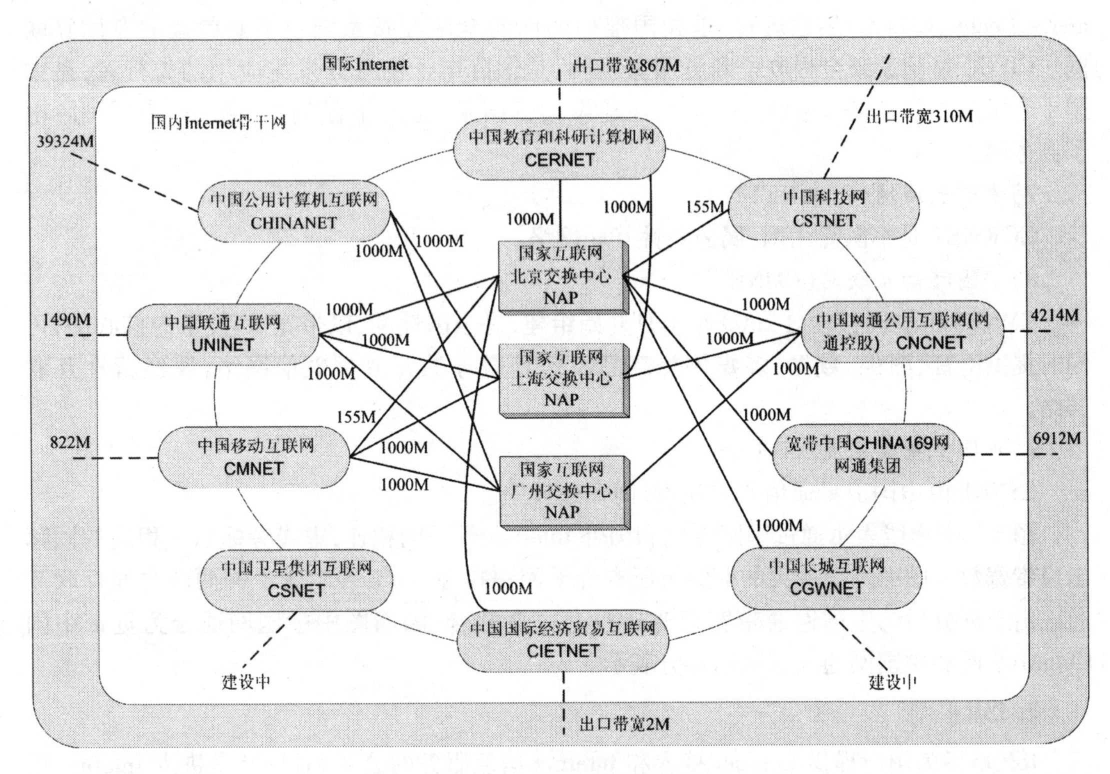

图 3-1 我国现有的骨干网

年,是全国第一个 IPv4 主干网。截至 2003 年 12 月,CERNET 主干网传输速率达到 2.5 Gbps,地区网传输速率达到 155 Mbps,覆盖全国 31 个省市近 200 多座城市,自有光纤 20 000 多千米,独立的国际出口带宽超过 800 M。CERNET 目前有 10 个地区中心,38 个省节点,全国中心设在清华大学。CERNET 目前联网大学、教育机构、科研单位超过 1 300 个,用户超过 1 500 万人,是我国教育信息化的基础平台。

4) 中国联通计算机互联网(UNINET)

UNINET 由中国联通经营管理,是经国务院批准、直接进行国际联网的经营性网络。其拨号接入号码为“165”,面向全国公众提供互联网络服务。UNINET 是架构在联通宽带 ATM 骨干网基础上的 IP 承载网络,具有先进性、综合性、统一性、安全性及全国漫游的特点。

5) 中国网通公用互联网(CNCNET)

CNCNET 由中国网络通信有限公司从 1999 年 8 月开始建设和运营,是在我国率先采用 IP/DWDM 优化光通信技术建设的全国性高速宽带 IP 骨干网络,承载包括语音、数据、视频等在内的综合业务及增值服务,并实现各种业务网络的无缝连接。现有光缆总长度 58 万皮长千米,接入网光缆 16 万皮长千米,拥有 180 多个卫星地面站。2002 年 5 月 16 日,中国网络通信(控股)有限公司以及原中国电信集团公司及其所属北方 10 省(区、市)电信公司和吉通通信有限责任公司组建成立了中国网络通信集团公司,简称“中国网通”。

6) 中国国际经济贸易互联网(CIETNET)

CIETNET 由 1996 年成立的中国国际电子商务中心(China International Electronic Commerce Center,CIECC)组建运营,是我国唯一的面向全国经贸系统企事业单位的专用互联网。CIECC 是国家级全程电子商务服务机构,是国际电子商务开发与应用的先行者,是中国十大国际互联网接入单位之一。它还建设运营国家“金关工程”骨干网——中国国际电子商务网。

7)中国长城网(CGWNET)

CGWNET 是军队专用网,属公益性互联网络。

8)中国移动互联网(CMNET)

CMNET 由中国移动自 2000 年 1 月开始组建,是全国性的、以带宽 IP 技术为核心的,可同时提供语音、图像、数据、多媒体等高品质信息服务的开放型电信网络,属经营性互联网络。

9)中国卫星集团互联网(CSNET)

CSNET 由中国卫星通信集团建设,尚在建设中。

图 3-1 中虚线表示通过国际专线和国外 Internet 骨干网相连,虚线旁标示了相应的国际出口带宽数。图中一个较大的椭圆将所有骨干网串接在一起,表示骨干网两两之间互联互通。由于拆分后的中国网通带宽资源还没有完全整合,因而图中中国网通分为宽带中国 China169 网和中国网通互联网两部分表示。

2. ISP

ISP 是指为用户提供 Internet 接入和 Internet 信息服务的公司和机构,是进入 Internet 世界的驿站。依服务的侧重点不同,ISP 可分为两种,IAP(Internet Access Provider)和 ICP(Internet Content Provider)。其中 IAP 是 Internet 接入提供商,以接入服务为主;ICP 是 Internet 内容提供商,提供信息服务。用户的计算机(或计算机网络)通过某种通信线路连接到 ISP,借助于与国家骨干网相连的 ISP 接入 Internet。因而从某种意义上讲,ISP 是全世界数以亿计的用户通往 Internet 的必经之路。目前,我国主要 Internet 骨干网运营机构在全国的大中型城市都设立了 ISP,此外在全国还遍布着由骨干网延伸出来的大大小小 ISP。

3. 接入网

讲到 Internet 接入技术,除了需要了解骨干网之外,更重要的是掌握接入网。接入网负责将用户的局域网或计算机连接到骨干网。它是用户与 Internet 连接的最后一步,因此又叫最后一公里技术。

1)接入网概念和结构

接入网(Access Network,AN),也称为用户环路,是指交换局到用户终端之间的所有机线设备,主要用来完成用户接入核心网(骨干网)的任务。

Internet 接入网分为主干系统、配线系统和引入线 3 个部分。其中主干系统是交换中心到交接箱之间的部分,一般为传统电缆和光缆,长数千米;配线系统是交接箱到分线盒之间的部分,可能是电缆或光缆,长度一般为数百米;而引入线为最后一段连接用户终端的部分,通常为数米到数十米,多采用铜线。

2)接入网接口

接入网所包括的范围可由 3 个接口来标志。在网络端,它通过节点接口 SNI 与业务节点(Service Node,SN)相连;在用户侧,经由用户网络接口 UNI 与用户终端相连;而管理功能则通过 Q3 接口与电信管理网（Telecommunication Management Network，TMN）相连。

3）接入网分类

接入网根据使用的媒质可以分为有线接入网和无线接入网两大类，其中有线接入网又可分为铜线接入网、光纤接入网和光纤同轴电缆混合接入网等，无线接入网又可分为固定接入网和移动接入网。

4）主要接入技术

Internet 接入技术很多，除了最常见的拨号接入外，目前正广泛兴起的宽带接入相对于传统的窄带接入而言显示了其不可比拟的优势和强劲的生命力。宽带是一个相对于窄带而言的电信术语，为动态指标，用于度量用户享用的业务带宽，目前国际还没有统一的定义。一般而言，宽带是指用户接入传输速率达到 2 Mbps 及以上、可以提供 24 小时在线的网络基础设备和服务。

宽带接入技术主要包括以现有电话网铜线为基础的 xDSL 接入技术、以电缆电视为基础的混合光纤同轴（HFC）接入技术、以太网接入、光纤接入技术等多种有线接入技术以及无线接入技术。表 3-1 显示了主要接入技术的部分典型特征。

表 3-1　Internet 主要接入技术一览表

Internet 接入技术	客户端所需主要设备	接入网主要传输媒介	传输速率（bps）	窄带/宽带	有线/无线	特点
电话拨号接入（PSTN）	普通 Modem	电话线（PSTN）	33.6 K ~ 56 K	窄带	有线	简单，方便，但速度慢，应用单一；上网时不能打电话，只能接一个终端。 可能出现线路繁忙、中途断线等
专线接入（DDN、帧中继、数字电路等）	不同专线方式设备有所不同	电信专用线路	依线路而定	兼有	有线	专用线路独享，速度快，稳定可靠。 但费用相对较高
ISDN 接入	NT1、NT2，ISDN 适配器等	电话线（ISDN 数字线路）	128 K	窄带	有线	按需拨号，可以边上网边打电话；数字信号传输质量好，线路可靠性高。 可同时使用多个终端，但应用有限
ADSL（xDSL）	ADSL Modem，ADSL 路由器，网卡，Hub	电话线	上行 1 M 下行 8 M	宽带	有线	安装方便，操作简单，无须拨号；利用现有电话线路，上网打电话两不误；提供各种宽带服务，费用适中，速度快。 但受距离影响（3 ~ 5 km），对线路质量要求高，抵抗天气能力差

续表

Internet 接入技术	客户端所需主要设备	接入网主要传输媒介	传输速率(bps)	窄带/宽带	有线/无线	特点
以太网接入及高速以太网接入	以太网接口卡，交换机	五类双绞线	10 M、100 M、1 000 M、1 G、10 G	宽带	有线	成本适当，速度快，技术成熟；结构简单，稳定性高，可扩充性好。 但不能利用现有电信线路，要重新铺设线缆
HFC 接入	Cable Modem，机顶盒	光纤+同轴电缆	上行 320 K~10 M 下行 27 M 和 36 M	宽带	有线	利用现有有线电视网，速度快，是相对比较经济的方式。 但信道带宽由整个社区用户共享，用户数增多，带宽就会急剧下降；安全上有缺陷，易被窃听。 适用于用户密集型小区
光纤 FTTx 接入	光分配单元 ODU，交换机，网卡	光纤 铜线(引入线)	10 M、100 M、1 000 M、1 G	宽带	有线	带宽大，速度快，通信质量高；网络可升级性能好，用户接入简单；提供双向实时业务的优势明显。 但投资成本较高，无源光节点损耗大
电力线接入		电力线		宽带	有线	电力网覆盖面广。 目前技术尚不成熟，仍处于研发中
无线接入：卫星通信	卫星天线和卫星接收 Modem	卫星链路	依频段、卫星、技术而变	兼有	无线	方便，灵活；具有一定程度的终端移动性；投资少，建网周期短，提供业务快；可以提供多种多媒体宽带服务。 但占用无线频谱，易受干扰和气候影响；传输质量不如光缆等有线方式；移动宽带业务接入技术尚不成熟
无线接入：LMDS	基站设备 BSE，室外单元、室内单元，无线网卡	高频微波	上行 1.544 M 下行 51.84 M ~155.52 M	宽带		
无线接入：移动无线接入	移动终端	无线介质	19.2 K，144 K，384 K，2 M	窄带		

总之，各种各样的接入方式都有其自身的优劣，不同需要的用户应该根据自己的实际情况做出合理选择。目前还出现了两种或多种方式综合接入的趋势，如 FTTx + ADSL、FTTx +

HFC、ADSL + WLAN(无线局域网)、FTTx + LAN 等。

任务二　接入方式简介

1. 电话拨号接入(PSTN)

PSTN 是个人用户接入 Internet 最早使用的方式之一,也是目前为止我国个人用户接入 Internet 使用最广泛的方式之一,它将用户计算机通过电话网接入 Internet。

据《第十四次中国互联网发展统计》调查结果显示,截至 2004 年 6 月 30 日,我国 8 700 万上网用户中,使用拨号上网的用户数为 5 155 万人,占 59.3%,其余为使用专线、ISDN、宽带上网等。在我国 3 630 万台上网计算机中,通过拨号方式接入互联网的计算机有 2 097 万台,占 57.8%。由此可见,我国上网方式中拨号接入一直占主流地位。

电话拨号接入非常简单,只需一个调制解调器 Modem、一根电话线即可,但速度很慢,理论上只能提供 33.6 Kbps 的上行速率和 56 Kbps 的下行速率,主要用于个人用户,有以下两种接入方式。

1)拨号仿真终端方式

这种方式适用于单机用户。用户使用调制解调器,通过电话交换网连接 ISP 的主机,成为该主机的一个远程终端,其功能与 ISP 主机连接的那些真正终端完全一样。这种方式简单、实用、费用较低。缺点是用户机没有 IP 地址,使用前必须在 ISP 主机上建立一个账号,用户收到的 E-mail 和 FTP 获取的文件均存于 ISP 主机中,必须联机阅读。另外,这种方式不能使用 WWW 等高级图形软件。

2)拨号 IP 方式

所谓拨号 IP 方式是采用串行连接网间协议(Serial Line Internet Protocol,SLIP)或点到点协议(Point to Point Protocol,PPP),使用调制解调器,通过电话网与 ISP 主机连接,再通过 ISP 的路由器接入 Internet。我们常说的拨号上网就是此种方式,并多用 PPP 协议。这种方式的优点是用户上网时拥有独立的 IP 地址,与 Internet 上其他主机的地位是平等的,并且可使用 Navigator、Internet Explorer 等高级图形界面浏览器。另外,由于动态分配 IP 地址,可充分利用有限的 IP 地址资源,并且降低了每个用户的入网费用。

2. 专线接入(DDN)

对于上网计算机较多、业务量大的企业用户,可以采用租用电信专线的方式接入 Internet。我国现有的几大基础数据通信网络——中国公用数字数据网(ChinaDDN)、中国公用分组交换数据网(ChinaPAC)、中国公用帧中继宽带业务网(ChinaFRN)、无线数据通信网(ChinaWDN)均可提供线路租用业务。因而广义上专线接入就是指通过 DDN、帧中继、X.25、数字专用线路、卫星专线等数据通信线路与 ISP 相连,借助 ISP 与 Internet 骨干网的连接通路访问 Internet 的接入方式。

其中,DDN 专线接入最为常见,应用较广。它利用光纤、数字微波、卫星等数字信道和数字交叉复用节点,传输数据信号,可实现 2 Mbps 以内的全透明数字传输以及高达 155 Mbps 速率的语音、视频等多种业务。DDN 专线接入时,对于单用户通过市话模拟专线接入的,可采用调制解调器、数据终端单元设备和用户集中设备就近连接到电信部门提供的数字交叉连接复用设备处;对于用户网络接入就采用路由器、交换机等。DDN 专线接入特别适用于金融、证券、保险业、外资及合资企业、交通运输行业、政府机关等。

3. ISDN 接入

综合业务数字网(Integrated Services Digital Network,ISDN)接入,俗称"一线通",是普通电话(模拟 Modem)拨号接入和宽带接入之间的过渡方式。

ISDN 接入 Internet 与使用 Modem 普通电话拨号方式类似,也有一个拨号的过程。不同的是,它不用 Modem 而是用另一设备 ISDN 适配器来拨号。另外普通电话拨号在线路上传输模拟信号,有一个 Modem"调制"和"解调"的过程;而 ISDN 的传输是纯数字过程,通信质量较高,其数据传输比特误码率比传统电话线路至少改善十倍,此外它的连接速度快,一般只需几秒钟即可拨通。使用 ISDN 最高数据传输速率可达 128 Kbps。

4. xDSL 接入

xDSL 是 DSL(Digital Subscriber Line)的统称,意即数字用户线路,是以电话铜线(普通电话线)为传输介质,点对点传输的宽带接入技术。它可以在一根铜线上分别传送数据和语音信号,其中数据信号并不通过电话交换设备,并且不需要拨号,不影响通话。其最大的优势在于利用现有的电话网络架构,不需要对现有接入系统进行改造,就可方便地开通宽带业务,被认为是解决"最后一公里"问题的最佳选择之一。

DSL 同样是调制解调技术家族的成员,只是采用了不同于普通 Modem 的标准,运用先进的调制解调技术,使得通信速率大幅度提高,最高能够提供比普通 Modem 快 300 倍的兆级传输速率。此外,它与电话拨号方式不同的是,xDSL 只利用电话网的用户环路,并非整个网络,采用 xDSL 技术调制的数据信号实际上是在原有话音线路上叠加传输,在电信局和用户端分别进行合成和分解,为此,需要配置相应的局端设备,而普通 Modem 的应用则几乎与电信网络无关。常用的 xDSL 技术如表 3-2 所示。

表 3-2 常用 xDSL 技术列表

xDSL	名称	下行速率(bps)	上行速率(bps)	双绞铜线对数
HDSL	高速率数字用户线	1.544 M ~ 2 M	1.544 M ~ 2 M	2 或 3
SDSL	单线路数字用户线	1 M	1 M	1
IDSL	基于 ISDN 数字用户线	128 K	128 K	1
ADSL	非对称数字用户线	1.544 M ~ 8.192 M	512 K ~ 1 M	1
VDSL	超高速数字用户线	12.96 M ~ 55.2 M	1.5 M ~ 2.3 M	2
RADSL	速率自适应数字用户线	640 K ~ 12 M	128 K ~ 1 M	1
S - HDSL	单线路高速数字用户线	768 K	768 K	1

表 3-2 中 xDSL 技术可分为对称和非对称技术两种模式。对称 DSL 技术指上、下行双向传输速率相同的 DSL 技术,方式有 HDSL、SDSL、IDSL 等,主要用于替代传统的 T1/E1 接入技术。这种技术具有对线路质量要求低,安装调试简单的特点。非对称 DSL 技术为上、下行传输速率不同,上行较慢、下行较快的 DSL 技术,主要有 ADSL、VDSL、RADSL 等,适用于对双向带宽要求不一样的应用,如 Web 浏览、多媒体点播、信息发布、视频点播 VOD 等,是

Internet 接入中很重要的一种方式，目前最常用的是 ADSL 技术。

ADSL(Asymmetrical Digital Subscriber Line)是在无中继的用户环路上，使用由负载电话线提供高速数字接入的传输技术，是非对称 DSL 技术的一种，可在现有电话线上传输数据，误码率低。ADSL 技术为家庭和小型业务提供了宽带、高速接入 Internet 的方式。

在普通电话双绞线上，ADSL 典型的上行速率为 512 Kbps ~ 1 Mbps，下行速率为 1.544 ~ 8.192 Mbps，传输距离为 3 ~ 5 km。有关 ADSL 的标准，现在比较成熟的有 G.DMT 和 G.Lite。一个基本的 ADSL 系统由局端收发机和用户端收发机两部分组成，收发机实际上是一种高速调制解调器(ADSL Modem)，由其产生上下行的不同速率。

ADSL 的接入模型主要由中央交换局端模块和远端用户模块组成，如图 3-2 所示。

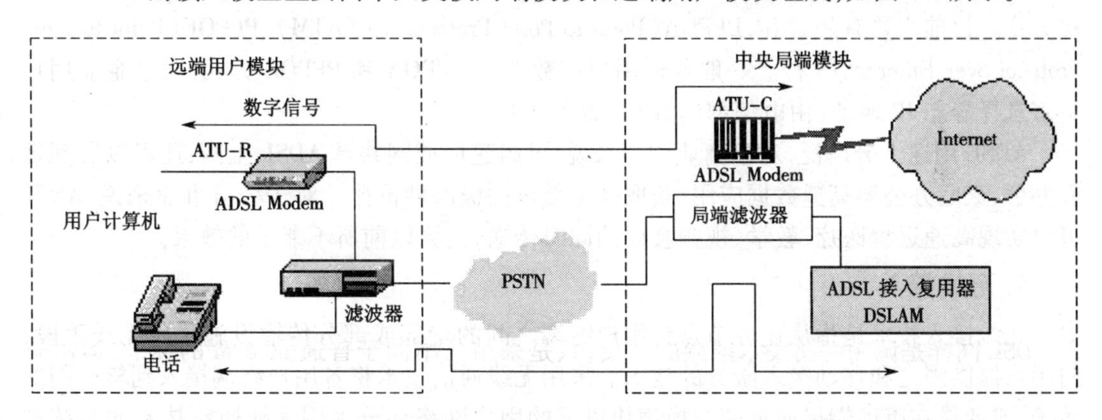

图 3-2　ADSL 的接入模型

中央交换局端模块包括在中心位置的 ADSL Modem、局端滤波器和接入多路复用系统。其中处于中心位置的 ADSL Modem 被称为 ADSL 中心传送单元(ADSL Transmission Unit - Central Office End，ATU - C)。而接入多路复用系统中心的 Modem 通常被组合成一个接入节点，也被称为 ADSL 接入复用器(Digital Subscriber Line Access Multiplexer，DSLAM)，它为接入用户提供网络接入接口，把用户端 ADSL 来的数据进行集中、分解，并提供网络服务供应商访问的接口，实现与 Internet 或其他网络服务的连接。

远端用户模块由用户 ADSL Modem 和滤波器组成。其中用户端 ADSL Modem 通常被叫做 ADSL 远端传送单元(ADSL Transmission Unit - Remote terminal End，ATU - R)，用户计算机、电话等通过它们连入公用交换电话网(PSTN)。两个模块中的滤波器用于分离承载音频信号的 4 kHz 以下低频带和调制用的高频带。这样 ADSL 可以同时提供电话和高速数据业务，两者互不干涉。

从客户端设备和用户数量来看，可以分为以下 4 种接入情况。

1)单用户 ADSL Modem 直接连接

此方式多为家庭用户使用，连接时用电话线将滤波器一端接电话机，一端接 ADSL Modem，再用交叉网线将 ADSL Modem 和计算机网卡连接即可(如果使用 USB 接口的 ADSL Modem 则不必用网线)。

2)多用户 ADSL Modem 连接

若有多台计算机，就先用集线器组成局域网，设其中一台为服务器，并配以两块网卡，一块接 ADSL Modem，一块接集线器的 uplink 口(用直通网线)或 1 口(用交叉网线)，滤波器的连接与(1)中相同。其他计算机即可通过此服务器接入 Internet。

3)小型网络用户 ADSL 路由器直接连接计算机

客户端除使用 ADSL Modem 外还可使用 ADSL 路由器,它兼具路由功能和 Modem 功能,可与计算机直接相连,不过由于它提供的以太端口数量有限,因而只适合于用户数量不多的小型网络。

4)大量用户 ADSL 路由器连接集线器

当网络用户数量较大时,可以先将所有计算机组成局域网,再将 ADSL 路由器与集线器或交换机相连,其中接集线器 uplink 口用直通网线,接集线器 1 口或交换机用交叉网线。

在用户端除安装好硬件外,用户还需为 ADSL Modem 或 ADSL 路由器选择一种通信连接方式。目前主要有静态 IP、PPPOA(Point to Point Protocol over ATM)、PPPOE(Point to Point Protocol over Ethernet)3 种。一般普通用户多数选择 PPPOA 和 PPPOE 方式,对于企业用户更多选择静态 IP 地址(由电信部门分配)的专线方式。

ADSL 用途十分广泛,对于商业用户来说,可组建局域网共享 ADSL 上网,还可以实现远程办公、家庭办公等高速数据应用,获取高速低价的极高性价比。对于公益事业来说,ADSL 可以实现高速远程医疗、教学、视频会议的即时传送,达到以前所不能及的效果。

5. 无线接入

无线接入技术是指从业务节点到用户终端之间的全部或部分传输设施采用无线手段,向用户提供固定和移动接入服务的技术。采用无线通信技术将各用户终端接入到核心网的系统,或者是在市话端局或远端交换模块以下的用户网络部分采用无线通信技术的系统都统称为无线接入系统。由无线接入系统所构成的用户接入网称为无线接入网。

1)无线接入的分类

无线接入按接入方式和终端特征通常分为固定接入和移动接入两大类。

(1)固定无线接入,指从业务节点到固定用户终端采用无线技术的接入方式,用户终端不含或仅含有限的移动性。此方式是用户上网浏览及传输大量数据时的必然选择,主要包括卫星、微波、扩频微波、无线电传输和特高频。

(2)移动无线接入,指用户终端移动时的接入,包括移动蜂窝通信网(GSM、CDMA、TDMA、CDPD)、无线寻呼网、无绳电话网、集群电话网、卫星全球移动通信网以及个人通信网等,是当前接入研究和应用中很活跃的一个领域。

无线接入是本地有线接入的延伸、补充或临时应急方式。在此仅重点介绍固定无线接入中的卫星通信接入和 LMDS 接入,以及移动无线接入中的 WAP 技术和移动蜂窝接入。

2)卫星通信接入

利用卫星的宽带 IP 多媒体广播可解决 Internet 带宽的瓶颈问题。由于卫星广播具有覆盖面大,传输距离远,不受地理条件限制等优点,利用卫星通信作为宽带接入网技术,在我国复杂的地理条件下,是一种有效方案并且有很好的发展前景。目前,应用卫星通信接入 Internet 主要有两种方案,全球宽带卫星通信系统和数字直播卫星接入技术。

(1)全球宽带卫星通信系统,将静止轨道卫星(Geosynchronous Earth Orbit,GEO)系统的多点广播功能和低轨道卫星(Low Earth Orbit,LEO)系统的灵活性和实时性结合起来,可为固定用户提供 Internet 高速接入、会议电视、可视电话、远程应用等多种高速的交互式业务。也就是说,利用全球宽带卫星系统可建设宽带的“空中 Internet”。

(2)数字直播卫星接入(Direct Broadcasting Satellite,DBS),利用位于地球同步轨道的通信卫星将高速广播数据送到用户的接收天线,所以一般也称为高轨卫星通信。DBS 主要是广播系统,Internet 信息提供商将网上的信息与非网上的信息按照特定组织结构进行分类,根据统计的结果将共享性高的信息送至广播信道,由用户在用户端以订阅的方式接收,以充分满足用户的共享需求。用户通过卫星天线和卫星接收 Modem 接收数据,回传数据则要通过电话 Modem 送到主站的服务器。DBS 广播速率最高可达 12 Mbps,通常下行速率为 400 Kbps,上行速率为 33.6 Kbps,比传统 Modem 高出 8 倍,为用户节省 60% 以上的上网时间,还可以享受视频、音频多点传送、点播服务。

3)WAP 技术

无线应用协议(Wireless Application Protocol,WAP)是由 WAP 论坛制定的一套全球化无线应用协议标准。它基于已有的 Internet 标准,如 IP、HTTP、URL 等,并针对无线网络的特点进行了优化,使得互联网的内容和各种增值服务适用于手机用户和各种无线设备用户。WAP 独立于底层的承载网络,可以运行于多种不同的无线网络之上,如移动通信网(移动蜂窝通信网)、无绳电话网、寻呼网、集群网、移动数据网等。WAP 标准和终端设备也相对独立,适用于各种型号的手机、寻呼机和个人数字助手等。

WAP 网络架构由 3 部分组成,即 WAP 网关、WAP 手机和 WAP 内容服务器。移动终端向 WAP 内容服务器发出 URL 地址请求,用户信号经过无线网络,通过 WAP 协议到达 WAP 网关,经过网关"翻译",再以 HTTP 协议方式与 WAP 内容服务器交互,最后 WAP 网关将返回的 Internet 丰富信息内容压缩、处理成二进制码流返回到用户尺寸有限的 WAP 手机的屏幕上。

6. HFC 接入

为了解决终端用户接入 Internet 速率较低的问题,人们一方面通过 xDSL 技术充分提高电话线路的传输速率,另一方面尝试利用目前覆盖范围广、最具潜力、带宽高的有线电视网(CATV),它是由广电部门规划设计的用来传输电视信号的网络。从用户数量看,我国已拥有世界上最大的有线电视网,其覆盖率高于电话网。充分利用这一资源,改造原有线路,变单向信道为双向信道,以实现高速接入 Internet 的思想推动了 HFC 的出现和发展。

光纤同轴电缆混合网(Hybrid Fiber Coaxial,HFC)是一种新型的宽带网络,也可以说是有线电视网的延伸。它采用光纤从交换局到服务区,而在进入用户的"最后 1 公里"采用有线电视网同轴电缆。它可以提供电视广播(模拟及数字电视)、影视点播、数据通信、电信服务(电话、传真等)、电子商贸、远程教学与医疗以及丰富的增值服务(如电子邮件、电子图书馆)等。

HFC 接入技术是以有线电视网为基础,采用模拟频分复用技术,综合应用模拟和数字传输技术、射频技术和计算机技术所产生的一种宽带接入网技术。以这种方式接入 Internet 可以实现 10 ~ 40 Mbps 的带宽,用户可享受的平均速度是 200 ~ 500 Kbps,最快可达 1 500 Kbps,用它可以非常舒心地享受宽带多媒体业务,并且可以绑定独立 IP。

7. 小区宽带(光纤)接入

光纤接入技术实际就是在接入网中全部或部分采用光纤传输介质,构成光纤用户环路

(Fiber in the Loop,FITL),实现用户高性能宽带接入的一种方案。

光纤接入网(Optical Access Network,OAN)是指在接入网中用光纤作为主要传输媒介来实现信息传输的网络形式,它不是传统意义上的光纤传输系统,而是针对接入网环境所专门设计的光纤传输网络。

从光纤接入网的网络结构看,按接入网室外传输设施中是否含有源设备,OAN 可以划分为有源光网络(Active Optical Network,AON)和无源光网络(Passive Optical Network,PON),前者采用电复用器分路,后者采用光分路器分路,两者均在发展。

根据光网络单元(Optical Network Unit,ONU)所在位置,光纤接入网的接入方式分为光纤到路边(Fiber to the Curb,FTTC)、光纤到大楼(Fiber to the Building,FTTB)、光纤到办公室(Fiber to the Office,FTTO)、光纤到楼层(Fiber to the Floor,FTTF)、光纤到小区(Fiber to the Zone,FTTZ)、光纤到户(Fiber to the Home,FTTH)等几种类型。

FTTx + LAN 即光纤接入和以太网技术结合而成的高速以太网接入方式,可实现"千兆到楼,百兆到层面,十兆到桌面",为最终光纤到户提供了一种过渡。

FTTx + LAN 接入比较简单,在用户端通过一般的网络设备,如交换机、集线器等将同一幢楼内的用户连成一个局域网,用户室内只需添加以太网 RJ - 45 信息插座和配置以太网接口卡(即网卡),在另一端通过交换机与外界光纤干线相连即可。

总体来看,FTTx + LAN 是一种比较廉价、高速、简便的数字宽带接入技术,特别适用于我国这种人口居住密集型的国家。

8. 移动蜂窝接入

移动蜂窝 Internet 接入主要包括基于第一代模拟蜂窝系统的 CDPD 技术,基于第二代数字蜂窝系统的 GSM 和 GPRS 以及在此基础上的改进数据率 GSM 服务技术(Enhanced Datarate for GSM Evolution,EDGE),目前正向第三代蜂窝系统(the Third Generation,3G)发展。GSM 在我国已得到了广泛应用,GPRS 可提供 115. 2 Kbps 甚至 230. 4 Kbps 的传输速率,称为 2. 5 代,而 EDGE 则被称为 2. 75 代,因为它的速率已达第三代移动蜂窝通信下限 384 Kbps,并可提供大约 2 Mbps 的局域数据通信服务,为平滑过渡到第三代打下了良好基础。目前的 3G 将达到 2 Mbps 速率,实现较快速的移动通信 Internet 无线接入。

任务三 电话拨号连接的设置

1)确认 Modem 可正常

工作确认调制解调器 Modem 已正确安装,可以正常工作。不同的 Modem 有不同的安装方法,有关安装 Modem 的方法参阅 Modem 的资料或咨询销售商。

连接示意图如图 3-3 所示。

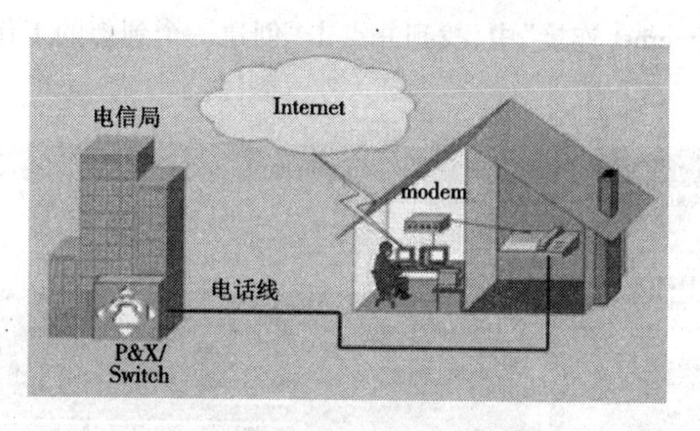

图 3-3 Modem 连接示意图

主机连接拨号在不同操作系统的设置方法不一样，请根据操作系统参看以下的说明。

2）Windows XP 中设置拨号上网的方法

点击“开始”菜单，再点击“控制面板”菜单项，如图 3-4 所示。

图 3-4 设置拨号上网 1

（2）在“控制面板”中找到并点击“网络和 Internet 连接”，如图 3-5 所示。

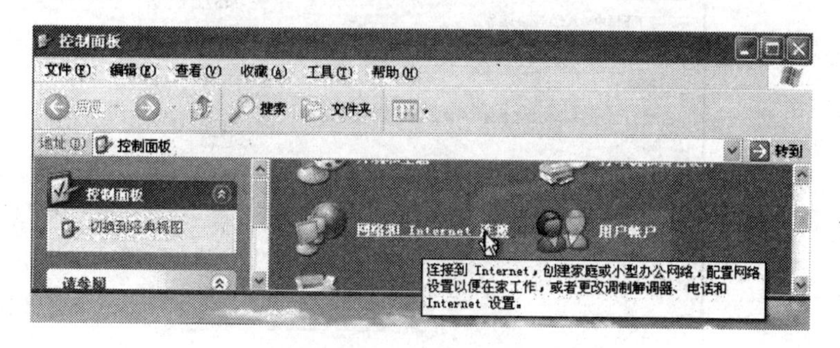

图 3-5 设置拨号上网 2

(3)在“网络和 Internet 连接”中,找到并点击“创建一个到您的工作位置的网络连接”,如图 3-6 所示。

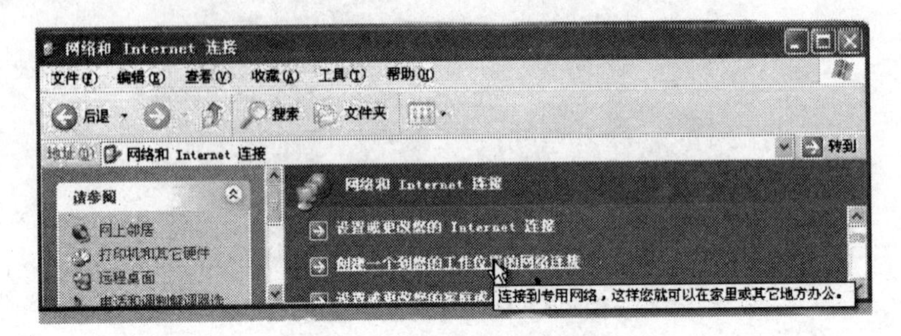

图 3-6 设置拨号上网 3

(4)选择“拨号连接”,再点击“下一步”按钮,如图 3-7 所示。

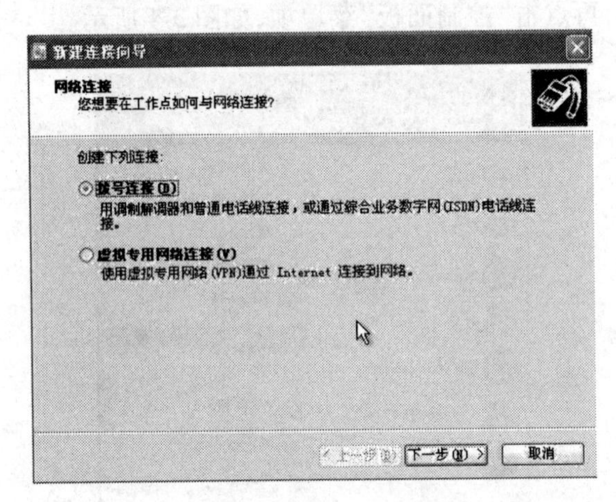

图 3-7 设置拨号上网 4

(5)在“公司名”中输入一个名称(这个名称方便自己使用即可,在此使用 ustc),再点击“下一步”按钮,如图 3-8 所示。

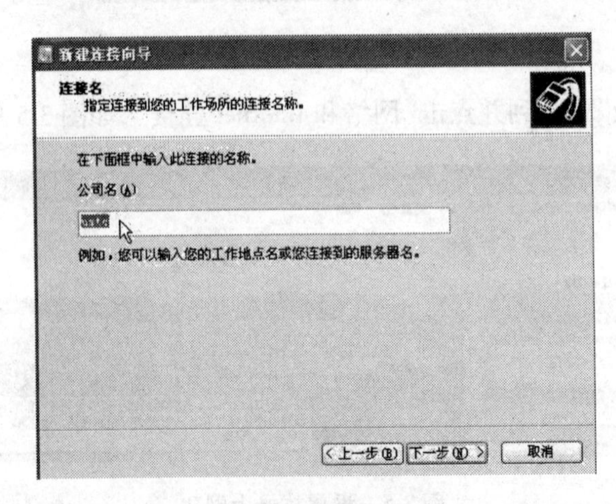

图 3-8 设置拨号上网 5

(6)在电话号码中输入所对应的拨号服务器号码,再点击“下一步”按钮,如图 3-9 所示。

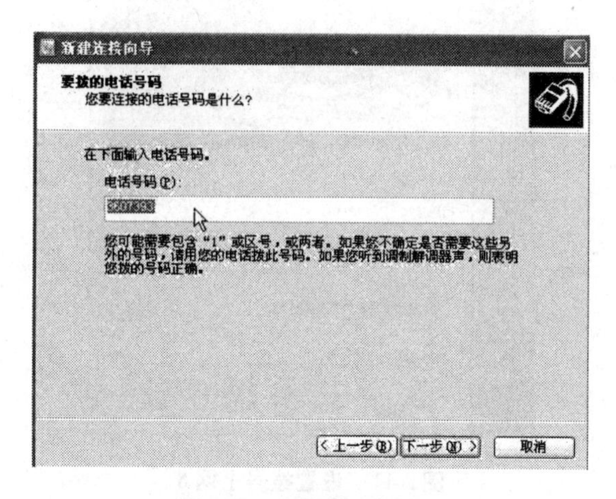

图 3-9 设置拨号上网 6

(7)如果希望在桌面上放一个快捷方式,点击并勾选“在我的桌面上添加一个到此连接的快捷方式”,点击“完成”按钮,如图 3-10 所示。

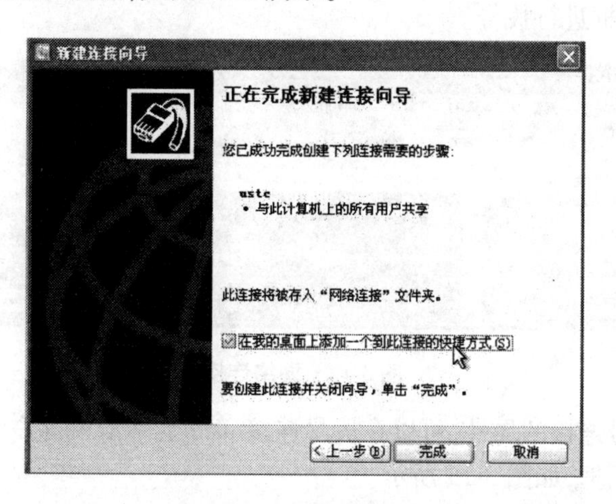

图 3-10 设置拨号上网 7

(8)如果在桌面上放置了快捷方式,在桌面上双击刚才建立的拨号连接(比如 ustc),打开“连接”对话框。输入用户名和密码,再点击“拨号”按钮,即可拨号上网,如图 3-11 所示。

图 3-11 设置拨号上网 8

如果没有在桌面上放置快捷方式,可以回到"网络和 Internet 连接",找到并点击"网络连接",如图 3-12 所示。在"网络连接"里,可以找到刚才建立的拨号连接 ustc。双击拨号连接,打开"拨号"对话框进行拨号。

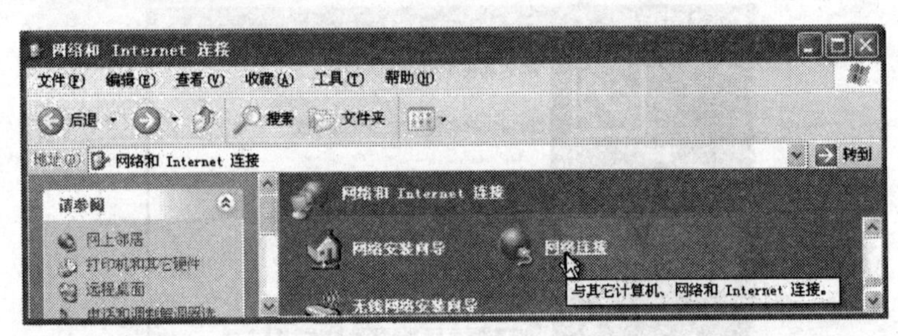

图 3-12 网络连接

如果要查看拨号连接的属性,可以在拨号连接 ustc 上单击鼠标右键,选择"属性",打开拨号连接的属性对话框,如图 3-13 所示。

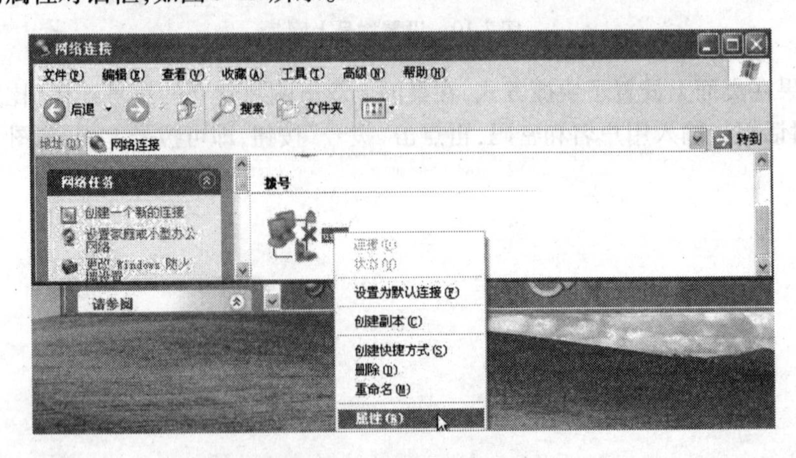

图 3-13 打开属性对话框

在拨号属性对话框内进行设置,如图 3-14 所示。

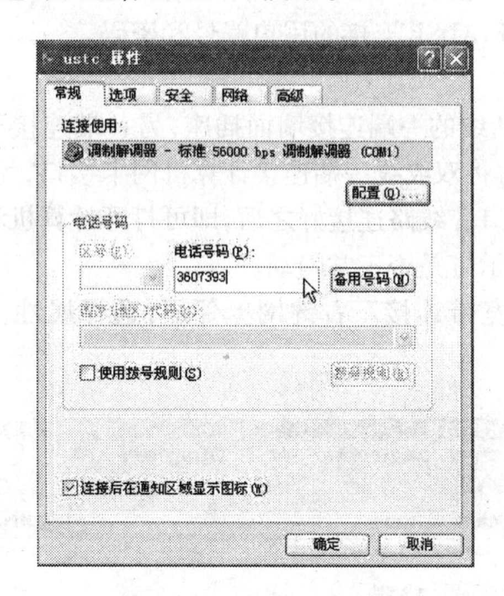

图 3-14　设置拨号属性

双击连接图标,即可完成连接。

3)应掌握的内容

(1)设备及线缆的正确连接。

(2)Modem 连接的基本配置步骤与方法。

(3)连接过程中的现象观察等。

任务四　ADSL 宽带连接的设置

通过 ADSL 拨号连接 Internet(见图 3-15)是目前家庭用户和中小型企事业单位用户接入 Internet 所采用最多的方式之一。如何配置一台计算机使其能够成功连接 Internet 成了首要的问题,问题的解决对实际工作具有重要的指导意义。

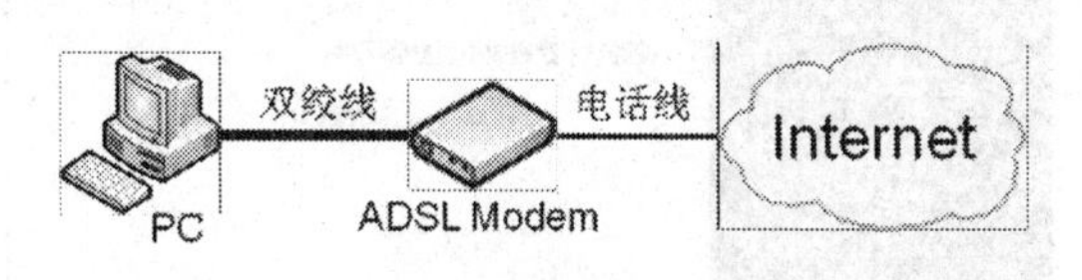

图 3-15　通过 ADSL 拨号连接 Internet

1)任务要求

(1)正确连接各类线缆。

(2)通过配置步骤完成 ADSL 拨号连接 Internet。

(3)在桌面创建宽带连接的快捷方式。

2)环境需求

(1)安装了 Windows 操作系统的计算机 1 台。

(2)ADSL Modem 设备 1 台。

(3)5 类或超 5 类双绞线 1 根,电话线 1 根。

(4)向运营商申请并开通的 ADSL 电话线路 1 条。

(5)运营商提供的用于 ADSL 连接的用户账号和密码。

3)连接步骤

(1)线路连接。将电话线的一端连接墙面插座,另一端连接至 ADSL Modem 的 RJ - 11 端口,即电话线路端口。再将双绞线一端连接计算机网卡接口,另一端连接至 ADSL Modem 的 RJ - 45 端口,即网络接口。线路连接好之后,即可打开计算机和 ADSL Modem 的电源,观察 ADSL Modem 和网卡指示灯是否正常闪动。

(2)在计算机上配置宽带连接。右键网上邻居,选择属性,打开网络连接窗口,如图 3-16 所示。

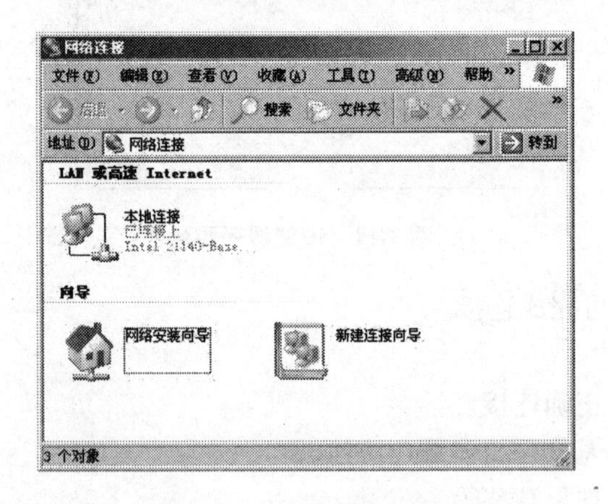

图 3-16　"网络连接"窗口

(3)点击"新建连接向导"图标,打开向导,如图 3-17 所示。

图 3-17　新建连接向导 1

(4)点击"下一步"按钮,选择网络连接类型中的"连接到 Internet"选项,如图 3-18 所示。

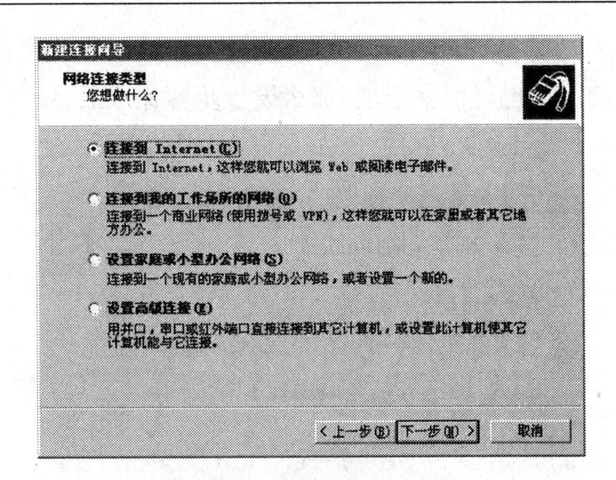

图 3-18 新建连接向导 2

(5)点击“下一步”按钮,选择“手动设置我的连接”选项,如图 3-19 所示。

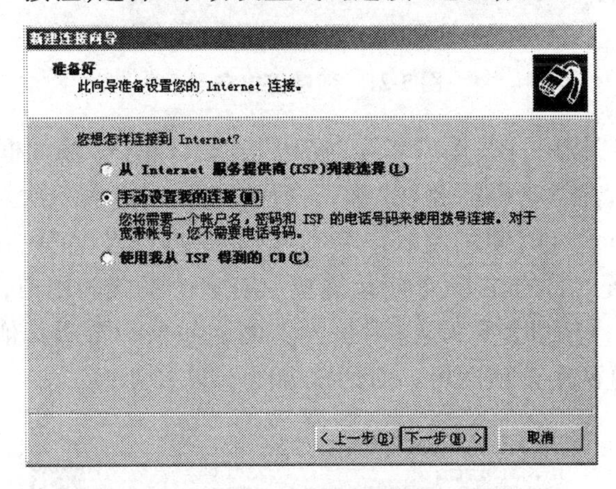

图 3-19 新建连接向导 3

(6)点击“下一步”按钮,选择“用要求用户名和密码的宽带连接来连接”选项,如图 3-20 所示。

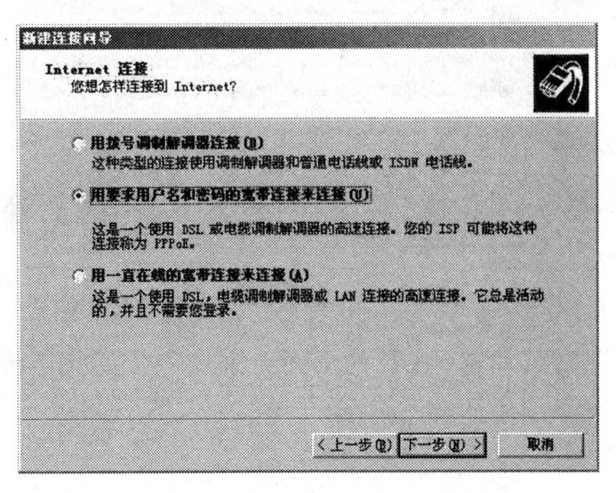

图 3-20 新建连接向导 4

(7)点击“下一步”按钮,在“ISP 名称”下方的输入框内建立宽带连接的名字,如“中国电信”、“我的宽带连接”等,也可留空不填,那么设置步骤完成后,新建的连接名字为“宽带连接”,如图 3-21 所示。

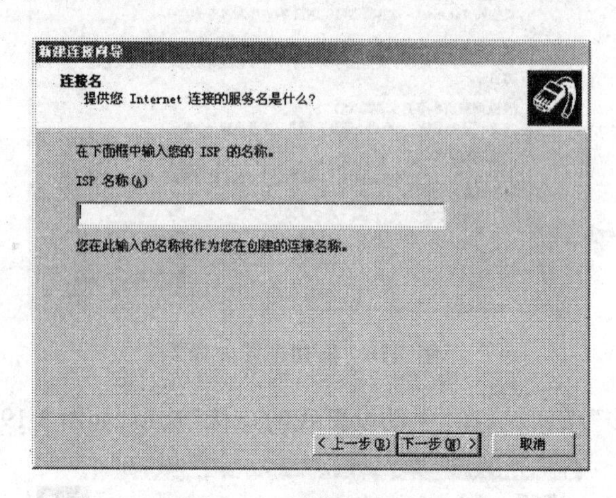

图 3-21 新建连接向导 5

(8)点击“下一步”按钮,在“用户名”、“密码”、“确认密码”输入框中分别填入运营商提供的用户账号和密码,注意密码需要在“确认密码”中重复输入一次。可勾选“任何用户从这台计算机连接到 Internet 时使用此账户名和密码”选项以及“把它作为默认的 Internet 连接”选项。这两项设置的目的在于,如果计算机上有多个不同的用户,那么大家都可以在成功登录 Windows 之后,利用此“宽带连接”拨号上网。如果不希望其他用户在登录 Windows 之后都能上网,去掉这两个选项即可。对话框如图 3-22 所示。

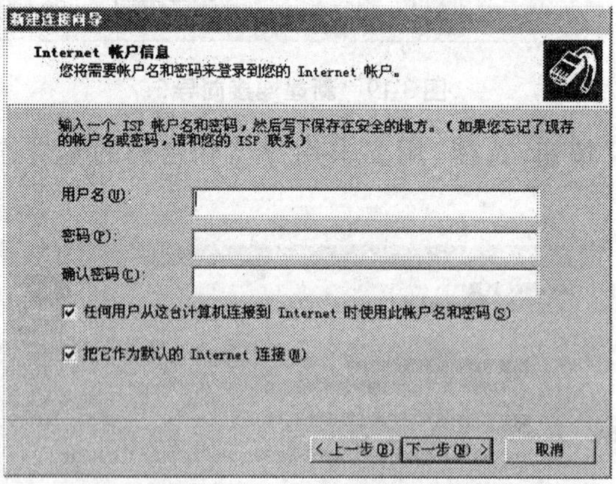

新建连接向导
Internet 帐户信息
您将需要帐户名和密码来登录到您的 Internet 帐户。
输入一个 ISP 帐户名和密码,然后写下保存在安全的地方。(如果您忘记了现存的帐户名或密码,请和您的 ISP 联系)
用户名(U):
密码(P):
确认密码(C):
任何用户从这台计算机连接到 Internet 时使用此帐户名和密码(S)
把它作为默认的 Internet 连接(M)
< 上一步(B) 下一步(N) > 取消

图 3-22 新建连接向导 6

(9)点击“下一步”按钮,勾选“在我的桌面上添加一个到此连接的快捷方式”选项,如图 3-23 所示。

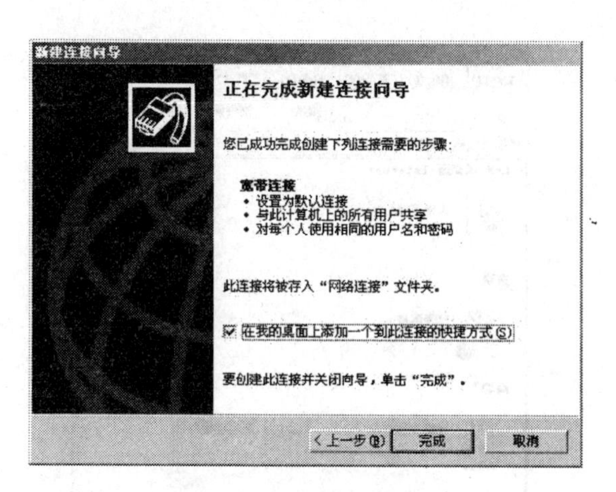

图 3-23　新建连接向导 7

(10)点击"完成"按钮,完成 ADSL 拨号设置。随后系统会自动打开宽带连接的对话框,如图 3-24 所示。

图 3-24　宽带连接对话框

(11)完成了以上设置之后,网络连接窗口中会出现一个新的"宽带连接"图标,如图 3-25 所示。桌面上也会出现一个与之对应的快捷方式图标。

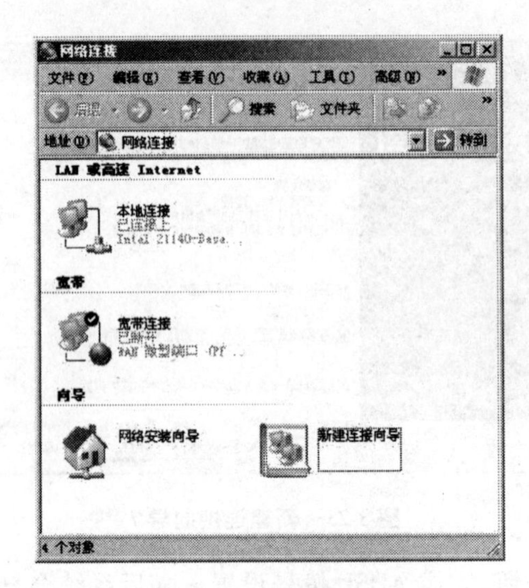

图 3-25 宽带连接图标

4)应掌握的内容

(1)设备及线缆的正确连接。

(2)ADSL 宽带连接的基本配置步骤与方法。

(3)思考单用户环境下的 ADSL 连接配置的步骤在实际工作中的指导意义。

任务五 多用户共享 ADSL 连接的设置

1)任务目的

(1)掌握设备的连接方法及相互关系。

(2)掌握多用户共享 ADSL 宽带连接实现联网的配置步骤与方法。

(3)掌握宽带路由器的配置步骤与方法。

(4)理解共享上网的原理及应用场景。

通过 ADSL 拨号多用户共享连接 Internet 是接入 Internet 又一重要应用,如图 3-26 所示。其问题的解决具有重要的实践指导意义。

2)任务要求

(1)正确连接各类线缆。

(2)通过宽带路由器的配置完成共享 ADSL 拨号连接 Internet。

(3)使网络内各计算机能共享上网。

3)环境需求

(1)安装了 Windows 操作系统的计算机多台。

(2)ADSL Modem 设备 1 台。

(3)宽带路由器设备 1 台。

(4)5 类或超 5 类双绞线多根,电话线 1 根。

(5)向运营商申请并开通的 ADSL 电话线路 1 条。

(6)运营商提供的用于 ADSL 连接的用户账号和密码。

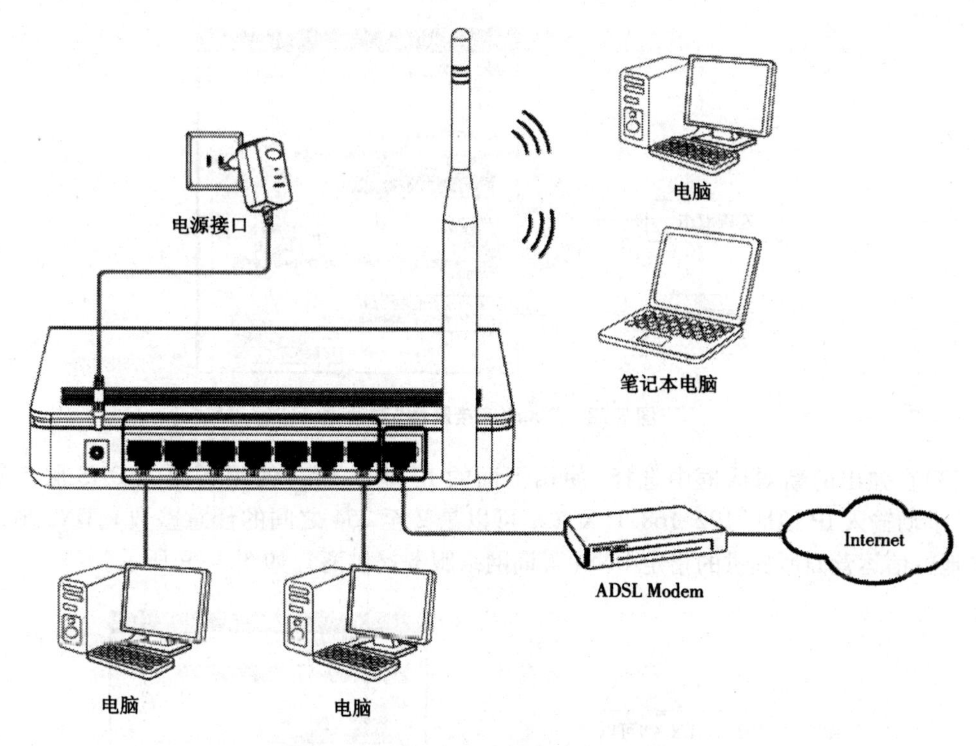

图 3-26　多用户共享 ADSL 连接 Internet

4)操作步骤

(1)找到计算机桌面上的网上邻居图标,选择属性。在新窗口中,右键单击“本地连接”,选择“属性”。如图 3-27 所示。

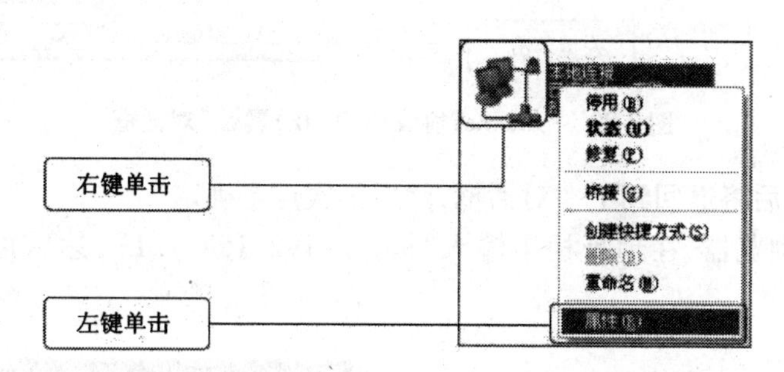

图 3-27　打开本地连接属性

(2)在随后出现的对话框中,选择“Internet 协议(TCP/IP)”,左键双击,如图 3-28 所示。

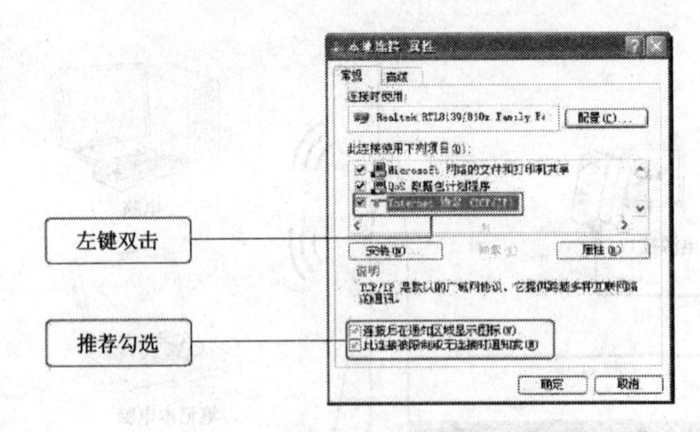

图 3-28　“本地连接属性”对话框

(3)在弹出的新对话框中选择“使用下面的 IP 地址”和“使用下面的 DNS 服务器地址”。手动输入 IP 地址“192.168.1.X”(X 可以是 2 至 254 之间的任意整数),DNS 地址填入本地电信运营商所提供的指定 DNS(咨询网络服务提供商),如图 3-29 所示。

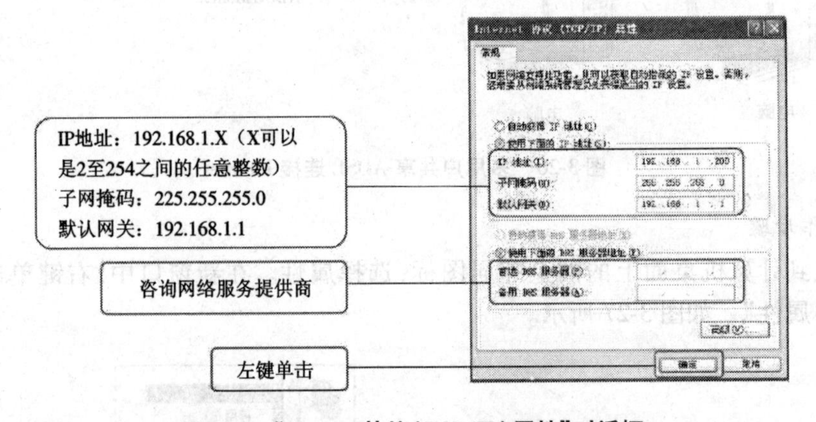

图 3-29　“Internet 协议(TCP/IP)属性”对话框

(4)单击确定后将退回到上一对话框,然后再次点击确定。

(5)打开 IE 浏览器,在地址栏中输入“http://192.168.1.1”,然后再按回车键。如图 3-30 所示。

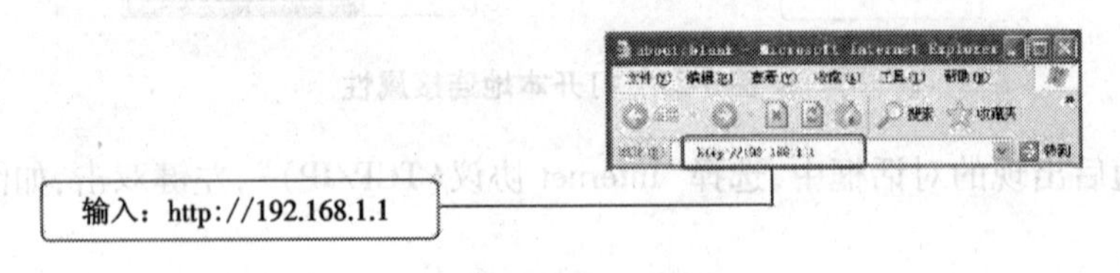

图 3-30　输入 IP 地址

(6)随后将弹出一个新的对话框,输入默认的用户名和密码。通常设备的用户名和密码相同,均为 admin,输入后单击确定,如图 3-31 所示。

(7)进入路由器设备的设置主界面,可通过左侧菜单栏中的各选项对路由器进行相关的设置。如果是第一次进入路由器进行设置,可选择设置向导。单击“设置向导”,将进入

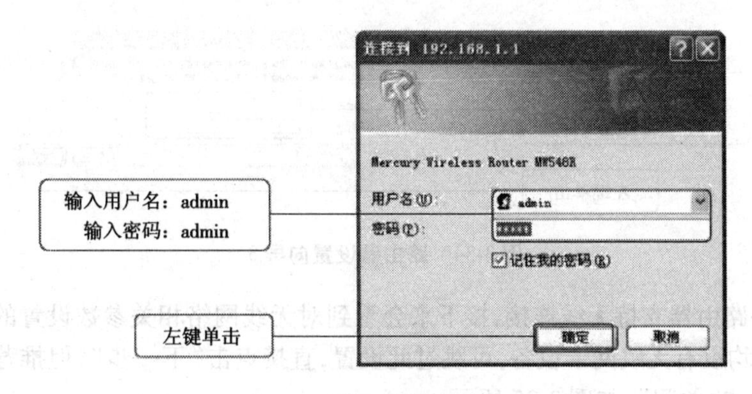

图 3-31 输入用户名和密码

设备的设置界面。这时右侧内容区将可看到一个设置向导的对话框,如图 3-32 所示。

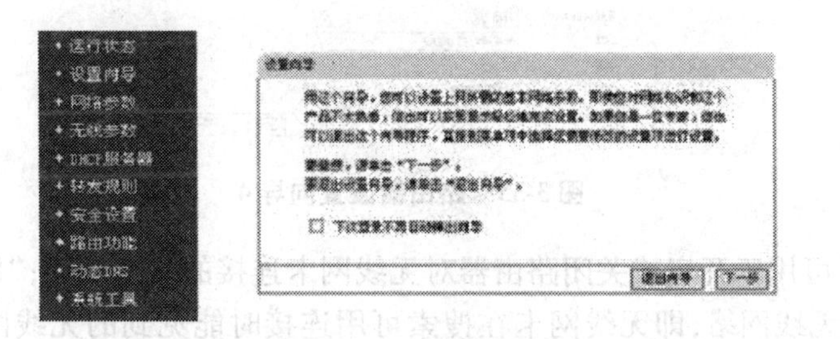

图 3-32 路由器设置向导 1

(8)点击“下一步”,出现新的对话框,这里需要根据实际情况选择。如果是局域网中继上网,可视情况选择动态 IP 或静态 IP 选项,若连接的局域网采用动态 IP 地址,这里就不用再做什么设置了,直接选择“以太网宽带,自动从网络服务商获取 IP 地址(动态 IP)”,然后点击下一步,直至完成。若连接采用静态 IP 地址,选择“以太网宽带,网络服务商提供的固定 IP 地址(静态 IP)”,然后在接下去的设置对话框内填入相应 IP、掩码、网关地址、DNS 地址,然后点击下一步,直至完成。如果是 ADSL 拨号上网方式连接 Internet,选择“ADSL 虚拟拨号(PPPoE)”,然后点击“下一步”。设置过程如图 3-33 所示。

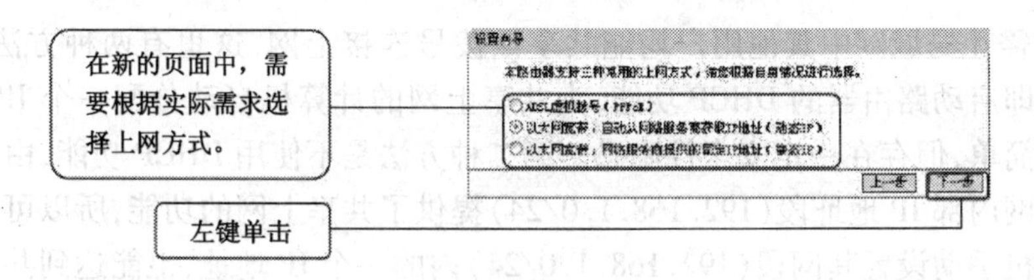

图 3-33 路由器设置向导 2

(9)在接下来出现的对话框中分别输入电信运营商提供的上网账号和上网口令,注意这里输入的并非登录路由器的用户名和密码,点击“下一步”,如图 3-34 所示。

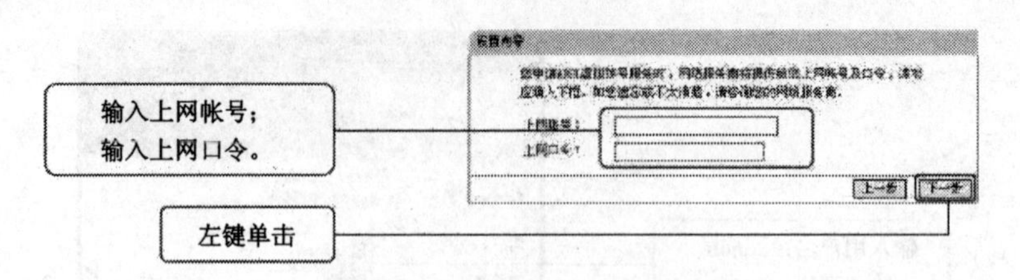

图 3-34 路由器设置向导 3

(10)如果路由器支持无线连接,接下来会看到对无线网络相关参数设置的对话框。如局域网内用户均没有无线网卡设备,可跳过此设置,直接点击"下一步",但推荐将无线状态设置为"禁用"或"关闭",如图 3-35 所示。

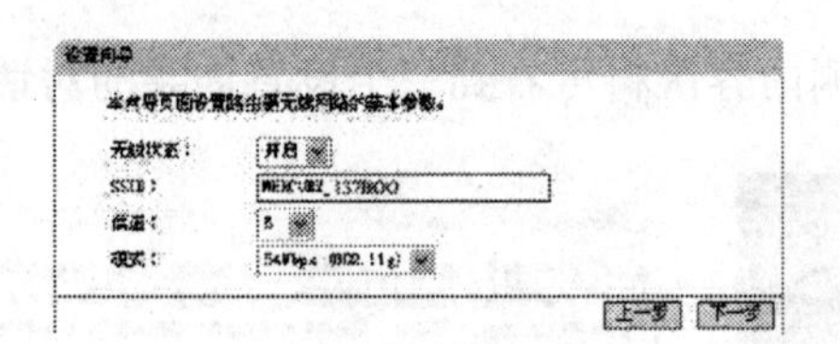

图 3-35 路由器设置向导 4

"无线状态"可用于开启或关闭路由器对无线网卡连接的支持功能;"SSID"可设置为任意字符串来标明无线网络,即无线网卡在搜索可用连接时能见到的无线网络名称;"信道"可用于设置路由器的无线信号频率段,一般推荐使用 1、6、11 频段;"模式"可用于设置路由器最大传输速率或无线工作模式。

(11)点击"完成"即可完成设置向导,如图 3-36 所示。

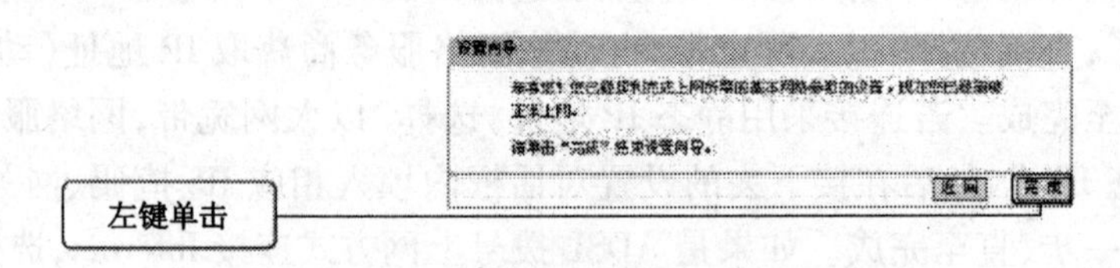

图 3-36 路由器设置向导 5

(12)如需让局域网中其他用户均能共享该拨号连接上网,这里有两种方法可供参考。第一种方法即启动路由器的 DHCP 功能,为共享上网的计算机自动分配一个 IP 地址,这种方法的设置简单,但存在一定安全性隐患。第二种方法是不使用 DHCP 功能,由于此时路由器已对局域网内部 IP 地址段(192.168.1.0/24)提供了共享上网的功能,所以可为每台共享上网的计算机手动设置其网段(192.168.1.0/24)内的一个 IP 地址,也能达到共享上网的目的。这里选择较为简单的 DHCP 功能,点击左侧菜单栏中的"DHCP 服务器"选项,确认是否"启用"了 DHCP 功能并查看 IP 地址段,如图 3-37 所示。

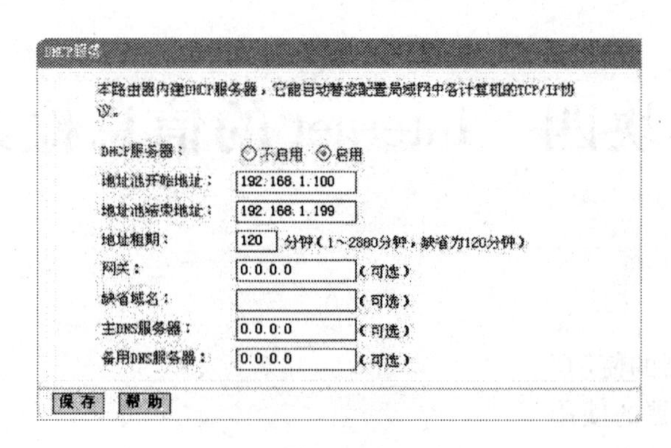

图 3-37　DHCP 服务

(13)至此，ADSL 成功拨号连接之后，局域网内部的计算机均可共享上网了。

5)应掌握的内容

(1)设备及线缆的正确连接。

(2)ADSL 宽带路由器连接的基本配置步骤与方法。

(3)思考多用户环境共享上网有关的无线设置步骤及如何提高共享上网的安全性等。

模块四 Internet 的信息检索

任务目标

- 掌握 IE 浏览器的使用
- 掌握遨游浏览器的使用
- 掌握使用百度搜索
- 掌握使用谷歌搜索

任务一 网页浏览器的使用

浏览器是指可以显示网页服务器或者文件系统的 HTML 文件内容,并让用户与这些文件交互的一种软件。

网页浏览器主要通过 HTTP 协议与网页服务器交互并获取网页,这些网页由 URL 指定,文件通常为 HTML 格式,并由 MIME 在 HTTP 协议中指明。一个网页中可以包括多个文档,每个文档都是分别从服务器获取的。大部分的浏览器本身支持除了 HTML 之外的格式,例如 JPEG、PNG、GIF 等图像格式,并且能够扩展支持众多的插件(plugins)。另外,许多浏览器还支持其他的 URL 类型及其相应的协议,如 FTP、Gopher、HTTPS(HTTP 协议的加密版本)。HTTP 内容类型和 URL 协议规范允许网页设计者在网页中嵌入图像、动画、视频、声音、流媒体等。

电脑上常见的网页浏览器包括微软的 Internet Explorer、Mozilla 的 Firefox、Apple 的 Opera、Google 的 Chrome 浏览器等,可以说现在的网页浏览器是最常被使用的客户端程序。

1. IE 浏览器的使用

1)IE 浏览器的介绍

Internet Explorer 是微软的一款浏览器,一般都将 Internet Explorer 简称为 IE。2009 年春节时正式发布了 IE 的第 8 个版本,称之为 IE8,IE8 正式版可以安装在 Windows Vista 系统以及 Windows XP 系统中,而微软新的操作系统 Windows 7 捆绑安装 IE8 浏览器。IE8 的新功能之一是一种名为“InPrivate”的浏览模式。这种浏览模式能够不留下用户电脑的使用痕迹。

微软希望利用 IE8 新增加的功能夺回在浏览器市场失去的市场份额。IE8 新增加功能包括隐私浏览、改善的安全和名为加速器的新型插件。在安全方面,微软增加了跨站脚本过滤器并且增加了防御“点击劫持”攻击的功能。

2)启动 IE8 后的基本设置

(1)在桌面上点击“Internet Explorer”的快捷图标,即可以启动 IE8,如图 4-1 所示。

(2)首次使用 IE8 的时候,会弹出如图 4-2 所示的设置窗口,该窗口中对 IE 浏览器进行一些设置,在此可以点击“下一步”按钮。

图 4-1　IE8 快捷图标

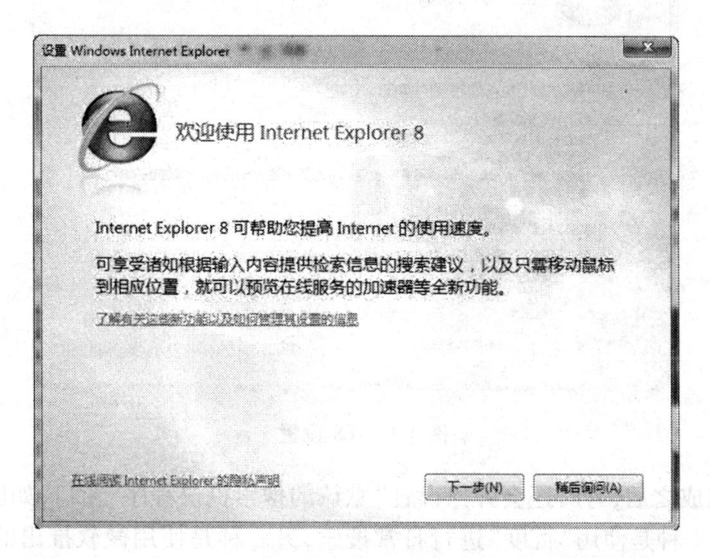

图 4-2　IE8 设置 1

(3)设置是否需要打开建议网站，这里可以根据自身的需要去设置，一般情况下可以选择为“是的，打开建议网站”，如图 4-3 所示，然后再点击“下一步”按钮。

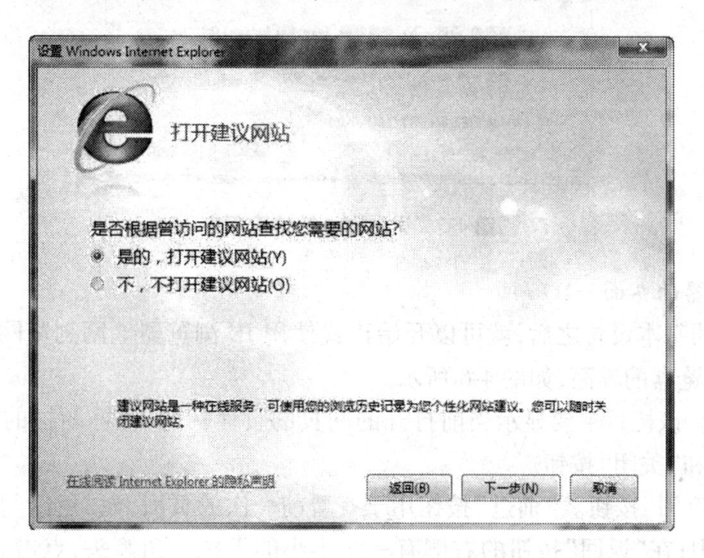

图 4-3　IE8 设置 2

(4)对 IE 中搜索、更新、加速器等相关选项进行设置。如果读者对这些设置比较了解可以点击“选择自定义设置”选项，然后再点击“下一步”按钮，对这些选项进行自定义的设置；如果只是普通用户的基本需求，就可以直接选择“使用快速设置”选项，然后再点击“完成”按钮，完成 IE8 中常用设置选项。这里选择“使用快速设置”，然后点击“完成”按钮，完成 IE8 的选项设置。对话框如图 4-4 所示。

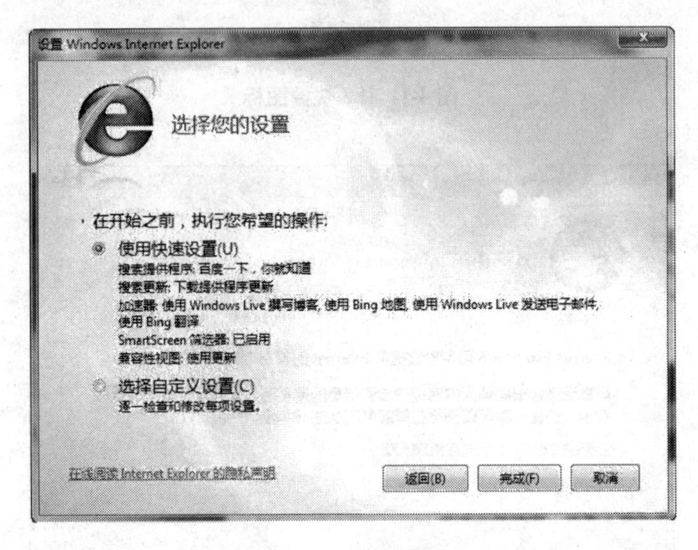

图 4-4　IE8 设置 3

(5) 设置完成之后，有时还会弹出设置“默认的搜索提供程序”窗口，如图 4-5 所示。这里有两种选择，一种是使用“百度”进行日常搜索，另一种是使用微软推出的“Bing”。可以根据用户的自身需求去设置，默认为“百度”，点击“确定”按钮后完成。

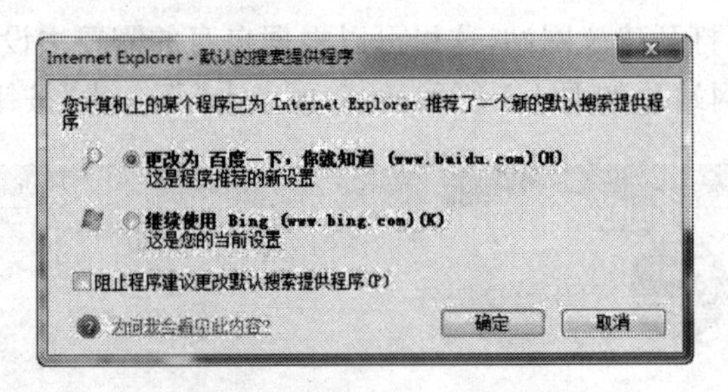

图 4-5　设置默认的搜索程序

3) IE 浏览器的界面

经过前面的基本设置之后，就可以开始正式使用 IE 浏览器上网浏览网页了，首先简单认识一下 IE 浏览器的界面，如图 4-6 所示。

A:标题栏。该栏目主要显示当前打开的网页的页面标题，在标题栏的最右侧是“最小化”、“最大化”和“关闭”按钮。

B:“前进/返回”按钮。“前进”按钮用于查看前一次的页面，而“返回”按钮则可以返回到上一个页面中；在“返回”按钮的右侧有一个小小的下拉三角箭头，点击它可以显示以前看过的页面的历史记录。

C:地址栏。在地址栏中输入相应的网页地址，按下“回车”键后就可以打开相应的网页。在地址栏的右侧分别是“兼容模式”、“刷新”和“停止”按钮。“兼容模式”可以让专门为旧版本浏览器所设计的页面能够正常显示，“刷新”按钮可以让当前打开的页面重新载

图 4-6 IE 浏览器界面

入，而“停止”按钮则可以将当前的页面停止载入。

D：搜索栏。在前面的设置中已将“百度”作为 IE 浏览器的默认搜索引擎，在这个搜索栏中可以看到所提示的也是“百度”搜索。点击搜索栏右侧的下拉箭头，可以重新设置搜索引擎。

E：收藏夹。点击“收藏夹”按钮，可以显示出收藏夹中所收藏的所有页面，点击“收藏夹”右侧的“添加到收藏”按钮，则可以将当前的页面进行收藏；而后面的“建议网页”和“获取更多加载项”在一般的网页浏览中并没有什么实际的用途，这里不做介绍。

F：页面选项卡。从 IE7 开始，微软就在 IE 中新增加了这个页面选项卡，这样可将多个页面在一个 IE 窗口中打开。

G：命令栏。IE8 的命令栏中快捷命令和命令选项都比较少，但足够应付日常的应用。

H：页面显示区。当在“地址栏”中输入正确的网页地址后，按下“回车”键，中间的页面显示区就会显示所输入地址的页面效果。

I：状态栏。在状态栏中可以查看一些网页的基本信息，同时在状态栏的最右侧可以设置网页的显示比例。

4）使用 IE 浏览器浏览网站

（1）双击系统桌面上的 IE 图标，启动 IE 浏览器。

（2）然后在地址栏中可以输入网站的网址“http://www.wlci.com.cn”，此时浏览器窗口中就会显示该网站内容，如图 4-7 所示。

（3）如果希望以后每次打开 IE 浏览器时，默认打开的就是当前的网站，可以点击“工具”菜单下的“Internet 选项”命令，在弹出的窗口中，“常规”选项里可以设置该网站为默认的主页地址，如图 4-8 所示。

（4）如果当前打开的网站非常实用，希望下次能够快速找到这个网站，可以将该网站添加到收藏夹中。点击 IE 浏览器左上角的“收藏夹”按钮，显示所有的收藏夹列表，然后在列

图 4-7 某网站主页

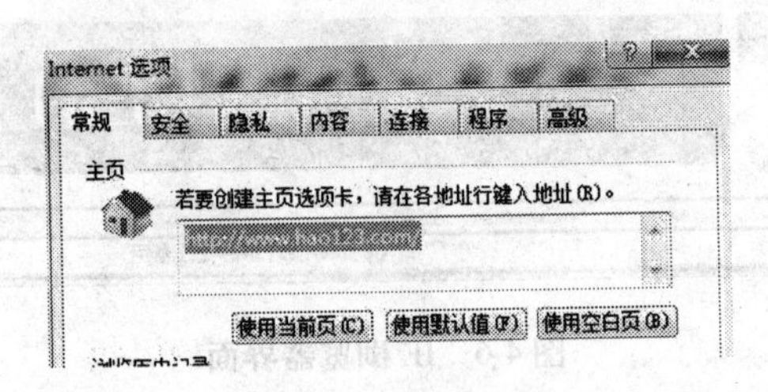

图 4-8 设置主页地址

表中点击“添加到收藏夹”按钮，就可以将当前打开的网址添加到收藏夹中。下次如果想再次打开，只需在收藏夹中点击这个收藏的地址，就可以马上打开这个网站，如图 4-9 所示。

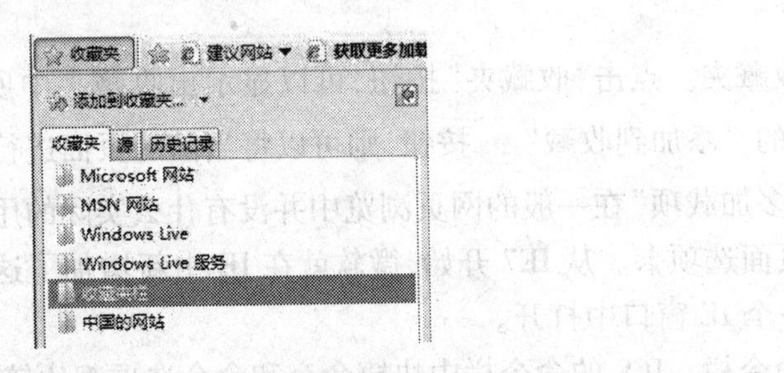

图 4-9 添加到收藏夹

5）IE 浏览器的安全及隐私设置

（1）打开 IE 浏览器时，点击“工具”菜单下的“Internet 选项”命令，在弹出的窗口中，“常规”选项里有个“浏览历史记录”选项，如图 4-10 所示。

图 4-10 “浏览历史记录”选项

（2）将“退出时删除浏览历史记录”项选中，这样每次退出 IE 浏览器时，会将浏览过的所有页面历史全部删除掉。如果只希望删除历史记录中某部分内容，可以点击“删除”按钮，弹出如图 4-11 所示的窗口，希望删除哪部分内容，将前面的选项打勾，然后再点击“删除”按钮即可。

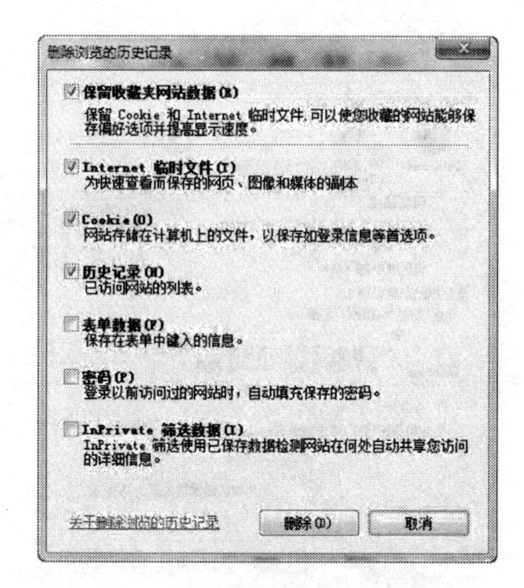

图 4-11 删除浏览的历史记录

(3)IE8 的隐私浏览功能:打开一个新的不会记录任何信息的浏览器,不会记录任何搜索或网页访问的痕迹。这非常符合在公共场合中安全浏览网页的需求。启动 IE8,然后点击“新建选项卡”按钮,如图 4-12 所示,然后在新的页面菜单中选择“使用 InPrivate 浏览”即可。

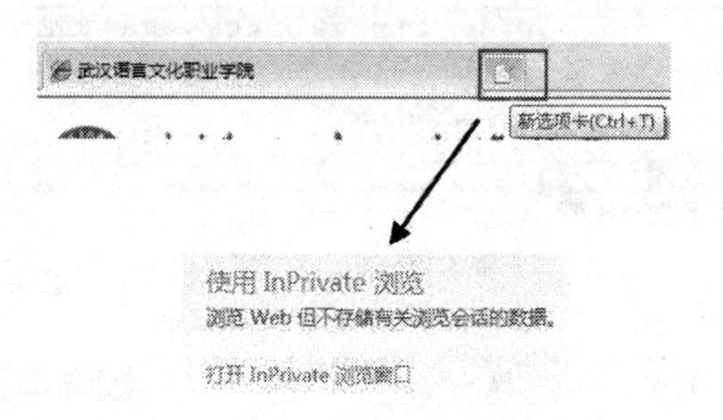

图 4-12 设置隐私浏览

(4)点击“Internet 选项”对话框中“安全”选项卡,如图 4-13 所示,有 4 种“安全设置”,“Internet”、“本地 Internet”、“可信站点”和“受限站点”。每个“安全设置”的下方可以设置其相关的“安全级别”:“Internet”安全设置中主要是设置访问互联网的安全级别,其默认的级别是“中 - 高”,这种级别可以防止大部分风险网站中的隐藏风险;“本地 Internet”主要是指局域网络,“可信站点”和“受限站点”中可以自己添加相应的网址。

2. 遨游浏览器的使用

1)遨游浏览器简介

傲游浏览器是一款基于 IE 内核的、多功能、个性化多标签浏览器。它允许在同一窗口内打开任意多个页面,减少浏览器对系统资源的占用率,提高网上冲浪的效率。同时它又能有效防止恶意插件,阻止各种弹出式、浮动式广告,加强网上浏览的安全。

2)遨游浏览器的基本使用

(1)到遨游的官方网站(http://www.maxthon.cn)下载该软件。现在有两种版本比较流行,一个是占资源较少、比较稳定的遨游 2.0,还有一个是最新版的遨游 3.0。如果想体验最

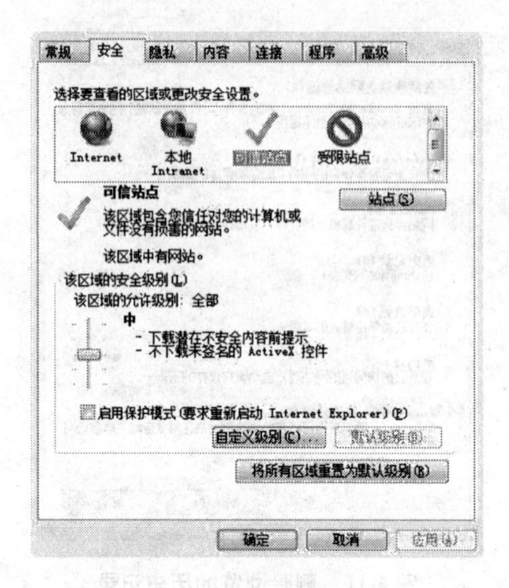

图 4-13　“安全”选项卡

新的技术,可以考虑 3.0 版的遨游;如果只想保持稳定,推荐下载 2.0 版。软件的安装很简单,如图 4-14 所示为遨游的启动界面。

图 4-14　遨游启动界面

(2)遨游的界面中按钮比较多,但分布合理,很多按钮图标和 IE 的图标很相似,用户可以很快上手。在遨游中间顶部有个搜索框,可以通过“百度”或“Google”搜索相关信息,向下有一个 9 宫格,可以将经常访问的网站收藏到其中,方便以后快速浏览;右侧有个历史记录,可以显示最近去过的网站。

(3)在地址文本框中直接输入网络地址,按下“回车”键就可以快速打开网页。点击如图 4-15 所示的“ + ”号,可以添加一个新的网页标签,输入网址就可以打开一个新的网页,使用遨游浏览器同时浏览二十几个网页也不会拖慢系统的速度。点击网页标签右侧的“ × ”按钮,可以将当前的网页关掉。

图 4-15　网页标签

(4)点击遨游浏览器顶部的“撤销”按钮,如图 4-16 所示,在显示的列表中会显示最近的页面历史记录,点击其中任意一个列表项目即可重新打开历史记录的页面,点击“清空列表”按钮可以将最近的历史记录清空,以保护隐私。

图 4-16　撤销

3)遨游个性功能

(1)分屏浏览模式:在遨游主工具栏中点击“分屏浏览模式”按钮,此时遨游会分出两栏,每栏都可以打开一个不同的网页,如图 4-17 所示,特别适合使用宽屏显示器的用户。

图 4-17　分屏浏览

(2)会员功能:注册一个遨游的免费会员,然后登录,可以把自己的网页收藏夹上传到遨游的服务器中,不管在什么地方上网,都可以将一些需要的资料直接上传到服务器里,如图 4-18 所示。

图 4-18 会员功能

(3)手势功能:用鼠标划出轨迹,就可以刷新、关闭标签,或者让页面瞬间移动到底部;点击菜单“工具”→“遨游设置中心”命令,在左侧的选项卡中找到“鼠标控制”选项,右侧顶部的“启用鼠标手势”功能选中。如图 4-19 所示为几种常用的鼠标手势,在浏览页面时,按下鼠标右键然后依据图中的箭头进行拖动,即可以完成相关的操作。

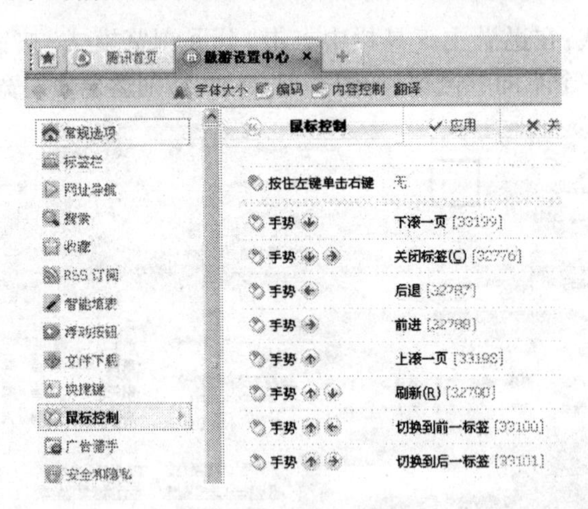

图 4-19 鼠标手势

(4)广告拦截功能:现在网站中的广告特别多,一是严重影响了网络的速度;二是广告种类繁多,让人防不胜防。遨游浏览器中提供了“广告猎手”功能,可以比较好地解决这些广告问题。点击菜单“工具”→“广告猎手”命令,如图 4-20 所示,会显示“广告猎手”的子菜单列表,想启用哪些功能,点击一下即可。

(5)内容控制:遨游的内容控制是一个比较实用的功能,点击菜单“工具”→“内容控制”命令,如图 4-21 所示,会显示其中的命令列表,可以禁止网页的中的某些功能,加快网页的显示。

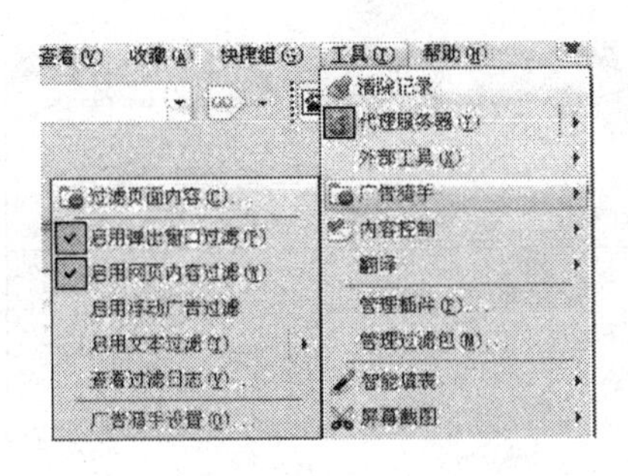

图 4-20　“广告猎手”子菜单

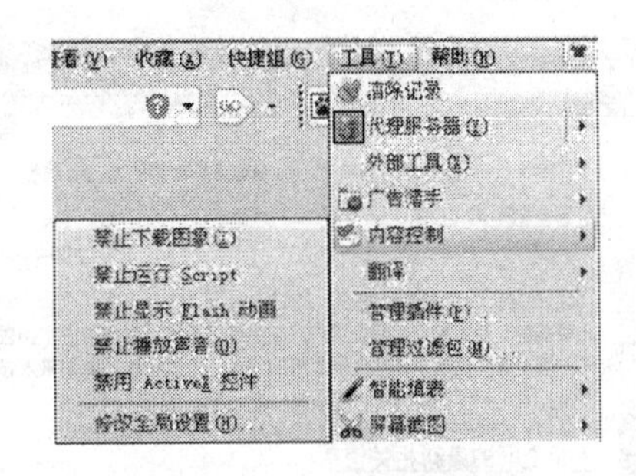

图 4-21　“内容控制”子菜单

任务二　信息检索

网络中的资源非常丰富,要想在这庞大的资源信息库中找到自己需要的信息就必须借助搜索引擎,目前常用的搜索引擎主要有百度和 Google。

百度是目前全球最大的中文搜索引擎,对于中文网站、中文信息搜索非常在行,国内的网友在查找网络资源时首选基本都是使用百度;Google 被公认为是目前全球规模最大的搜索引擎,它提供了简单易用的免费服务,用户可以在瞬间得到相关的搜索结果。百度和 Google 都提供了很多人性化的服务,方便用户在网络中查找各种不同类型的资源。

1. 百度的使用

1)使用百度快捷搜索资源

(1)首先使用网页浏览器打开百度首页“www. baidu. com”,如图 4-22 所示。进入到百度首页中,最显眼的就是那长条的文本框了,在该文本框中输入想搜索的关键字,再点击右侧的“百度一下”按钮,即可进行搜索。

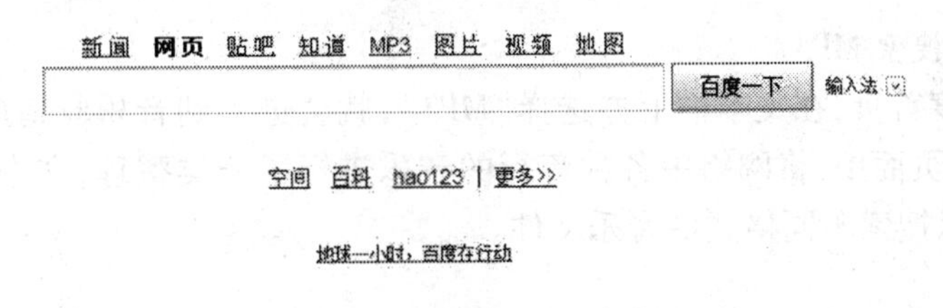

图 4-22　百度首页

(2)点击“百度一下”按钮之后,会进入搜索的结果页,如图 4-23 所示。在该页面中,会将网络中所有与输入的关键字有关的网页以列表的方式全部显示出来。

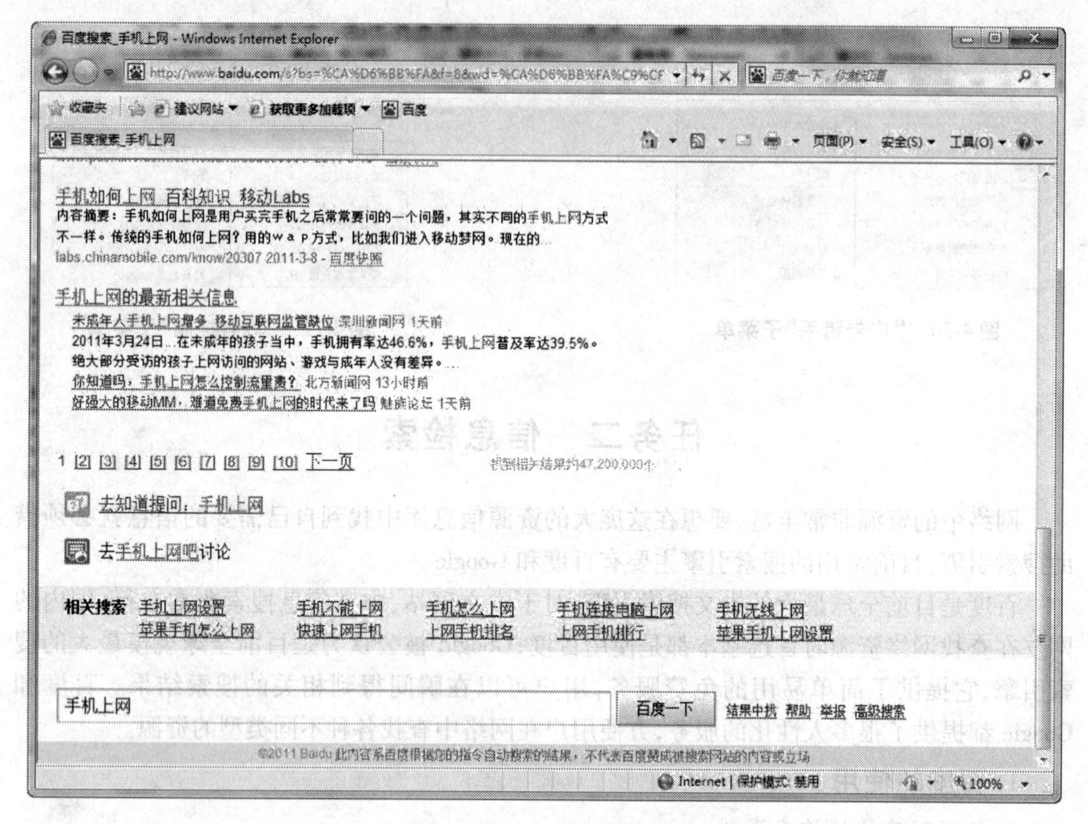

图 4-23 百度搜索结果页

(3)在结果列表页的右下部分，可以显示共搜索出了多少个相关的结果，页面的下方有个“相关搜索”区，可以显示和用户输入的关键字相近的一些搜索关键字，方便用户通过这些提示的关键字进行更精确的搜索。

(4)想要通过搜索引擎快速找到所需要的内容，还需要一定的搜索技巧。最基本也最有效的，就是选择合适的查询关键字，输入的关键字越明确，使用百度搜索到的信息就越是精确。

2)使用百度搜索 MP3

(1)打开百度首页，在文本框上方选择“MP3”，就会进入到音乐频道的搜索页面，如图 4-24 所示。在该页面中，将网络中各种流行的音乐进行了分类整理，文本框的下方还有音乐搜索按钮，可以搜索不同格式的音乐文件。

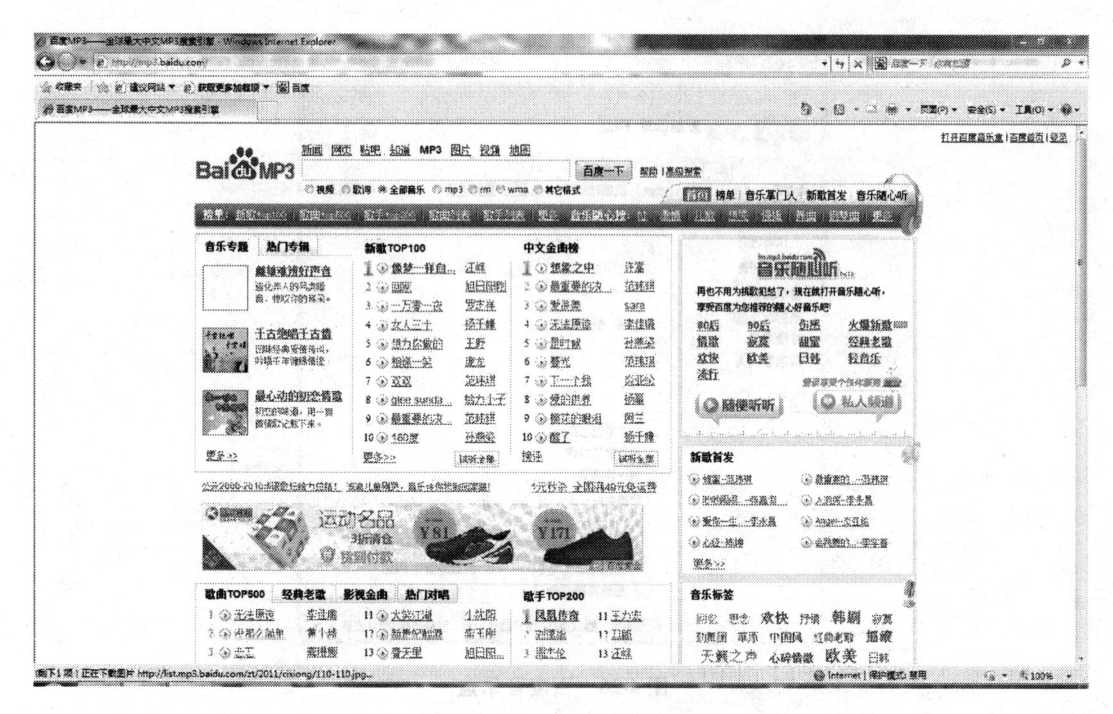

图 4-24 百度音乐频道

(2)在文本框中输入音乐歌名、歌手或歌词关键字,搜索项为“全部音乐”,然后点击“百度一下”按钮,在搜索结果中可以看到查找到的所有音乐文件列表,如图 4-25 所示。在列表中可以显示出歌曲名、歌手、专辑名、格式、大小和网络速度等相关信息。

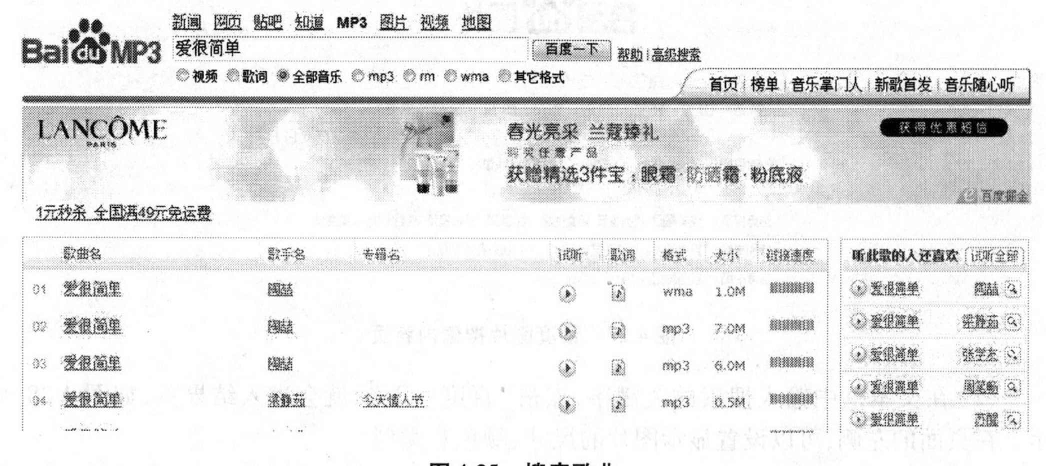

图 4-25 搜索歌曲

(3)点击页面中的“试听”按钮,就会打开一个新的页面,如图 4-26 所示。该页面为百度音乐盒,可以显示歌名,播放、暂停等按钮,在左侧列表中可以查看和查找更多的音乐,右侧显示播放音乐的歌词,在“请点击”右侧的地址就是该音乐的下载地址。

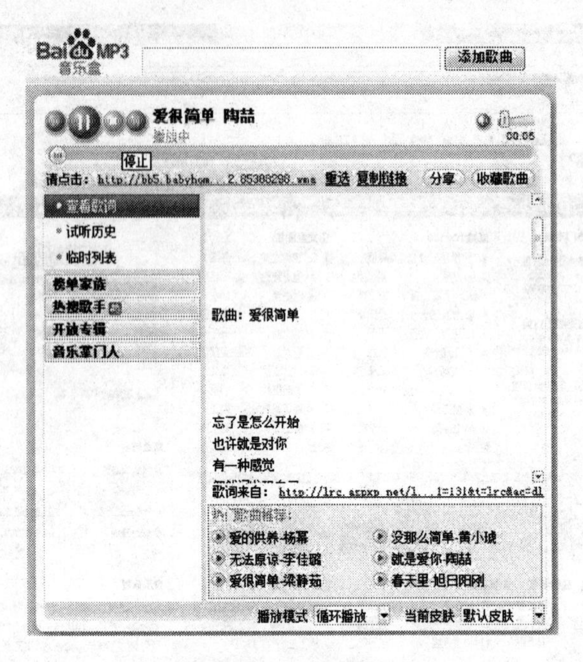

图 4-26　百度音乐盒

3)使用百度搜索图片

(1)打开百度首页,然后点击文本框上方的“图片”按钮,进入到图片搜索内容页,如图 4-27 所示。在页面的下方有一些热点目录,将网络中比较热门的图片进行了分类。

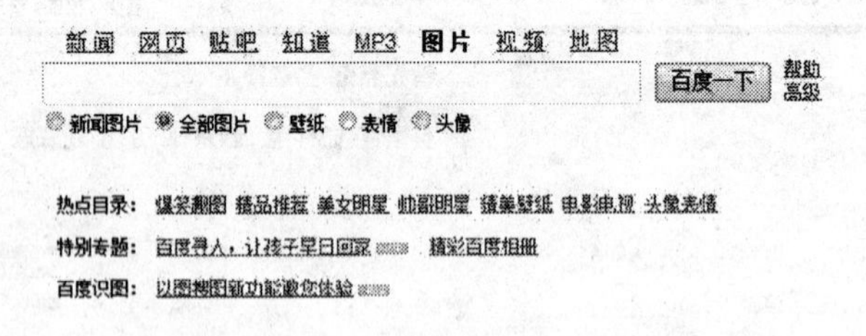

图 4-27　百度图片搜索内容页

(2)在文本框中输入搜索的关键字,点击“百度一下”,就会进入结果页,如图 4-28 所示。在页面的左侧,可以设置显示图片的尺寸、颜色和类型。

(3)点击其中任意一张图片,就会进入到图片的查看页面,如图 4-29 所示。在左侧显示的是图片的原始尺寸,底部的地址是图片的所在网页地址,右侧的列表中可以显示所有的结果图片。

图 4-28　百度图片搜索结果页

图 4-29　百度图片查看页面

2. 谷歌(Google)的使用

1)使用 Google 地图

(1)首先使用网页浏览器打开谷歌的首页。谷歌的首页和百度的首页非常相似,在谷歌首页的左上角是它的功能分类,点击“地图”按钮,就会进入谷歌地图,如图4-30所示。

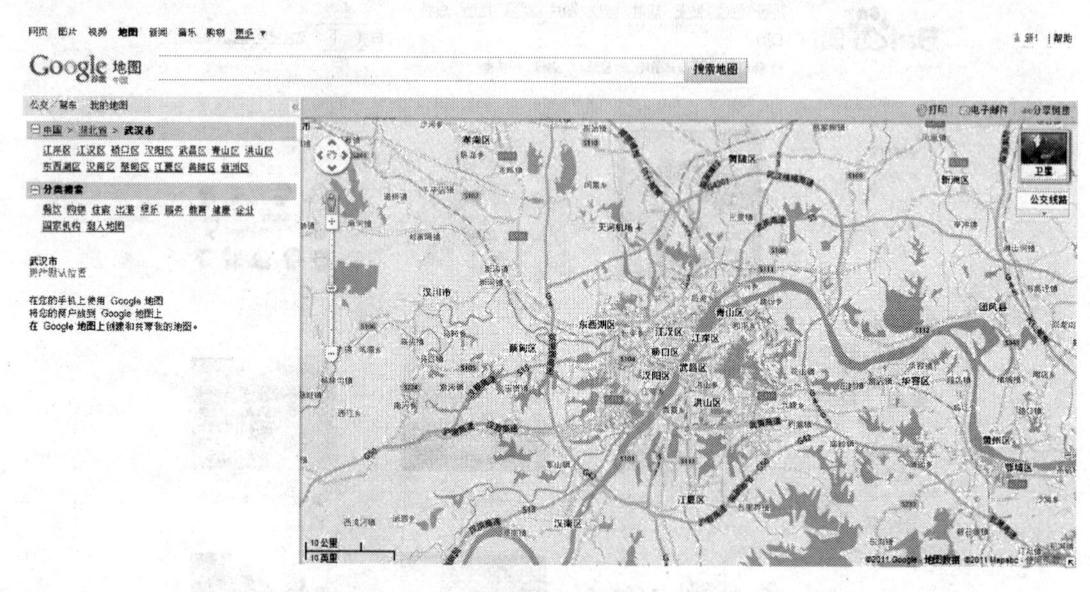

图4-30 谷歌地图

(2)谷歌地图会根据用户的IP地址自动识别用户的省份和市区,并在谷歌地图中显示用户所在位置的地图。在页面的左侧可以设置所有地区,下方可以根据要求查找不同的服务,例如搜索“餐饮”、“娱乐”、“服务”等,此时会在地图中将所有的服务地点进行标记,如图4-31所示。

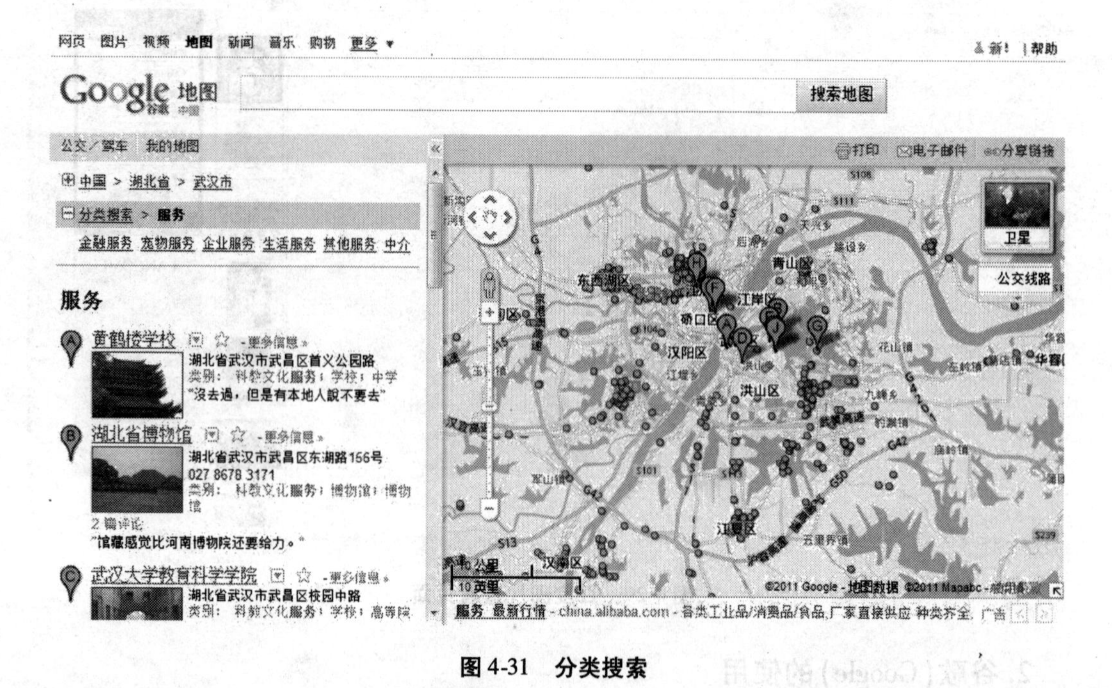

图4-31 分类搜索

(3)在右侧地图的左边有滑动块可以对地图进行放大和缩小查看,按下鼠标左键可以在地图中进行拖动。点击左侧的一个结果,右侧地图会自动放大到合适的大小,并会在地图中出现一个文本框，显示结果所在地点，如图 4-32 所示。

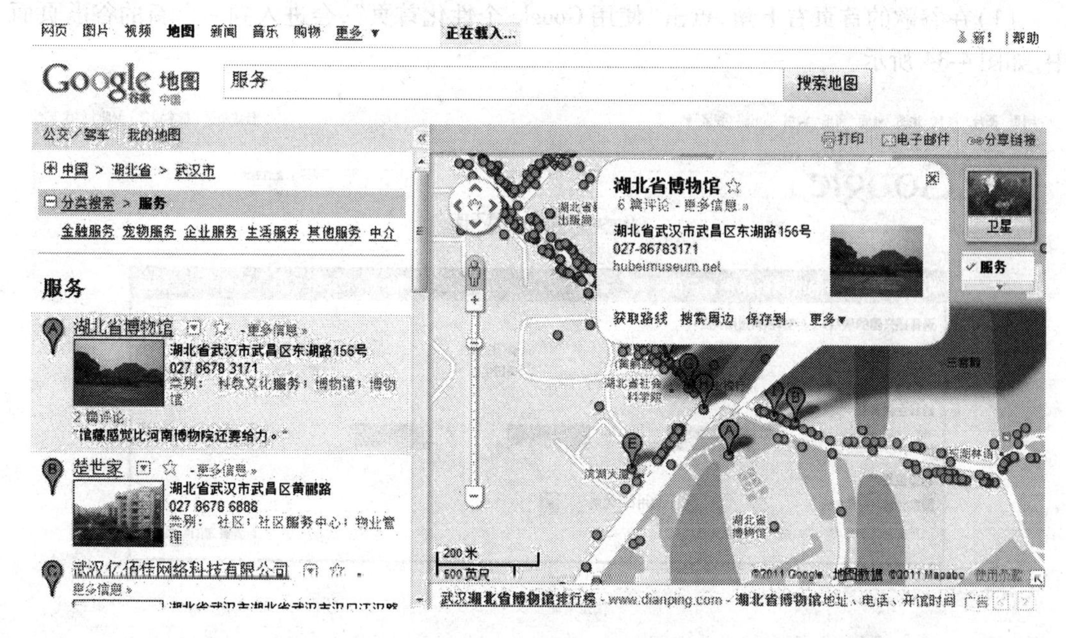

图 4-32　结果所在地点

（4）点击提示文本框中的“获取路线”，会在左侧弹出新的文本框。设置出发点和目的地可以查看公交车路线，如图 4-33 所示，左侧的下方会显示所有的公交路线和所需的时间，非常方便。

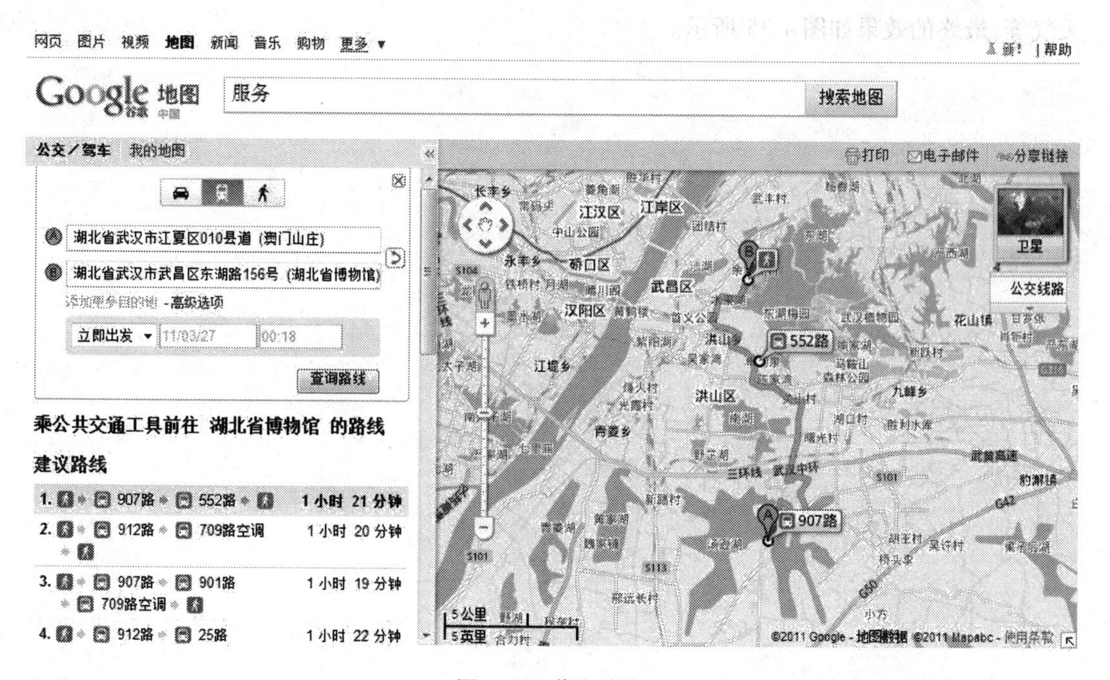

图 4-33　获取路线

2)使用 Google 个性化首页

(1)在谷歌的首页右上角,点击“使用 Google 个性化首页”,会进入到一个新的谷歌页面中,如图 4-34 所示。

图 4-34 iGoogle 页面

(2)页面的中间有个自定义栏目窗口,在该窗口中可以定义个性化首页的栏目、背景和天气等,最终的效果如图 4-35 所示。

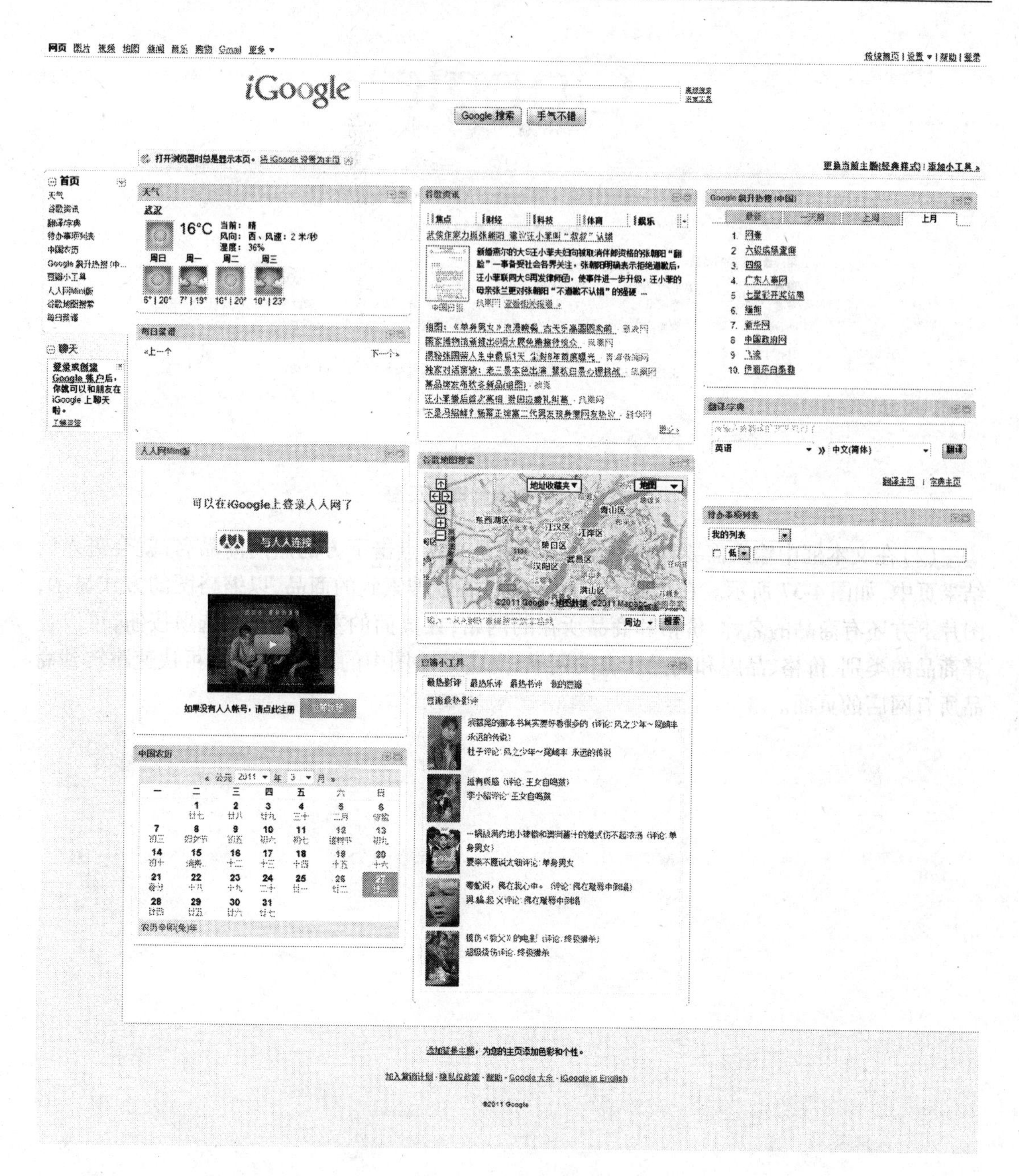

图 4-35　个性化首页

3）使用 google 购物搜索

（1）打开谷歌首页，点击首页左上角的“购物”，进入到谷歌购物搜索页面，在该页面的下方有用户最近查询的热门产品，如图 4-36 所示。

图 4-36　谷歌购物搜索页面

（2）在文本框中输入需要搜索的商品名，或是直接点击下方的热门商品名，就会进入到结果页中，如图 4-37 所示。在页面的中间是通过谷歌搜索到的商品，以缩略图的方式显示，图片下方还有商品的名称、价格和商品所在的网站；在页面的左侧是一些选项按钮，可以选择商品的类别、价格、品牌和商品所在的网站；点击缩略图中的商品图片，即可快速跳转到商品所有网店的页面。

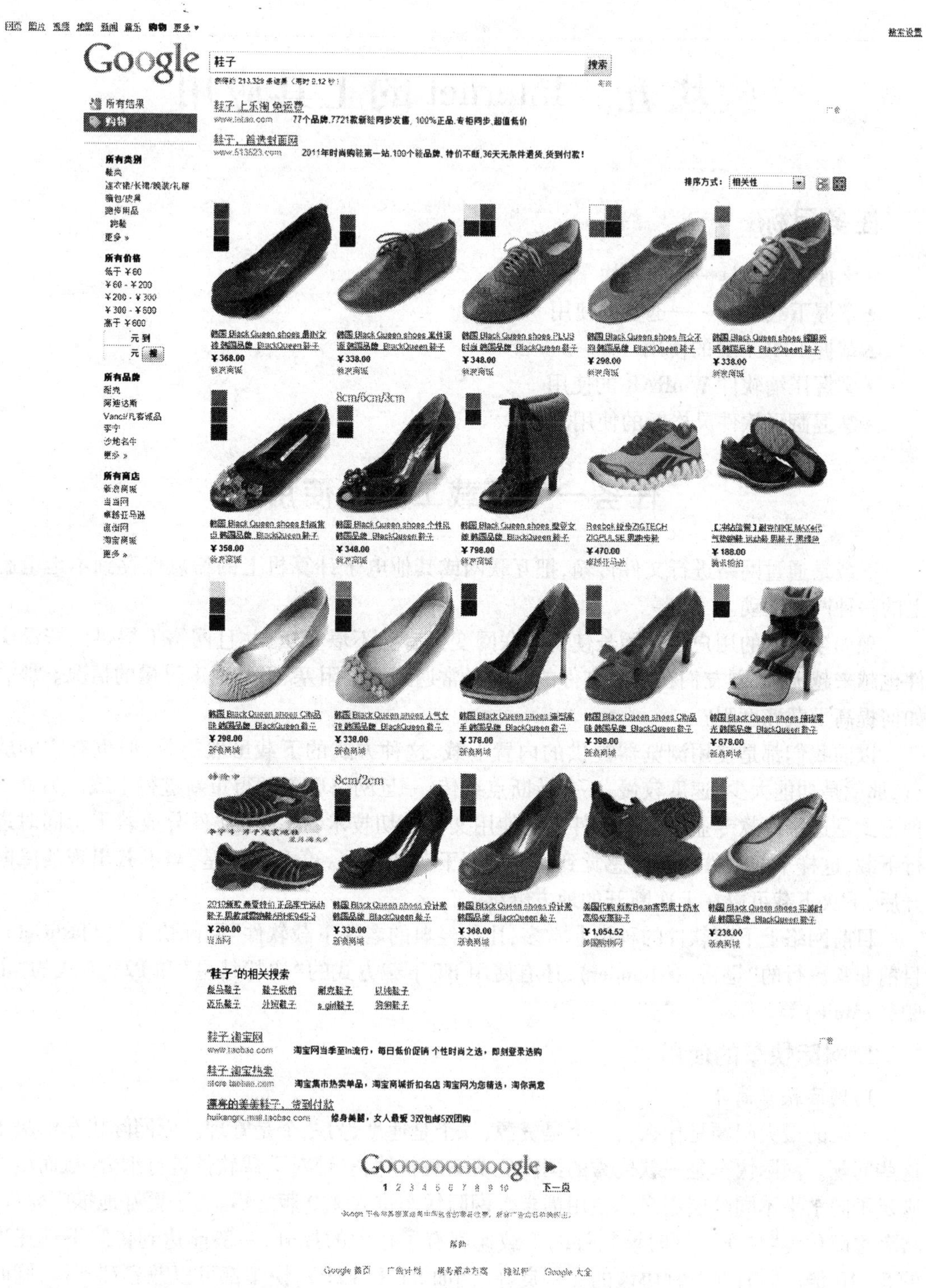

网页 图片 视频 地图 新闻 音乐 购物 更多 ▾

Google 鞋子 搜索

获得约 213,329 条结果（用时 0.12 秒）

所有结果

购物

鞋子 上乐淘 免运费
www.letao.com 77个品牌,7721款新鞋同步发售, 100%正品,专柜同步,超值低价

鞋子，首选时尚网
www.513523.com 2011年时尚购鞋第一站,100个鞋品牌、特价不断,36天无条件退货,货到付款！

所有类别
鞋类
连衣裙/长裙/晚装/礼服
箱包/皮具
跑步用品
跑鞋
更多 »

所有价格
低于 ¥60
¥60 - ¥200
¥200 - ¥300
¥300 - ¥600
高于 ¥600
元 到
元 搜

所有品牌
耐克
阿迪达斯
Vanci/凡客诚品
李宁
沙地名牛
更多 »

所有商店
新浪商城
当当网
卓越亚马逊
逛街网
淘宝商城
更多 »

排序方式： 相关性

韩国 Black Queen shoes [illegible] 韩国品牌 BlackQueen 鞋子 ¥368.00 新浪商城
韩国 Black Queen shoes [illegible] 韩国品牌 BlackQueen 鞋子 ¥338.00 新浪商城
韩国 Black Queen shoes PLUS 时尚 韩国品牌 BlackQueen 鞋子 ¥348.00 新浪商城
韩国 Black Queen shoes [illegible] 韩国品牌 BlackQueen 鞋子 ¥298.00 新浪商城
韩国 Black Queen shoes [illegible] 韩国品牌 BlackQueen 鞋子 ¥338.00 新浪商城

8cm/6cm/3cm

韩国 Black Queen shoes 时尚 [illegible] 韩国品牌 BlackQueen 鞋子 ¥358.00 新浪商城
韩国 Black Queen shoes 个性 [illegible] 韩国品牌 BlackQueen 鞋子 ¥348.00 新浪商城
韩国 Black Queen shoes [illegible] 韩国品牌 BlackQueen 鞋子 ¥798.00 新浪商城
Reebok 锐步 ZIGTECH ZIGPULSE 男跑步鞋 ¥470.00 卓越亚马逊
【[illegible]】耐克 NIKE MAX [illegible] ¥188.00 [illegible]

韩国 Black Queen shoes [illegible] 韩国品牌 BlackQueen 鞋子 ¥298.00 新浪商城
韩国 Black Queen shoes 人气女 [illegible] 韩国品牌 BlackQueen 鞋子 ¥338.00 新浪商城
韩国 Black Queen shoes [illegible] 韩国品牌 BlackQueen 鞋子 ¥378.00 新浪商城
韩国 Black Queen shoes [illegible] 韩国品牌 BlackQueen 鞋子 ¥398.00 新浪商城
韩国 Black Queen shoes [illegible] 韩国品牌 BlackQueen 鞋子 ¥678.00 新浪商城

8cm/2cm

2010新款 [illegible] 正品李宁运动鞋子 [illegible] ARHE045-3 ¥260.00 当当网
韩国 Black Queen shoes 设计款 韩国品牌 BlackQueen 鞋子 ¥338.00 新浪商城
韩国 Black Queen shoes 设计款 韩国品牌 BlackQueen 鞋子 ¥368.00 新浪商城
美国代购 [illegible] Bean [illegible] 防水高级 [illegible] 鞋子 ¥1,054.52 [illegible]
韩国 Black Queen shoes [illegible] 韩国品牌 BlackQueen 鞋子 ¥238.00 新浪商城

"鞋子"的相关搜索
[illegible] 鞋子收纳 耐克鞋子 [illegible]
[illegible] 外贸鞋子 s.girl鞋子 [illegible]

鞋子 淘宝网
www.taobao.com 淘宝网当季至In流行，每日低价促销 个性时尚之选，即刻登录选购

鞋子 淘宝热卖
store.taobao.com 淘宝集市热卖单品，淘宝商城折扣名店 淘宝网为您精选，淘你满意

漂亮的美美鞋子，货到付款
huikangrx.mall.taobao.com 修身美腿，女人最爱 3双包邮5双团购

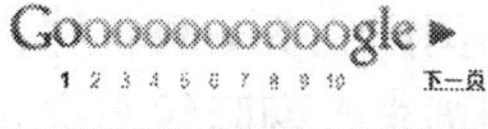

1 2 3 4 5 6 7 8 9 10 下一页

帮助

Google 首页 广告计划 [illegible] 隐私权 Google 大全

图 4-37 购物搜索结果页

模块五 Internet 的工具应用

任务目标

- 掌握下载工具——网际快车的使用
- 掌握下载工具——迅雷的使用
- 掌握 FTP 工具的使用
- 掌握压缩软件 WinRAR 的使用
- 掌握翻译软件灵格斯的使用

任务一 下载工具的使用

下载是通过网络进行文件传输，把互联网或其他电子计算机上的信息保存到本地电脑上的一种网络活动。

现如今上网的用户迅猛增长使得互联网变得有些不堪重负，并且网络上提供的资源文件也越来越庞大，网友们在下载文件的时候经常遇到网络阻塞、下载速度过慢的情况。那么如何提高下载速度呢？

以前我们都是使用浏览器提供的内置下载，这种方式的下载虽然简单，但也有它的弱点，那就是功能太少、速度较慢、不支持断点续传，一旦网络中断就得重新进行下载。另外一种方式是选择一款专业的下载软件。它使用文件分切技术，把一个文件分成若干份同时进行下载，这样下载软件时就会感觉到比浏览器下载快多了，更重要的是，当下载出现故障断开后，下次下载可以在上次断开的地方继续。

目前网络上下载软件的种类非常多，比如经典的老牌下载软件“网际快车”(FlashGet)、目前非常流行的“迅雷”(Thunder)，还有使用 BT 下载方式的“比特彗星”和 P2P 方式的“电驴”(eMule)等。

1. 网际快车的使用

1) 网际快车简介

下载的最大问题是什么？一个是资源，一个是速度，另一个是管理。而网际快车解决了这些问题。网际快车是一款优秀的国产免费下载软件，它针对下载软件进行细分，从而尽量满足不同水平不同阶层用户的使用需求。网际快车进入 2.0 版之后，为了更好地推广软件，将名称简化为“快车”，同时该软件的下载速度有了很大的提升，一般能达到传统下载速度的 5 ~ 10 倍。同时对各种协议的支持良好(例如 BT 和 P2P)，快车都可以兼容和支持，同时软件中还集成了“资源中心”，里面提供了大量免费的优秀的资源供用户下载，省去用户查找资源的不便。

2) 软件安装、启动及退出

(1) 快车软件可以从它的官方网站“www. flashget. com”中下载最新的版本，在没有其他下载软件之前,可以直接使用 IE 内置的下载功能进行下载。软件下载后双击该图标进行安装,软件的安装过程非常简单,根据安装向导提示单击“下一步”按钮即可。如图 5-1 所示为安装流程。

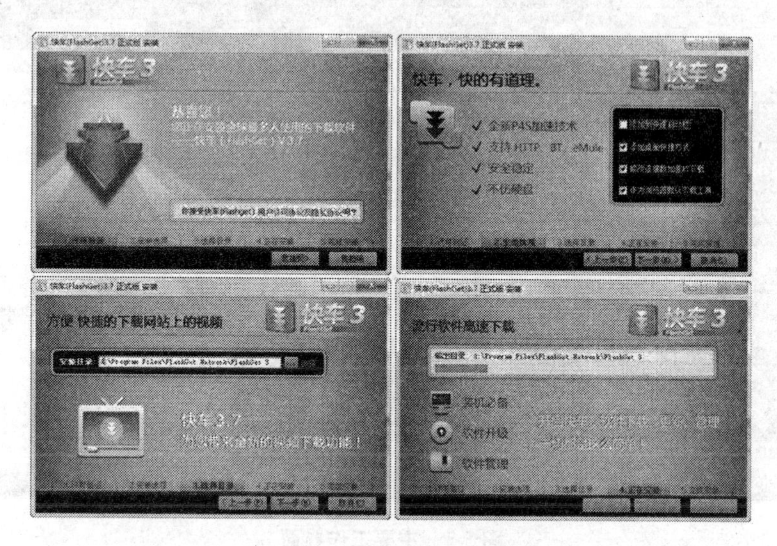

图 5-1　快车软件安装流程

(2)当软件安装完成后会自动启动软件,首先会弹出窗口设置默认的下载目录,如图 5-2 所示。这里可以自由选择一个空间比较大的分区作为以后存放下载的软件和资源的目录。

图 5-2　设置默认下载目录

(3)设置完成“下载目录”之后,便为如图 5-3 所示的快车的主要工作界面。软件的左上角是一个用户登录框,我们可以注册一个用户,以后下载软件或资源时便可以获得相应的积分;左部中间将下载软件进行分类管理,同时也可以显示“正在下载”的资源和已下载完成的各种资源;左下角是资源中心,提供了很多免费的软件和视频;中间部分是下载软件的显示列表,可以显示已下载的资源和正在下载的资源。

(4)除了这个界面之外,在 Windows 的桌面上也会多一个浮动的图标▣。这个悬浮窗图标可以监视下载的速度,同时也可以进行一些快捷的操作。

图 5-3　主要工作界面

(5)退出快车时,若只点击软件右上角的“关闭”按钮,并不会真的退出软件,它仍然会在系统后台运行,用户可以在系统任务栏中看到它的图标。对悬浮窗图标点击右键,在弹出的菜单中选择“退出”命令即可结束软件的运行。

3)使用快车下载

(1)使用快车下载文件是非常简单的。例如首先打开网页浏览器,在地址栏中输入“www. crsky. com”进入国内著名的“非凡软件站”,然后在该网站中随意找一款软件,进入它的下载页面,如图 5-4 所示。

(2)在页面底部有下载地址列表,可以根据自己的网络连接方式去选择“电信”或“网通”下载,如图 5-5 所示;“电信下载”列表中列出了全国不同地区的下载链接。选择一个离自己所在地最近的地址点击鼠标,就会弹出快车的“新建任务”窗口,如图 5-6 所示。

图 5-4　非凡软件站

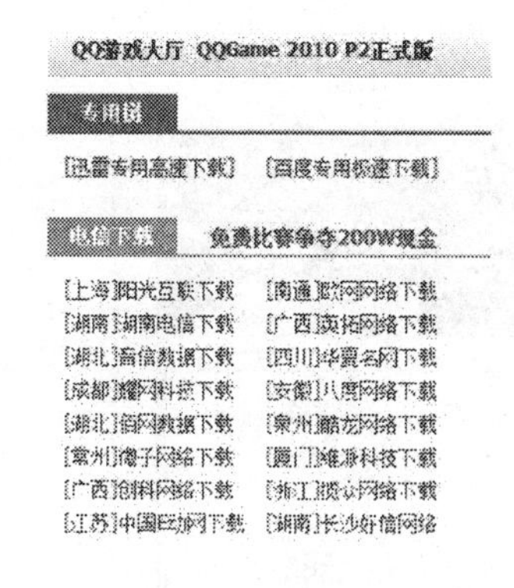

图 5-5　下载方式

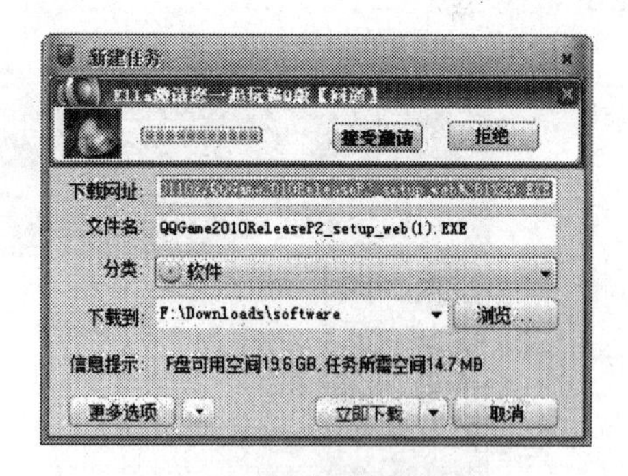

图 5-6　“新建任务”窗口

（3）在“新建任务”窗口中，第一个文本框为“下载网址”，这里显示的是用户要下载软件的网络地址；第二个文本框为“文件名”，是下载的软件的文件名称，这个名称是可以更改的，比如要下载的软件是“QQ 游戏大厅”，名称是以英文命名的，可能在以后的操作中不好管理，用户可以将它重新命名，但后缀名“. exe”不要去掉或更改，以免系统无法识别；第三个列表框中可以选择分类，以方便对下载的软件进行分类存放和管理，如图 5-7 所示，在列表中有默认的几种分类，也可以新建分类；第四个文本框是设置下载软件的存放位置，第一次启动快车软件时就已设置好了默认存放目录，这里可不再设置。

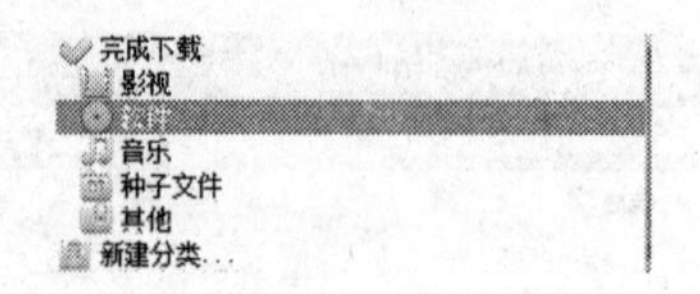

图 5-7　分类

(4)"新建任务"窗口的左下角有一个"更多选项"按钮,点击会显示出更多选项,如图 5-8 所示。这里的很多选项一般都很少使用,但有一个选项很实用,就是设置"下载线程数"。默认为"5",可以自由地设置一个更高的线程。线程就是将要下载的软件分割成多个片段进行下载,例如这时默认是 5 个线程,可以理解为将这个要下载的软件分成 5 个片段同时进行下载。理论上线程数越多,下载的速度就会越快。但最好不要超过 20 个线程,过多的线程也会占用大量的网络带宽,同时下载速度也不会有很好地提升。

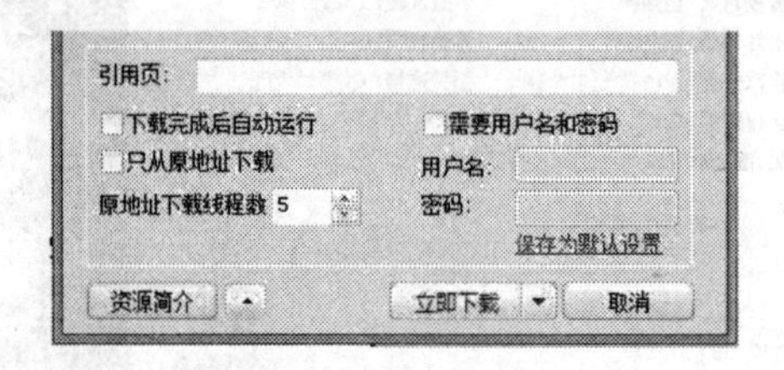

图 5-8　更多选项

(5)在"新建任务"窗口的右下角点击"立即下载"按钮就开始下载软件了。这时会显示快车的主界面,如图 5-9 所示,刚刚添加的下载任务就在"正在下载"分类的右侧列表中显示。

图 5-9　正在下载

4)快车常用设置

(1)打开快车主界面,在上方的菜单中选择“工具”菜单,即可弹出相应的命令选项,如图 5-10 所示。

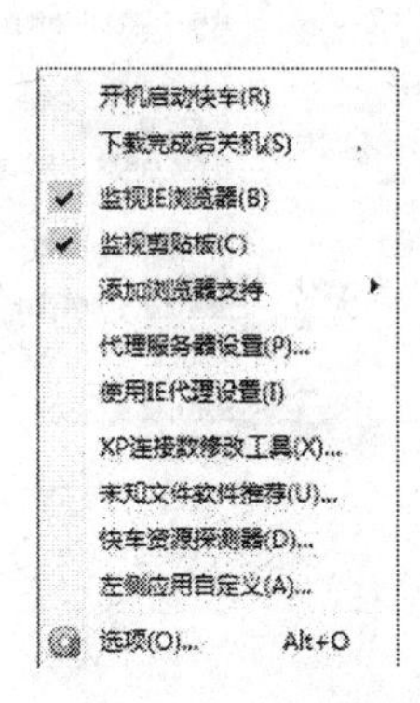

图 5-10　“工具”菜单

• 开机启动快车:当系统启动后,会自动启动快车软件。

• 下载完成后关机:很实用的功能,当下载较大的软件时,可以实现无人值守,只要软件下载完成,便会自动关闭计算机。

• 监视 IE 浏览器:该选项默认是打开的,当使用 IE 下载软件时,会自动启动快车作为下载工具。

• 监视剪贴板:当在网上复制了一个网络地址时,快车会分析剪贴板中该网络地址是否需要下载。

• 添加浏览器支持:在该选项列表中可以实现绑定网络上流行的浏览器并将快车作为默认的下载工具。

• 代理服务器设置:用来设置代理服务器,用于访问国外的一些特殊网站。

• 使用 IE 代理设置:让快车软件使用 IE 浏览器的代理连接网络。

• XP 连接数修改工具:如果用户使用 Windows XP 系统,可以使用该工具修改 XP 系统中的连接数,连接数越大,快车的下载速度也会相应越高。

• 未知文件软件推荐:当下载一些未知文件时,快车会推荐相应的软件提供下载。

• 快车资源探测器:这是快车提供一个特殊功能,点击该命令,会弹出一个网页,在该网页中有下载视频、批量图片等一些实用性的功能。

• 左侧应用自定义:可以关闭快车软件左侧的某些资源选项。

(2)选择最下方的“选项”命令,会弹出快车的“选项”窗口,如图 5-11 所示。在该窗口的左侧是一些选项分类,右侧是每个选项分类中的子类别。

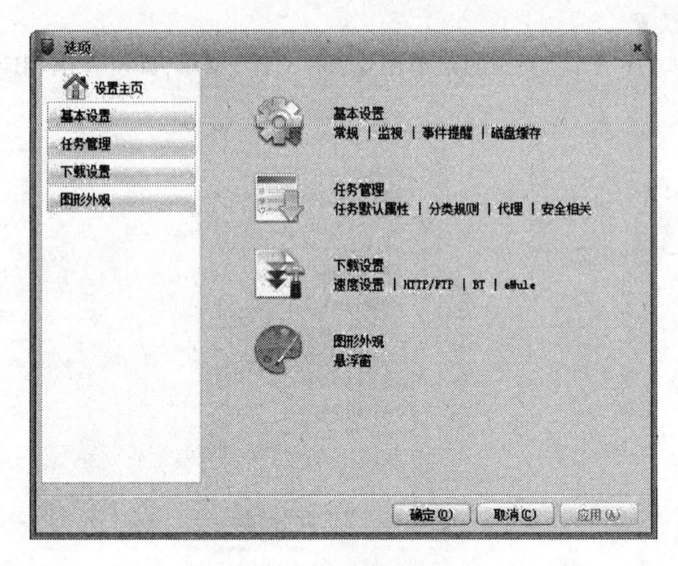

图 5-11 “选项”窗口

(2)点击“基本设置”分类,如图 5-12 所示,可以看到基本设置有几个小的类别,其中前三项小类中的选项设置都比较简单,最后一项是“磁盘缓存”,将磁盘缓存值调大,当使用快车软件下载一些大的文件时,可以减小磁盘的读取,但设置此值过大就会增加内存的负担。

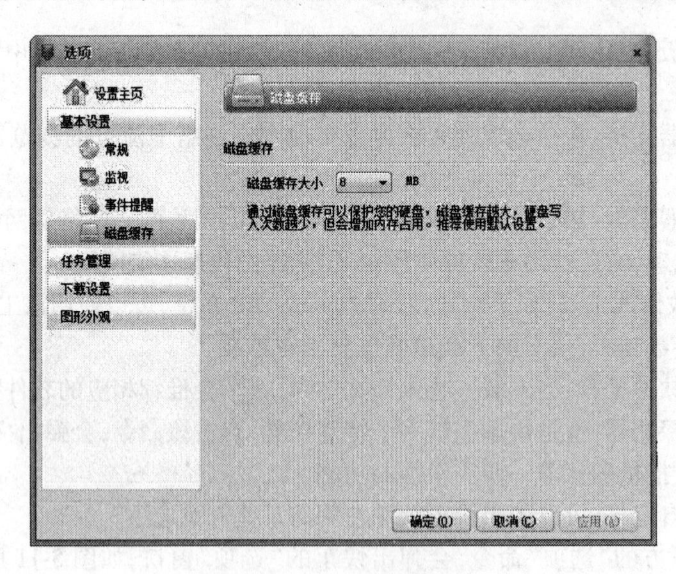

图 5-12 “基本设置”选项

(3)“任务管理”分类中也有 4 个小的子类别,第 4 项“安全相关”可以设置当快车下载完后对下载的文件进行查毒,这样就可以大大加强系统的安全性,如图 5-13 所示。如果系统中安装了杀毒软件,点击“自动检测”按钮,就会自动和系统的杀毒软件进行绑定,当使用快车下载了文件后,会启动杀毒程序。

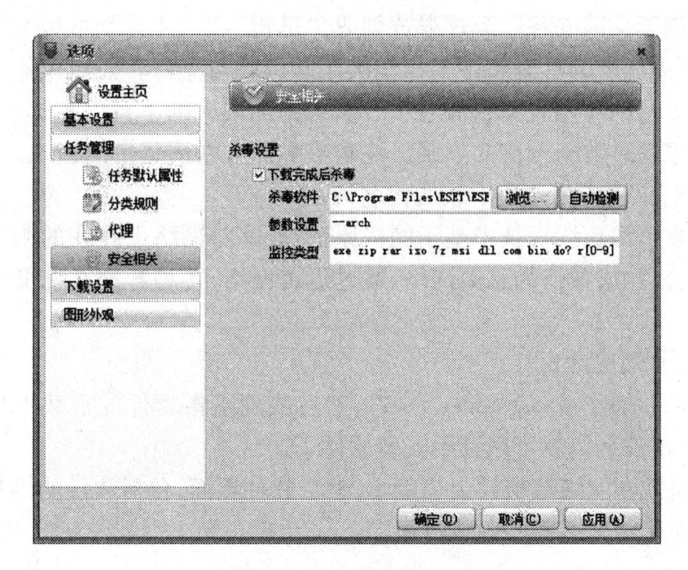

图 5-13　“安全相关”选项

(4)进入“下载设置”分类,如图 5-14 所示,在这个分类中可以设置快车下载模块中有关 HTTP、FTP、BT 下载和电驴下载的相应设置。其中第一项“速度设置”中可以设置快车的下载速度和上传速度,限制下载和上传速度可以保证用户在下载软件时,其他的网络应用不受影响;“任务数”可以设置快车最大同时下载的文件数量,数值越大可同时下载的文件越多,但也会把每个文件的下载速度拖慢。

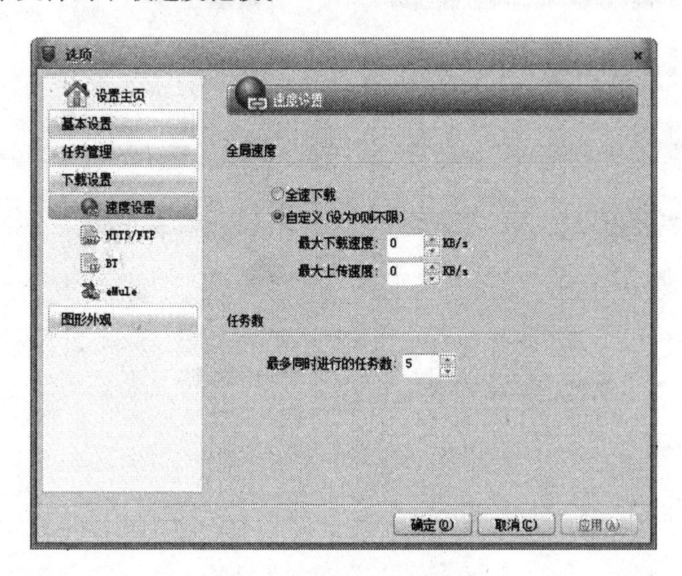

图 5-14　“下载设置”选项

(5)“图形外观”分类只有一个参数,用来设置浮动框中下载流量的图示。

2. 迅雷的使用

1)迅雷简介

2003 年国内出现了一款重量级的下载软件,即迅雷。该公司在 2002 年底由邹胜龙先生及程浩先生始创于美国硅谷。经过艰苦创业,“迅雷”在大中华地区以领先的技术和诚信的服务,赢得了广大用户的喜爱和许多合作伙伴的认同与支持。公司旗舰产品迅雷已经成为中国互联网最流行的应用服务软件之一。作为中国最大的下载服务提供商,迅雷每天服务来自几十个国家超过数千万次的下载。伴随着中国互联网宽带的普及,迅雷凭借“简单、高速”的下载体验,正在成为高速下载的代名词。

迅雷使用的多资源超线程技术基于网格原理,能够将网络上存在的服务器和计算机资源进行有效的整合,构成独特的迅雷网络,通过迅雷网络,各种数据文件能够以最快的速度传递。

2)软件安装、启动及退出

(1)打开迅雷的官网“www. xunlei. com”,然后找到迅雷软件的下载地址进行下载。下载完成后,鼠标双击安装包就可以开始安装软件了。

(2)迅雷 7 是现在网络最新的一个版本,整个软件界面,包括软件的内核都进行了优化和更新,如图 5-15 所示为迅雷的安装过程。

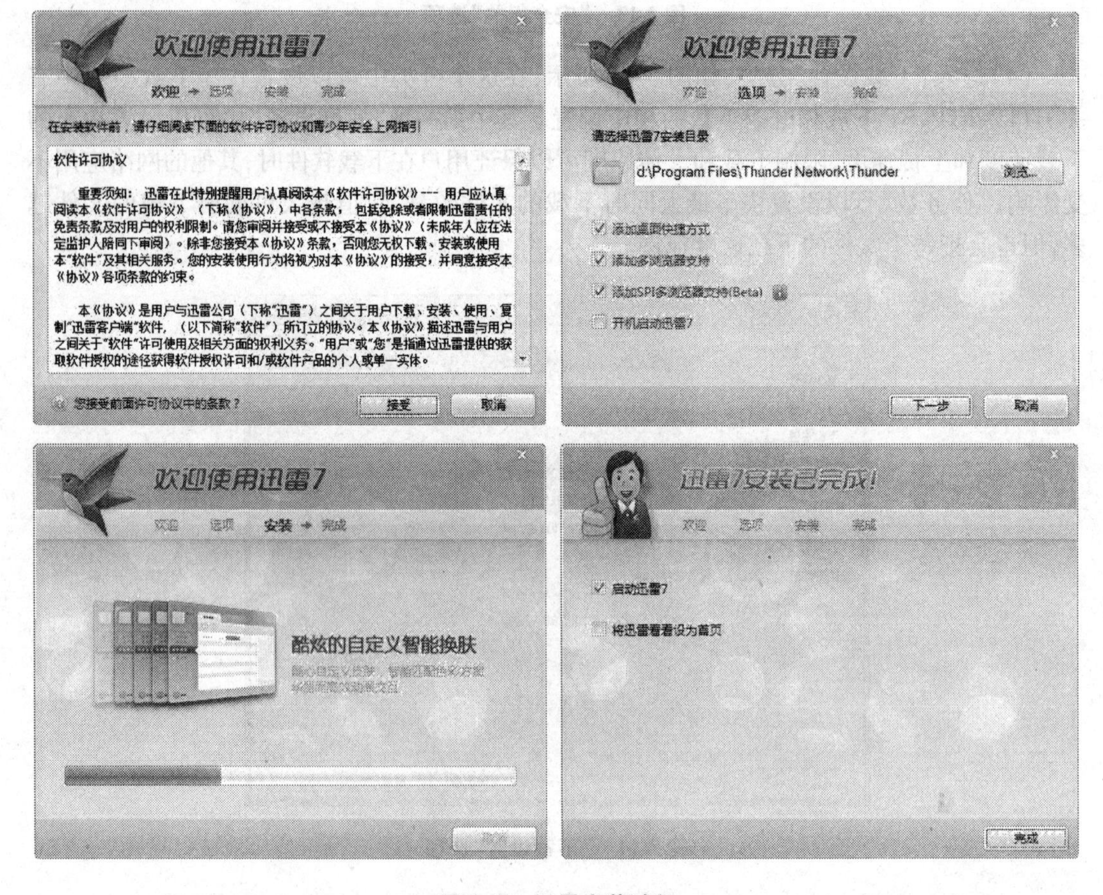

图 5-15　迅雷安装过程

(3)软件安装成功后启动迅雷,如图 5-16 所示为迅雷新版的界面。迅雷 7 去除了主界面上、下方的广告条。左侧栏中包含了“我的下载”、“远程服务”和“移动设备”三个大的栏目,而右侧栏则变成了“动态”,没有了花哨的广告,界面变得清爽了许多。

图 5-16　迅雷主界面

(4)在迅雷的下载分类中新增加了两个栏目,一个是“私人空间”,另一个是“商城任务”。私人空间中可以设置打开密码,用户下载的一些私密文件可以存放在该分类中;而商城任务可以进入迅雷的电子商城中购买一些电子产品,比如电影、游戏或是教育相关的软件。

(5)和快车一样,迅雷启动后也会有一个浮动框,迅雷 7 的悬浮框有了新的变化,不再使用旧版的方形悬浮框,而是采用了长条形的样式,并在有下载任务时显示即时下载速度。当用户把光标移动到悬浮框时,会自动弹出下载速度曲线图,并可以设置下载方式是以下载优先还是以上网优先,如图 5-17 所示。

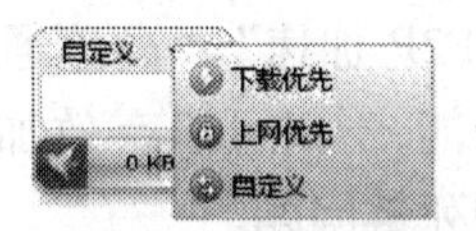

图 5-17　迅雷浮动框

(6)软件的退出方式和快车操作一样,这里不做赘述。

3)迅雷下载新体验

(1)还是打开“www. crsky. com”网址进入“非凡软件站”,选择一款软件,进入它的下载页面,基本上现在一些大型的软件下载站都会有专门的迅雷专用链接,如图 5-18 所示。

(2)点击“迅雷专用高速下载”,就会快速弹出如图 5-19 所示的窗口,“新建任务”窗口进行了精简,不但去除了界面中的广告,而且将一些不常做更改的选项(如下载地址)以及相关信息融合在了界面之中,整体界面简洁美观,如图 5-19、图 5-20 所示。新增的“直接打开”功能可以帮助用户在下载完成后自动打开下载的文件。有时候用户又需要使用浏览器

图 5-18 迅雷专用链接

来直接下载,迅雷 7 改进了这一点,凡是用户直接点击下载链接而弹出的新建任务窗口,都带有新增加的“使用 IE 下载”功能,倍加贴心。

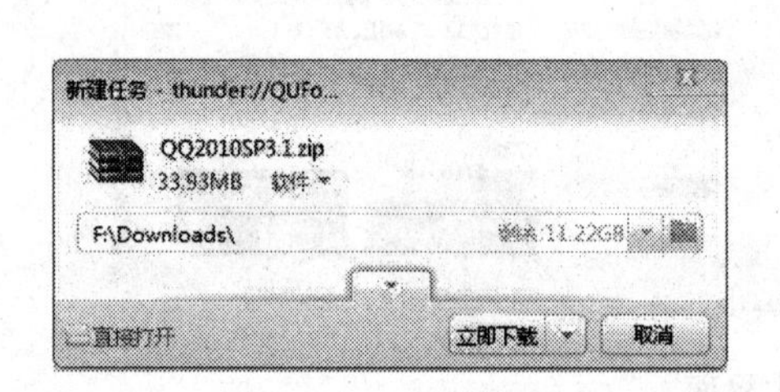

图 5-19 “新建任务”窗口 1

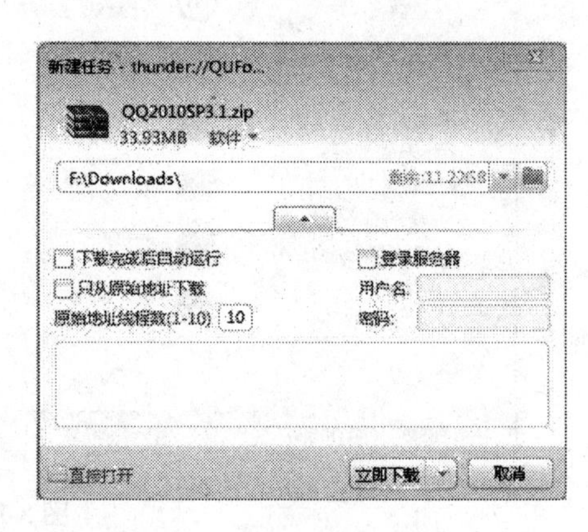

图 5-20 “新建任务”窗口 2

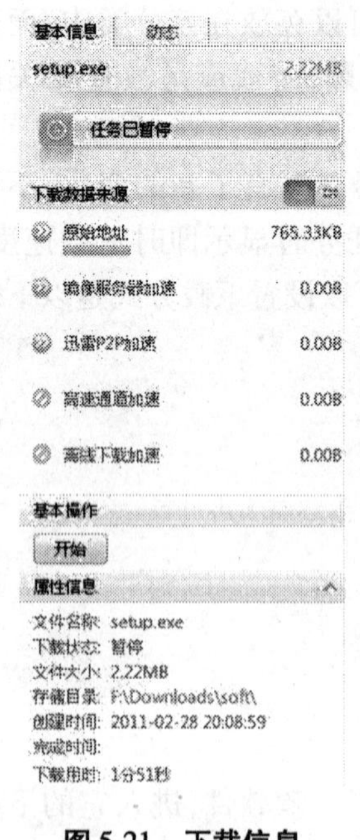

图 5-21 下载信息

(3)迅雷 7 为用户提供了详细的下载信息,用户只需选中某个下载任务,右侧栏就会显示该任务的详细信息,包括任务状态(加速节省时间、是否解决死链、原始地址可能失效、任务暂停)、数据来源(原始地址、镜像服务器加速、迅雷 P2P 加速、高速通道加速等)、任务属性,如图 5-21 所示。普通的下载软件,只能从原始下载地址进行下载,一旦原始地址对应的下载服务器的连接数过多或者服务器出现问题,将导致用户下载缓慢甚至无法下载。迅雷 7 为用户提供了“镜像服务器加速”、“迅雷 P2P 加速”、“高速通道加速”三大加速下载的额外下载通道功能,不仅可以有效加速下载,还能更好地解决原始下载地址的死链问题。

4)迅雷 7 的实用功能

(1)迅雷 7 借助“Bolt”引擎实现了一套新的“皮肤、主题”系统。在主题系统中用户可以随意往“迅雷 7”界面中拖拽一张图片,“迅雷 7”就会将其设为背景,并提取图片的主色调作为界面色调,让界面风格与背景图保持一致。同时,迅雷 7 还支持智能的多彩主题,单击相应的按钮即可自行设置,如图 5-22 所示。

(2)不知道大家是否留意过,用迅雷下载网络资源的时候,有时会遇见下载后的文件删除或移动了,打开迅雷看见这些项目是灰色的,既影响美观也不利于资源的搜索。现在只要

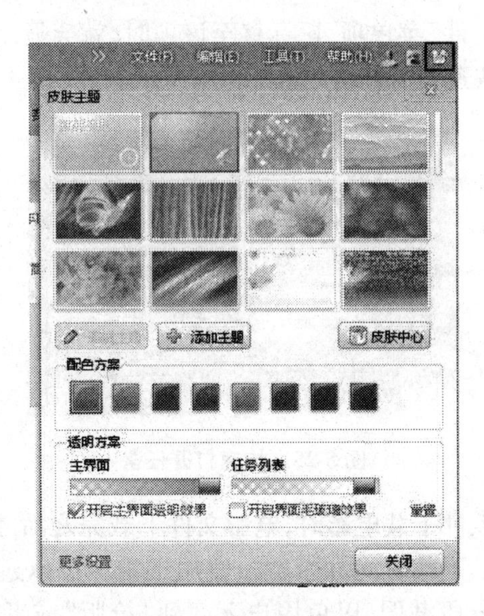

图 5-22　设置皮肤主题

右击左侧“已完成”按钮,选择“删除灰色任务”命令,接着选择是移至垃圾箱或彻底删除即可,如图 5-23 所示。

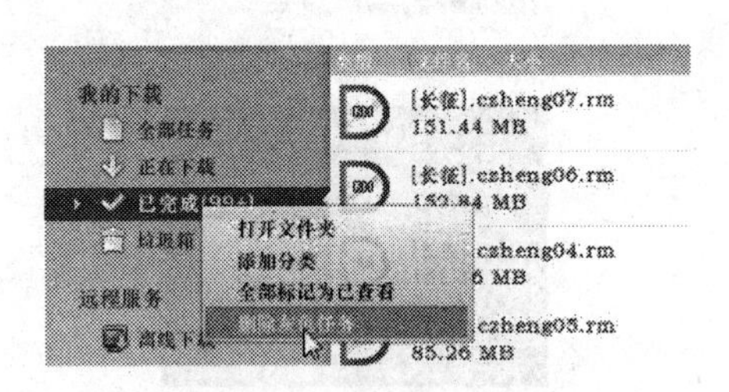

图 5-23　删除灰色任务

(3)迅雷 7 抛弃了传统 Windows 列表控件及数据库组件,采用全新开发的高性能任务数据库管理组件,经测试验证,即使拥有 15 万条任务记录,任务列表拖动浏览依然流畅自如,如图 5-24 所示。

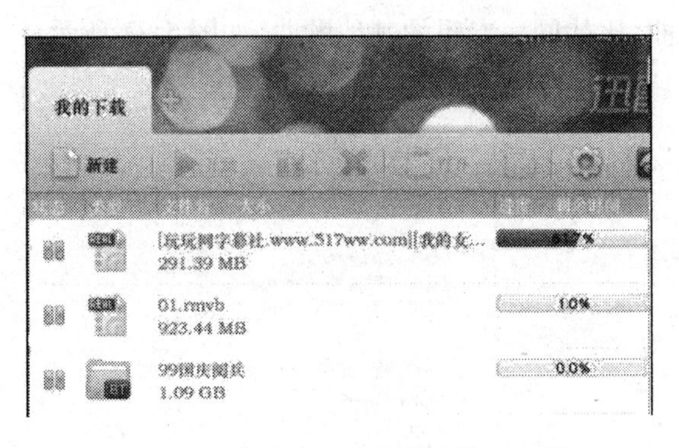

图 5-24　高性能任务数据库管理组件

(4)一般要访问下载文件,需要进入已完成列表,然后双击任务播放,比较麻烦。迅雷的悬浮窗菜单中有“打开文件”菜单项，鼠标移至该项时，就会显示最近下载完成的任务（最多 35 个），左键单击即可快速打开任务，如图 5-25 所示。

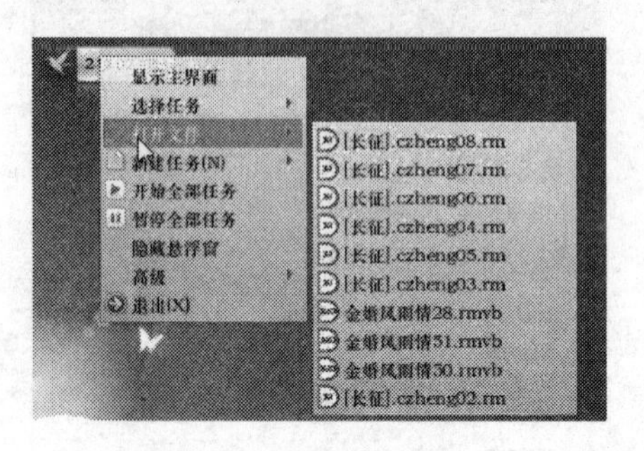

图 5-25　快速打开任务

（5）以前在使用下载软件下载电影时，电影文件下载完之后才能播放，如果下载的电影和预期的不符合，就浪费了下载时间和带宽。使用迅雷 7 可以避免这个问题，对于视频文件，迅雷 7 可以对其进行分段截图，以免用户下载到“枪版”或者是冒牌影片，如图 5-26 所示，但这个功能并不是对所有的影片都有效果。

图 5-26　分段截图

（6）对于下载的音频文件，用户无须调用其他播放软件就可以直接在迅雷 7 中进行播放。播放时迅雷 7 还会自动搜索歌曲对应的歌词来进行歌词同步显示。用户还可以快捷地下载本首音乐相关歌曲，比如同一专辑的其他歌曲，如图 5-27 所示。

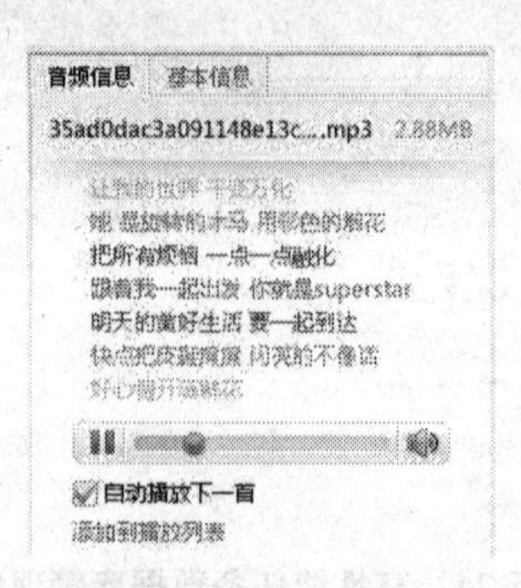

图 5-27　音频文件下载

(7)"软件仓库"是迅雷7新增的一项功能,该功能可以让用户下载某款软件时,在右侧窗口"软件信息"中查看到该软件的有关信息(软件评分、软件标签)。如果正在下载的安装程序不是该软件的最新版本,那么该功能还会向用户提供最新版本安装程序的下载地址,并且还附带有该软件的相关软件,提供快捷的下载通道,非常方便。前面在非凡软件站里下载的是QQ软件,那么右侧的软件信息面板中就会弹出更多和QQ有关的信息提示,如图5-28所示。

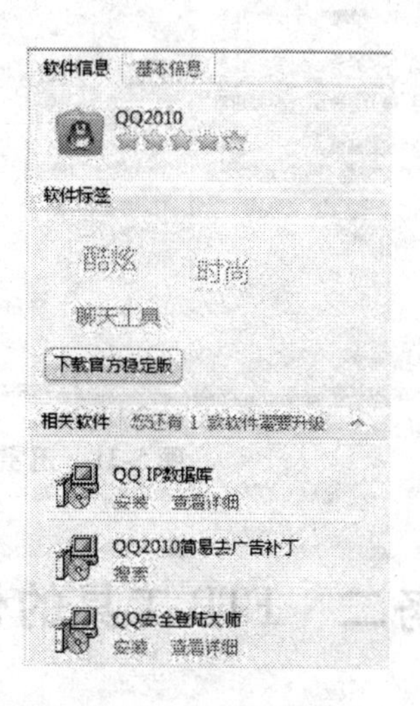

图5-28 软件仓库

(8)迅雷7中的"离线下载"功能有了新的改进,新版离线下载有了暂停的功能,还支持边下边传,也就是说,用户无须等待资源在离线下载服务器中完全下载完毕后才能进行下载。在新版离线下载中就算资源没有全部下载完成,也可以将已经离线下载完成的部分下载回本地,但"离线下载"功能只有迅雷的VIP付费用户才能启用,如图5-29所示。

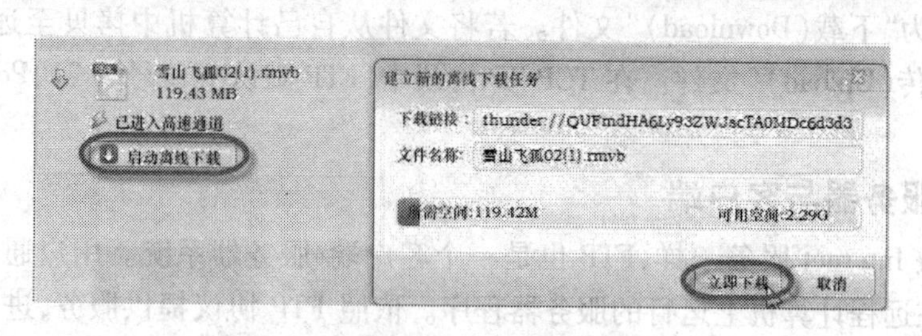

图5-29 离线下载

(9)无法下载资源、下载速度缓慢,到底是哪里出现故障了呢?普通用户可能根本无法判断故障点。针对这一情况,迅雷7专门提供了"迅雷下载诊断工具"。该工具将自动检测用户的使用环境有无出现问题,当判断出迅雷7或下载网络环境出现问题时会弹出信息提示用户进行修复,如图5-30所示。点击警告信息后将自动调用迅雷下载诊断工具来诊断及引导用户解决问题,如图5-31所示。

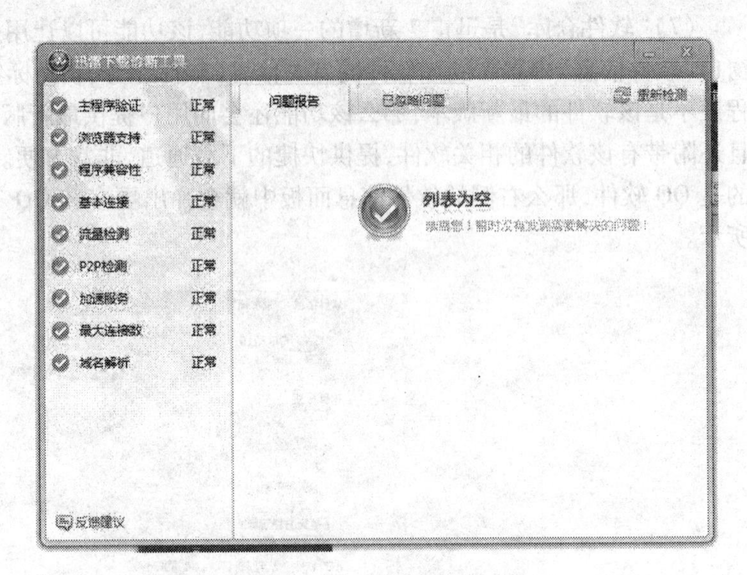

图 5-30 提示修复

图 5-31 迅雷下载诊断工具

任务二 FTP 工具的使用

1. 什么是 FTP

什么是 FTP 呢? FTP 是 TCP/IP 协议组中的协议之一,是英文 File Transfer Protocol 的缩写。该协议是 Internet 文件传送的基础,它由一系列规格说明文档组成,目标是提高文件的共享性,提供非直接使用远程计算机,使存储介质对用户透明和可靠高效地传送数据。简单地说,FTP 就是完成文件在两台计算机之间的拷贝。从远程计算机拷贝文件至自己的计算机上,称之为“下载(Download)”文件。若将文件从自己计算机中拷贝至远程计算机上,则称之为“上传(Upload)”文件。在 TCP/IP 协议中,FTP 默认端口号为 21,Port 方式数据端口号为 20。

2. FTP 服务器与客户端

同大多数 Internet 服务一样,FTP 也是一个客户端/服务器系统。用户通过一个客户机程序连接至在远程计算机上运行的服务器程序。依照 FTP 协议提供服务,进行文件传送的计算机就是 FTP 服务器,而连接 FTP 服务器、遵循 FTP 协议与服务器传送文件的电脑就是 FTP 客户端。用户要连上 FTP 服务器,就要用到 FTP 的客户端软件,通常 Windows 自带“ftp”命令,这是一个命令行的 FTP 客户端程序,另外常用的 FTP 客户端程序还有 CuteFTP、Flashfxp、LeapFTP 等。

要连上 FTP 服务器(即“登录”),必须要有该 FTP 服务器授权的账号,也就是说只有在有了一个用户名和一个口令后才能登录 FTP 服务器,享受 FTP 服务器提供的服务。

FTP 地址格式如下:

ftp://用户名:密码@FTP 服务器 IP 或 域名:FTP 命令端口/路径/文件名

参数中除 FTP 服务器 IP 或域名为必要项外,其他都不是必需的。如以下地址都是有效 FTP

地址：

ftp://foolish.6600.org

ftp://list:list@foolish.6600.org

ftp://list:list@foolish.6600.org:2003

ftp://list:list@foolish.6600.org:2003/soft/list.txt

3. FlashFXP 的使用

1) FlashFXP 简介

FlashFXP 是一个功能强大的 FXP/FTP 软件，融合了一些其他优秀 FTP 软件的优点，如可以像 CuteFTP 一样支持文件夹，支持彩色文字显示；像 BpFTP 支持多文件夹选择文件，能够缓存文件夹；像 LeapFTP 一样的外观界面，甚至设计思路也差相无几。它支持文件夹（带子文件夹）的文件传送、删除；支持上传、下载及第三方文件续传；可以跳过指定的文件类型，只传送需要的文件；可以自定义不同文件类型的显示颜色；可以缓存远端文件夹列表，支持 FTP 代理及 Socks 3&4；具有避免空闲功能，防止被站点踢出；可以显示或隐藏"隐藏"属性的文件、文件夹；支持每个站点使用被动模式等。

2) FlashFXP 软件界面

首先从网络中下载 FlashFXP 安装包，读者可以从非凡软件站的"网络工具"分类下的"FTP 工具"类别中找到该软件，使用迅雷或是快车将其下载到本地电脑中，然后进行安装，安装过程这里不多描述。软件的启动界面如图 5-32 所示。

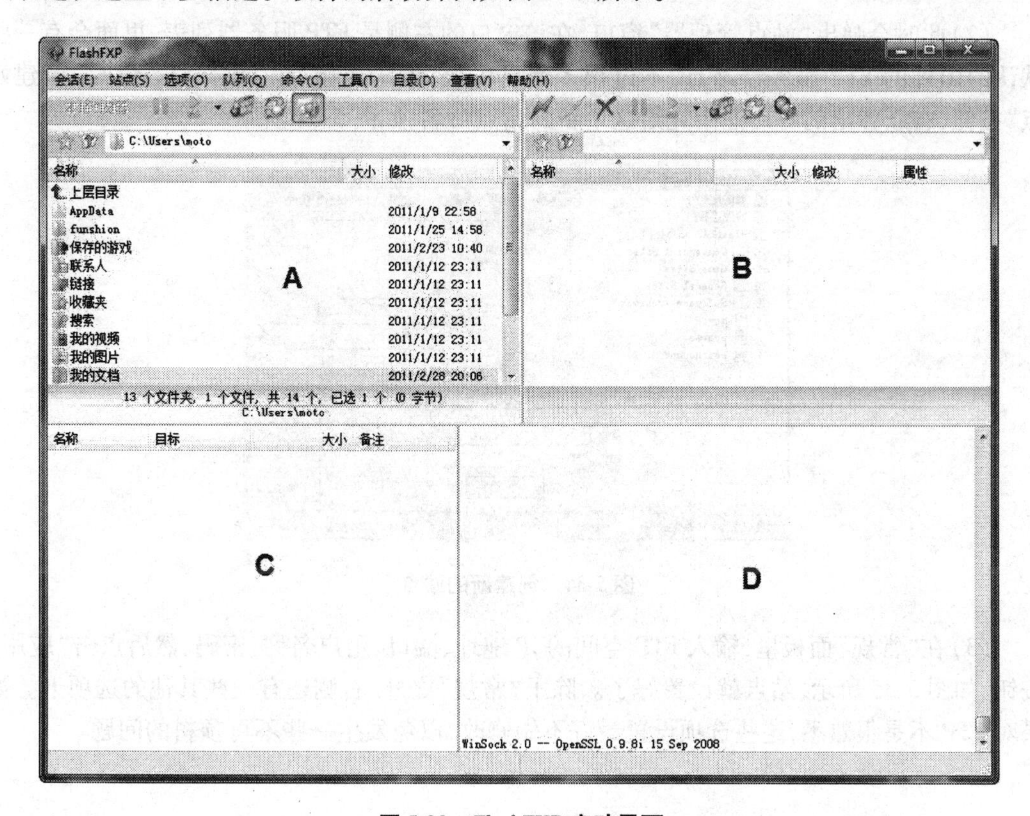

图 5-32 FlashFXP 启动界面

除了软件最上方的菜单栏外,整个软件被划分成 4 个区域。

• A 区是本地计算机的文件显示,很像一个资源管理器。在 A 区上方有一些常用的快捷按钮,可以方便用户在文件传输时对其操作。也可以将 A 区切换成远程浏览模式。

• B 区是远程 FTP 服务器的资源管理器,如果连接了服务器,这里可以显示服务器中文件夹和文件列表,这个区域的上方也有和 A 区一样的快捷按钮。同样也可以将 B 区切换成显示本地计算机的信息。

• C 区是上传或下载文件时的文件列表,可以显示正在上传或下载的文件。

• D 是一个信息面板,显示连接服务器或是操作文件时的一些基本信息。

3)使用 FlashFXP 上传文件

(1)启动 FlashFXP 软件,然后在菜单栏中点击“站点”下的“站点管理器”,如图 5-33 所示。

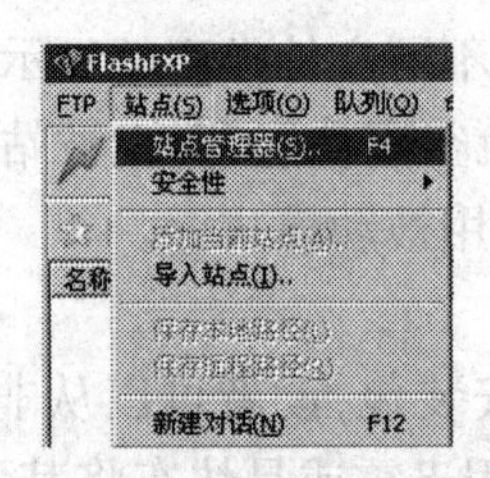

图 5-33　“站点管理器”命令

(2)此时会弹出“站点管理器”窗口,在该窗口的左侧是 FTP 服务器列表,里面会有一些默认的国外的 FTP 服务器站点,不过很多都已失效,无法连接上。点击左下角的“新建站点”按钮,在新弹出的对话框中先给这个新的站点命名,如图 5-34 所示。

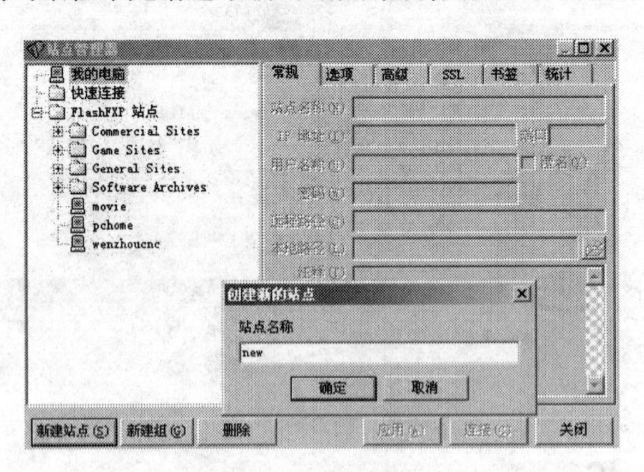

图 5-34　创建新的站点

(3)在“常规”面板里,输入 FTP 空间的 IP 地址、端口、用户名称、密码,然后点击“应用”按钮,如图 5-35 所示,站点就设置好了。除了“常规”之外,右侧还有一些其他的选项卡。如果对 FTP 不是很熟悉,这些选项设置最好不做修改,以免发生一些不可预料的问题。

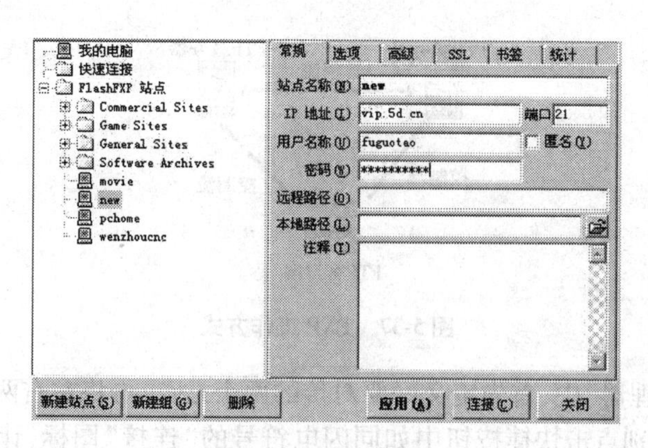

图 5-35 “常规”面板

(4)点击“应用”按钮,保存这个站点名,然后再点击“连接”按钮,就可以连接 FTP 服务器了。连接上站点之后,在本地磁盘找到要上传的文件目录,选中后右键单击“传输”,上传文件就可以这样轻易实现;同样,选中远程空间中的文件或者文件夹,点鼠标右键,在弹出的命令中选择“传输”,就可以下载到本地。对话框如图 5-36 所示。

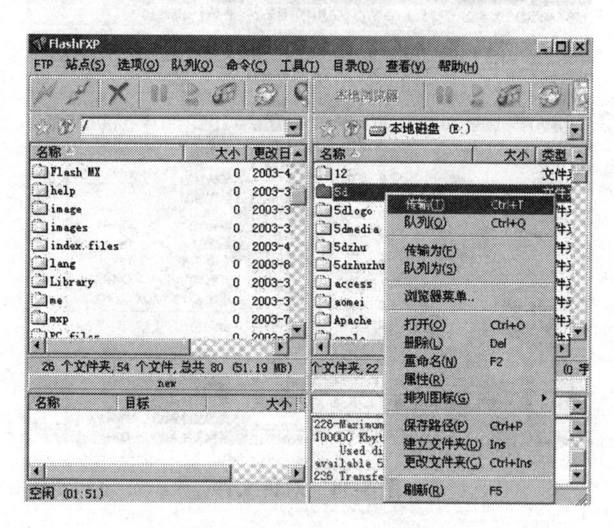

图 5-36 上传、下载命令

4)使用 FlashFXP 实现站点对传

FlashFXP 最特殊的功能是它可以实现站点之间的对传,这也体现在它的名称 FlashFXP 上(而不叫 FlashFTP)。使用 FlashFXP 实现站点对传,其实就是使用了 FXP 协议。FXP 简单说就是一个 FTP 客户端控制两个 FTP 服务器,在两个 FTP 服务器之间传送文件。FXP 的全称为 File Exchange Protocol(文件交换协议)。FXP 传送时,文件并不下载至本地,本地只是发送控制命令,故 FXP 传送时的速度只与两个 FTP 服务器之间的网络速度有关,而与本地速度无关。因 FXP 方式中本地只发送命令,故在开始传送后,只要本地不发送停止的命令,就算是本地关机了,FXP 仍在传送,直至一个文件传送完成或文件传送出错后,FTP 服务器等待本地发送命令,因不能接收到命令而终止 FXP 传送,如图 5-37 所示为 FXP 的工作方式。

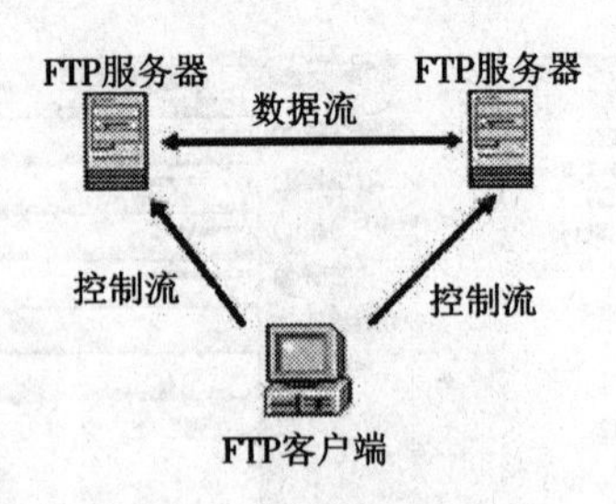

图 5-37　FXP 工作方式

(1)在“站点管理器”中,首先定义好要对传的两个站点,再将左右两个区域都切换成远程浏览界面,然后分别点击快捷按钮中如同闪电符号的“连接”图标,让左右两个区分别连接上不同的 FTP 服务器。

(2)两个站点连接好以后,选择其中一个站点中的文件或文件夹,点击鼠标右键,选择“传输”,就可以完成两个站点间的文件对传了,此时就算是关闭了 FlashFXP 也不要紧,如图 5-38 所示。

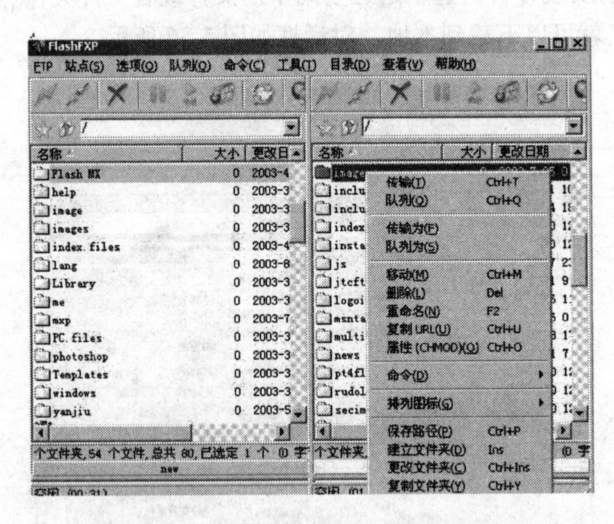

图 5-38　对传文件

4. Serv-U 的使用

1)Serv-U 简介

Serv-U 是目前众多的 FTP 服务器软件之一。通过使用 Serv-U,用户能够将任何一台计算机设置成一个 FTP 服务器,这样,用户或其他使用者就能够使用 FTP 协议,通过在同一网络上的任何一台计算机与 FTP 服务器连接,进行文件或目录的复制、移动、创建和删除等。这里提到的 FTP 协议是专门用来规定计算机之间进行文件传输的标准和规则,正是因为有了像 FTP 这样的专门协议,才使得人们能够通过不同类型的计算机,使用不同类型的操作系统,对不同类型的文件进行相互传递。

2)Serv-U 软件安装

(1)从网站上下载 Serv-U 7.0 的安装包,然后鼠标双击运行进行安装。首先会弹出对话框来确定安装语言,这里默认选择为“中文”,如图 5-39 所示。

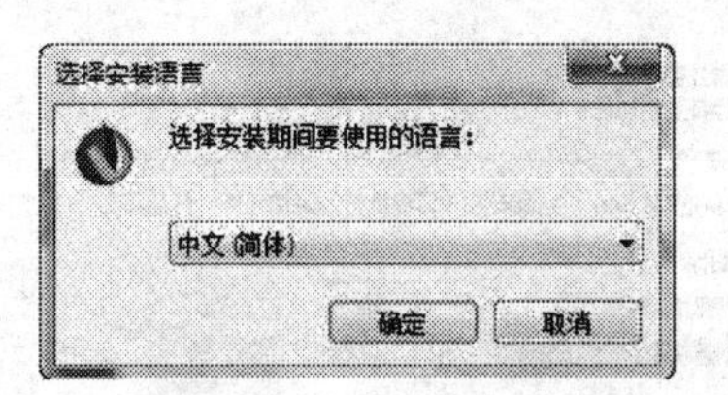

图 5-39　选择安装语言

(2)点击“确定”之后,会弹出“安装向导”窗口,如图 5-40 所示。进行在安装之前,系统的防火墙有时会弹出安全警报的窗口,一定要选择“允许访问”,否则就算软件安装成功了,也可能无法正常访问。

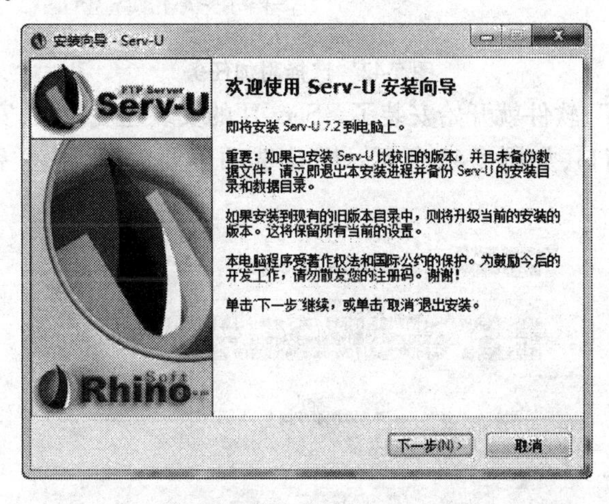

图 5-40　安装向导

(3)点击“下一步”,窗口出现软件的“许可协议”,选择“我接受协议”后,点击“下一步”,可以设置软件的安装位置,如图 5-41 所示。

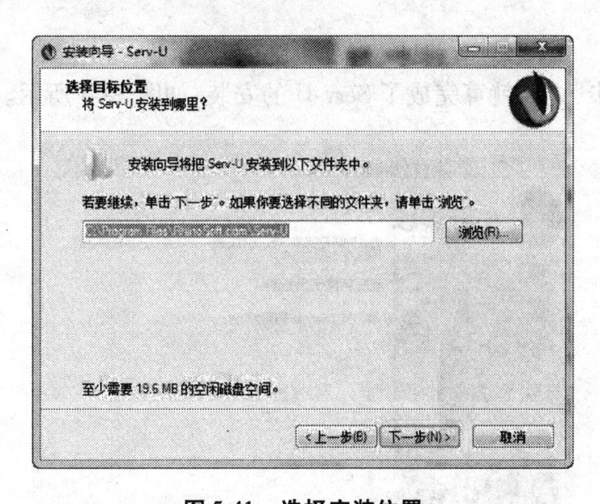

图 5-41　选择安装位置

(4)安装位置设置好之后,再点击“下一步”,设置是否在开始程序中创建快捷方式,直接点击“下一步”,弹出“附加任务”窗口,如图 5-42 所示,其中的“将 Serv-U 作为系统服务安装”最好不要关闭。

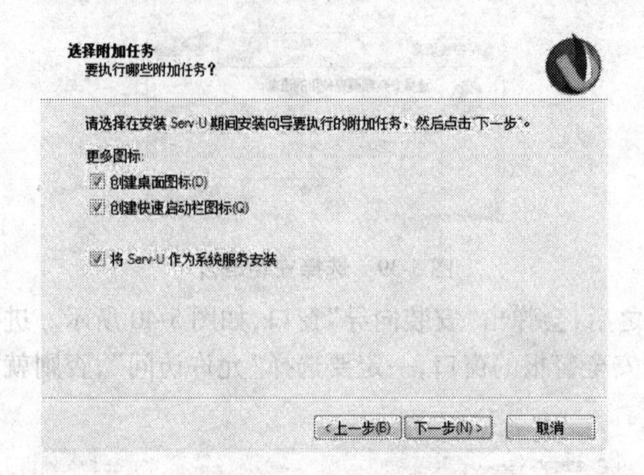

图 5-42　选择附加任务

(5)点击“下一步”,软件就开始安装了。Serv-U 的安装速度很快,安装完成之后,会弹出“防火墙设置向导”窗口,如图 5-43 所示。默认选项不要关闭,不然系统防火墙会阻止访问 FTP。

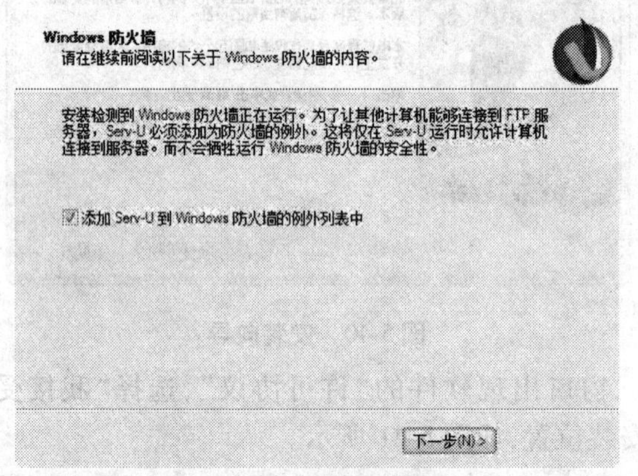

图 5-43　防火墙设置向导

(6)点击“下一步”之后就算完成了 Serv-U 的安装,如图 5-44 所示。

图 5-44　完成 Serv-U 安装

3)利用 Serv-U 创建 FTP 服务器

(1)Serv-U 第一次启动的时候,会弹出一个提示窗口,如图 5-45 所示,这里选择“是”,便可以创建一个新的域。

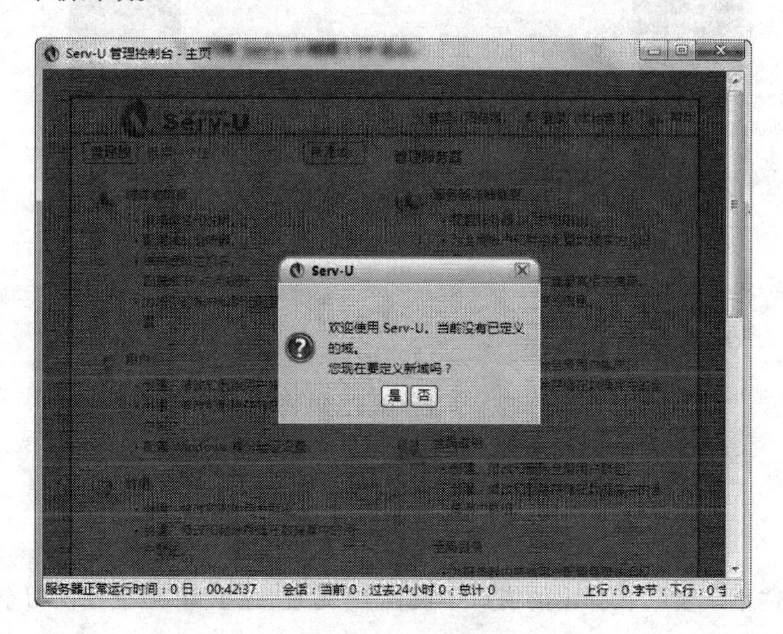

图 5-45　定义新域

(2)在“域向导”窗口中,输入该域的名称,这里可以随意输入一个名称,然后点击“下一步”按钮,如图 5-46 所示。

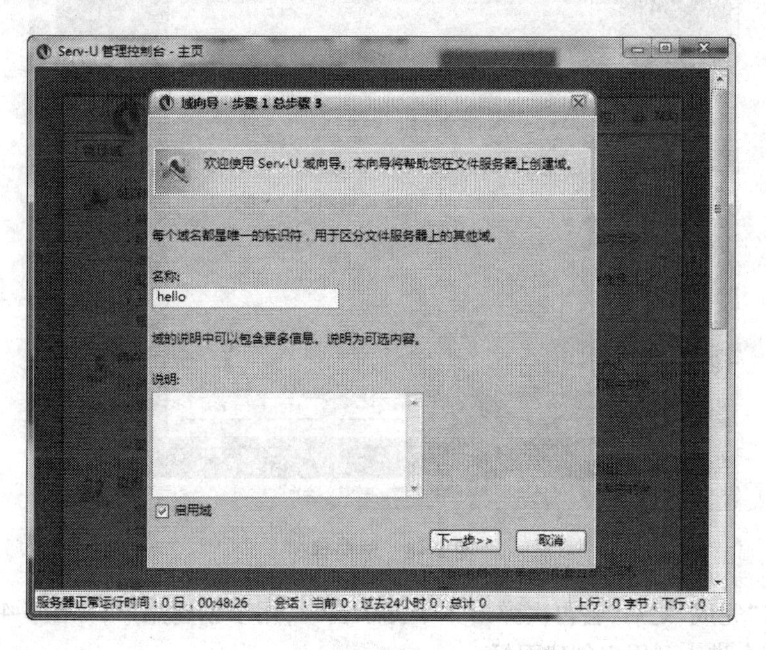

图 5-46　域向导 1

(3)设置监听的端口,除了 FTP 选项中的 21 端口外,其他都可以取消,如图 5-47 所示。

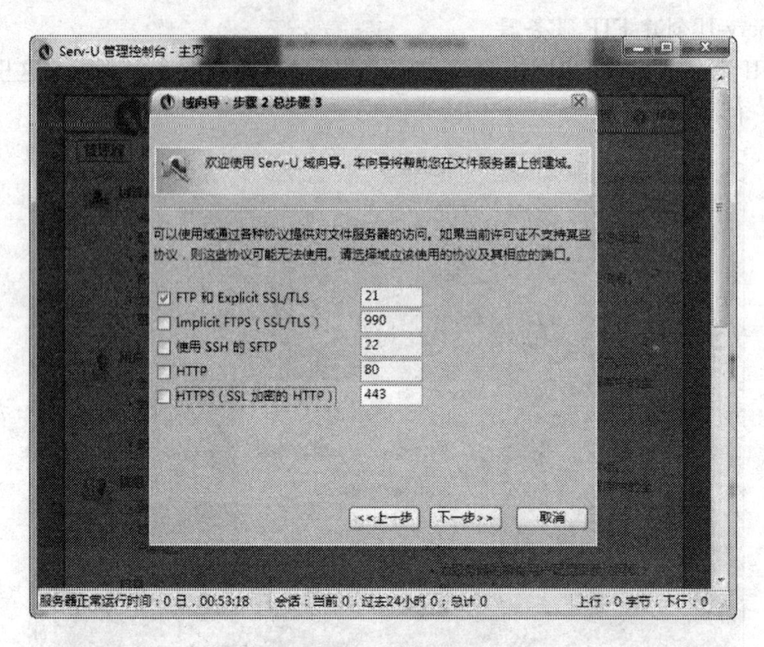

图 5-47　域向导 2

(4)点击“下一步”，在弹出的窗口中设置 IP 地址，这里 IP 地址建议留空，如图 5-48 所示。

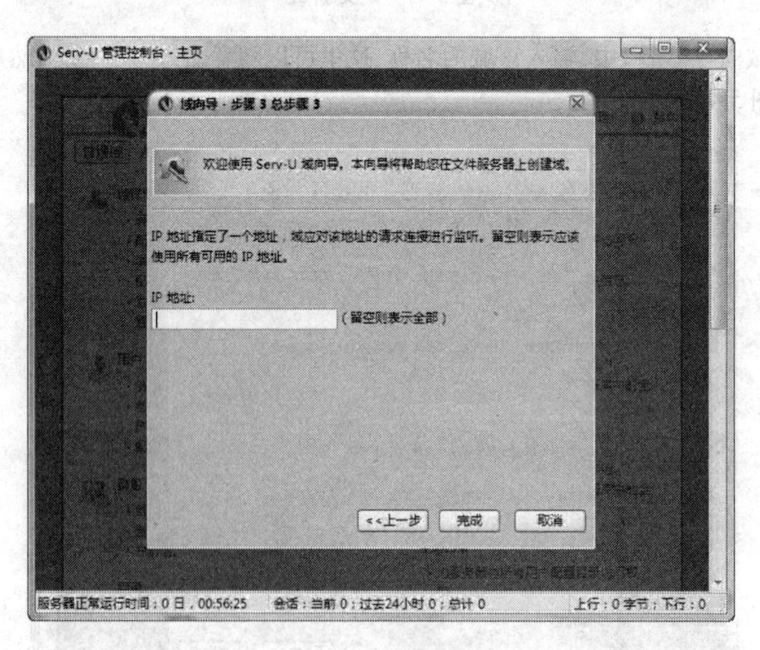

图 5-48　域向导 3

(5)点击“完成”之后，会再次弹出一个提示窗口，用于创建用户，如图 5-49 所示，选择“是”选项，就会进入到用户创建面板。

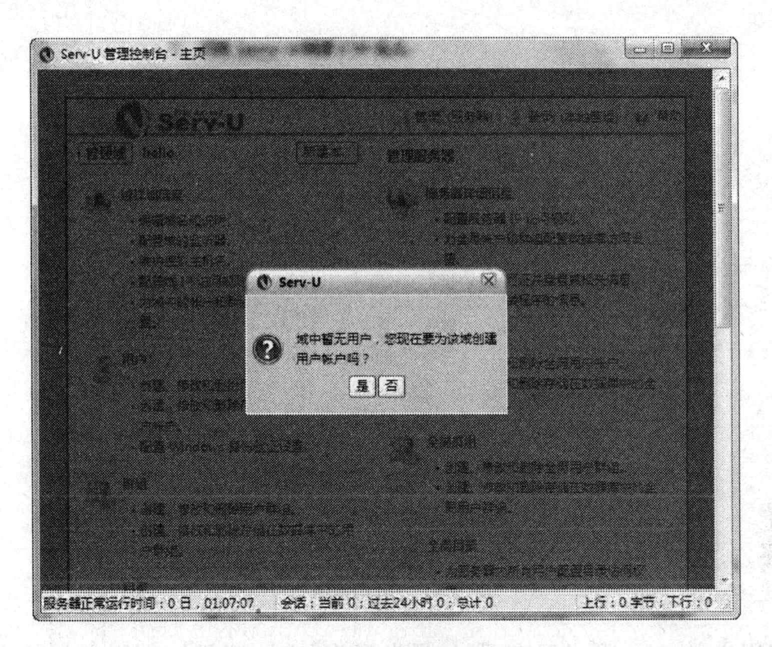

图 5-49　创建用户

(6)进入用户面板后,会有一个提示窗口,是否使用向导,这里选择“是”,如图 5-50 所示。

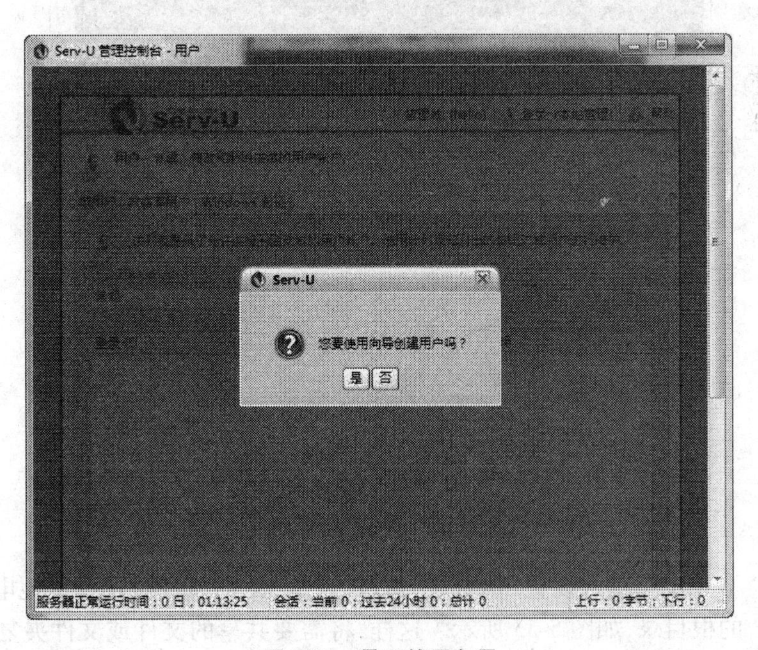

图 5-50　是否使用向导

(7)第一步是设置用户名,这里可以输入任意一个用户名,如果希望用户可以匿名登录,输入“Anonymous”,然后点击“下一步”按钮,如图 5-51 所示。

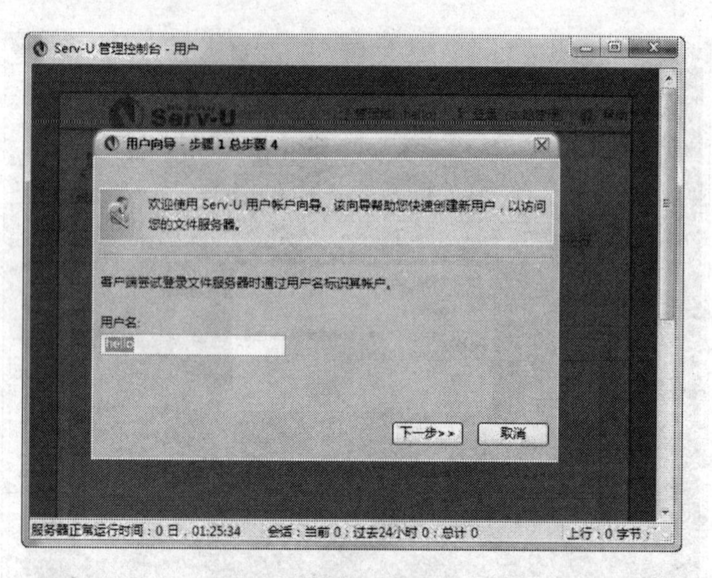

图 5-51　用户向导 1

(8)创建用户名之后,再设置密码,如果设置为“空”,只需知道用户名就可以访问 FTP 了,如图 5-52 所示。

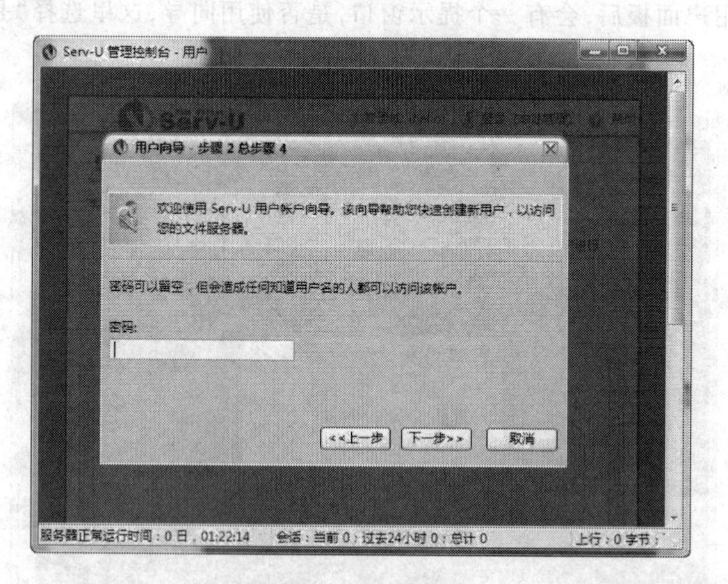

图 5-52　用户向导 2

(9)点击“下一步”,进入设置“根目录”窗口,点击“浏览”按钮,选择本地电脑上的一个目录作为 FTP 的根目录,如图 5-53 所示。这样,将需要共享的文件或文件夹复制到 FTP 根目录中,当创建好 FTP 服务器后,就可以共享这些文件了。

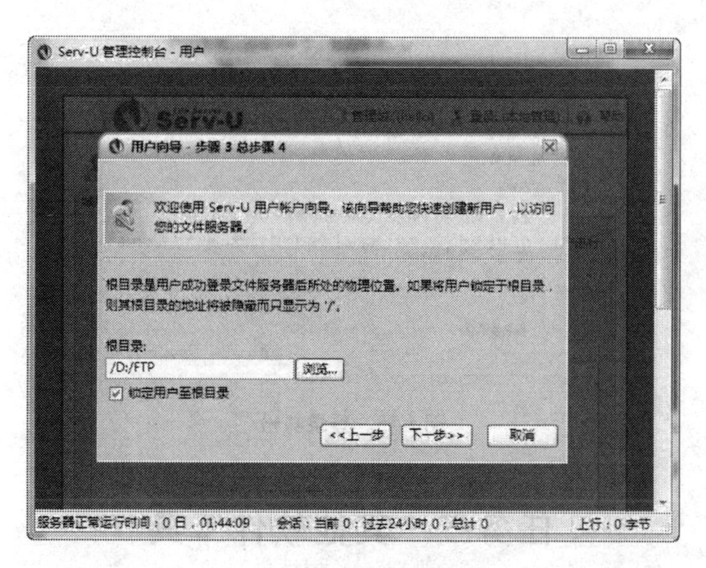

图 5-53　用户向导 3

(10)点击“下一步”，设置访问权限，默认为“只读访问”，如图 5-54 所示。也可以根据需要设置为“完全访问”，不过完全访问的安全隐患很严重，一定要慎重选择。

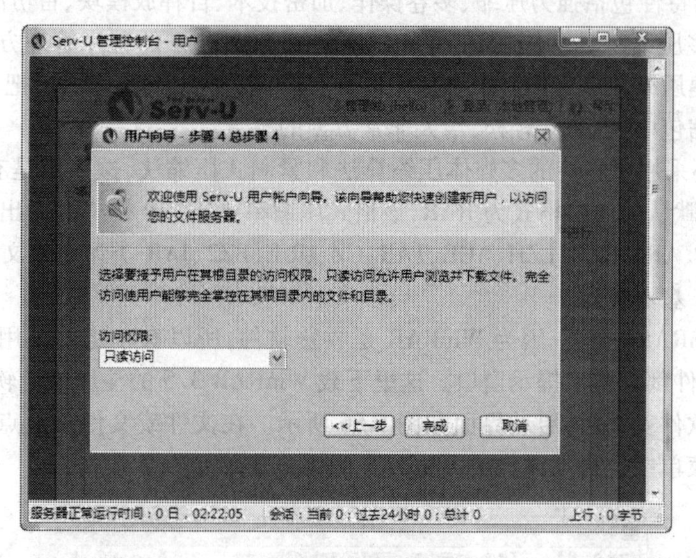

图 5-54　用户向导 4

(11)点击“完成”按钮，一个 FTP 服务器就设置完成了。打开“我的电脑”或 IE 浏览器，然后在地址栏中输入“FTP://本机的 IP 地址”，就会弹出一个“登录”窗口。在该窗口中输入用户名和密码后就可以正常访问 FTP 服务器了，如图 5-55 所示。

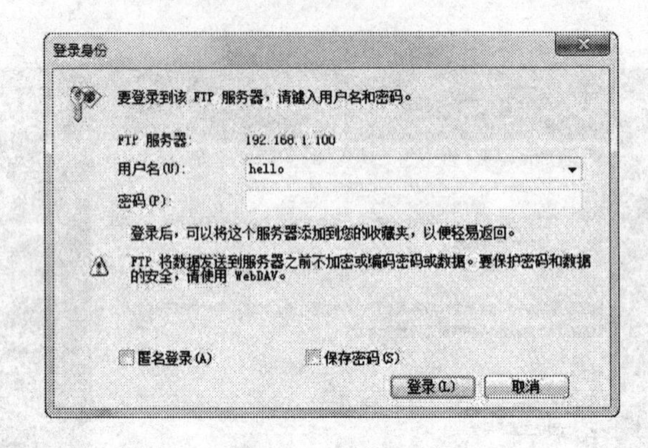

图 5-55 登录身份

任务三 其他软件工具

1. 压缩软件 WinRAR 的使用

WinRAR 可算是压缩软件中的极品，性能远远高于 WinZip 等同类软件。

WinRAR 的特性包括强力压缩、多卷操作、加密技术、自释放模块、备份简易等。

与其他众多压缩工具不同的是，WinRAR 沿用了 DOS 下的程序管理方式，压缩文件时不需要事前创建压缩包然后向其中添加文件，而是可以直接创建。此外，把一个软件添加到一个已有的压缩包中，也非常轻松，给人非常方便的感觉。

WinRAR 还采用了独特的多媒体压缩算法和紧固式压缩法，这点更是有针对性地提高了其压缩率，它默认的压缩格式为 RAR，该格式压缩率要比 ZIP 格式的高出 10% ~30%，同时它也支持 ZIP、ARJ、CAB、LZH、ACE、TAR、GZ、UUE、BZ2、JAR 类型压缩文件。

1) WinRAR 基本功能

先下载 WinRAR 软件。因为 WinRAR 是收费软件，所以有一定的试用期，当试用到期后，每次启动软件都会弹出提示窗口。这里下载 WinRAR 3.5 的注册版。软件安装简单，这里不做叙述。软件安装后，启动界面如图 5-56 所示。在文件或文件夹上点击鼠标右键，会发现在弹出的菜单中也自动添加了 WinRAR 的快捷菜单。

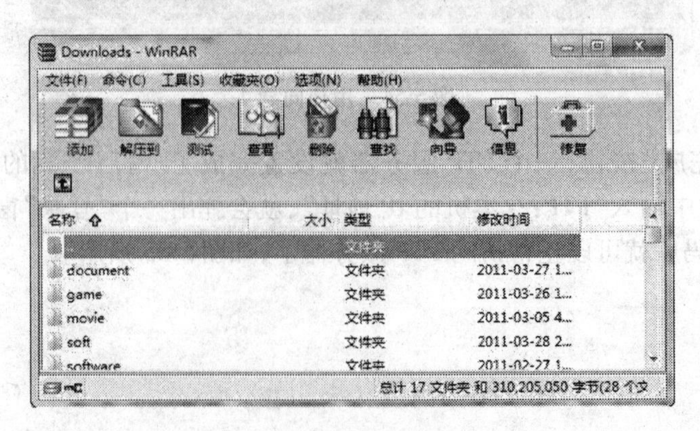

图 5-56 WinRAR 启动界面

其实只对文件进行压缩和解压操作的话,右键菜单中的功能就足够了,一般不用在 WinRAR 的主界面中操作。但是主界面中一些额外的功能有必要了解,下面将对主界面中的每个按钮进行说明。

(1)左边第一个按钮为“添加”,先在下方的文件浏览器中选择需要压缩的文件或是文件夹,然后点击“添加”按钮,就会弹出窗口,如图 5-57 所示。在该窗口中设置压缩的方式、压缩文件的名称等,点击“确定”就可以创建一个压缩文件了。

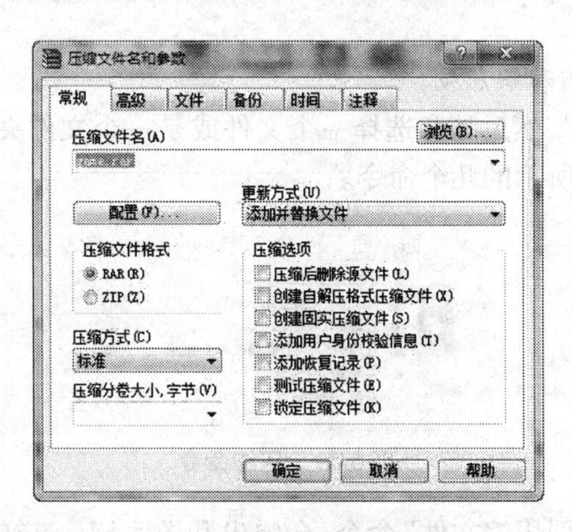

图 5-57 压缩文件名和参数

(2)第二个按钮为“解压到”,在下方的文件浏览器选择一个压缩包,再点击“解压到”按钮,就会弹出如图 5-58 所示的窗口,可以将选择的压缩文件解压到磁盘的某个位置。

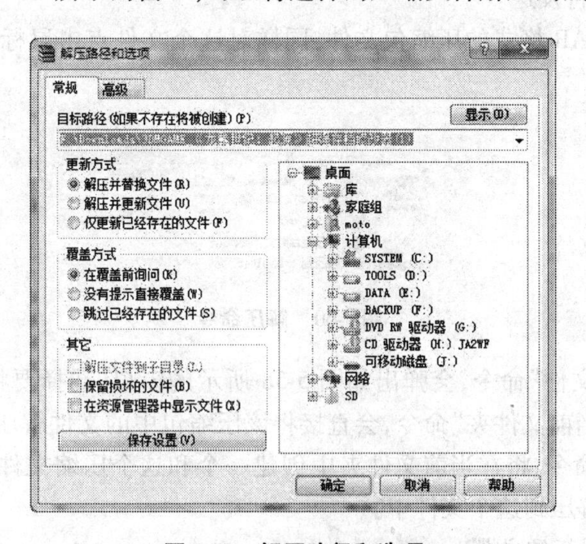

图 5-58 解压路径和选项

(3)第三个按钮为“测试”,将一些大型的文件打包成压缩文件后,可以点击“测试”按钮,对压缩文件进行测试,看有没有压缩错误。

(4)第四个按钮为“查看”,其实在下方的文件浏览器中选择一个压缩文件,双击就可以进入到压缩文件内部查看。

(5)第五个按钮为“删除”,可以选择一个文件、文件夹或是一个压缩文件将其删除。

(6)第六个为“查找”按钮,该按钮的作用和 Windows 中的查找命令相似,可以快速查找系统中的压缩文件。

(7)第七个为“向导”按钮,如果是第一次使用这个软件,可以通过向导,一步步地进行操作。

(8)第八个为“信息”按钮,可以显示压缩文件的压缩比例等一些相关信息。

(9)最后一个为“修复”按钮,可以将一些损坏的 RAR 文件进行简单修复,将里面的文件复原。

2)WinRAR 快速压缩和解压缩

(1)打开“我的电脑”,然后随意选择一个文件或是一个文件夹,再点击鼠标右键,弹出的菜单中会有如图 5-59 所示的几个命令。

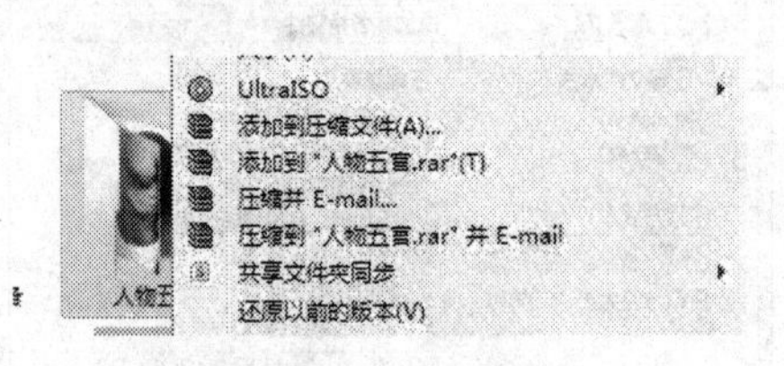

图 5-59 压缩命令

(2)如果选择“添加到压缩文件”命令,会弹出和图 5-57 一样的窗口,如果是选择第二项命令“添加到‘人物五官. rar’”命令,则直接将选择的文件或文件夹以它原来的名称作为压缩文件名称;选择第三或是第四项会将文件打包成压缩文件后,弹出系统默认的邮件管理器,将打包的文件进行发送。

(3)选择一个 RAR 格式的压缩包文件,同样对这个文件点击鼠标右键,会弹出如图 5-60 所示的菜单。

图 5-60 解压命令

(4)选择“解压文件”命令,会弹出如图 5-58 所示的窗口,选择要将该压缩文件解压到何处;选择“解压到当前文件夹”命令,会直接将该压缩包中的文件解压到当前的目录中;选择“解压到 cssweb”命令,将在当前文件夹中创建一个和这个压缩文件相同名称的文件,并将压缩包中的文件解压到这个文件中。

3)WinRAR 分割压缩文件

(1)在传送大容量的文件时,就算使用 WinRAR 压缩过后,压缩包还是很大。这时可以使用 WinRAR 的分割功能。首先选择一个大容量的文件或是文件夹,点击鼠标右键,在弹出的菜单中选择“添加到压缩文件”命令,如图 5-61 所示,在弹出的窗口设置“压缩分卷大小”,在这个文本框中输入每个分割文件的大小,也可以在这个文本框的列表中选择里面的默认设置。

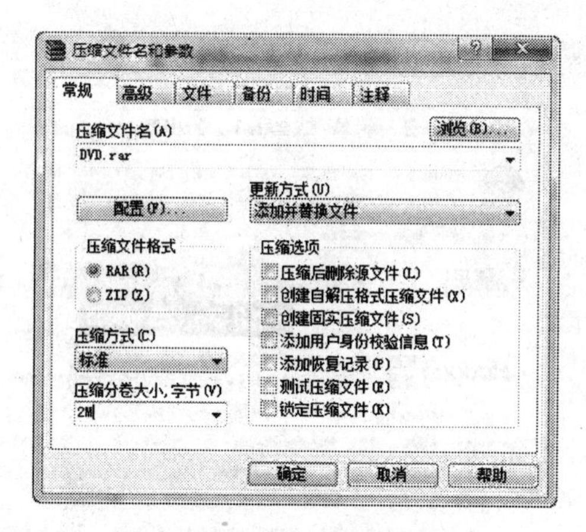

图 5-61　设置压缩分卷大小

(2)点击“确定”按钮,稍微等待一会儿,WinRAR 压缩完毕后,会在压缩的资源的相同位置出现几个和所压缩的资源相同名字的几个压缩包,名字会是“所压缩资源的名字. part1. rar”、“所压缩资源的名字. part2. rar”,依次类推,如图 5-62 所示。

图 5-62　分卷压缩包

(3)再将所有的分卷文件通过邮箱传给好友,因为每个文件的容量变得很小,不管是上传还是下载,网速不再是瓶颈了。当所有的分卷文件接收后,需要把它们放到同一个文件夹内,然后打开里面任意的一个,就会看到下载的资源,将其解压缩到硬盘的任意位置就可以了。

2. 翻译软件灵格斯的使用

灵格斯(Lingoes)是一款简明易用的免费翻译与词典软件,支持全球超过 60 个国家语言的互查互译,支持多语种屏幕取词、索引提示和语音朗读功能,是新一代的词典翻译专家。灵格斯是一个强大的词典查询和翻译工具。它能很好地在阅读和书写方面帮助用户,让对外语不熟练的人阅读或书写英文文章变得更简单更容易。

1)灵格斯基本功能

(1)首先可去该软件的官方网站(http://www. lingoes. cn)下载最新版的软件安装包。灵格斯词霸整个安装过程快速、方便,清洁,没有任何插件,可以一路按 “下一步”直至安装完成。该软件共支持包括中文繁体在内的五种语言,默认选择为“简体中文”。软件安装成功后,双击桌面上的图标,启动该软件,如图 5-63 所示,进入灵格斯词霸主界面。

(2)在软件上方的文本框中输入需要翻译的内容,按下回车后就显示翻译后的结果,如图 5-64 所示。

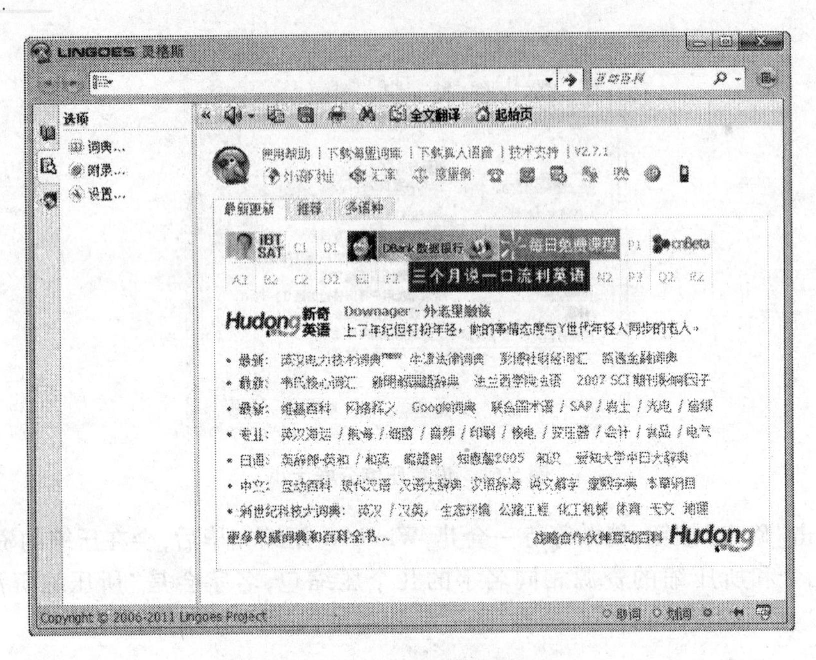

图 5-63　灵格斯词霸主界面

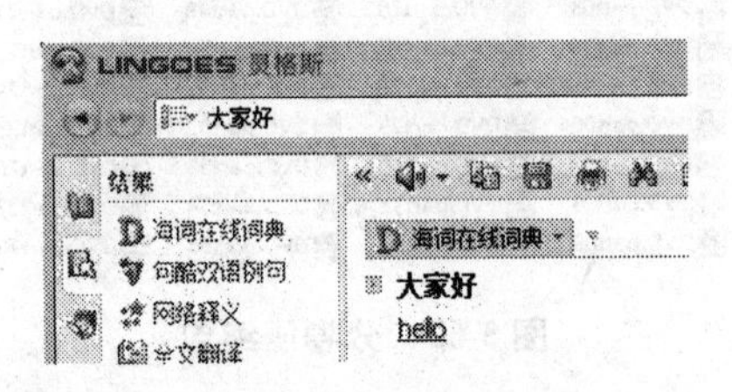

图 5-64　翻译结果

(3) 如果输入的内容过长，还可以直接通过网络进行在线全文翻译，如图 5-65 所示。灵格斯可以使用多种不同的在线翻译引擎，默认为"Google 翻译"。在图中的列表里可以选择其他的翻译引擎，如果输入的内容是其他语种，也可以通过图中的列表进行选择。

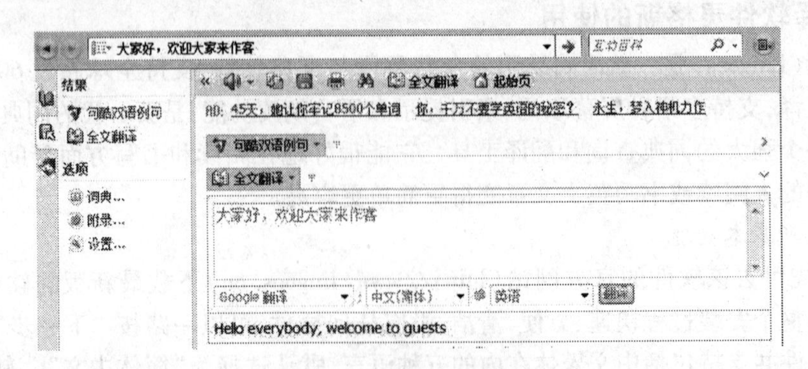

图 5-65　在线全文翻译

2) 屏幕划词翻译

(1) 通过创新的划词技术，将屏幕取词、词典查询和智能翻译完全融为一体，只要在屏幕上将需要翻译文字划选中，就能自动将多达 23 种语言的文字即时翻译成中文，如图 5-66 所示。

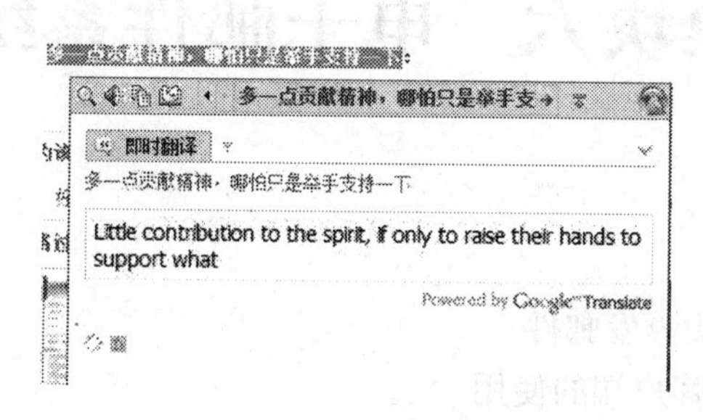

图 5-66　划词翻译

(2)点击即时翻译窗口中的喇叭按钮，就会将划中的内容进行真人语音的朗读。

3)实用小工具

在软件主界面左侧有个“附录”标签，里面内置了“汇率换算”、“度量衡换算”、“国际电话区号”、“国际时区转换”、“万年历”、“科学计算器”、“元素周期表”、“简繁体汉字转换”等一系列实用小工具和常用资料，如图 5-67 所示。

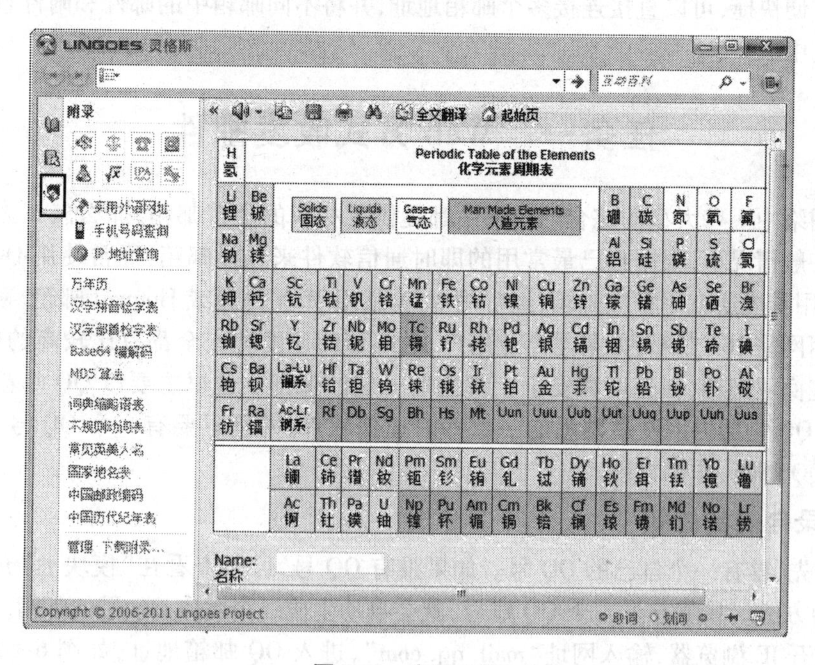

图 5-67　实用工具

模块六　电子邮件系统

任务目标

- 掌握使用 Web 方式收发邮件
- 掌握 Foxmail 邮件客户端的使用
- 掌握 Outlook 邮件客户端的使用

随着网络的飞速发展,E-mail(电子邮件)已经成为很多人生活中的一部分。许多网站都提供了免费的电子邮箱给用户使用,几乎所有的网民都有一个或多个电子信箱。

电子邮件的收取一般可以选择两种方式,一种是网站登录方式,登录电子邮箱网站,在线收取邮件或发送邮件;另一种方式就是使用电子邮件客户端软件,这种方式比起网页登录方式更加方便快捷,可以直接连接多个邮箱地址,并将不同邮箱中的邮件和附件直接下载到本地计算机中。

任务一　Web 方式收发邮件

现在网络中一些大型的综合门户网站都提供了相应的免费邮箱,那么怎么去选择这些邮箱呢? 一般情况下,根据自己最常用的即时通信软件来选择邮箱,经常使用 QQ 就用 QQ 邮箱,经常用雅虎通就用雅虎邮箱,经常用 MSN 就用 MSN 邮箱或 Hotmail 邮箱,喜欢用网易泡泡的就用网易 163 邮箱;如果是商业用户,对邮箱的速度和安全都有比较高的要求,则可以购买一些商业邮箱,在速度和安全上都会有一定的保证。这里主要以 QQ 邮箱为主进行介绍,因为 QQ 是国内网友最熟悉的一款即时通信软件,并且只要有一个 QQ 号,就会自动对应一个 QQ 邮箱,非常方便。

1. 登录自己的邮箱

(1)首先,得有一个自己的 QQ 号。如果没有 QQ 号,可以查看在“模块七”介绍的如何注册 QQ 的方法。只要有了一个 QQ 账号,就会自动生成一个对应 QQ 号的邮箱。

(2)打开 IE 浏览器,输入网址“mail. qq. com”,进入 QQ 邮箱地址,如图 6-1 所示,然后在网站中的文本框中输入自己的 QQ 账号、QQ 密码和验证码,就可以登录自己的邮箱了。

图 6-1　登录 QQ 邮箱

(3)如图 6-2 所示即为 QQ 邮箱的主界面,左上角有 3 个最常用的功能按钮,一个是写信、一个是收信、最后一个是联系人。左下角则是邮箱中常用分类,例如“收件箱”中存放着所有别人发过来的邮件;“群邮件”是 QQ 邮箱的一个特色功能,和 QQ 群相绑定,可以将一封邮件发给群中的所有好友;剩下的都是一些电子邮件的常用功能。邮箱的右侧是一些信息显示。QQ 邮箱另一个特色功能是可以注册手机邮箱,当自己的 QQ 邮箱有新的邮件时,能够收到免费短信提示,非常实用。

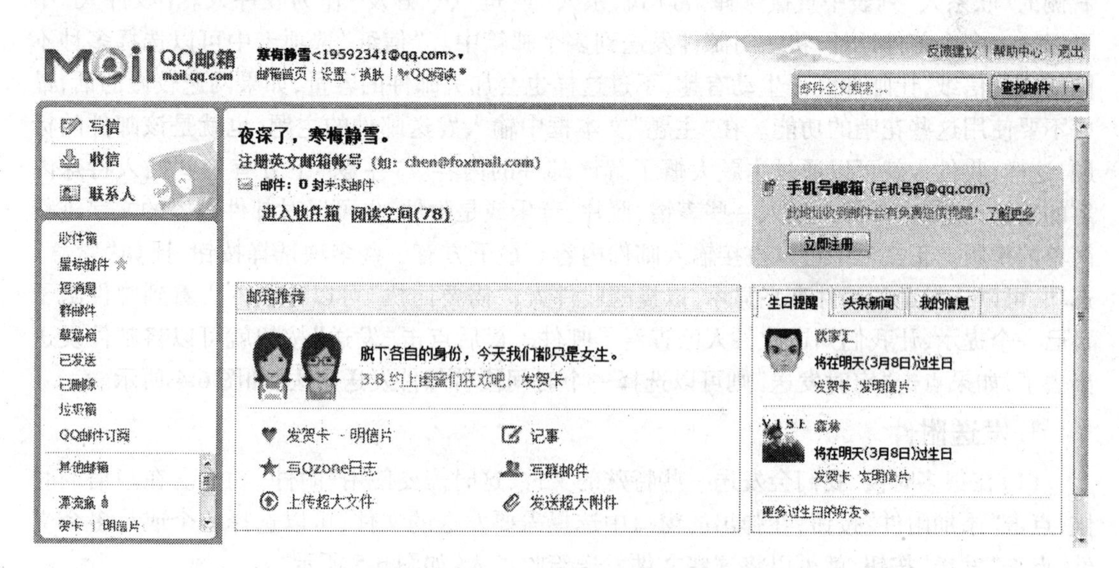

图 6-2　QQ 邮箱主界面

2. 发送邮件

(1)先登录 QQ 邮箱,然后点击左上角的“写信”按钮,右侧则更新为如图 6-3 所示的界面,除了可以编写“普通邮件”之外,在上方的标签中还可以选择“QQ 群邮件”、“贺卡”等多种邮件方式。

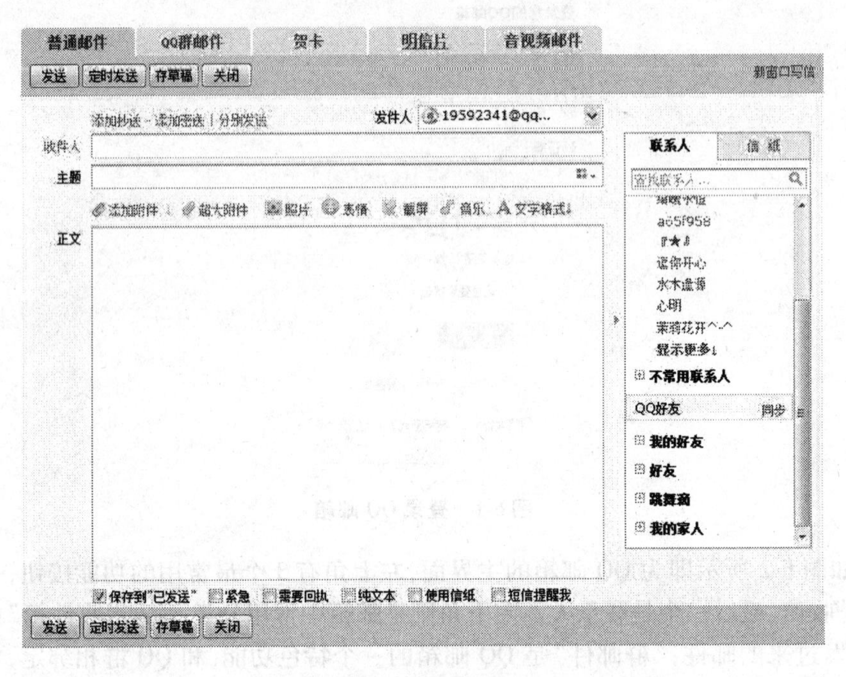

图 6-3 发送邮件 1

(2)这里以“普通邮件”为例。在“收件人”文本框中输入收件人的邮箱地址,也可以在右侧的“联系人”列表中直接选择“常用联系人”或是“QQ 好友”作为收件人。“收件人”中可以输入多个邮件地址,将一封邮件发送到多个邮箱中。“信纸”选项卡中可以选择多种不同样式的信纸,让邮件变得生动有趣,不过这样也会加大邮件的容量,如果网速较慢的话,最好不要使用这些花哨的功能。在“主题”文本框中输入发送邮件的主题,也就是该邮件的标题,这样,收件人就可以通过主题大概了解该邮件的内容。“主题”下方有一些插入特殊内容的按钮,比如在邮件中插入一些表情、照片、音乐或是附件,也可以对邮件内容的文字进行简单的排版。正文框中可以直接输入邮件内容。最下方有一些多项选择按钮,比如“紧急”选项,可以让发送的邮件高亮显示,以提醒收件人;“需要回执”可以让收件人看到邮件给予自己一个提示,让我们知道收件人已查看了邮件。最后点击“发送”按钮就可以将邮件发送出去了,如果点击“定时发送”则可以选择一个时间段将邮件发送出去,如图 6-4 所示。

3. 发送附件

(1)在很多时候,我们会发送一些特殊的文件,这时需要使用“附件”功能。在写信的时候,点击“添加附件”按钮,在弹出的窗口中选择需要发送的文件,可以选择一个或是多个文件,点击“发送”按钮,就可以将这些文件发送给收件人,如图 6-5 所示。

(2)如果需要发送容量比较大的文件,需要考虑使用“超大附件”功能。“超大附件”是 QQ 的一个特色服务功能,可以将一些大型的文件先上传到 QQ 的“文件中转站”中,然后将这个大型文件的下载地址发给收件人,收件人可以通过一些下载软件将你发送的大型附件直接下载,如图 6-6 所示。如果选择了“上传完后自动发送邮件”选项,则会在上传了附件后自动将邮件发送出去。在上传一些特别大的文件时,该功能非常有用。

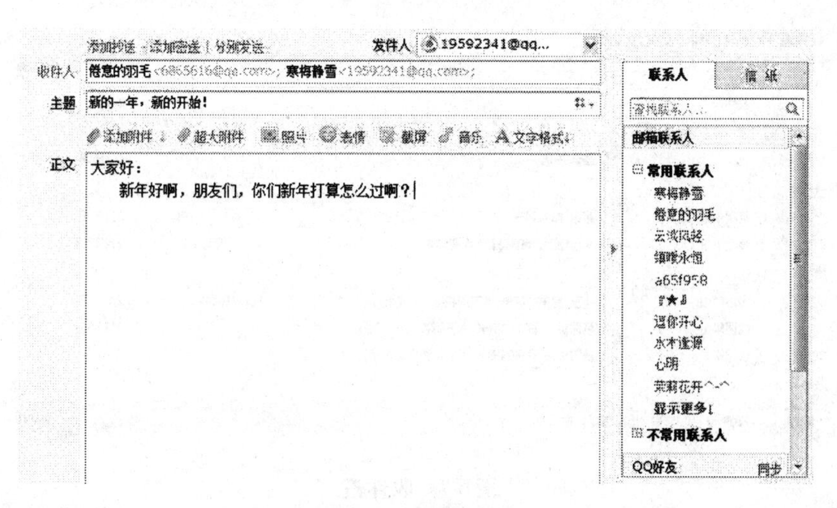

图 6-4　发送邮件 2

图 6-5　增加附件

图 6-6　超大附件

4. 管理邮件

(1) 点击“收件箱”按钮，界面的右侧是收件箱中所有收取的邮件，这些邮件由“发件人”、“主题”、“时间”组成，可以很方便直观地对邮件进行查看，如图 6-7 所示。

(2) 每封收取的邮件最左侧都有个像是信封的图标，如果是黄色的闭合信封图标，则代表该邮件还没有查看；如果是浅灰色的打开的信封图标，则代表该邮件已被查看过。每封邮件的最前方都有个多选框，可以一次选择多封邮件，然后点击“删除”按钮，将这些被选择的邮件全部删除。每封邮件的最后都有一个“五角星”的图标，可以将一些重要的邮件进行“加星标注”。

收件箱 (共 6 封，其中 未读邮件 1 封)

删除　彻底删除　转发　举报　标记为...　移动到...　1/1 页

发件人	主题	时间↓
今天 (1 封)		
马涛	新年快乐 - 新年快乐	57秒前
上周 (2 封)		
缜暖永恒	谢谢你的贺卡 - 谢谢你的贺卡！以后要常联系哦！	2月27日
缜暖永恒	来自QQ邮箱的贺卡《谢谢你》 - 来自QQ邮箱的贺卡《谢谢你》 回赠贺卡给您...	2月27日
更早 (3 封)		
a65f958	快乐 寄来的贺卡 《五彩祝福》 - 快乐 寄来的贺卡 《五彩祝福》 答谢你友 ...	2月16日
桃园耕夫	桃园耕夫 寄来的贺卡 《五彩祝福》 - 桃园耕夫 寄来的贺卡 《五彩祝福》 答谢...	2月16日
桃园耕夫	桃园耕夫 寄来的贺卡 《新年快乐》 - 桃园耕夫 寄来的贺卡 《新年快乐》 答谢...	2月2日

选择：全部 - 无 - 已读 - 未读

删除　彻底删除　转发　举报　标记为...　移动到...　1/1 页

图 6-7　收件箱

(3)点击一封没有查看过的邮件主题，便会链接到邮件的内容页，如图 6-8 所示。在该页面中可以查看邮件的内容，如果收取的邮件中包含有附件，可以通过下载软件将附件下载到本地计算机中。

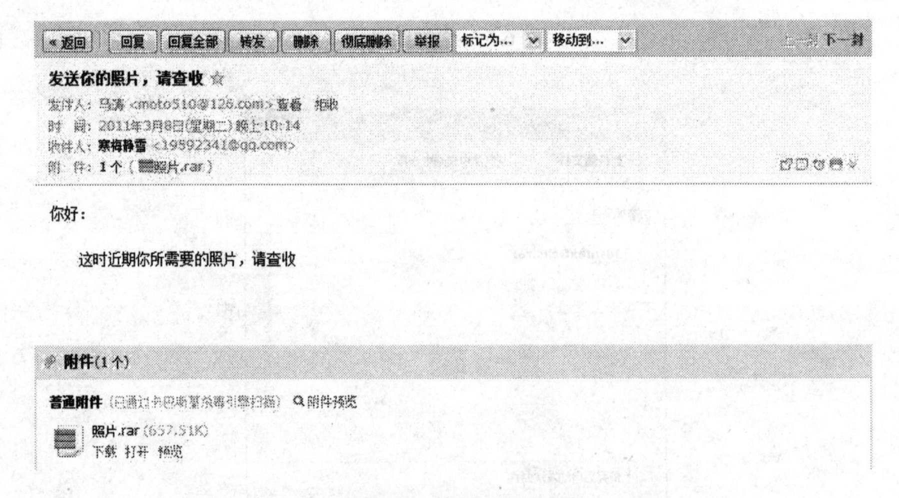

图 6-8　邮件内容

(4)点击“回复”按钮，可以对当前的邮件进行回复，回复邮件的界面和写邮件的界面相同，只是收件人和主题已默认填写好了而已。

任务二　使用 Foxmail 邮件客户端

Foxmail 邮件客户端软件，是中国最著名的软件产品之一，中文版使用人数超过 400 万，英文版的用户遍及 20 多个国家，列名“十大国产软件”，已被腾讯公司成功收购。它使用多种技术对邮件进行辨别，能够准确识别垃圾邮件与非垃圾邮件。垃圾邮件会被自动分捡到垃圾邮件箱中，有效地降低垃圾邮件对 Foxmail 用户的干扰，最大限度地减少用户因为处理垃圾邮件而浪费的时间。

1. 使用 Foxmail 创建邮箱账户

(1)打开网页浏览器,打开网址“http://fox.foxmail.com.cn”,从 Foxmail 的官方网站上下载最新的客户端。

(2)运行客户端安装程序,进行软件安装,如果没有什么特殊要求,直接点击“下一步”就可以了。安装完成后,会启动软件,第一步便是“向导”窗口,用来创建新的邮箱账户,如图 6-9 所示。在必填项中输入自己的邮箱账户和账户显示名称。邮箱密码这里最好不要填,在连接邮箱时会弹出密码框,输入了正确的密码才能连接。如果此处填写了密码,虽然连接邮箱不用频繁输入密码,但安全性不好。“邮箱路径”是存放邮件的磁盘位置,这里可以不做设置,如果希望能对自己的邮件进行管理,可以自己定义相关的磁盘位置。

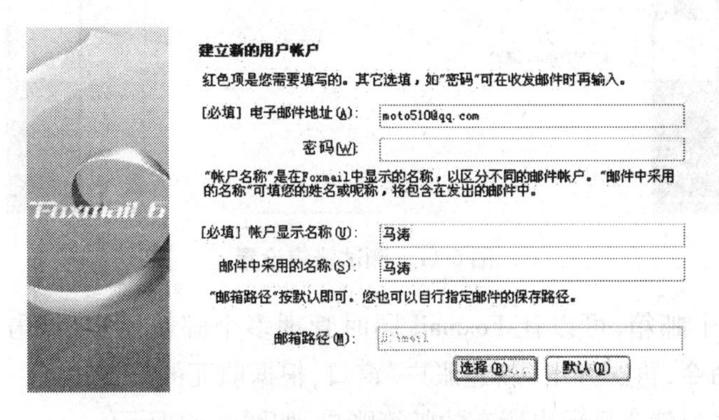

图 6-9　建立新的用户账户

(3)点击“下一步”,设置“邮件服务器”。Foxmail 的最大好处在于可以自动识别大部分的邮件服务器,如图 6-10 所示,接收服务器和发送服务器中的信息便是自动添加进去的;将“接收服务器”设置为“POP3”模式,然后点击“高级”按钮,在弹出的窗口中将“收取服务器”和“发送服务器”中“使用 SSL 连接服务器”选项选中,不然 Foxmail 无法连接我们的邮箱。

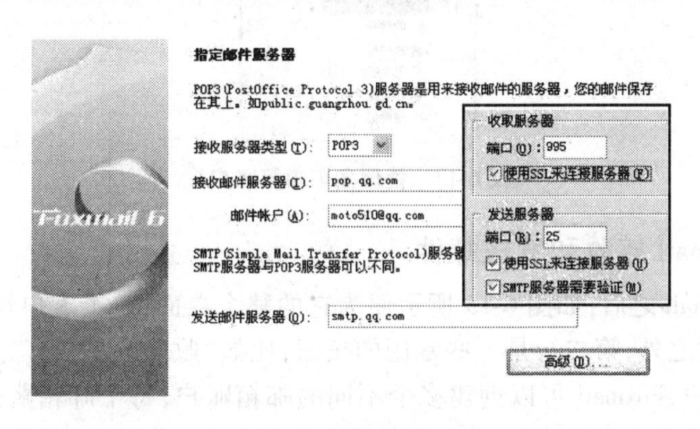

图 6-10　指定邮件服务器

(4)设置完“邮件服务器”再点击“下一步”,账户就建立完成了。在这个窗口中有个“测试账户设置”按钮,点击后会弹出一个测试窗口,该窗口中会对创建的账户进行测试,看能否正常连接服务器,并测试发送邮件和接收邮件的功能是否可以正常工作,如图 6-11 所示。如果所有功能无误,就代表邮箱账户创建成功了。

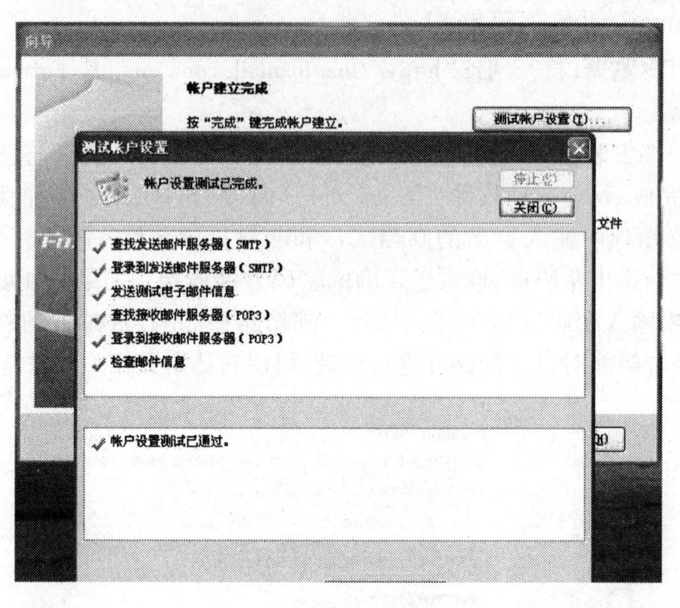

图 6-11 测试账户设置

(5)如果有多个邮箱,可以让 Foxmail 同时管理多个邮箱账户,点击菜单"邮箱"中的"新建邮箱账户"命令,再次弹出"新建账户"窗口,根据前面的设置输入一个新的邮箱,创建完成后,在 Foxmail 中就会显示出所有的邮箱账户,如图 6-12 所示。

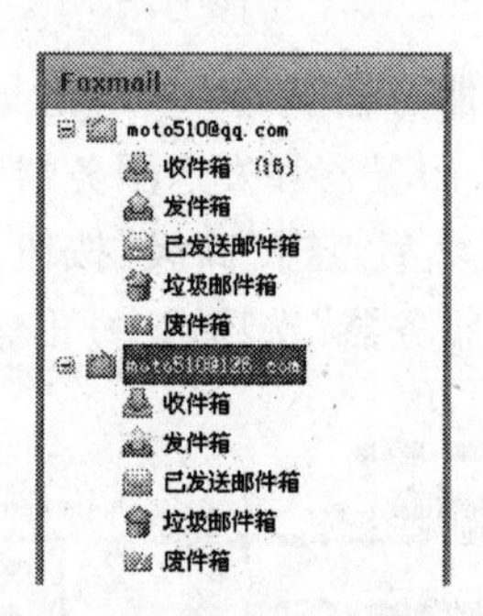

图 6-12 管理多个邮箱账户

2. 使用 Foxmail 接收和发送邮件

(1)启动 Foxmail 之后,如图 6-13 所示便为它的整个界面,整个客户端分成 4 个区域。除了上方的菜单栏之外,第二行是一些常用的按钮,比如"收取"、"发送"、"撰写"、"回复"等;左侧是邮箱账户,Foxmail 可以创建多个不同的邮箱账户,每个邮箱账户的分类和 Web 邮箱中的相似;中间是上下两块显示,上面显示收件箱中的邮件列表,下面显示的邮件内容;界面的右侧显示一些查看邮件的档案和每日要办的事项。

(2)在收取邮件之前,最好将 Foxmail 收取邮件的选项设置一下。首先选择我们的邮箱账户,然后点击菜单"邮箱"中的"修改邮箱属性"命令,会弹出一个窗口,如图 6-14 所示。选择左侧分类中的"接收邮件",将"在邮件服务器上保留备份"选项打勾。这样在使用 Foxmail 收取邮件时,也会保留邮箱服务器中的邮件,我们在使用 Web 登录时也可以查看。将

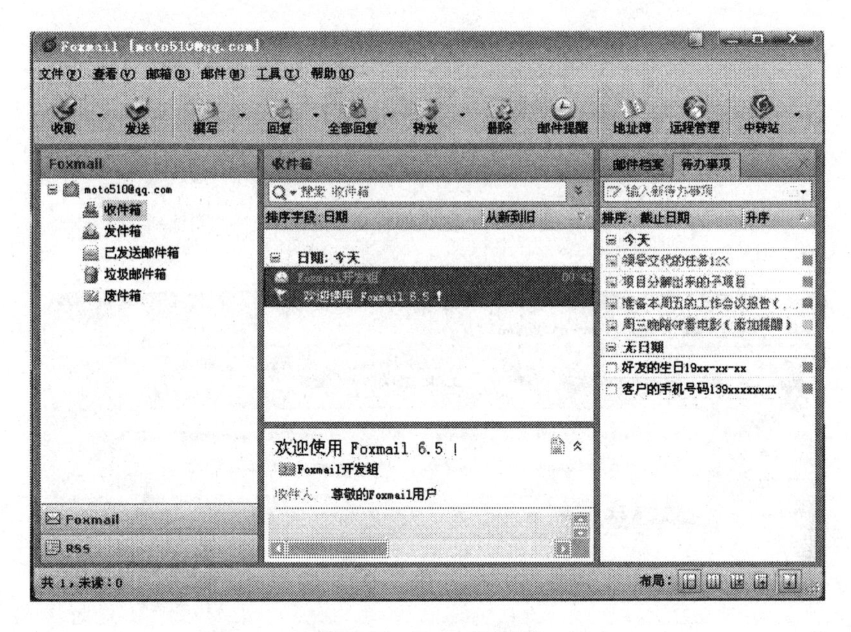

图 6-13　Foxmail 界面

“每隔 XX 分钟自动收取新邮件”选项打勾，默认时间为 15 分钟，也可以设置为 60 分钟，这样每隔 60 分钟 Foxmail 就会自动检查服务器中是否有新的邮件。

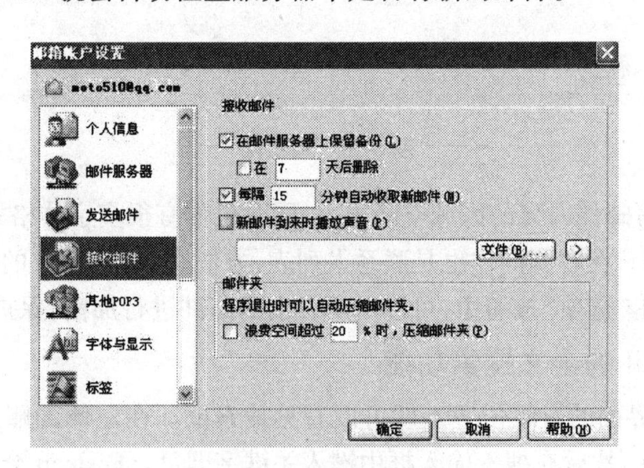

图 6-14　邮箱账户设置

(3)设置完成后，点击 Foxmail 左上角的“收取”按钮，会弹出收取邮件的进度条，如图 6-15 所示，显示服务器中的所有正在收取的邮件。如果在前面创建账户时没有输入密码，这时会弹出输入密码的对话框，输入正确的密码后才能登录服务器收取邮件，等所有邮件收取完成后，就会在账户中显示所有的邮件列表了。

(4)点击 Foxmail 左上角的“撰写”按钮，会弹出如图 6-16 所示的窗口，在该窗口就可以撰写新的邮件了。

(5)Foxmail 的写邮件界面相比 Web 界面而言，功能要丰富很多，“收件人”和“主题”文本框和 Web 中的功能一样。“抄送”功能就是将一封邮件同时发送多人，每个收件人的邮箱

图 6-15 收取邮件进度条

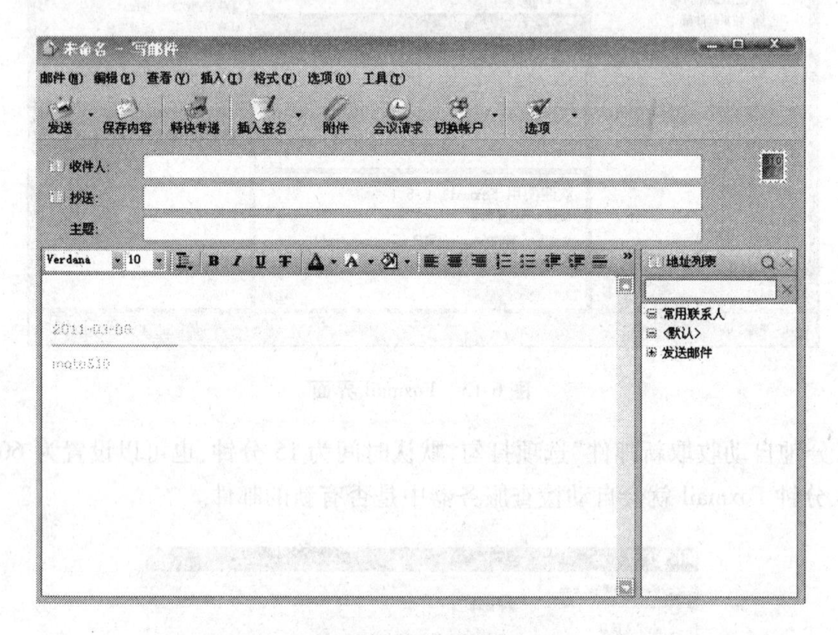

图 6-16 写邮件

地址用分号隔开。写邮件内容的区域空间很大，同时也带有很多字体格式的按钮，很像是一个小型 Word 编辑器。在右侧同样也是联系人列表，方便查找；最上方的快捷按钮中包含了发送附件的功用。在“选项”按钮中，可以对所发出的邮件进行加密，保护其隐私。

3. 使用 Foxmail 的全文搜索功能

（1）在 Foxmail 界面的显眼位置上就可以看见搜索框。在左侧的账户列表区选中要搜索的账户或者文件夹，然后在搜索输入框中键入关键字即可。Foxmail 会跟随输入在指定的范围内进行全文搜索，并且是即输即搜，实时获得搜索结果，如图 6-17 所示。

（2）点击搜索框右侧的下拉三角按钮可打开复合搜索界面，在其中可根据全文、收发件人、时间、主题、标记、附件等参数进行多条件的复合搜索，可以以较高的精度获得搜索结果。在这个区域中默认只显示其中的几个参数输入框，可通过“添加条件”下拉菜单来加入其他的条件进行搜索，如图 6-18 所示。

（3）点击输入框左侧图标旁的小三角，在弹出的下拉菜单中记录着最近的搜索记录，且可以直接点击使用最近的搜索记录项再次进行搜索。此外，在这个弹出菜单中还有过滤邮件显示的选项，如图 6-19 所示。

图 6-17　搜索功能

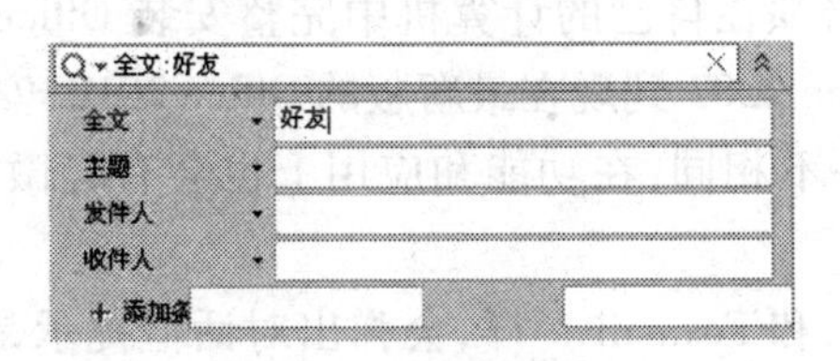

图 6-18　复合搜索

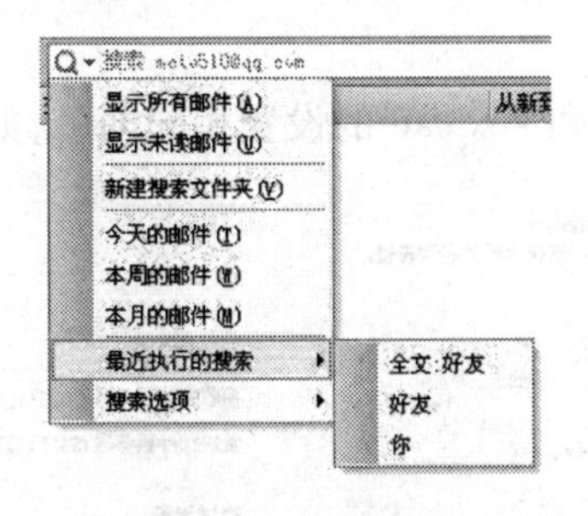

图 6-19　最近搜索记录

4. 使用 Foxmail 发表 QQ 空间日志

（1）首先创建一个 QQ 邮箱账户，只能是 QQ 邮箱账户才可以，然后再使用 QQ 账号撰写邮件。

（2）在“收件人”和“主题”文本框中输入如图 6-20 所示的内容，邮件的内容中既可以包含基本的文字内容，也可以上传图片或是视频，最后点击发送邮件，打开自己的 QQ 空间，刷新一下就可以看到自己发表的日志了。

图 6-20　使用 Foxmail 发表 QQ 空间日志

任务三　使用 Outlook 客户端

Outlook 是 Microsoft Office 套装软件的组件之一，基本上现在所有的办公电脑中都安装有 Office 办公软件，这套软件中就包含了 Outlook 组件。Outlook 提供了电子邮件、日历和联系人管理等功能，同时 Outlook 与 Office 中的其他软件可以无缝结合，使得 Outlook 成为许多商业用户眼中完美的客户端。

1. 创建邮箱账户

要想使用 Outlook，就必须在自己的计算机中完整安装 Office 办公软件。Office 软件的版本众多，从最经典的 Office 2003 到现在最新版的 Office 2010，安装不同版本的 Office，其中所包含的 Outlook 版本也各不相同，在功能和应用上也会有轻微的差别。这里所使用的是 Outlook 2003 版。

(1)启动 Outlook 2003，和 Foxmail 一样，会弹出对话框提示是否创建一个账户，这里选择创建一个新的账户，然后点击"下一步"。

(2)在选择服务器类型的时候，一般情况下都是选择"POP3"模式，然后再点击"下一步"。

(3)设置用户名和账户时，和 Foxmail 的设置相同即可，如图 6-21 所示。

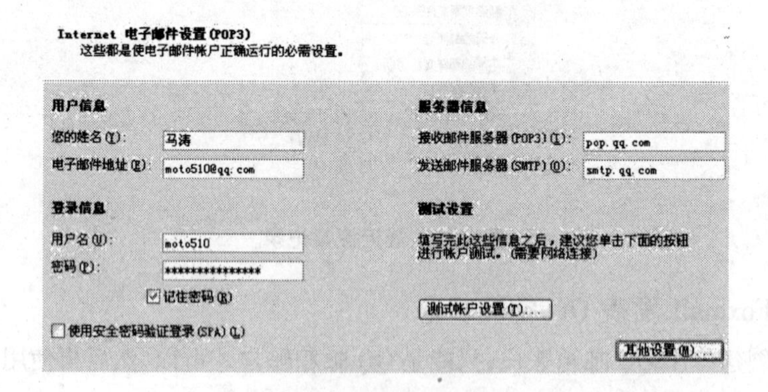

图 6-21　设置用户名和账户

(5)点击"其他设置"按钮，在弹出的窗口中切换到"高级"选项卡，将"接收服务器"和"发送服务器"中的"此服务器要求加密连接(SSL)"选项打勾，并且将"在服务器上保留邮件的副本"选项打勾，如图 6-22 所示。

(6)账户创建完成之后，可以按快捷键"F9"快速接收邮箱中的邮件，也可以点击菜单"工具"中"发送和接收"下的"全部发送和接收邮件"命令，弹出窗口如图 6-23 所示。

(7)如果邮箱账户中设置有问题，可以点击"工具"菜单下的"电子邮箱账户"命令查看

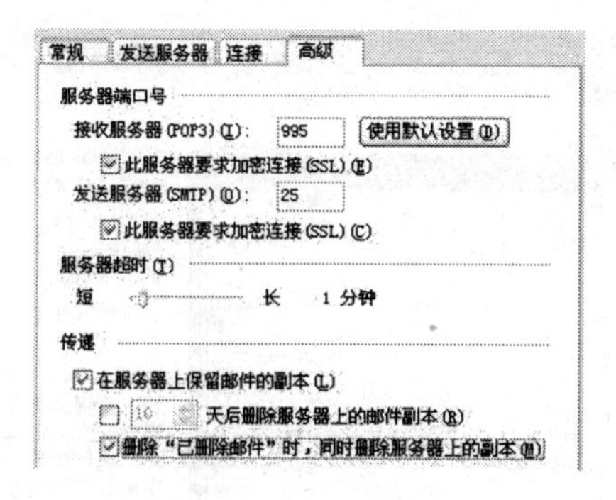

图 6-22　其他设置

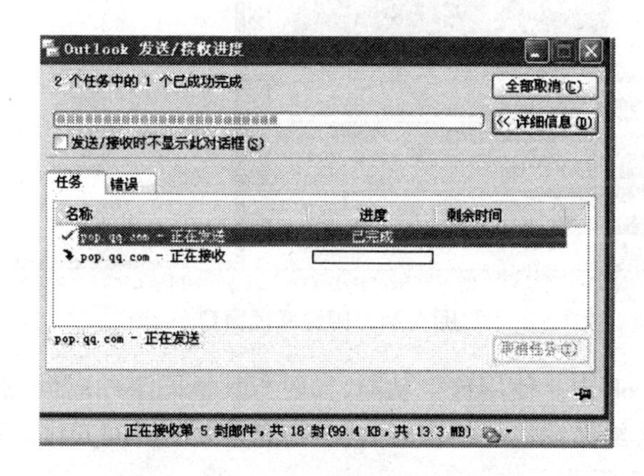

图 6-23　Outlook 邮件发送/接收进度

现有的账户，并可以对其中的参数进行修改。当然，也可以使用这个命令再次创建出多个不同的邮箱账户。

2. 使用 Outlook 常用功能

(1) Outlook 2003 最大的改变是应用程序窗口布局的变化。在 Outlook 2003 邮件视图的右侧窗口，新设计了一个邮件阅读窗口，如图 6-24 所示。在这个窗口中，可以使用用户比较习惯的阅读方式显示邮件的内容，使邮件的大部分信息都集中在一个阅读窗口中，这样可以减少用户滚动屏幕浏览邮件内容的时间。特别对内容比较多的邮件来说，用户只需要较少的滚屏次数，就可以将整个邮件阅读完毕。根据自己的需要，用户还可以调节这个邮件阅读窗格的大小，只要将鼠标放置在阅读窗格的左侧边缘，鼠标即可变为“拖动”指针，按住鼠标的左键拖动，就可以将阅读窗格调整到自己满意的大小。

(2) 安排日程是 Outlook 中的一个重要功能。无论在家里还是在办公室里，都可以通过网络使用 Outlook 来有效地跟踪和管理我们的会议及约会，协调时间，即使在单机环境中，这也是个很有用的功能。

Outlook 2003 提供了日历共享功能，使得在 Outlook 窗口中并行查看多个日历成为可能，包括本地日历、公共文件夹日历、其他用户的日历和日历视图。例如，可以轻松地将自己的日程安排共享给同事和朋友，让他们能够及时了解你的时间计划。

同时，还可以在 Outlook 中的日历视图里打开别人的日程安排，将很多人的时间安排并

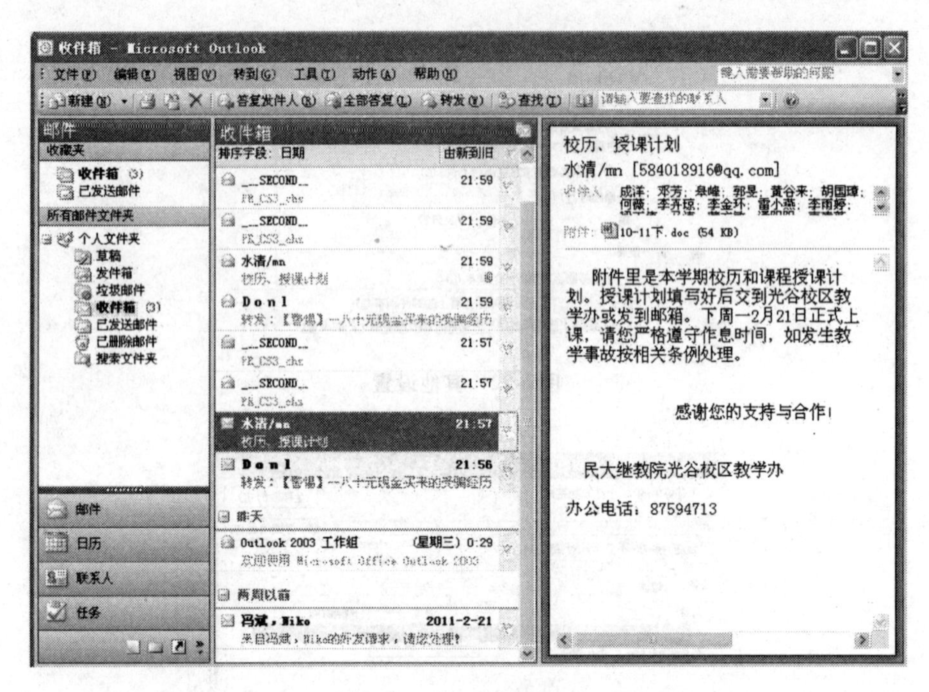

图 6-24 邮件阅读窗口

列排放在自己的 Outlook 中。使用这个功能，如要与其他同事约时间，就不需要打电话询问了，甚至有的同事还会给你编辑他的日历的权限，有重要的时间安排就可以直接写到他的日程安排中了，如图 6-25 所示。

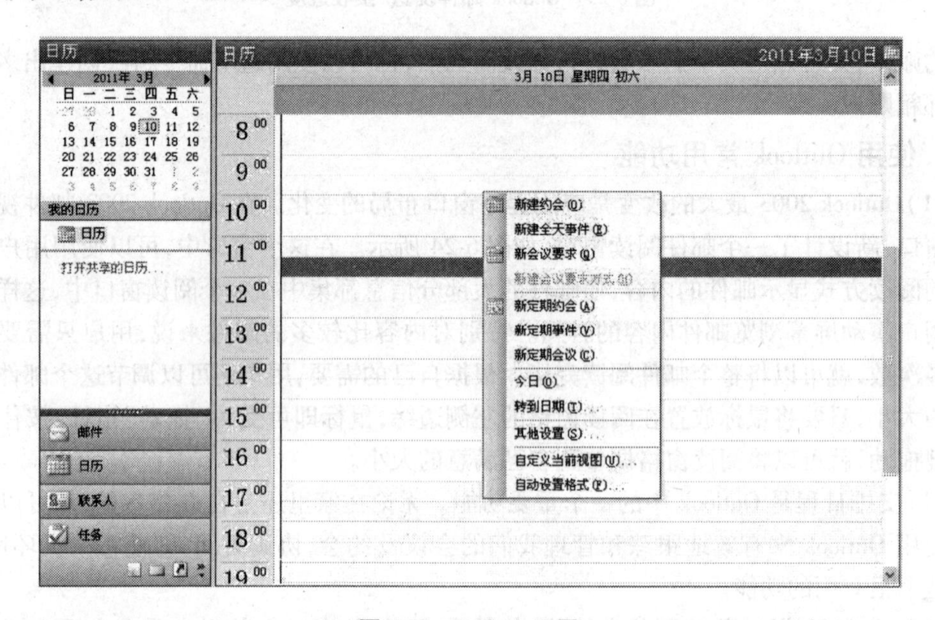

图 6-25 Outlook 日历

(3)在 Outlook 中，联系人是很多商业用户非常喜欢的功能，如图 6-26 所示。切换到"联系人"界面时，在右侧点击鼠标右键，就可以创建新的联系人。联系人列表非常丰富和详细。创建了联系人之后，可以直接给联系人发送邮件。

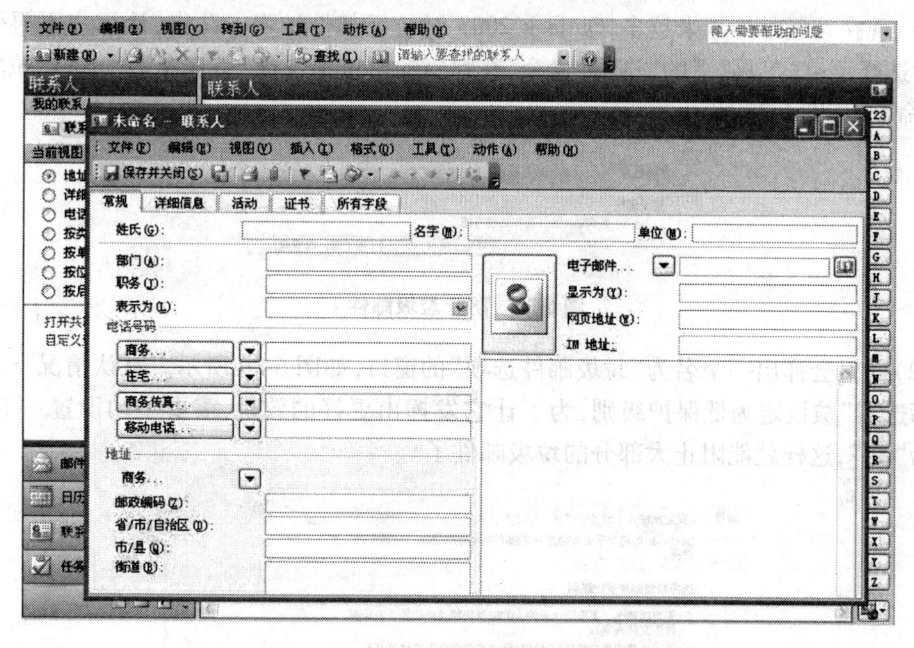

图 6-26　联系人

(4) Outlook 中的联系人还可以导出成其他格式文件，方便其他的邮箱客户端使用。同时，如果系统中连接了手机，也可以将联系人直接导入到手机或是将手机中的联系人导入到 Outlook 中。

(5) 点击“文件”菜单中的“导入导出”命令，在弹出的对话框中选择“导出到一个文件”，选择“下一步”，然后选择导出的文件格式为 Excel 格式，再点击“下一步”，选择要导出的内容为“联系人”，下一步之后就是设置导出文件存放的位置，最后点击“确定”即可将联系人全部导出成数据表文件，如图 6-27 所示。

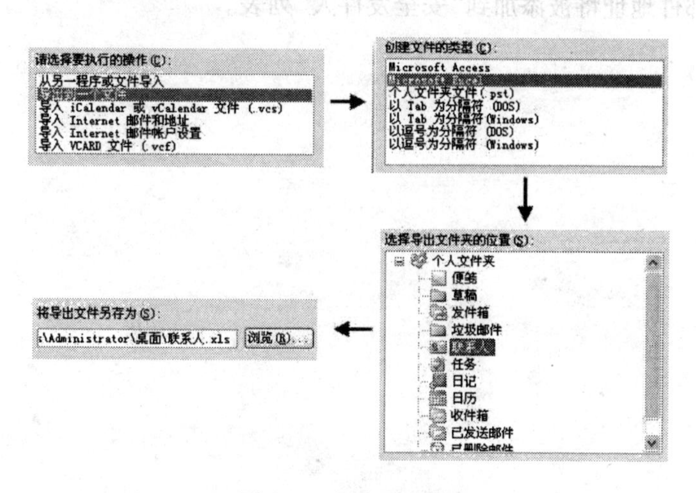

图 6-27　导出联系人

3. 使用 Outlook 防止垃圾邮件

(1)现在垃圾邮件越来越多，Outlook 2003 对垃圾邮件加强了防御，让用户不再受骚扰之苦。选择菜单"工具"下的"选项"命令，在弹出的窗口中选择"首选参数"下的"垃圾电子邮件"命令，如图 6-28 所示。

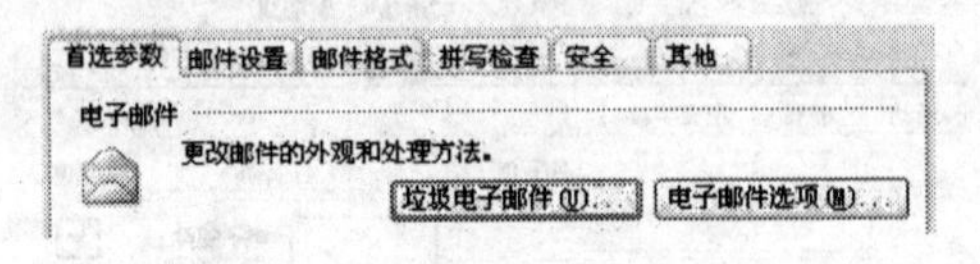

图 6-28 防止垃圾邮件 1

(2)此时会弹出一个名为"垃圾邮件选项"的窗口，如图 6-29 所示。默认情况下，"垃圾邮件筛选器"被设定为低保护级别，为了让它发挥出更好的效果，需要手动设置一下，将它设置为"高"，这样就能阻止大部分的垃圾邮件了。

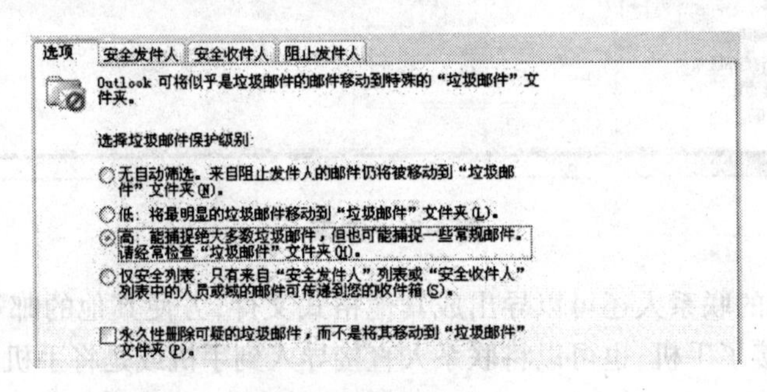

图 6-29 防止垃圾邮件 2

(3)有时"垃圾邮件筛选器"会错误地将正常邮件标记为垃圾邮件，这时需要用到"安全发件人"选项。可以点击"添加"按钮，添加安全的发件人地址，或是在邮件的发件人上单击鼠标右键，在弹出的快捷菜单中指向"垃圾邮件"，然后单击"将发件人添加到安全发件人名单"，这样电子邮件地址将被添加到"安全发件人"列表。

模块七　即时通信系统

任务目标

- 掌握 QQ 的使用
- 掌握 MSN 的使用

Instant Messaging(即时通信、实时传信)的缩写是 IM,这是一种可以让使用者在网络上建立某种私人聊天室的实时通信服务。说起中国即时通信的历史,大家自然而然就会想到 QQ。1998 年,腾讯研发团队为 QQ 用户突破 100 人而“兴奋不已”;到 2005 年腾讯已成为中国收入前三名的互联网公司。除了 QQ 这种人人皆知的软件之外,还有微软公司的 MSN 和全球免费电话 Skype 等等各种出色的即时通信软件。

任务一　使用 QQ

QQ 是深圳市腾讯计算机系统有限公司开发的一款基于 Internet 的即时通信软件。腾讯 QQ 支持在线聊天、视频电话、点对点断点续传文件、共享文件、网络硬盘、自定义面板、QQ 邮箱等多种功能。并可与移动通信终端等多种通信方式相连,同时 QQ 还提供了如 QQ 空间、QQ 游戏等多种不同类型的服务,方便所有使用 QQ 的用户。

1. 安装 QQ 并注册 QQ 号

(1)使用网页浏览器打开网址“http://pc.qq.com/”,进入腾讯的软件产品中心,下载一款 QQ 软件,这里选择 QQ 2011 版。当安装文件下载后,就可以双击安装文件进行安装了。

(2)QQ 软件的安装和其他的软件安装没什么区别,在开始之前,会有一些简单的提示,如果只是使用 QQ 聊天,就不要安装 QQ 提供的一些附加软件。软件安装完成之后,第一次启动 QQ,如图 7-1 所示。

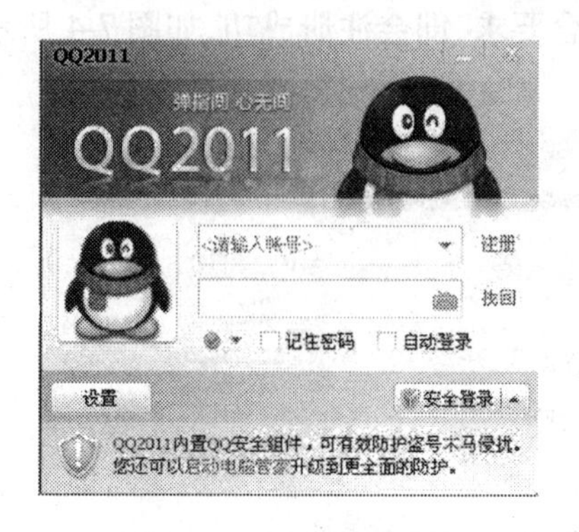

图 7-1　QQ 登录界面

(3)想使用 QQ,就得拥有一个 QQ 账号,如果我们有自己的 QQ 账号,可以直接在登录窗口中输入 QQ 账号和密码进行登录。如果没有自己的 QQ 号,可点击"注册",注册一个 QQ 号。

(4)此时会打开 IE 浏览器,显示网上注册 QQ 号的网页,在网页中提示注册 QQ 有 4 种方法:一种就是使用网页进行免费申请,好处是免费;第二种方法就是使用手机申请,需要收费,好处是注册 QQ 账号方便;第三种方法是购买 QQ 靓号,好处是号码好记,但费用昂贵;最后一种方法是开通会员免费赠送一个 QQ 号,不过 QQ 会员也是收费的,并且要求最少申请 6 个月的会员。这里选择网页免费申请,如图 7-2 所示。

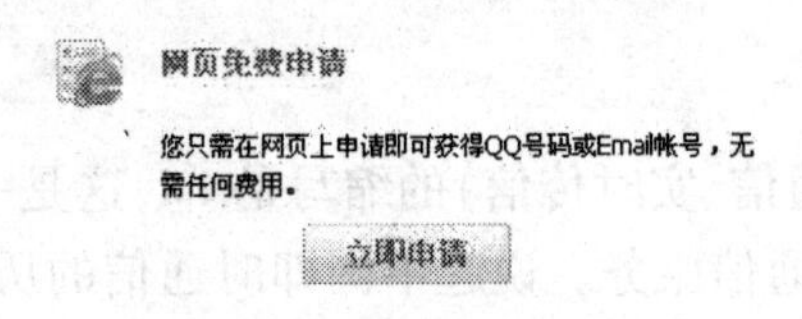

图 7-2 网页免费申请

(5)点击"立即申请"按钮,进入到申请页面,如图 7-3 所示,在文本框中根据要求填写相应的内容,然后再点击"注册"按钮。

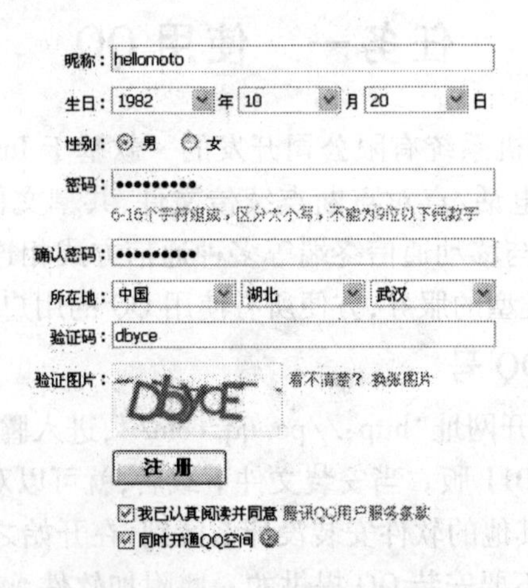

图 7-3 申请页面

(6)只要填写的内容符合要求,即会注册成功,如图 7-4 所示,图中红色的数字便是申请到的 QQ 号。

图 7-4 申请成功

2. 添加好友和发送消息

(1)注册 QQ 号之后,就可以使用注册的 QQ 号进行登录了,如图 7-5 所示便是登录 QQ

之后的界面。最上方显示着自己的 QQ 昵称和个性签名；在昵称下方有很多小图标，都是 QQ 的一些应用功能，例如 QQ 空间、QQ 邮箱等；再向下就是一个搜索栏，可以快速查找自己的 QQ 好友，这里面可以输入 QQ 号码，也可以输入 QQ 好友的昵称进行查找，很方便；接下来是 QQ 好友列表，通过点击好友列表上方的选项还可以切换到 QQ 群列表或是最近联系人列表；最下面的是 QQ 的一些其他应用功能，比如说 QQ 游戏、QQ 宠物等，也可以通过下方的一些按钮，添加好友或是对 QQ 进行设置等，如图 7-5 所示。

图 7-5　QQ 主面板

(2)新的 QQ 号好友分类中一个好友也没有，这时可以点击 QQ 下方的"查找"按钮，进行查找，如图 7-6 所示为查找联系人窗口。

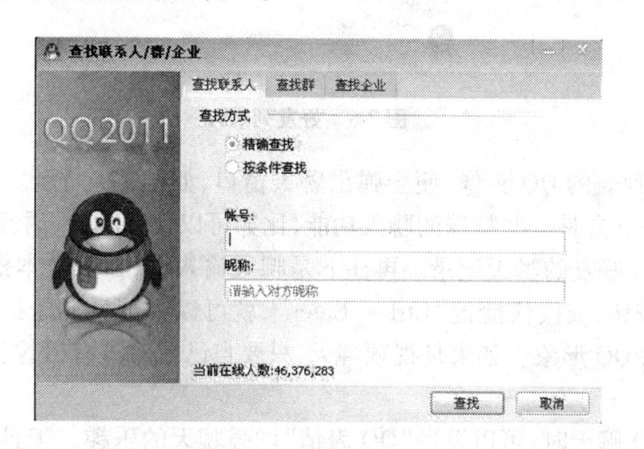

图 7-6　查找联系人窗口

在该窗口中，可以查找联系人、查找群和查找企业。在查找联系人窗口，可以通过输入 QQ 号进行精确查找，或通过条件方式进行查找。如果知道自己同事或朋友的 QQ 号，那么就在精确查找中输入对方的 QQ 账号，然后点击"查找"，即可将对方找出。如果想认识一些新的 QQ 网友，则可以通过条件查找来添加好友。

(3)在"精确查找"中输入已知好友的账号，点击"查找"，不管对方是不是在线，都可以找到，并可以直接将此 QQ 加为好友。如果是使用"条件查找"，并显示条件列表，在条件列表中选择好友的条件，即可显示所有符合条件的 QQ 号，并可以将这些 QQ 加为好友，在添加好友时，会弹出如图 7-7 所示的窗口。在该窗口，可以设置 QQ 好友的备注姓名、好友的分组，如果对方需要验证，还得在验证框中输入验证消息，好让对方知道你是谁，以便确定是否需要加你为好友。

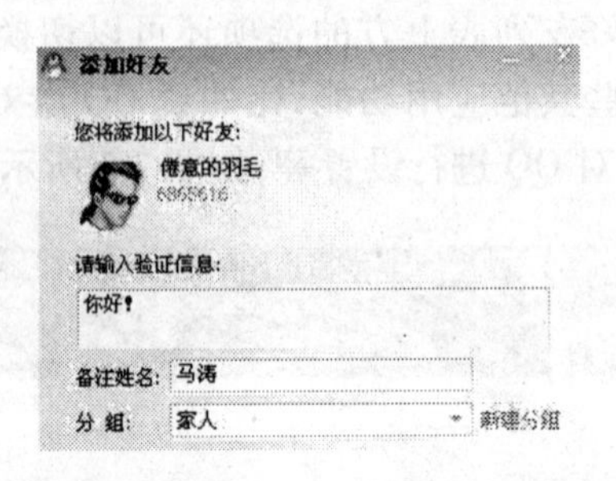

图 7-7 添加好友

(4)当对方 QQ 通过你的验证，并将你也加入好友之后，你的 QQ 好友列表中就会显示已添加的好友，如图 7-8 所示。

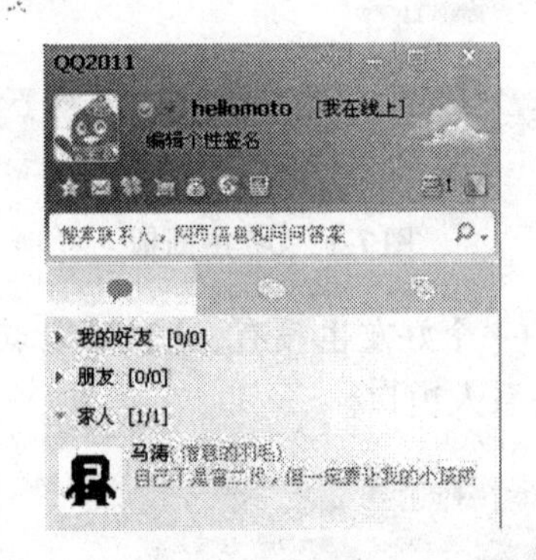

图 7-8 好友列表

(5)双击好友列表的 QQ 头像，便会弹出聊天窗口，如图 7-9 所示。在该窗口左上角显示聊天对象是谁。下方是一些特殊的聊天功能，比如可以视频聊天、语音聊天等。再向下是聊天记录框，显示和好友的聊天记录。再往下是聊天输入框，在该文本框中输入聊天内容，然后按下“发送”按钮，或按快捷键“Ctrl + Enter”，就可以将消息发送给好友。窗口的右侧显示对方和自己的 QQ 形象。如果是视频聊天，只要自己或对方有摄像头，右侧就会显示出实时视频。

(6)在使用 QQ 聊天时，可以发送“QQ 表情”增强聊天的乐趣。工具栏从左至右每个图标的功能分别是：设置字体、QQ 表情、动态表情(收费)、窗口抖动、加强的 QQ 表情、发送图片、发送音乐、发送礼物、发送截图、动态搜索，查看消息记录等功能，如图 7-10 所示。

(7)当对方向你发送消息时，QQ 会默认发出提示音，同时好友头像会闪动，系统的右下角也会弹出一个提示小窗口，如图 7-11 所示。在该窗口中可以显示所有的好友或系统的消息，方便用户对这些消息进行查看和管理。

3. 使用 QQ 视频聊天

视频聊天实际上就是运用可视的数码工具来聊天，而不仅限文字聊天。要使用视频和好友聊天，首先得确保一方有视频输入设备，通俗地说就是摄像头。如今大部分笔记本电

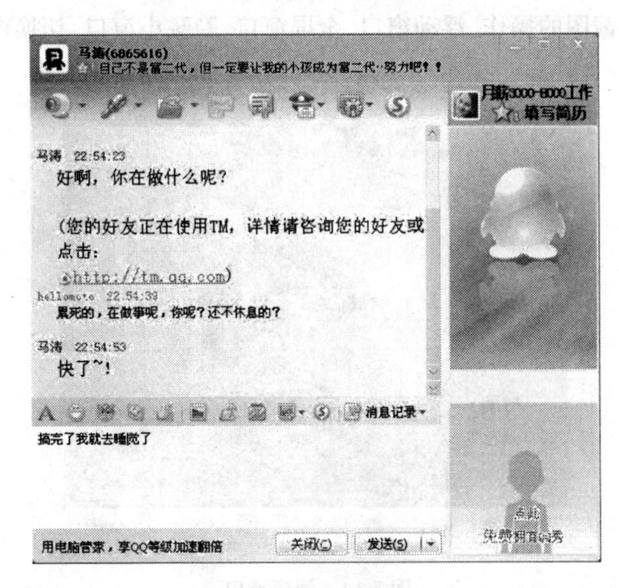

图 7-9　聊天窗口

图 7-10　工具栏

图 7-11　消息盒子

脑，摄像头已成标准配置，单独购买一个摄像头价格也非常便宜。

(1)双击要进行视频的好友，在聊天窗口的上方可以看到一个摄影头的图标。点击这个图标可以显示如图 7-12 所示的菜单列表。如果是第一次使用视频聊天，最好选择“视频设置”命令，设置一下视频的相关参数；选择“开始视频会话”命令可以向好友发送请求，对方此时就会收到如图 7-13 所示的消息，对方点击“接受”，就可以开始连接了。

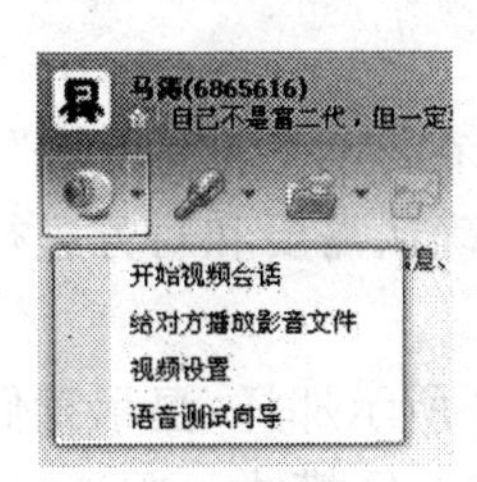

图 7-12　视频菜单

图 7-13　视频邀请

(2)当对方接受视频邀请后，会在聊天窗口右侧显示如图 7-14 所示视频窗口，大图是对方的视频图像，右下角小图是自己的视频图像。如果有一方没有视频设备，就不会有任何显示。视频下方有一些小图标，从左至右分别是：视频连接时间、麦克风音量、扬声器音量、拍照、将当前视频进行截图的操作、浮动窗口、全屏窗口、隐藏小窗口、切换窗口，最后一个按钮是挂断视频连接。

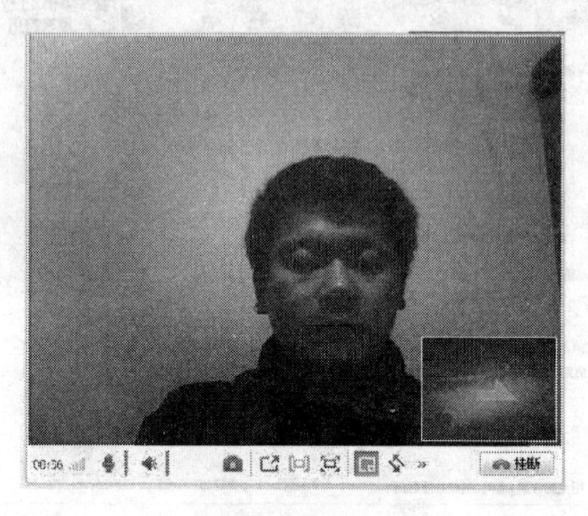

图 7-14 视频窗口

4. 使用 QQ 远程协助功能

(1) QQ 的远程协助是一个非常实用的功能，可以控制对方的电脑或让好友控制自己的电脑。远程协助一般可用于远程办公、远程控制电脑。先打开好友聊天窗口，然后在聊天窗口的上方可以看到如图 7-15 所示的图标，这就是 QQ 远程协助了。如果是我们需要对方的协助，就向对方发出"远程协助"的请求。

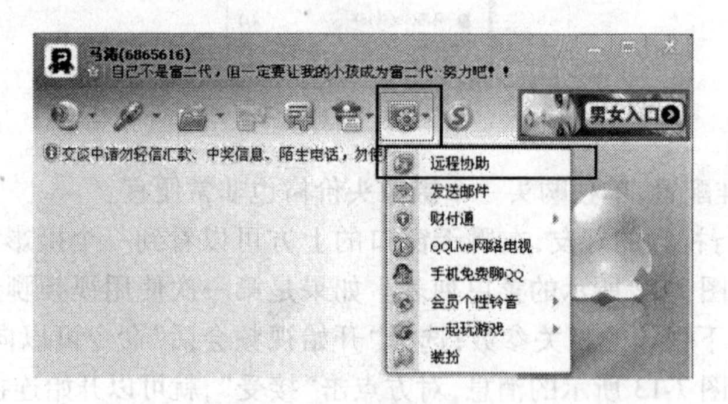

图 7-15 远程协助

(2) 此时对方 QQ 上会弹出如图 7-16 所示的对话框，在该对话框中点击"接受"，我们的 QQ 聊天对话窗口中也会有所提示，如图 7-17 所示，如果确认需要和对方进行远程协助，就选择"确定"。

(3) 如果连接成功，对方的聊天窗口右侧会如图 7-18 所示那样，显示我们的电脑桌面。如果觉得屏幕较小，可以点击上方的"全屏"按钮，切换到全屏模式。在该窗口的右下角有一个信号提示栏，可以查看连接的网络信号，如果网络信号比较弱的话，有时会断开连接。此时我们的 QQ 聊天窗口中会显示如图 7-19 所示的样子，这说明对方已经可以看到我们的电脑桌面了，如果我们希望对方可以操作我们的系统，就点击"申请受控"按钮，让对方可以控制我们的电脑。

图 7-16　远程协助邀请

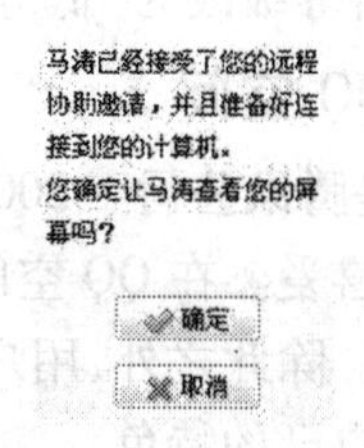

图 7-17　提示信息 1

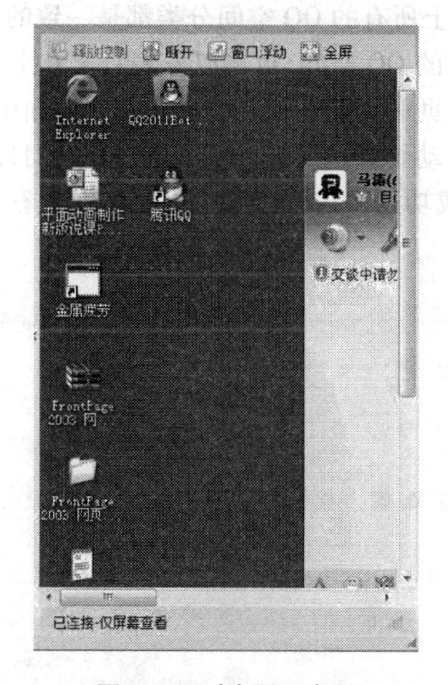

图 7-18　对方聊天窗口

图 7-19　提示信息 2

5. 使用 QQ 传输文件

如果需要向 QQ 好友发送一些文件，可以使用 QQ 的文件传送功能。打开聊天窗口，如图 7-20 所示便是“发送文件”图标，可以向好友发送任何类型的文件，既可以是图片，也可以是歌曲或是视频文件，文件的数量可以是一个或是多个。

图 7-20　“发送文件”图标

文件的发送有两种方法：一种是直接发送文件，但如果此时对方 QQ 不在线，则无法接收；另一种是使用离线方式发送，就是将文件暂时存放在 QQ 的服务器中，等对方 QQ 上线后再接收。

通常为了安全，QQ 会禁止“ *. exe”这类文件的传输，此时可以选择“传文件设置”中的

“安全等级”,将等级改为“低等级”就可以接收所有格式的文件了。

6. 使用 QQ 空间

QQ 空间是腾讯公司于 2005 年开发出来的一个个性空间,具有博客的功能,自问世以来受到众多人的喜爱。在 QQ 空间上可以写日记,上传自己的图片,听音乐,写心情,通过多种方式展现自己。除此之外,用户还可以根据自己的喜爱设定空间的背景、小挂件等,从而使每个空间都有自己的特色。

(1)点击 QQ 上方的图标☆。

(2)在该页面的上方有空间的栏目分类,基本上所有的 QQ 空间分类都是一致的。页面的左侧是 QQ 空间的个人中心,可以查看自己好友的 QQ 空间,也可以发表日志和上传照片等,点击日志右侧的“发表”按钮,进入到发表日志页面,如图 7-21 所示。在该页面中,可以输入日志的标题、内容,可以插入图片、音乐、Flash 动画或是视频,还可以将自己的日志设置不同的分类,设置日志的阅读权限等。日志发表成功后,可以在“日志”栏目中查看自己写的日志。

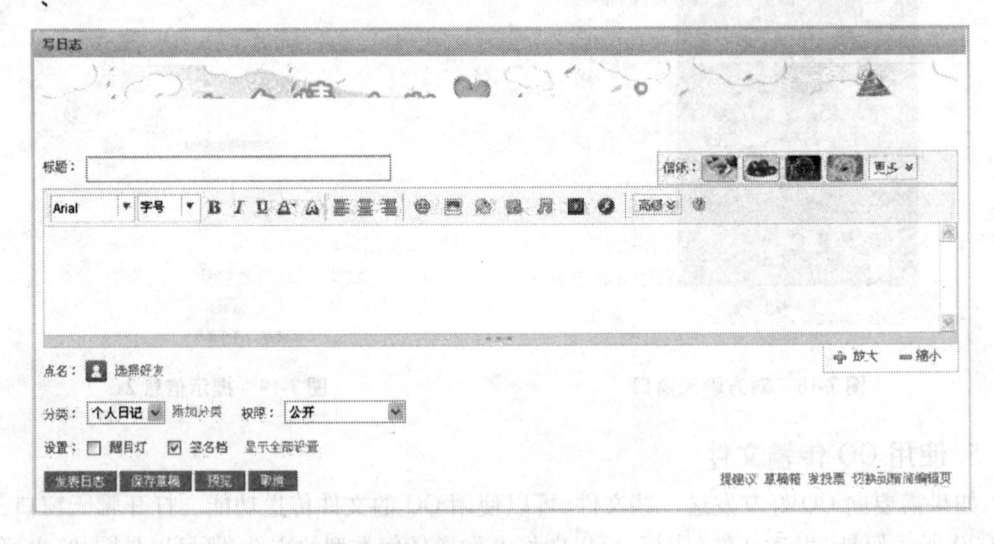

图 7-21 发表日志

(3)点击“相册”栏目,可以实现上传照片的功能。首先需要创建一个“相册”,输入相册的名称和说明,如果不希望外人观看自己的相册,还可以对每个相册设置密码等访问权限,点击“创建”即完成相册的创建。然后就可以将本机中的照片上传到 QQ 空间中了,如图 7-22 所示,可以选择一张照片,也可以选择多张照片进行上传。在上传的时候,每张照片都可以重新命名和设置说明;在上传照片时,还可以在照片上添加自己空间的水印。如果是上传大尺寸的图片,QQ 空间一般会将照片压缩,不想压缩照片的话,需勾选“传高清图”选项。

(4)将所有照片上传完毕后,在自己的相册栏目就可以看到刚刚创建的相册列表了,列表中可以显示里面有几张照片,如图 7-23 所示。

7. QQ 的常用设置

(1)点击 QQ 软件左上角自己的 QQ 图标,就会弹出如图 7-24 所示的窗口。在该窗口中可以修改自己的基本资料、更换 QQ 头像、添加个性签名等个人信息,在左侧的分类中还可

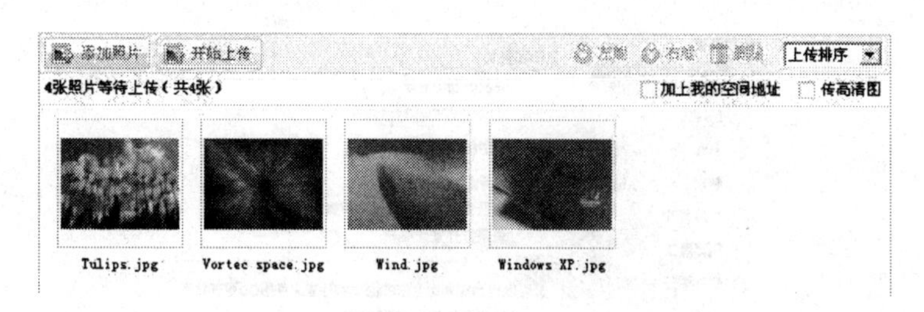

图 7-22　上传照片

图 7-23　相册列表

以查看更多的资料信息，比如自己的 QQ 等级、QQ 秀、QQ 空间、好友印象等。

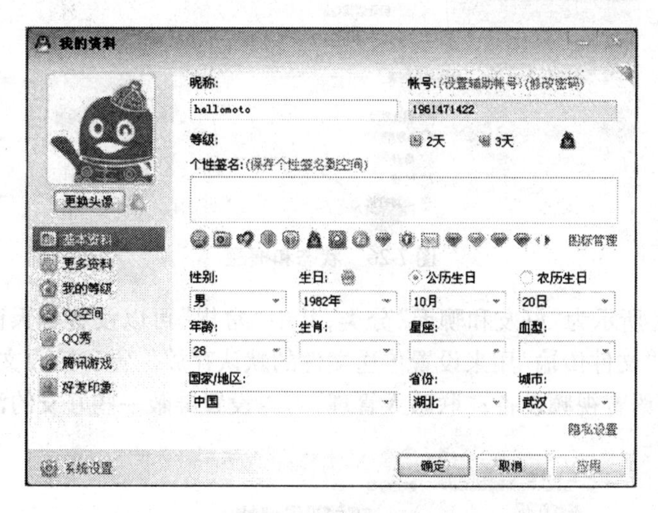

图 7-24　个人资料

(2)点击图中的“系统设置”按钮，便会弹出如图 7-25 所示的设置窗口。在该窗口可以对 QQ 进行一些系统设置，其中“基本设置”有 7 个小的分类，“常规”中可以设置 QQ 的启动和登录、主面板等选项；“热键”选项中可以定义一些常用的快捷键；“声音”选项中可以设置 QQ 的一些提示音；“装扮”功能可以美化 QQ 的聊天窗口；“文件管理”用于 QQ 接收文件的默认存放位置；“网络连接”用于 QQ 连接网络的设置，这些参数不要随意修改，以免无法连接 QQ；“软件更新”中可以设置 QQ 更新的提示方式。

(3)如图 7-26 所示为“状态和提醒”分类，该分类中有 4 个小的分类，其中“在线状态”可以设置 QQ 平时在线的状态；“自动回复”用于设置不同状态下的回复内容，QQ 状态处于“忙碌或离开”时，收到好友消息会进行自动回复；“共享与资讯”用于设置是否与 QQ 好友共享正在使用的 QQ 服务；“消息提醒”用来设置有 QQ 消息时如何提示。

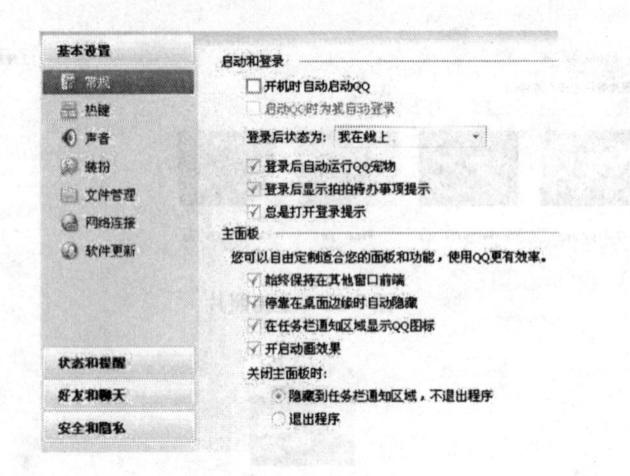

图 7-25 基本设置

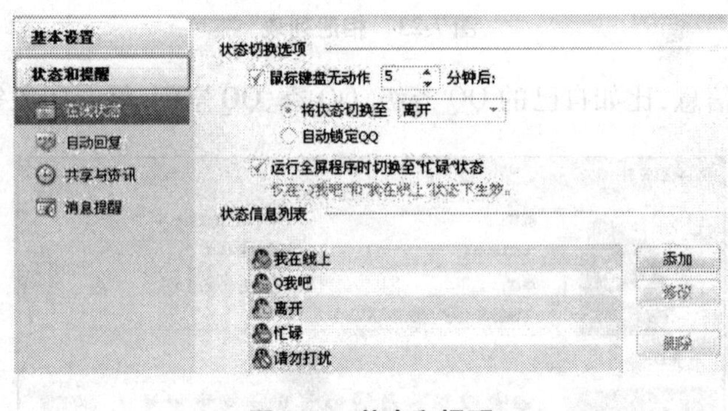

图 7-26 状态和提醒

(4)如图 7-27 所示为“好友和聊天”分类,其中“常规”可以设置聊天窗口的显示方式、好友信息展示等;“文件传输”用来设置传送文件的默认存放位置和接收文件安全等级;“语音视频”用于设置语音视频设备;“联系人管理”可以设置屏蔽一些好友的消息。

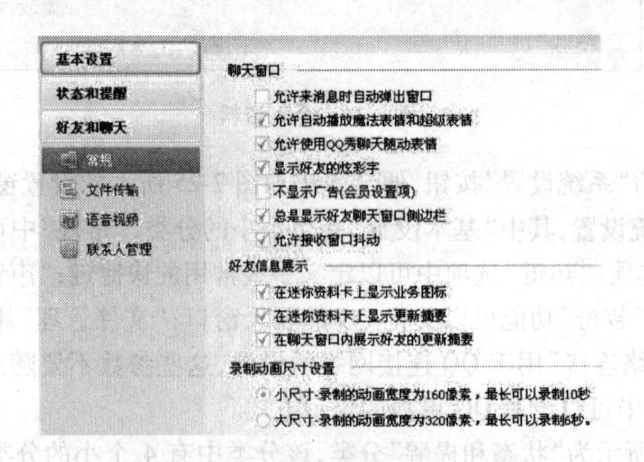

图 7-27 好友和聊天

(5)如图 7-28 所示为“安全和隐私”分类。“安全”可以设置 QQ 的一些安全选项,例如如果希望自己的 QQ 更安全,可以设置一个复杂的密码,或登录 QQ 网站去“申请密码保护”;“消息记录安全”可以管理所有的好友聊天记录,可以将聊天记录下载、上传到服务器或是删除;“防骚扰设置”中可以设置自己的 QQ 是否能被其他人查找;“QQ 锁设置”可以设置是否需要锁定 QQ;“隐私设置”可以设置自己的基本资料是否公开;“身份验证”用于设置别人向你发送好友请求时需要对方发送验证,通过了验证才可以将你加为好友。

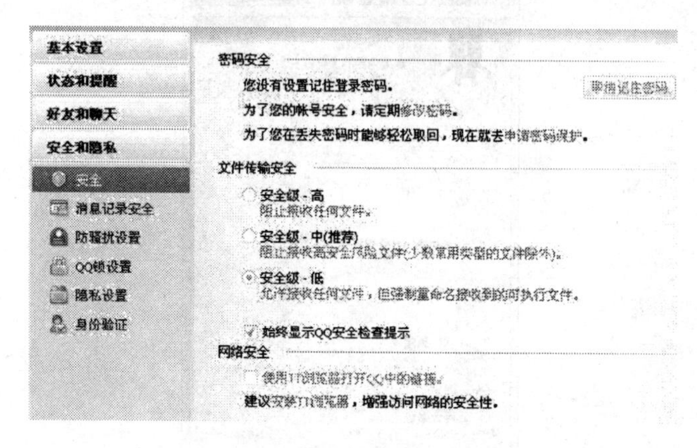

图 7-28　安全和隐私

任务二　使用 MSN

MSN 全称 Microsoft Service Network(微软网络服务),是微软公司推出的即时消息软件,可以与亲人、朋友、工作伙伴进行文字聊天、语音对话、视频会议等即时交流,和腾讯 QQ 是同一个类别的工具。QQ 更倾向于娱乐,MSN 是十足的办公 IM,许多商业用户都以 MSN 作为主要的在线沟通工具。

1. 使用 MSN

(1) MSN 的下载可以直接从“www. msn. com”网站找到,软件的安装大同小异,这里不做过多叙述。软件安装完成后,如图 7-29 所示即为 MSN 的登录界面。如果有自己的账号,可以直接登录;如果没有,点击“注册”按钮去注册一个账号即可。

图 7-29　MSN 登录界面

(2)账号注册完成后,就可以登录 MSN 了,这里需要注意的是,MSN 是以注册的邮箱账号进行登录的。如图 7-30 所示为成功登录后的软件界面,软件的界面功能分布和 QQ 非常相似,使用过 QQ 的用户会很熟悉 MSN 的界面。MSN 下方有一些图标是 MSN 的特殊服务。

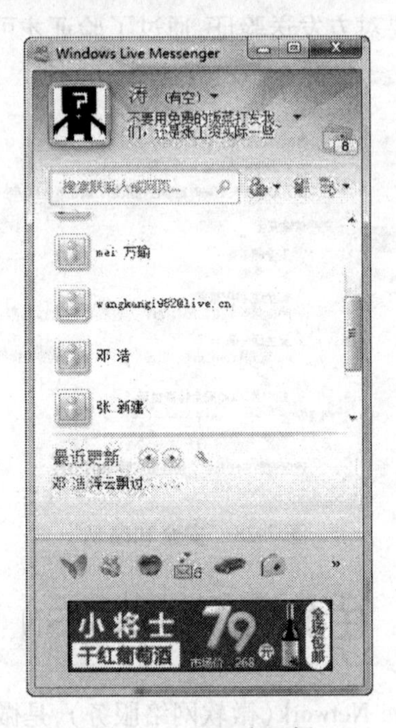

图 7-30 MSN 主面板

(3)双击 MSN 好友,也会弹出聊天窗口,如图 7-31 所示。MSN 的聊天窗口也是非常简洁的,对方的状态都非常清楚地显示在上方,发送消息的窗口中也可以插入一些表情或是对文本进行简单设置,其中比较有特色的是“手写功能”,可以将鼠标当成手写笔直接写出聊天内容并发送出去。

图 7-31 MSN 聊天窗口

(4)在使用 QQ 的时候,添加好友是非常简单的事情,只需要使用“查找”功能就可以了。但 MSN 却不行,网络上流传 QQ 的广告语是“只爱陌生人”,而 MSN 的广告语是“不和陌生人说话”。想添加 MSN 好友,必须得知道好友的 MSN 账号,这就使得 MSN 中的好友都是自己熟悉的人。

点击 MSN 主界面的添加按钮,如图 7-32 所示,在显示的列表菜单中选择所需的服务。

图 7-32　“添加”按钮

(5)选择“添加联系人”命令,在弹出的窗口中输入需要添加好友的 MSN 账号,下方的“移动设备电话号码”中如果输入了对方的电话号码,当好友不在线的时候,可以通过 MSN 向他的手机发送短消息,最下面是设置联系人的分类,如图 7-33 所示。

图 7-33　添加联系人

2. MSN 的超大网络硬盘

MSN 整合了 Windows Live 的 SkyDrive 网络硬盘,含 25G 超大容量,可供用户随心存放文件。更重要的是可以自由设置文件的共享权限,共享文件的同时保证安全。

(1)在 MSN 的好友对话窗口中点击“文件”按钮,如图 7-34 所示。

(2)此时会有 Windows Live 的登录网页窗口弹出,如图 7-35 所示,在该页面使用自己的 MSN 账号进行登录。

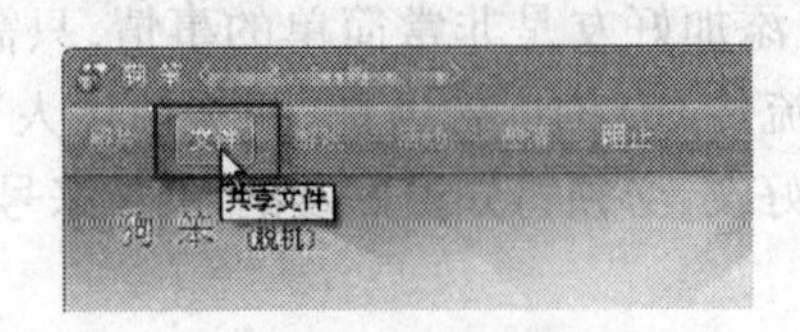

图 7-34 “文件”按钮

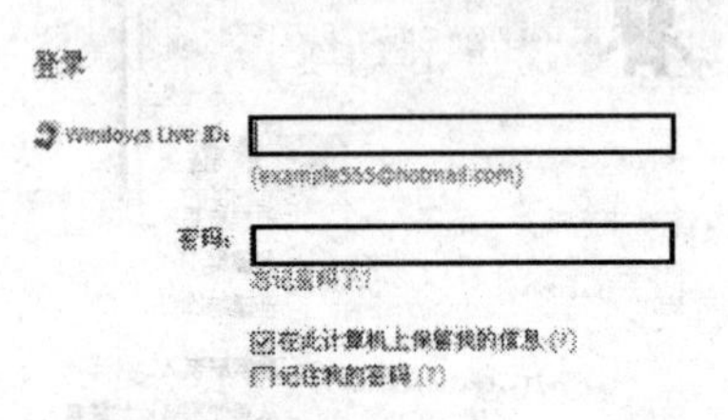

图 7-35 登录 Windows Live

(3)登录后就会转到 SkyDrive 网络硬盘界面下的“创建文件夹”界面,如图 7-36 所示。

图 7-36 创建文件夹 1

(4)在这里可以定义共享文件夹的名称,设定分享权限,如图 7-37 所示。

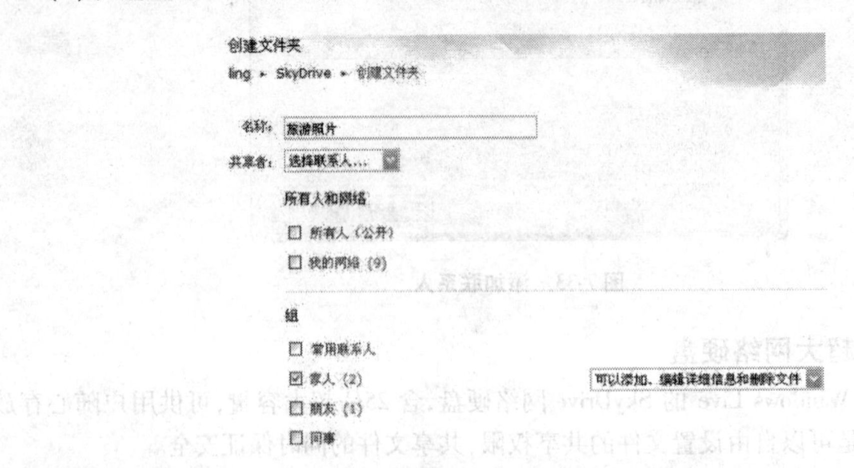

图 7-37 创建文件夹 2

(5)创建了共享文件夹以后,就可以选择需要共享的文件,准备上传到 SkyDrive 网络硬盘,如图 7-38 所示。

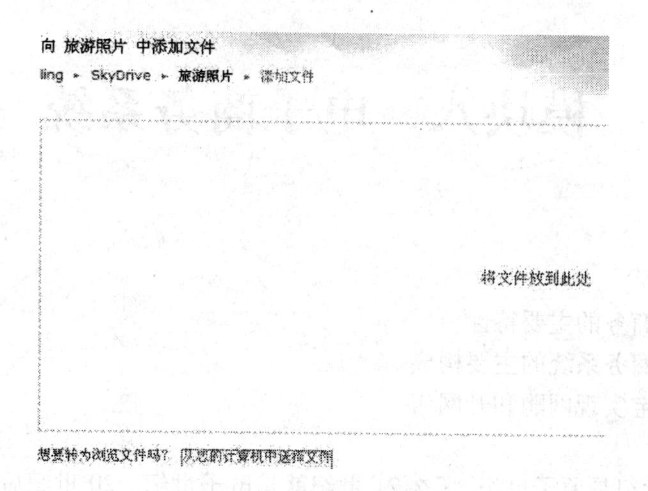

图 7-38　添加共享文件

(6)照片或文件上传的方法和 QQ 空间中照片上传方法相同。上传成功后，每一个文件都会有一个链接，可以继续发送链接、通知其他人等，如图 7-39 所示。

图 7-39　通知其他人

(7)在通知联系人的页面选择好友，点击"确定"，就可以将 MSN 中上传的照片或文件共享给自己的好友了。

模块八 电子商务系统

任务目标

- 了解电子商务的主要特性
- 了解电子商务系统的主要构成
- 能利用淘宝实现网购和开网店

如果说20世纪是原子世纪，那么21世纪就是电子世纪。20世纪后半叶发展起来的两项电子技术，即集成电路技术和数据通信技术，成为推动因特网(Internet)发展的技术基础。

任务一 电子商务概述

1. 电子商务的定义

今天，因特网以其他任何技术都无法比拟的速度发展着。无线广播技术经过38年的发展，接受并使用该技术的人数达到5 000万；电视技术经过13年的发展达到这个水平；电子计算机经历16年的发展达到这个水平；而因特网仅向公众开放4年就达到了5 000万人数的使用水平。

随着因特网的普及，其用途也越来越广泛，特别是在商用方面有着广阔的前景。电子商务这一新名词成为各种媒体中出现频率最高的名词。然而，由于因特网的高速发展及其广阔的商用前景，人们对它的认识尚不能与其发展速度同步，再加上人们的出发点不同，对电子商务的解释及定义，更是仁者见仁，智者见智，没有一个公认的统一的定义。以下是几个常见的电子商务定义。

(1)电子商务是使用通信网络来分享商业信息、维持商业关系以及进行商业交易的活动。这是Zwass于1996年对电子商务所下的定义。

(2)电子商务是数据电子装配线(Electronic Assembly Line of Data)的横向集成。

(3)电子商务是一组电子工具在商务中的应用。这些工具通常包括：电子数据交换(EDI)、电子邮件(E-mail)、电子公告牌(BBS)、条码(Bar Code)、图像处理、智能卡等。

(4)电子商务是由因特网创造的电子空间(Cybers Space)，超越时间和空间的制约，以极快的速度实现电子式的商品交换。

(5)电子商务通过数字通信进行商品和服务的买卖以及资金的转账，它还包括公司间和公司内利用E-mail、EDI、文件传输、传真、电视会议、远程计算机联网所能实现的全部功能，如市场营销、金融结算、销售及商务谈判。

(6)IBM公司认为电子商务＝Web＋IT。

(7)英特尔公司则认为电子商务＝电子市场＋电子交易＋电子服务。

(8)还有人更简单地定义电子商务＝电子化世界。

以上仅是从众多的定义中列举出的 8 个有关电子商务的概念。对这些定义,应从两个方面去理解。从横向的层面,电子商务可以分成以下几个层次来理解。

(1)B to B(Business to Business,即企业与企业之间的电子商务,也有人写为 B2B)模式。B to B 模式是电子商务应用中最受企业重视的形式,企业通过使用因特网或其他网络(如增值网)来寻找最佳合作伙伴,完成从交易磋商、订购到结算的全部交易行为,包括向供应商订货、签约、接受发票和使用银行托收、信用证等支付方式完成电子资金的转移或付款,以及在商贸过程中发生的其他问题如索赔、商品发送管理和运输跟踪等。企业与企业之间的电子商务经营额大,所需的各种硬件软件环境复杂,但发展迅速。

(2)B to C(Business to Customer,即企业与消费者之间的电子商务,也有人写为 B2C)模式。B to C 模式是消费者利用因特网直接参与交易活动的形式,或者说是零售业的电子化。随着万维网的出现,网络销售迅速发展起来。各种各样的虚拟商店、虚拟企业及虚拟商业中心大量涌现,提供和销售的商品从价格昂贵的拍卖品到价值低廉的易耗品,从有形商品到无形商品全都有。有形商品包括汽车、电视机、书籍、鲜花、食品等;无形商品包括新闻、音像、软件以及咨询和远程教育等。

(3)B&C to G (Business & Customer to Government,即企业、消费者与政府之间的电子商务,也有人写为 B&C2G)模式。B&C to G 模式覆盖了企业、个人与政府的各种商务、事务和政务。商务方面包括政府通过因特网进行政府采购、拍卖淘汰或罚没物品等;事务方面包括政府利用因特网审批企业及个人申办的各种手续,企业及个人通过上网查询政府的政策法规和公开发布的信息等;政务方面包括政府通过上网以电子方式来完成对企业和电子交易的征税、监管等。

(4)C to C (Customer to Customer,即消费者与消费者或个人与个人的电子商务,也有人写为 C2C)模式。C to C 模式确切地说应该称为电子事务,是个人通过因特网彼此之间进行信息交换,如发 E-mail 及文本传输、网上个人拍卖等。这种方式是电子商务的最基本的形式。C to C 模式更多地利用了网站提供的免费服务,网民彼此之间的信息交换或许不以获利为目的,但个人上网还是需要支付电话费和网络使用费的。站在电信和网络经营商的角度来看,这仍然是有偿服务,可以称之为间接的电子商务形式。此外,应该看到,电子商务的发展,最终取决于其市场本身的培育和发展。根据营销学的市场三要素理论:市场 = 人口 + 购买力 + 购买欲望,也就是说电子商务市场的实际规模有赖于人口、购买力和购买欲望这三个要素,缺少了其中任何一个要素,都只能算是潜在的市场。就人口这一因素而言,市场可分为:消费者市场、生产者市场、中间商市场、政府市场和国际市场。其中,消费者市场是其他一切市场的基础。据此,C to C 模式应是(B to B、B to C、B&C to G 和 C to C)这 4 种模式中的基本模式,而且是不可或缺的。

现实市场的发展扩大,需从潜在市场转换而来。通过互联网收发 E-mail 和进行文本传输及网上浏览的人群,是电子商务的潜在顾客群。潜在顾客群的规模大小,直接决定了电子商务的发展规模和速度。

因此,重视 C to C 顾客群的培养,是电子商务发展的基础。网站企业为此做了大量的工作并付出了巨大的代价,如几乎每一个网站都为网民免费提供网络资源,这有力地促进了网民数量的增长。

2. 电子商务的实质与特点

电子商务是伴随着计算机网络化出现的新事物，然而，电子商务的迅速发展和普及是以商品的交换为中心来展开的，如图 8-1 所示。

图 8-1　电子商务商品交换的实质

从社会再生产的过程看，在生产、分配、交换、消费链条中，变化最快、最活跃的就是分配、交换这些中间环节，而其中又以交换最甚。即商品的生产是为了交换——用商品的使用价值去换取商品的社会价值，围绕交换必然产生流通、分配等活动，交换连接了生产和消费。因特网的出现为社会再生产这一过程提供了新的交换工具和交换通道。也就是说，电子商务并没有改变社会再生产的过程，也没有使生产、分配、交换、消费这些环节的地位发生变化，而是为社会再生产过程的顺利实现提供了更有力的保障。电子商务是商品交换的新工具和通道，使商品交换在更快、更经济的程度上进行。

传统商务中，商品从厂商向最终消费者转移是以商流的形式进行，分别通过信息流、物流、资金流来完成。电子商务通过加速信息流，可大幅度地减少不必要的商品流动、物资流动、人员流动和货币流动。所以，电子商务提高了商流的效率，降低了商流的成本。

市场经济的本质要求竞争自由化，局部利益的推动会导致市场竞争秩序的紊乱，致使有限的经济资源遭滥用。而价格及供求市场的调节机制，由于信息传导的滞后，往往使资源的浪费不可避免。电子商务以传统商务无法比拟的速度在厂商之间、厂商和消费者之间便利地进行信息交换，在很大程度上减少了市场的盲目性，使经济资源得到更合理的配置。因而，电子商务符合市场经济的本质要求，也符合资本追逐利润最大化的要求。

无论是从社会再生产的过程看，还是从商品流通以及商品经济的本质来看，电子商务都是通过加速信息的交换来最终实现商品交换。所以，电子商务是以信息交换为中心的商品交换。

电子商务是商务活动的新生产力，电子商务具有明显的生产力特征。

（1）强调生产工具是系统化、现代化的电子工具，即充分利用计算机网络，利用 Internet、Intranet 和 Extranet 等高效率、低成本的生产工具。

（2）劳动者是既掌握现代信息技术又掌握商务规则和技巧的知识复合型人才。

（3）劳动对象已不再是传统商务中的实物商品、纸介质资料文档等，而是虚拟化的商品信息，计算机化的各种数据资料的采集、存储、加工和传输等。

因此电子商务的实质是使用电子工具为手段、以信息交换为中心的商业革命，是推动社会经济发展的新生产力。

电子商务之所以能成为企业发展的趋势，除了有利于社会再生产的过程，符合商品流通及市场经济的本质要求外，还在于它本身具有的一些特殊性质，所以，本书有必要对电子商务的特性作一些深入的探讨。

3. 电子商务的内涵

电子商务的内涵主要包含 4 个方面。

(1)商务信息化是电子商务的前提。这是商务活动的革命性变革。从人类文明史来看，以往的技术发明和工具创造，主要是用于对自然界的物质、能源进行开发，而自然界的物质能源是有限的，许多是不可再生的。以电子计算机为代表的电子信息技术的发明和创造，主要针对的是人的知识获取和智力开发等，它是对自然信息、人类信息进行采集、储存、加工处理、分发和传输等的工具。在它的帮助下，人类可以不断继承、挖掘前人的经验、教训和智慧，可以大大地扩充人类知识——这个人类社会最宝贵的“知识海洋”，从而走出一条内涵式、集约化、节约型、发展社会物质文化的理想之路来，如美国信息产业总产值已占到总 GDP 的 70% 左右，率先进入了信息社会。

(2)电子商务的核心是人。因为电子商务是一个社会系统，它的中心必然是人。以往的定义中只强调了电子工具及其电子流水线，而没有明确提出人的作用和人的知识、技能的变化。电子商务的出发点和归宿是商务，商务的中心是人或人的集合。电子工具的系统化应用也只能靠人，而从事电子商务的人就必然是既掌握现代信息技术又掌握现代商务技能的复合型人才。

(3)电子商务使用的电子工具必然是现代化的。所谓现代化工具是指当代技术成熟、先进、高效、低成本、安全、可靠和方便操作的电子工具，如电报、电话、电传、电视、EDI、EOS、POS、电子货币、MIS、DSS 等系列工具。从系统化的角度讲，应将局域网、城域网和广域网等纵横相连，构造成支持微观、中观和宏观商务活动的安全、可靠、灵活、方便的系统。

(4)电子商务的交换对象是信息化的商品和服务。以往的商务活动主要是针对实物商品进行的商务活动，电子商务则首先要将实物商品虚拟化，形成信息化(数字化、多媒体化)的虚拟商品，进而对虚拟商品进行整理、储存、加工和传输。

任务二　电子商务的功能

1. 电子商务的系统功能

从电子商务系统的功能目标来看，其功能主要体现在以下几个方面。

1)信息管理

电子商务的信息管理功能主要内容如下。

(1)数据处理功能。包括数据收集和输入、数据传输、数据存储、数据加工和输出。

(2)预测功能。运用现代数学方法、统计方法和模拟方法，根据过去的数据预测未来的情况。

(3)计划功能。根据企业提供的约束条件，合理地安排各职能部门的计划，按照不同的管理层，提供相应的计划报告。

(4)控制功能。根据各职能部门提供的数据,对计划的执行情况进行检测、比较执行与计划的差异,对差异情况分析其原因。

(5)辅助决策功能。采用各种数学模型和所存储的大量数据,及时推导出有关问题的最优解或满意解,辅助各级管理人员进行决策,以期合理利用人财物和信息资源,取得较大的经济效益。

具体的内容有信息收集,信息存储和检索,保护及管理关键数据,公司内信息的传播,因特网上的信息发布等。

2)协同处理

电子商务的协同处理功能主要内容如下。

(1)日常办公。如考勤,日程安排,工作日志,个人文件柜,文件操作,流程操作,无纸化办公等。

(2)企业管理。提供极具价值的企业管理功能模块,规范企业对人、财、物等资源的管理。发布和管理公告通知,编辑、发布和管理企业的新闻,并可对新闻进行查询和评论。对员工人事信息的编辑,形成企业详细的人事信息库等。

(3)常用工具。提供多种实用的办公辅助工具,增强沟通和办事效率,使办公更为便利、快捷。通过电子邮件和短信息及时进行交流,建立讨论区,主持网络会议,搭建公共文件柜和网络共享空间,加快工作效率。

(4)信息库。提供实用的信息以对企业的办公事务进行支持,如单位信息、部门信息、员工信息、列车时刻、电话区号、邮政编码、法律法规等。

(5)系统管理。可对一些基本的数据和应用进行配置。通过系统管理,企业可迅速地定义适合自身实际情况的办公应用,例如组织机构、工作流程、考勤、系统界面、系统菜单、系统访问权限、系统安全等,并可查看系统日志、系统资源情况、系统版本等信息。

具体的内容有通信系统,Internet 和 Extranet,工作流程的自动化等模块。

3)交易服务

电子商务系统的交易服务功能主要内容如下。

(1)售前支持。包括在线展示,咨询,解决客户疑问,关注客户交易过程,管理支付系统及安全性。

(2)售中管理。对销售过程全程管理和指导,促进客户购买,对客户购买的信息和要求进行提取,区分,备档。

(3)售后服务。包括交易的确认,产品的投递,物流的管理,信息的反馈以及客户后期关系的维护等。

2. 电子商务主要服务和特性

1)主要服务

电子商务可提供网上交易和管理等全过程的服务。因此,它具有广告宣传、咨询洽谈、网上订购、网上支付、电子账户、服务传递、意见征询、交易管理等各项功能。

(1)广告宣传。电子商务可凭借企业的 Web 服务器和客户的浏览,在 Internet 上发布各类商业信息,如图 8-2、图 8-3 所示。客户可借助网上的检索工具(Search)迅速地找到所需商品信息,而商家可利用网上主页(HomePage)和电子邮件(E-mail)在全球范围内做广告宣传。与以往的各类广告相比,网上的广告成本最为低廉,而给顾客的信息量却最为丰富。

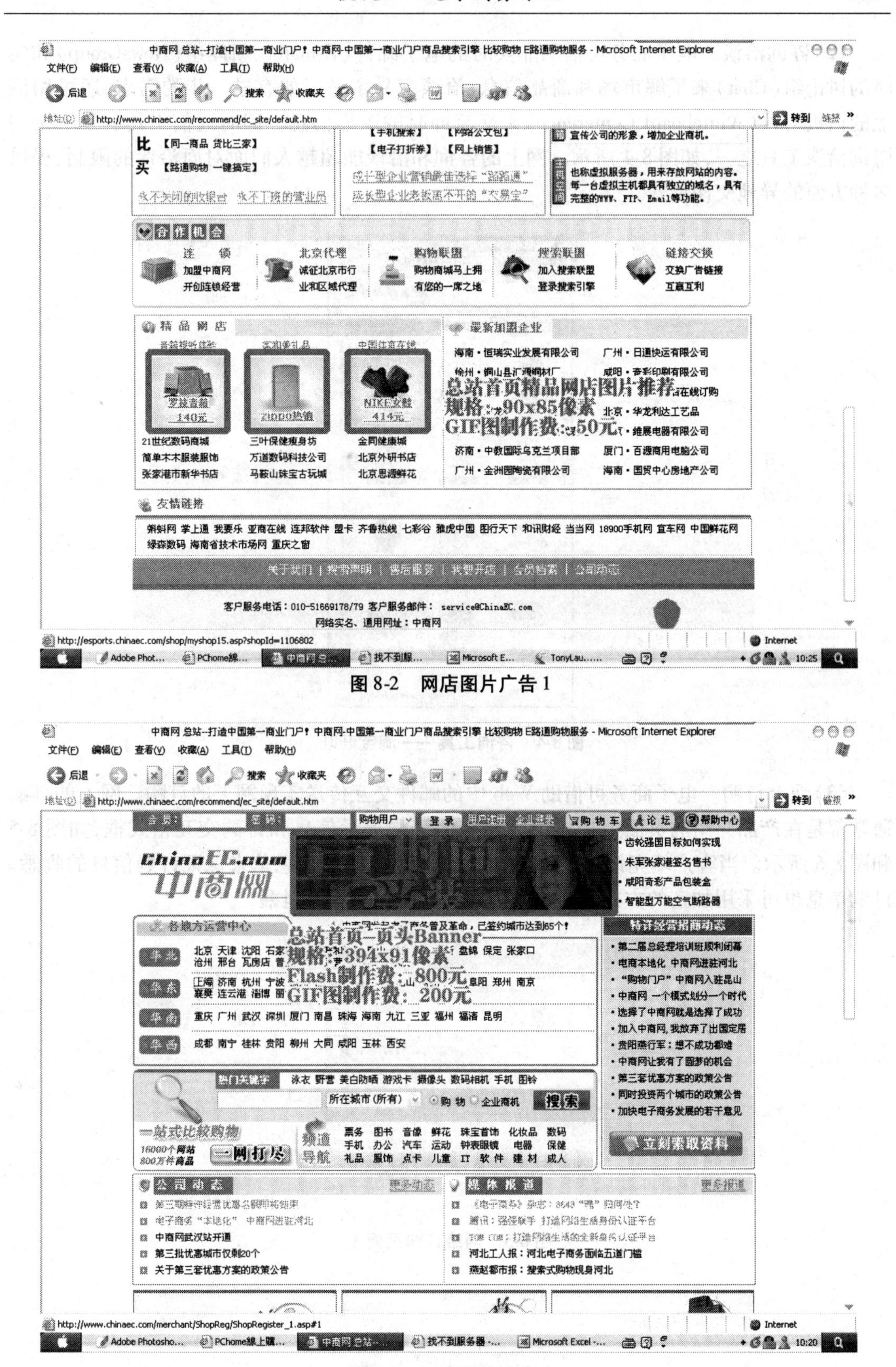

图 8-2　网店图片广告 1

图 8-3　网店图片广告 2

(2)咨询洽谈。电子商务可借助非实时的电子邮件(E-mail)、新闻组(NewsGroup)和实时的讨论组(Chat)来了解市场和商品信息、洽谈交易事务。如有进一步的需求,还可用网上的白板会议(Whiteboard Conference)来交流即时的图形信息。即时通信工具也是不错的咨询洽谈工具之一,如图 8-4 所示。网上的咨询和洽谈能超越人们面对面洽谈的限制、提供多种方便的异地交谈形式。

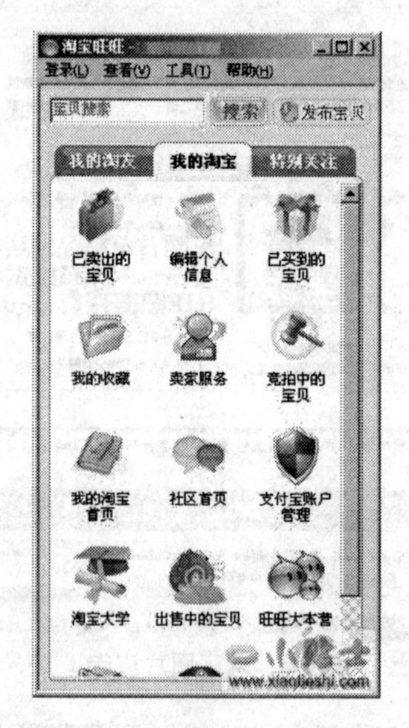

图 8-4　咨询工具——淘宝旺旺

(3)网上订购。电子商务可借助 Web 中的邮件交互传送实现网上的订购。网上的订购通常都是在产品介绍的页面上提供十分友好的订购提示信息和订购交互格式框,如图 8-5 和图 8-6 所示。当客户填完订购单后,通常系统会回复确认信息单来保证订购信息的收悉。订购信息也可采用加密的方式使客户和商家的商业信息不会泄漏。

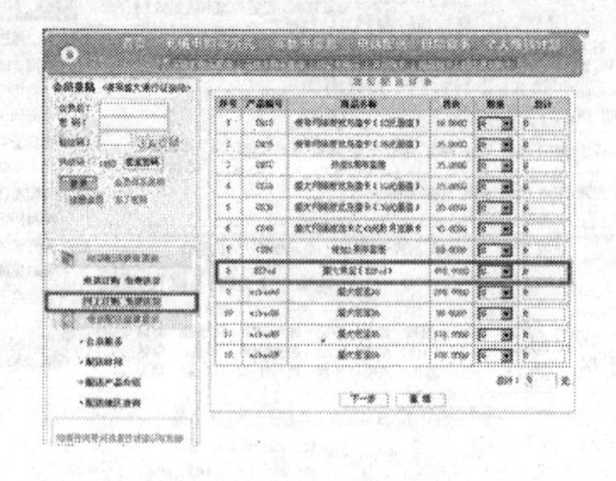

图 8-5　网络订购页面 1

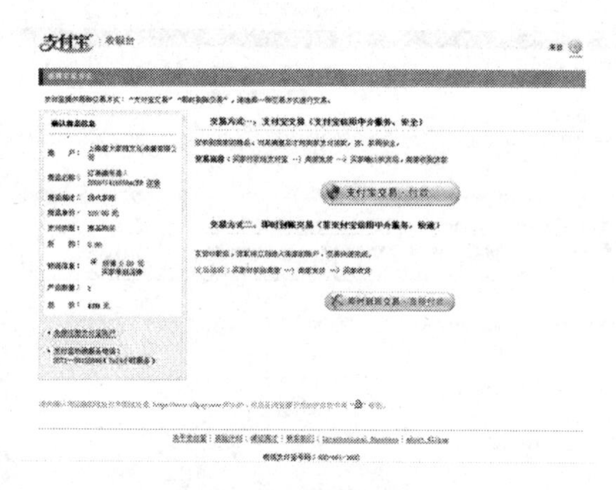

图 8-6　网络订购页面 2

(4)网上支付。电子商务要成为一个完整的过程,网上支付是重要的环节。客户和商家之间可采用信用卡账号实施支付,如图 8-7 所示。在网上直接采用电子支付手段将省略交易中很多人员的开销。网上支付需要更为可靠的信息传输安全性控制,以防止欺骗、窃听、冒用等非法行为。

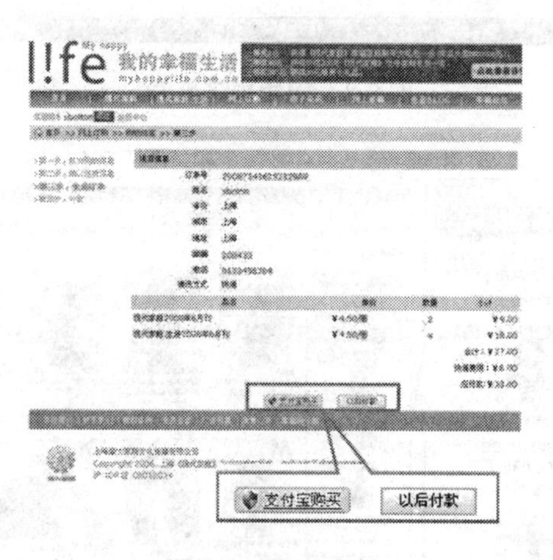

图 8-7　网上支付

(5)电子账户。网上的支付必须有电子金融来支持,即银行或信用卡公司及保险公司等金融单位要为金融服务提供网上操作的服务。而电子账户管理是其基本的组成部分。信用卡号或银行账号都是电子账户的一种标志,如图 8-8 所示。而其可信度需配以必要技术措施来保证,如数字凭证、数字签名、加密等手段的应用为电子账户操作提供了安全性保障。

(6)服务传递。对于已付款的客户应将其订购的货物尽快地传递到他们的手中。而有些货物在本地,有些货物在异地,电子邮件将在网络中进行物流的调配。而最适合在网上直接传递的货物是信息产品,如软件、电子读物、信息服务等,如图 8-9 所示,它能直接从电子仓库中将货物发到用户端。

(7)意见征询。电子商务能十分方便地采用网页上的"选择"、"填空"等格式文件收集用户对销售服务的反馈意见。这样能使企业的市场运营形成一个封闭的回路。客户的反馈意见不仅能提高售后服务的水平,更能使企业获得改进产品、发现市场的商业机会。

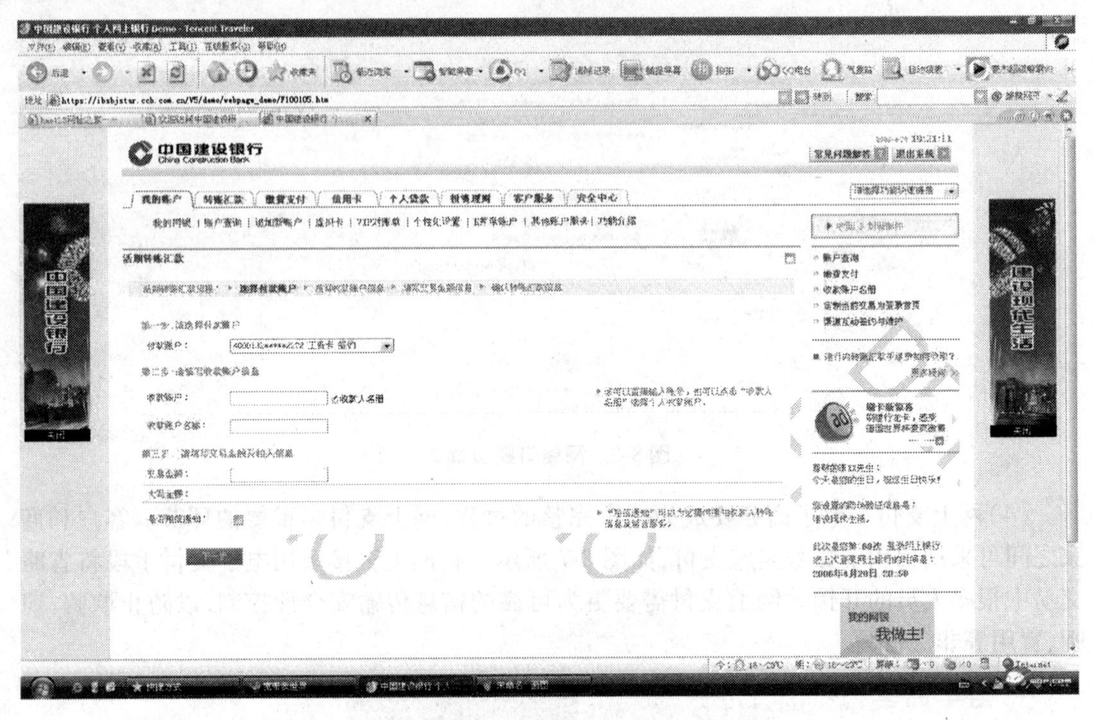

图 8-8 网银电子账户

图 8-9 服务传递

(8)交易管理。整个交易的管理将涉及人、财、物多个方面,企业和企业、企业和客户及企业内部等各方面的协调和管理。因此,交易管理是涉及商务活动全过程的管理。电子商务的发展,将会提供一个良好的交易管理的网络环境及多种多样的应用服务系统。这样,能保障电子商务获得更广泛的应用。

2)特性

电子商务特性如下。

(1)普遍性。电子商务作为一种新型的交易方式,将生产企业、流通企业以及消费者和政府带入了一个网络经济、数字化生存的新天地。

(2)方便性。在电子商务环境中,人们不再受地域的限制,客户能以非常简捷的方式完成过去较为烦琐的商务活动,如通过网络银行能够全天候地存取资金账户、查询信息等。同时可以使企业对客户的服务质量大大提高。

(3)整体性。电子商务能够规范事务处理的工作流程,将人工操作和电子信息处理集成为一个不可分割的整体,这样不仅能提高人力和物力的利用,也可以提高系统运行的严密性。

(4)安全性。在电子商务中,安全性是一个至关重要的核心问题。它要求网络能提供一种端到端的安全解决方案,如加密机制、签名机制、安全管理、存取控制、防火墙、防病毒保护等等,这与传统的商务活动有着很大的不同。

(5)协调性。商务活动本身是一种协调过程,它需要客户与公司内部、生产商、批发商、零售商间的协调。在电子商务环境中,它更要求银行、配送中心、通信部门、技术服务等多个部门的通力协作,往往电子商务的全过程是一气呵成的。

任务三　电子商务的系统构成

1. 电子商务系统的定义

电子商务系统是保证以电子商务为基础的网上交易实现的体系。

市场交易是由参与交易双方在平等、自由、互利的基础上进行的基于价值的交换。网上交易同样遵循上述原则。作为交易中两个有机组成部分,一是交易双方信息沟通,二是双方进行等价交换。在网上交易,其信息沟通是通过数字化的信息沟通渠道而实现的,一个首要条件是交易双方必须拥有相应信息技术工具,才有可能利用基于信息技术的沟通渠道进行沟通。同时要保证能通过 Internet 进行交易,就必须要求企业、组织和消费者连接到 Internet,否则无法利用 Internet 进行交易。在网上进行交易,交易双方在空间上是分离的,为保证交易双方进行等价交换,必须提供相应货物配送手段和支付结算手段。货物配送仍然依赖传统物流渠道;支付结算既可以利用传统手段,也可以利用先进的网上支付手段。此外,为保证企业、组织和消费者能够利用数字化沟通渠道,保证交易顺利进行的配送和支付,需要有专门提供这方面服务的中间商参与,即电子商务服务商。

2. 电子商务的系统构成

图 8-10 中显示的是一个完整的基础电子商务系统,它在 Internet 信息系统的基础上,由参与交易的主体信息化企业、信息化组织和使用 Internet 的消费者主体,提供实物配送服务和支付服务的机构,以及提供网上商务服务的电子商务服务商组成。由上述几部分组成的基础电子商务系统,将受到一些市场环境的影响,这些市场环境包括经济环境、政策环境、法律环境和技术环境等几个方面。

1) Internet 信息系统

电子商务系统的基础是 Internet 信息系统,它是进行交易的平台,交易中所涉及的信息流、物流和货币流都与信息系统紧密相关。Internet 信息系统是指企业、组织和电子商务服务商在 Internet 网络的基础上开发设计的信息系统,它可以成为企业、组织和个人消费者之

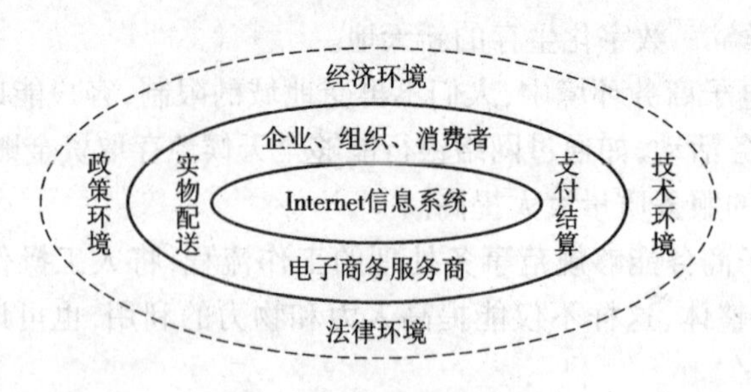

图 8-10 电子商务环境

间跨越时空进行信息交换的平台，在信息系统的安全和控制措施保证下，通过基于 Internet 的支付系统进行网上支付，通过基于 Internet 物流信息系统控制物流的顺利进行，最终保证企业、组织和个人消费者之间网上交易的实现。因此，Internet 信息系统的主要作用是提供一个开放的、安全的和可控制的信息交换平台，它是电子商务系统的核心和基石。

2）电子商务服务商

Internet 作为一个蕴藏巨大商机的平台，需要有一大批专业化分工者进行相互协作，为企业、组织与消费者在 Internet 上进行交易提供支持。电子商务服务商便是起着这种作用。根据服务层次和内容的不同，可以将电子商务服务商分为两大类：一类是为电子商务系统提供系统支持服务的，它主要为企业、组织和消费者在网上交易提供技术和物质基础；另一类是直接提供电子商务服务者，它为企业、组织与消费者之间的交易提供沟通渠道和商务活动服务。

（1）对于第一大类为电子商务系统提供系统支付服务的，根据技术与应用层次不同，提供系统支持服务的电子商务服务商可以分为 4 类。

第一类是接入服务商（Internet Access Provider，IAP），它主要提供 Internet 通信和线路租借服务，如我国电信企业中国电信、联通提供的线路租借服务。

第二类是服务提供商（Internet Service Provider，ISP），它主要为企业建立电子商务系统提供全面支持，一般企业、组织与消费者上网时只通过 ISP 接入 Internet，由 ISP 向 IAP 租借线路。

第三类是内容服务提供商（Internet Content Provider，ICP），它主要为企业提供信息内容服务，如财经信息、搜索引擎。这类服务一般都是免费的，ICP 主要通过其他方式如发布网络广告获取收入。

第四类是应用服务系统提供商（Application Service Provider，ASP），它主要是为企业、组织建设电子商务系统时提供系统解决方案。这些服务一般都是属于信息技术（IT）行业的公司提供，如 IBM 公司为企业、政府和银行提供的电子化企业、电子化政府和电子化银行电子商务系统解决方案。有的 IT 企业不但提供电子商务系统解决方案，还为企业提供电子商务系统租借服务，用户只需要租赁使用，无须维护电子商务系统的运转。对于消费者，主要通过 ISP 上网连接到 Internet，参与网上交易。对于企业与组织，根据自身的资金和条件，如果需要大规模发展，企业或组织可以通过 ISP 直接连接到 Internet；对于小规模的应用，则可以通过租赁 ASP 的电子商务服务系统来连接到 Internet。

（2）对于第二大类直接提供电子商务服务者，可以分为以下 3 类。

第一类是提供 B to C 型交易服务的电子商务服务商。典型的是网上商厦，它通过出租空间给一些网上零售商,网上商厦负责客户管理、支付管理和物流管理等后勤服务。如我国著名的ICP新浪网为拓展电子商务,在网上提供页面空间给一些传统的零售商在网上销售产品。

第二类是提供B to B型交易服务的电子商务服务商。典型的是B to B型交易市场,它通过收集和整理企业的供求信息,为供求双方提供一个开放的、自由的交易平台。如我国著名的B to B型电子商务服务公司阿里巴巴,它通过建立网上供求信息网为全球商人提供供求信息发布和管理工作。

第三类是提供网上拍卖服务的电子商务服务公司。有提供消费者之间拍卖中介服务的,消费者拍买商家产品中介服务的,以及商家之间的拍卖服务的。如我国著名的拍卖电子商务服务公司雅宝,它提供消费者之间的个人竞价服务,还有从消费者到商家的集体竞价服务。

电子商务服务商起着中间商的作用,但它不直接参与网上的交易。一方面,它为网上交易的实现提供信息系统支持和配套的资源管理等服务,是企业、组织和消费者之间交易的技术物质基础。另一方面,它为网上交易提供商务平台,是企业、组织与消费者之间交易的商务活动基础。

3)企业、组织与消费者

企业、组织与消费者是Internet网上市场交易主体,他们是进行网上交易的基础。由于Internet本身的特点及加入Internet的网民成倍增长的趋势,使得Internet成为非常具有吸引力的新兴市场。一般说来,组织与消费者上网比较简单,因为他们主要是使用电子商务服务商提供的Internet服务来参与交易。企业上网则是非常重要而且是很复杂的。这是因为,一方面企业作为市场交易一方,只有上网才可能参与网上交易;另一方面,企业作为交易主体地位,必须为其他参与交易方提供服务和支持,如提供产品信息查询服务、商品配送服务、支付结算服务。因此,企业上网开展网上交易,必须进行系统规划,建设好自己的电子商务系统。

图8-11所示是一基于Internet的企业电子商务系统的组成结构图。电子商务系统是由基于Intranet(企业内部网)的企业管理信息系统、电子商务站点和企业经营管理组织人员组成。

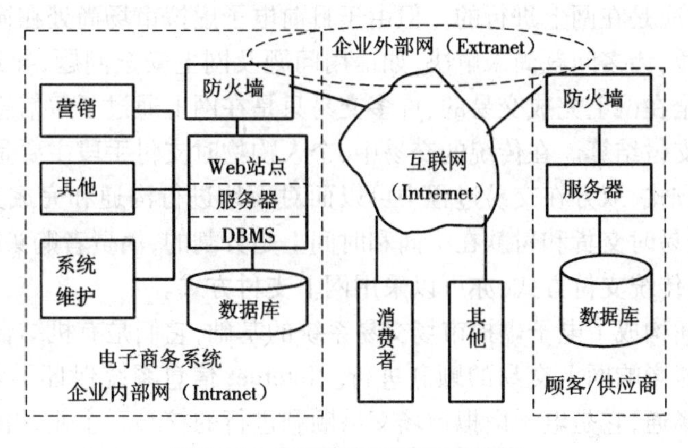

图8-11　电子商务系统组成结构

(1)企业内部网络系统。当今时代是信息时代,而跨越时空的信息交流传播是需要通过一定的媒介来实现的,计算机网络恰好充当了信息时代的"公路"。计算机网络是通过一定的媒体如电线、光缆等媒体将单个计算机按照一定的拓扑结构连接起来的,在网络管理软件的统一协调管理下,实现资源共享的网络系统。

(2)企业管理信息系统。企业管理信息系统是功能完整的电子商务系统的重要组成部分,它的基础是企业内部信息化,即企业建设有内部管理信息系统。企业管理信息系统是一些相关部分的有机整体,在组织中发挥收集、处理、存储和传送信息以及支持组织进行决策和控制。企业管理信息系统最基本系统软件是数据库管理系统 DBMS(Database Management System),它负责收集、整理和存储与企业经营相关的一切数据资料。

从不同角度,可以对信息系统进行不同的分类。根据具有不同功能的组织,可以将信息系统划分为营销、制造、财务、会计和人力资源信息系统等。要使各职能部门的信息系统能够有效地运转,必须实现各职能部门信息化。例如,要使网络营销信息系统有效运转,营销部门的信息化是最基础的要求。一般为营销部门服务的营销管理信息系统主要功能包括:客户管理、订货管理、库存管理、往来账款管理、产品信息管理、销售人员管理以及市场有关信息收集与处理。

(3)电子商务站点。电子商务站点是指在企业 Intranet 上建设的具有销售功能的,能连接到 Internet 上的 WWW 站点。电子商务站点起着承上启下的作用,一方面它可以直接连接到 Internet,企业的顾客或者供应商可以直接通过网站了解企业信息,并直接通过网站与企业进行交易。另一方面,它将市场信息同企业内部管理信息系统连接在一起,将市场需求信息传送到企业管理信息系统,然后,企业根据市场的变化组织经营管理活动;它还可以将企业有关经营管理的信息在网站上进行公布,使企业业务相关者和消费者可以通过网络直接了解企业经营管理情况。

(4)实物配送。进行网上交易时,如果用户与消费者通过 Internet 订货、付款后,不能及时送货上门,便不能实现满足消费者的需求。因此,一个完整的电子商务系统,如果没有高效的实物配送物流系统支撑,是难以维系交易顺利进行的。

(5)支付结算。支付结算是网上交易完整实现的很重要一环,关系到购买者是否讲信用、能否按时支付,卖者能否按时回收资金、促进企业经营良性循环的问题。一个完整的网上交易,它的支付应是在网上进行的。但由于目前电子虚拟市场尚处在演变过程中,网上交易还处于初级阶段,诸多问题尚未解决,如信用问题及网上安全问题,导致许多电子虚拟市场交易并不是完全在网上完成交易的,许多交易只是在网上通过了解信息撮合交易,然后利用传统手段进行支付结算。在传统的交易中,个人购物时支付手段主要是现金,即一手交钱一手交货的交易方式,双方在交易过程中可以面对面地进行沟通和完成交易。网上交易是在网上完成的,交易时交货和付款在空间和时间上是分割的,消费者购买时一般必须先付款后送货,可以采用传统支付方式,亦可以采用网上支付方式。

上述 5 个方面构成了电子虚拟市场交易系统的基础,它们是有机结合在一起的,缺少任何一个部分都可能影响网上交易的顺利进行。Internet 信息系统保证了电子虚拟市场交易系统中信息流的畅通,它是电子虚拟市场交易顺利进行的核心。企业、组织与消费者是网上市场交易的主体,实现其信息化和上网是网上交易顺利进行的前提,缺乏这些主体,电子商务失去存在意义,也就谈不上网上交易。电子商务服务商是网上交易顺利进行的手段,它可以推动企业、组织和消费者上网和更加方便利用 Internet 进行网上交易。实物配送和网上支付是网上交易顺利进行的保障,缺乏完善的实物配送及网上支付系统,将阻碍网上交易完整地完成。

与传统市场一样,电子商务系统在提供交易所必需的信息交换、支付结算和实物配送这些基础服务的同时,还将面临使用信息技术作为交易平台带来的新问题,如信息安全问题、身份识别问题、信用问题、法律问题、隐私问题、税收问题等。

此外,电子商务发展还面临着企业、组织与消费者是否愿意上网的问题,只有交易双方都上网,才有可能推动网上交易的发展。其次,消费者的习惯往往会影响消费者是否愿意进行网上购物,以及购物时是否愿意使用网上支付手段进行支付。这些都是发展电子商务时必须解决的问题。

要解决上述问题,必须从外部市场环境着手。信用问题、税收问题需要通过制定相关经济政策进行推进。安全问题和身份识别问题需要通过加强技术来保证。法律问题和隐私问题则需要加强与电子商务相关的立法。对于推动消费者上网购物,则需要全社会参与和引导。因此,发展电子商务是一项系统性的工程,它需要企业主导、政府引导和社会参与。

任务四 网上购物

网上购物突破了传统商务的障碍,无论对消费者、企业还是市场都有着巨大的吸引力和影响力,在新经济时期无疑是达到"多赢"效果的理想模式。

随着互联网的普及和电子商务的孕育,诞生了现在广为流传的网上购物。虽然目前会使用互联网的人不少,但其实网购对于很多人来说还是陌生的,即使会上网的人也不一定会网购,如何买、需要哪些手续,对于大多数人来说还是不清楚。网购一般流程如图 8-12 所示,下面结合作者的经验介绍网购的方法。(以下内容均以淘宝网为例,会了淘宝网,其他的购物网站就能举一反三)

淘宝网是国内最大的电子商务购物网站。使用淘宝网首先需要有个支付宝账户(支付宝最初作为淘宝网公司为解决网络交易安全所设的一个功能,该功能使用的是"第三方担保交易模式",由买家将货款打到支付宝账户,由支付宝通知卖家发货,买家收到商品确认后支付宝将货款发放给卖家,至此完成一笔网络交易)。当然作为买家这也不一定能用得上,但是当购物牵扯退款时它就很有必要。如果不申请支付宝则需要使用网上银行。

1. 支付宝申请流程

1)注册支付宝账户

注册支付宝账户有两种方法。

(1)登录支付宝网站注册。进入支付宝官方网站点击"新用户注册",选择注册方式(个人用户或公司用户),选择使用 E-mail 注册流程,根据提示填写有关信息,注意邮箱就是支付宝账户名,打开邮箱激活支付宝,完成注册。

(2)从淘宝网站进行注册。进入淘宝网主页后,点击淘宝首页"免费注册",根据提示填写基本信息,选择用该邮箱创建支付宝账户。查看电子邮件激活淘宝账户,淘宝账户注册成功。因淘宝会员名注册时选择了自动创建支付宝账户,所以只需激活支付宝账户就可以了。登录淘宝网—我的淘宝,点"账户管理",支付宝账户状态为"未激活"。"点此激活"填写信

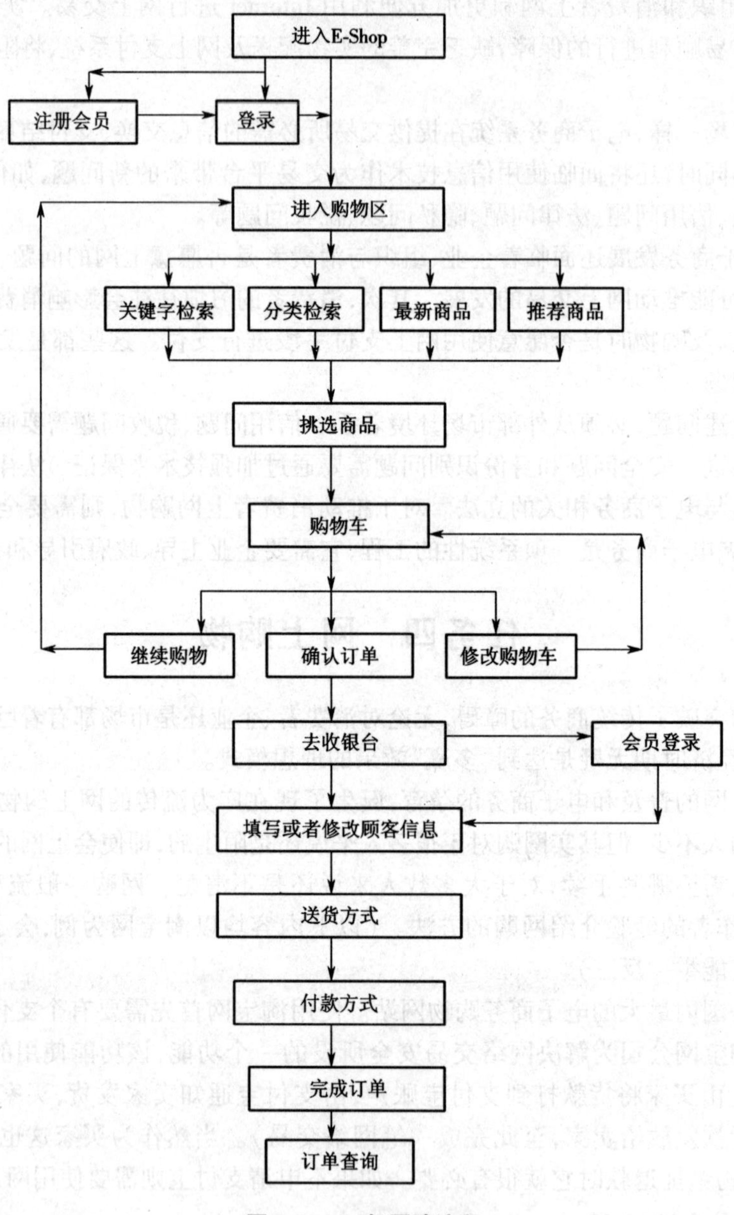

图 8-12 一般网购流程

息,保存并立即启用支付宝账户。

2)安装安全控件

为了防止账户密码被木马程序或病毒窃取,首次登录支付宝账户的时候在密码框会显示红叉图样,点击"安装下载"进行安全控件的安装。

3)支付方式

用户可采用的支付方式有多种:支付宝卡通支付,网银支付,网点支付,百联卡支付,信用卡支付等。其中支付宝卡通是将用户的支付宝账户与银行卡连通,不需要开通网上银行就可直接在网上付款,并且享受支付宝提供的"先验货,再付款"的担保服务。下面以申请支付宝卡通(中国邮政卡通)为例介绍流程。

注册支付宝账户后,记住支付宝账户名,带身份证去银行柜台,填写银行卡申请单,申领淘宝绿卡(支付宝卡通)。柜台签约成功后如果用户已经在申请支付宝账户时预先绑定了手机号码,并且在支付宝网站完整填写了卡通申请信息,在银行签约时,支付宝会将银行的签约信息与用户预留的信息进行匹配(姓名、身份证号),完全一致后可以自动激活。如果系统没有自动激活,只要登录支付宝网站完成激活就可以了。输入淘宝绿卡卡号及支付宝账户的支付密码,点击"立即激活"。如果不想办支付宝卡通,可以用自己以前的银行卡到柜台开通网上银行。(记住开通后要回自己的电脑登录银行网站注册)

2. 网上购物流程

1)用户注册

进入淘宝网。在主页左上角点"免费注册",按提示请写有关信息,如图 8-13 所示。填写完相关信息以后,进入验证步骤,如图 8-14 所示。提交个人验证手机号,收取短信验证码后确认验证即可,如图 8-15 所示。成为会员后的登录界面如图 8-16 所示。

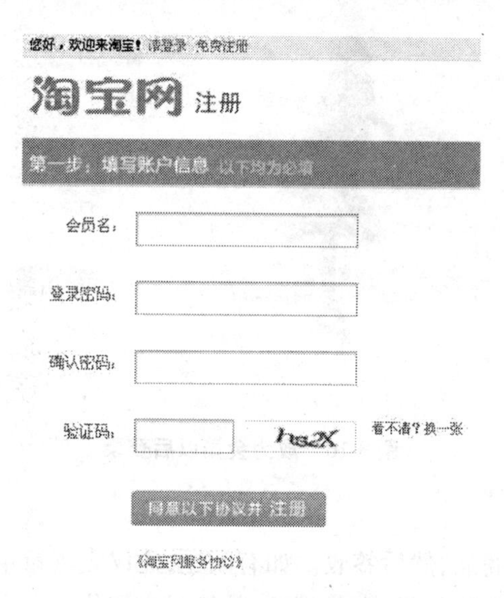

图 8-13　注册会员填写信息

2)购买

打开淘宝网,在搜索框中输入要买的东西,进行搜索,会出现很多货品,如图 8-17 所示。可以选择一个你认为满意的点开,点击"立即购买",填写收货地址和购买信息,点击"确认无误,购买"。拍下商品后的 3 天内,都可以进行付款的操作。

如果还不清楚,当登录淘宝网后,点击网页上面栏的"我的淘宝",再点击"我要买",然后点击"帮助",会出现"买家入门",一一点击就可以了。

3)付款

选择付款方式,点"确认无误,付款",去网上银行付款,或用支付宝卡通付款。页面上会出现已付款给支付宝公司,等待卖家发货等信息。接下来只需要耐心在家等候。卖家看到你的订单信息以后会联系物流公司发货,一般到货时间卖家都会在宝贝描述里说明。如果逾期没有收到货品,买家也可以主动和卖家联系。

淘宝网 注册

第二步：验证账户信息

国家/地区：中国大陆

您的手机号码：+86

提交

同意《支付宝协议》，并同步创建支付宝账户

图 8-14 验证账户信息

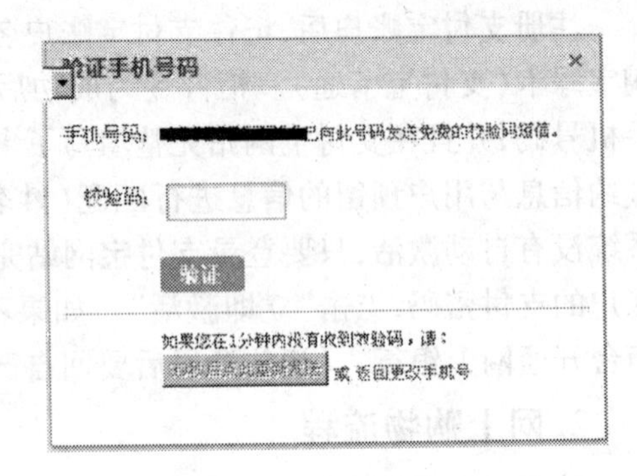

图 8-15 手机校验确认

淘宝网

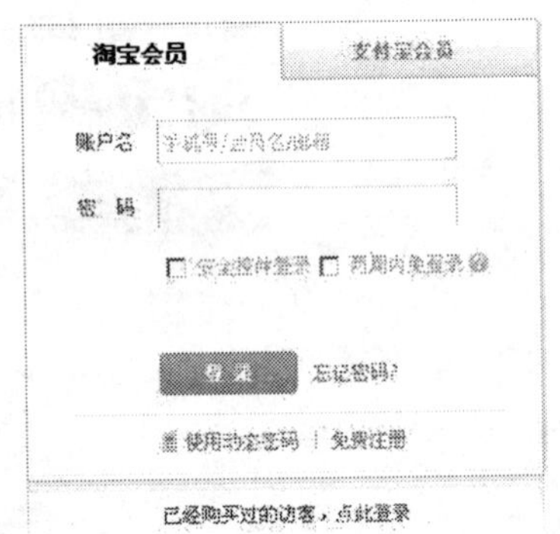

图 8-16 成为会员以后登录

4）收货

收到货物时，先检查商品，然后签收。如有问题，建议先进行申请退款操作，联系卖家协商。如果满意，需在网上确认收货，交易成功，并给对方评价。

3. 需要注意的问题

（1）关于假货的问题。即便是淘宝网这样的公众型网站也会有卖假货的，也有骗子，所以要学会选择店铺。信誉度最高的并不一定就是好的店铺，现在好多信誉都是他们自己刷的。有的网店一个月花几千元就刷成了蓝冠等级；还有的是靠注册时间耗的，注册5年看着有几个钻，其实平均到每天没多少人买他家东西。有人说那我看销售量，这点其实也不可取，也是前面提到的刷信誉原因，可能是假的销量，卖的10个里可能仅有1个是真正卖掉的。那如果看评价呢？这并不好判断，因为刷信誉完后是要评价的，能看出几个是真的啊？那该怎么办呢？其实大可不必自己花大量的时间去选择该在哪家店铺买，完全可以找一家淘宝诚信店铺的导购网站，通过这个网站的筛选平台进入淘宝店铺，非常方便而且免费。这些网站一般都有专职的筛选专家，他们用了大量的时间精心收集了各门各类的淘宝店铺，这些店铺基本上都是经过他们专业筛选的，都是一些极有保障的诚信店铺。所以我们何不省

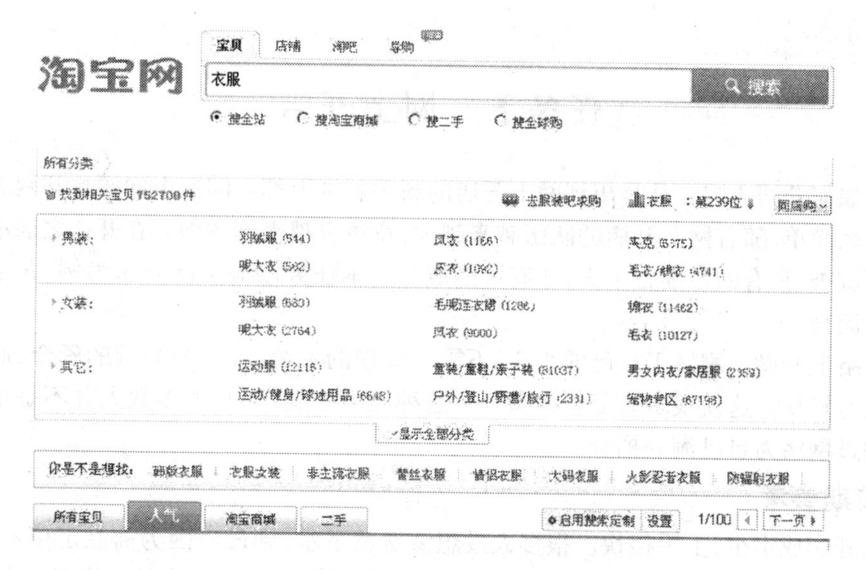

图 8-17　货品搜索界面

下自己对比筛选的烦琐时间,让专业的人为我们做专业的事呢?作者现在是一个老买家了,但很烦去筛选对比店铺后买东西,也担心自己找的店铺上当受骗,觉得很麻烦,所以从 2009 年开始就一直登录一家叫"淘宝经理网 "(在百度或谷歌就能搜索到)的筛选网站,真的很方便,买到的东西都很满意,大家尤其是刚入淘坛的买家朋友不妨一试。

(2)买东西需要交流,需要化解自己的疑问,所以还需要下载一个淘宝专用的交流工具——旺旺(和 QQ 是一个道理,但淘宝里的卖家和买家一般都用这个)。下载很简单,点开淘宝网站—左上方的网站导航—更多内容—导购工具—旺旺。下载安装完后,可以用之前注册的淘宝账户登录,当确定在哪家店铺买东西后,一定先和店家聊聊,聊 3 个问题:①有货吗,可以把商品链接发过去让他看;②快递发哪家的;③有的店可以讲价的。

(3)关于讲价的问题。比如店家卖一款手机 1 650 元,经过讲价,最终 1 600 元成交。一定不要拍完就支付,要做的是先拍下来,然后通过旺旺告诉店家把价格改成 1 600 元,等店家改好后,再进入"我的淘宝—买到的宝贝",刷新下,看价格如果已改成 1 600 元再进入支付页面付款。不然先支付了,店家就不好再改价了。

(4)关于快递问题。最好通过旺旺先问下店家发哪家快递。比如,店家说发圆通快递,那么最好进入圆通的网站看看派送范围里是否包含你的地址。如果不在范围内,要告诉店家,让他换一个能送到你那的。一般这些快递都会送到买家楼下或小区门口,很方便。如果住址有些偏远,快递到不了,最好选择邮政 EMS(记住是邮政的 EMS,不是邮政的一般快递)。EMS 哪儿都能送到,但邮费稍贵。如果住在城里,建议用民营快递,快而且便宜,但要是买贵重物品还是建议用 EMS。另外联系电话一定要留准确,以便快递员联系。

(5)收货后及时检查所买的东西,如没有问题就点击收货确认,然后给卖家评价,交易完成。如果有问题,比如质量问题,或发错、少发货,则先不要确认收货付款并及时通过旺旺和店家联系,协商解决办法。如果店家的做法令你不满意,可以通过"我的淘宝—我是买家—买到宝贝—申请维权",点击"维权"按钮向淘宝官方申诉,这期间需要整理些资料,比如与店家的聊天记录,交易记录,出问题东西的照片,你希望解决的方法等,一般 3 ~5 天淘宝小二会介入。

任务五 网上开店

新手如何开网店呢？凡是想到网上开店的新手基本上都会问这个问题。开网店并不像想象的那么简单,随着网上开店的队伍越来越大,竞争也越来越激烈。在开店之前最好能够做多方面调查,只有做足准备工夫,才有可能成功。本任务以淘宝网开店为例,介绍网上开店的主要流程。

在网络上开设一家属于自己的小店,不需要烦琐的手续,不需要高额的资金,而且打理起来也相对轻松。这使很多人都想体验一下这种经商方式,但是大多数人并不是很了解如何才能通过网络为自己淘一桶金。

1. 前期参考

网上开店成本少,上手很快。很多人没想清楚就下水,到最后因为商品定位不准,或思想准备不足,耗费了大量的精力,却葬送了创业的激情。所以,在所有的动作开始之前,要先思考清楚。

先要明确什么商品适合在网上销售:①网下买不到或者不容易买到的商品(新、奇、特商品最受欢迎);②定价比网下零售价便宜的商品(要包括邮费和包装,没有哪个人愿意在网上花 10 元钱买商店里 5 元就能买到的商品);③方便邮寄的商品(超级重、超级异型的商品建议不要经营,包装、运输、人工都会成问题,新手上路还是经营轻便易发货的商品好一些)。

2. 定位客户

销售对象必须是常上网的群体,这部分人通常在 15 ~ 35 岁之间。其实这个范围非常广,不可能做所有人的生意,可以再次缩小范围,比如白领、学生、游戏族……还有一个消费延续性的问题要预先考虑到,就是将来如果转行经营不同类别的商品(或者开分店),如何最大限度地保留买家资源,例如,经营童装的店铺改行卖内衣没有问题,因为童装客户多是年轻妈妈,也一定需要消费内衣,改行以后让妈妈们依然可以光顾你的店铺;但是如果改行卖军刀,这就注定了辛苦建立起来的客户群要被放弃,需要重新建立客户群,一切从头开始。

3. 网店优势

现在在淘宝注册的网店已经有 9 万多间,如何在这些店铺中脱颖而出,做出自己的特色,这是需要仔细考量的,要想清楚优势在哪里。

(1)货源优势:如果你有外贸服装厂的人脉,厂里的尾货可以拿到网上出售,价格便宜、做工上乘、款式新颖的外贸服装最受欢迎,还没有囤货的压力。

(2)精通某方面的知识:可以现身说法。例如某人是摄影师,曾经为企业拍过不少产品目录的照片,对于商品摄影经验丰富,网上开卖用于商品摄影的器材。买家只要把想法说清,就能得到性价比较高的装备方案,还提供免费的售后摄影辅导,帮助买家节约费用的同时还消除了买家有了设备不会用的顾虑,自然颇受买家欢迎。

(3)勤奋、努力:如果不具备以上的优势,可是勤奋、努力,那么也不用担心。货源可以慢慢开发,可以在亲戚朋友里找,也可以上网直接找工厂,还有当地的批发市场。网店经营成本不高,刚开始投入小部分资金交“学费”,成功并不远。

4. 注册网店

注册账户以后,就可以对自己的货品拍照片了。有条件最好使用自己拍的照片,尽量使用效果好一点的。如果实在没有条件,可以找供货商提供,这也是找网络供应商的好处。与进货同时进行的是在淘宝的注册认证。这个很快,3 个工作日内就可以完成。要想好用户名,以后这就是所经营的掌柜名称——并且不能更改。最好在店铺还没有开之前,多去找一些图片,大大小小的,以后会很有用的。

这些都完成之后,只要传 10 件以上的货品,就可以拥有一个自己的网上店铺了。

操作开店的基本流程如下。

(1)免费注册网店,如图 8-18 所示。

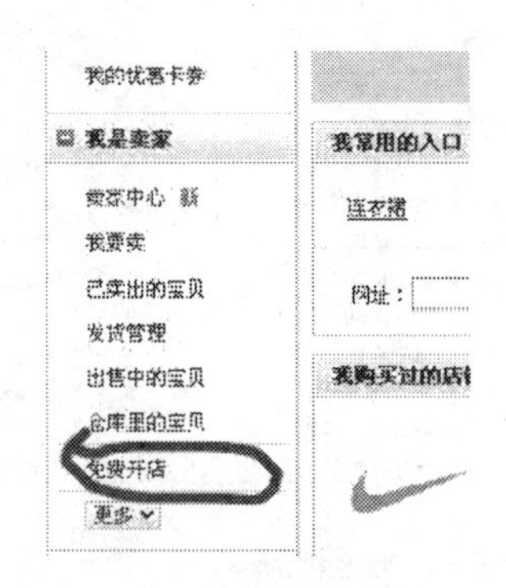

图 8-18 免费开店

(2)点击“发布宝贝”(需要发布 10 件以上才可以),如图 8-19 所示。

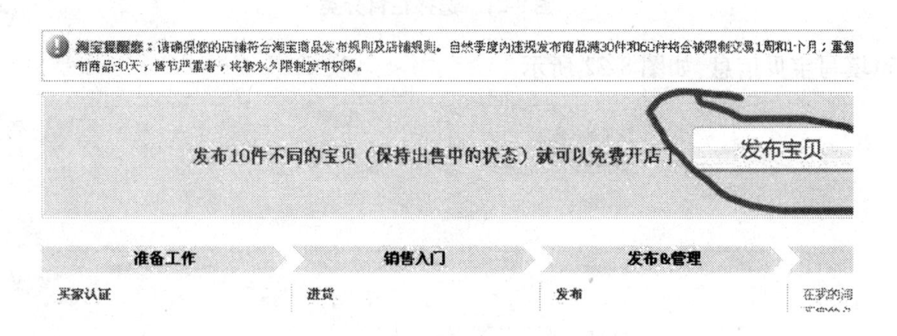

图 8-19 发布宝贝

(3)选择发布方式,如图 8-20 所示。

(4)选择栏目分类,如图 8-21 所示。

图 8-20 发布方式界面

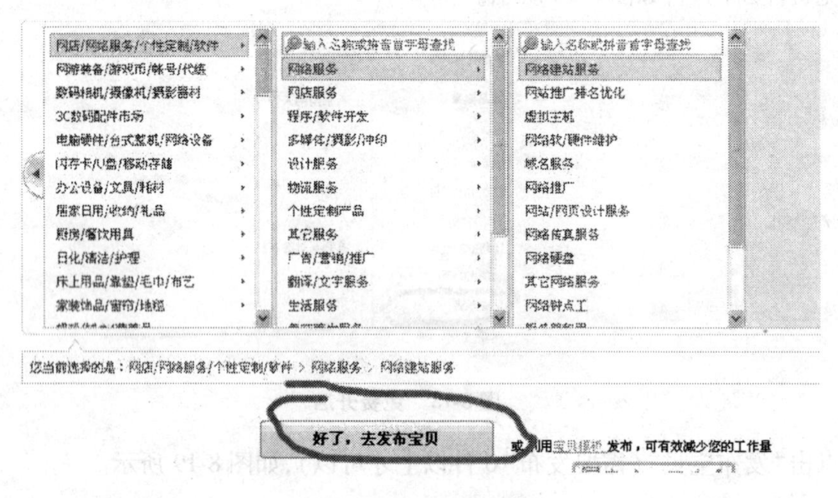

图 8-21 选择栏目分类

(5)填写宝贝信息,如图 8-22 所示。

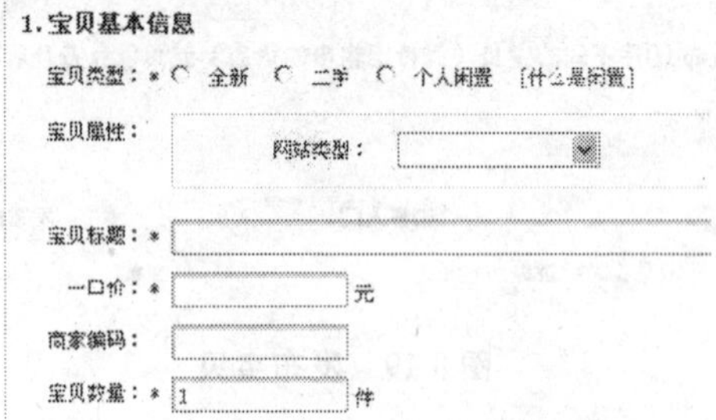

1. 宝贝基本信息

宝贝类型：* 全新 二手 个人闲置 [什么是闲置]

宝贝属性： 网站类型：

宝贝标题：*

一口价：* 元

商家编码：

宝贝数量：* 1 件

宝贝 图片： 上传新图片 从图片空间中选择 上传1200px*1200p

暂无图片 暂无图片

图 8-22 填写产品信息

(6)发满 10 件后再次进入后台,找到“我是卖家”,就会发现多出两个店铺的选项,如图 8-23 所示。

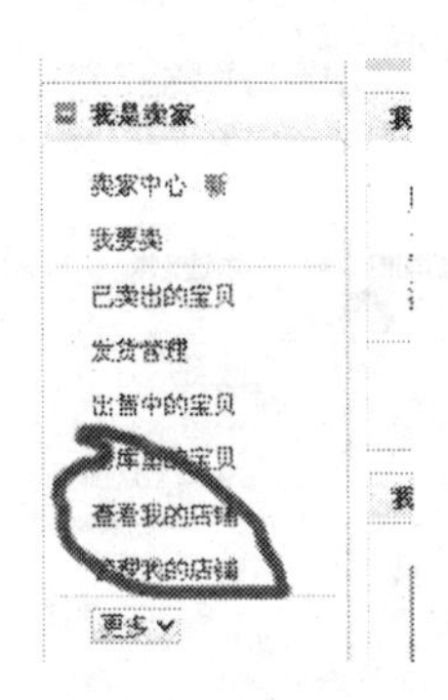

图 8-23　店铺选项

(7)查看店铺,如图 8-24 所示。

图 8-24　店铺查看

(8)管理店铺,如图 8-25 所示。

5. 规划店铺

把商品都传上去,要给每个商品取个名字,但是不宜过长,很多人没有耐心去看过长的商品名称。然后给每个商品定价,最好对比淘宝的其他商家的价格来定。

店名要取个好听的、好记的、有特色的。然后选一个适合的店标,这个就像商标一样出现在店铺的左上角。店面介绍也很重要,因为别人点击你的用户名,直接进入的就是你店铺的介绍页面。现在淘宝上很多店铺都加了音乐,如果你的太寒酸,恐怕顾客对你的第一印象就不好了。因为淘宝的编辑器只支持网络图片,所以先把需要的图片找到并保存在自己的网络相册中,相应的链接地址都存在文档里,这样用的时候很方便。淘宝的店铺介绍用的是 HTML 编辑器。稍微会用 Word 的人应该都会用。如果不会,很多论坛都有帖子介绍如何使用 HTML 编辑器可以参阅。店铺的介绍做好以后,就可以写公告了,建议言简意赅。

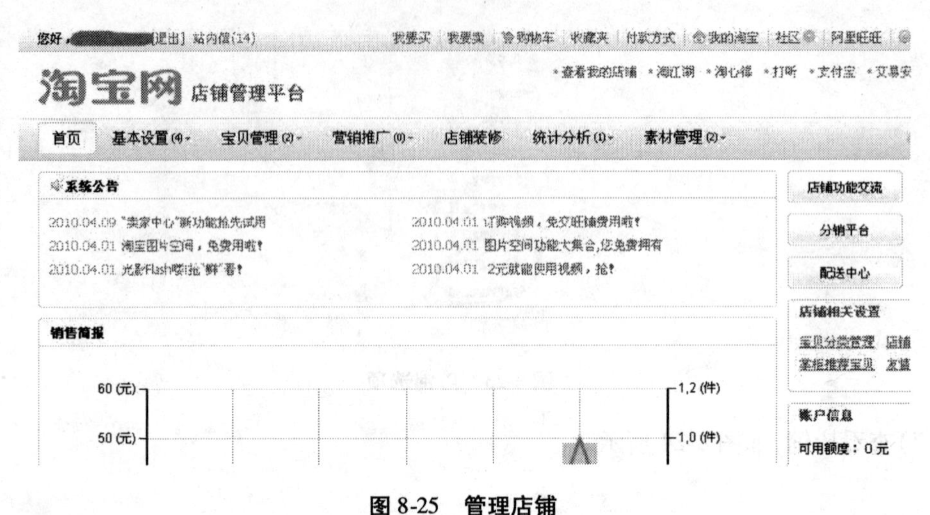

图 8-25　管理店铺

6. 装潢

店铺的基本设置都完成以后，可以进行店铺的装潢，如图 8-26 所示。这个是淘宝直接提供的，有几个版本可以选择，主要根据所卖的东西来选择需要的风格。比如卖饰品，可选粉红女郎风格。这个步骤很简单，几分钟就可以了。接下来就是对货品进行分类，这也不麻烦，而且方便买家的浏览，对销售也是有好处的。分好类以后，还得找几样货品作为推荐货品，一共有 6 个位置，单个宝贝页面下方都会有这 6 件宝贝的展示。淘宝里还有一个橱窗推荐，新卖家有 10 个推荐位，一定要好好利用这些免费的宣传位。

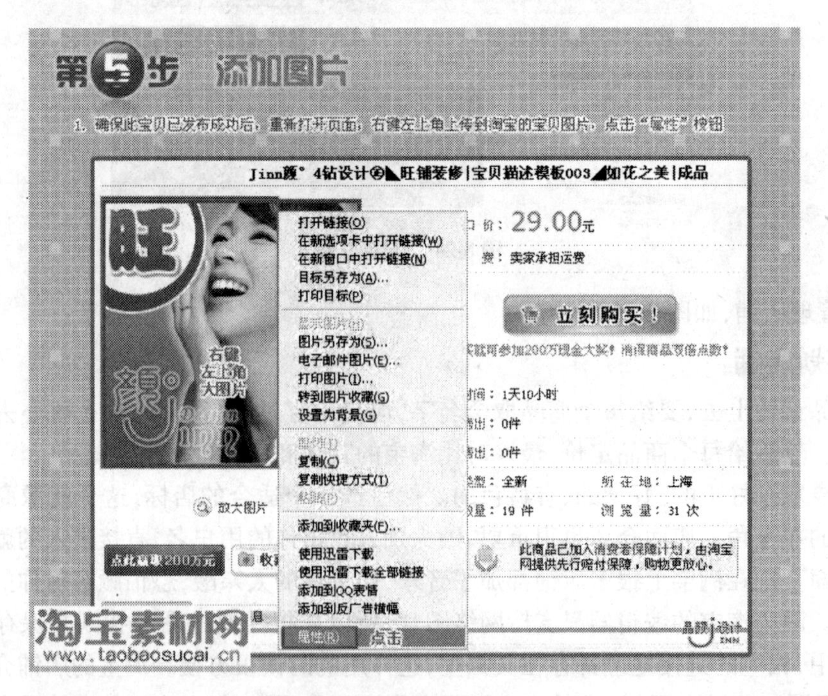

图 8-26　网店装潢

7. 商品介绍

接下来就是最费工夫的事情了,那就是做每个商品的介绍。当然越详细越好,对买家提供的信息就会越多。商品介绍用的也是HTML编辑器,可以参考一下别人是怎么弄的。这里会用到很多的小图片背景图,所以前期的搜集图片就派上用场了。(如何做商品介绍,很多论坛都有专门的帖子介绍)

8. 宣传

宣传最好的办法就是到论坛多发帖子。发帖前,还有几项不可缺少的工作:首先是设计自己的签名,这个签名是会直接出现在你的帖子下方链接到你的店铺的,所以一定要吸引人,最好是动态的。这些做好后,就可以去论坛发帖子了,不要发那种灌水的帖子,不然还没几分钟就被版主(斑竹)给删除(枪毙)了。多发帖子有助于增强你在论坛的人气,就会有更多的人知道你在淘宝有家店,也就有更多的人去买你的东西。

9. 网店日常运营

(1)货源。①外贸公司、出口企业通常都有生产尾货、订单退货、临时取消订单造成的库存,这些产品通常品质和设计优于国内同类商品,企业为了及时清库也乐意低价抛售,如有机会撞上就是赚到了。②当地的批发市场也是不错的进货渠道,另外,淘宝里"潜伏"着不少大批发商,只要仔细观察就能发现,通常他们也都乐意发展零售商,这对于刚起步的人是非常合适的。③阿里巴巴网站也是不错的进货渠道。④从所在地附近实体店铺进货。

(2)物流。①邮局,用邮局的人还是最多。跟邮局的人搞好关系很重要,那样可以在家填好单子,封好箱,拿去直接邮,根本不用检查包裹什么的,节省时间又比较方便。自己也要了解一些邮寄的细节,避免花冤枉钱。②快递公司,首先考虑的是信用。一切合适后,所有的快递单子都交给他们。价格会比邮局便宜。③通过平台提供商推荐的物流公司,价格也比较便宜。

(3)活动。活动是指一些为提高知名度和增加人气的促销。在不损害自己利益的前提下,大量的活动能给自己的商铺带来更多的生意。活动的好坏,很可能直接关系到自己商铺的影响力。商品一定要写得清清楚楚,有照片的一定要附上照片。到时候出现问题,钱倒是小事,信誉受损可就麻烦了,毕竟在网上做买卖的,讲究的就是诚信。

还有网店开张后,可能会有一段时间赚不到钱。这个很正常,只要你坚持不懈地在各个论坛做宣传,在QQ上告诉你的所有朋友,然后在各个搜索引擎做好推广,很快就会赢利的。

模块九 博客与论坛系统

任务目标

- 掌握个人博客的申请和开通
- 尝试开通个人微博并推广
- 了解简易论坛系统的建设

“博客”(Blog 或 Weblog)是一种十分简易的傻瓜式个人信息发布方式,让任何人都可以像使用免费电子邮箱进行注册、写信和发送一样,完成个人网页的创建、发布和更新。而论坛,即 BBS(Bulletin Board Service,公告牌服务)则是 Internet 上的一种电子信息服务系统。它提供一块公共电子白板,每个用户都可以在上面书写,可发布信息或提出看法。如果把论坛 BBS 比喻为开放的广场,那么博客就是开放的私人房间,可以充分利用超文本链接、网络互动、动态更新的特点,在“不停息的网上航行”中,精选并链接全球互联网中最有价值的信息、知识与资源;也可以将个人工作过程、生活故事、思想历程、闪现的灵感等及时记录和发布,发挥个人无限的表达力;更可以以文会友,结识和聚会朋友,进行深度交流沟通。

任务一 博客概述

1. 博客的含义

博客最初的名称是 Weblog,由 web 和 log 两个单词组成,按字面意思就为网络日志,后来喜欢新名词的人把这个词的发音故意改了一下,读成 we blog,由此,blog 这个词被创造出来。中文意思即网志或网络日志,不过,在中国内地有人也将 Blog 本身和 blogger(即博客作者)均音译为“博客”。“博客”有较深的含义:“博”为“广博”;“客”不单是“blogger”,更有“好客”之意,看 Blog 的人都是“客”。而在台湾,则分别音译成“部落格”(或“部落阁”)及“部落客”,认为 Blog 本身有社群群组的含义在内,借由 Blog 可以将网络上网友集结成一个大博客,成为另一个具有影响力的自由媒体。

①blog = Web log = 部落格 = 网络日志 = 网志 = 网络日记本

②blogger = 写 blog 的人 = 博主

博客(名词):①Blogger 指写作或是拥有 Blog 或 Weblog 的人;②Blog 或 Weblog 指网络日志,是一种个人传播自己思想,带有知识集合链接的出版方式。

博客(动词):指在博客(Blog 或 Weblog)的虚拟空间中发布文章等各种形式的过程。

“博客”一词中的 log 有以下几种解释。

(1) A record of a ship's speed, its progress, and any shipboard events of navigational impor-

tance. 航海记录:对船速、航程以及船上发生的所有对航海有意义的事件的记载。

(2)The book in which this record is kept. 航海日志:保有这种记载的本子。

(3)A record of a vehicle's performance, as the flight record of an aircraft. 飞行日志:对交通工具工作情况的记载,如飞机的飞行记录。

(4)A record, as of the performance of a machine or the progress of an undertaking。日志:对某种机器工作情况或某项任务进展情况的记载。

Weblog 就是在网络上发布和阅读的流水记录,通常称为"网络日志",简称"网志"。博客(Blogger)概念解释为网络出版(Web Publishing)、发表和张贴(Post,作为动词表示张贴,作为名词指张贴的文章)文章,是个急速成长的网络活动,现在甚至出现了一个用来指称这种网络出版和发表文章的专有名词——Weblog,或 Blog。

Blog 是一个网页,通常由简短且经常更新的帖子构成,这些帖子一般是按照年份和日期倒序排列的。而作为 Blog 的内容,它可以是纯粹个人的想法和心得,包括对时事新闻、国家大事的个人看法,或者对一日三餐、服饰打扮的精心料理等,也可以是在基于某一主题的情况下或是在某一共同领域内由一群人集体创作的内容。它并不等同于"网络日志"。作为网络日志是带有很明显的私人性质的,而 Blog 则是私人性和公共性的有效结合,它绝不仅仅是纯粹个人思想的表达和日常琐事的记录,它所提供的内容可以用来进行交流和为他人提供帮助,是可以包容整个互联网的,具有极高的共享精神和价值。Blog 的内容和目的有很大的不同,从对其他网站的超级链接和评论,有关公司、个人、构想的新闻,到日记、照片、诗歌、散文,甚至科幻小说的发表或张贴都有。许多 Blog 是个人心中所想之事情的发表,还有的 Blog 则是一群人基于某个特定主题或共同利益领域的集体创作。Blog 好像是对网络传达的实时信息。简言之,Blog 就是以网络作为载体,简易迅速便捷地发布自己的心得,及时有效轻松地与他人进行交流,再集丰富多彩的个性化展示于一体的综合性平台。不同的博客可能使用不同的编码,所以相互之间也不一定兼容。而且,目前很多博客都提供丰富多彩的模板等功能,这使得不同的博客各具特色。

Blog 是继 E-mail、BBS、ICQ 之后出现的第四种网络交流方式,是网络时代的个人"读者文摘",是以超级链接为武器的网络日志,是代表着新的生活方式和新的工作方式,更代表着新的学习方式。

随着 Blogging 快速扩张,它的目的与最初的浏览网页已相去甚远。目前网络上的 Bloggers 发表和张贴 Blog 的目的有很大的差异。不过,由于沟通方式比电子邮件、讨论群组更简单和容易,Blog 已成为家庭、公司、部门和团队之间越来越盛行的沟通工具,它也逐渐被应用在企业内部网络中。

博客的作用主要有三大方面:①个人自由表达和出版;②知识过滤与积累;③深度交流沟通的网络新方式。

但是,要真正了解什么是博客,最佳的方式就是自己马上去实践一下,实践出真知;如果现在对博客还很陌生,建议直接去找一个博客托管网站。先开一个自己的博客账户。比注册邮件更简单,也不用花钱,觉得没劲就随手扔掉得了。博客,之所以公开在网络上,就是因为他不等同于私人日志,博客的概念要比日志大很多,它不仅仅要记录关于自己的点点滴滴,还注重它提供的内容能帮助到别人。很好的一句话:博客永远是共享与分享精神的体现。

博客其他用处还包括:①网络个人日志;②个人展示自己某个方面的空间;③网络交友的地方;④学习交流的地方;⑤通过博客展示自己的企业形象或企业商务活动信息;⑥话语权。著名的中文搜索引擎优化博客昝辉说,话语权是博客的最重要的作用。一点不假,一个成器的博客就像一个媒体,一个旗帜。

2. 博客的分类

1)按功能分

博客按功能主要可以分为以下两大类。

(1)基本博客。Blog 中最简单的形式。单个的作者对于特定的话题提供相关的资源,发表简短的评论。这些话题几乎可以涉及人类的所有领域。

(2)微型博客。目前是全球最受欢迎的博客形式,博客作者不需要撰写很复杂的文章,而只要抒写 140 字内的心情文字即可(如随心微博、Follow5、网易微博、腾讯微博、叽歪、twitter)。

2)按个人和企业分

以个人和企业来分类又分为以下几类。

(1)个人博客。按照博客主人的知名度、博客文章受欢迎的程度,可以将博客分为名人博客、一般博客、热门博客等。按照博客内容的来源、知识版权还可以将博客分为原创博客、非商业用途的转载性质的博客以及二者兼而有之的博客。

①亲朋之间的博客(家庭博客)。这种类型博客的成员主要由亲属或朋友构成,他们是一种生活圈、一个家庭或一群项目小组的成员(如布谷小区网)。

②协作式的博客。与小组博客相似,其主要目的是通过共同讨论使得参与者在某些方法或问题上达成一致,通常把协作式的博客定义为允许任何人参与、发表言论、讨论问题的博客日志。

③公共社区博客。公共出版在几年以前曾经流行过一段时间,但是因为没有持久有效的商业模型而销声匿迹了。廉价的博客与这种公共出版系统有着同样的目标,但是使用更方便,所花的代价更小,所以也更容易生存。

(2)企业博客。企业博客又分以下 6 小类。

①商业、企业、广告型的博客。对于这种类型博客的管理类似于通常网站的 Web 广告管理。商业博客分为 CEO 博客、企业博客、产品博客、"领袖"博客等。以公关和营销传播为核心的博客应用已经被证明将是商业博客应用的主流。

②CEO 博客。"新公关维基百科"到 11 月初已经统计出了近 200 位 CEO 博客,或者处在公司领导地位者撰写的博客。美国最多,有近 120 位;其次是法国,近 30 位;英德等国家也都有。中国目前没有 CEO 博客列入其中。这些博客所涉及的公司虽然以新技术为主,但也不乏传统行业的国际巨头,如波音公司等。

③企业高管博客。即以企业的身份而非企业高管或者 CEO 个人名义进行博客写作。到 11 月 5 日,"新公关维基百科"统计到 85 家严格意义上的企业博客。不单有惠普、IBM、

思科、迪斯尼这样的世界百强企业，也有 Stonyfield Farm 乳品公司这样的增长强劲的传统产业，这家公司建立了 4 个不同的博客，都很受欢迎。服务业、非营利性组织、大学等，如咖啡巨头星巴克、普华永道事务所、Tivo、康奈尔大学等也都建立了自己的博客。Novell 公司还专门建立了一个公关博客，专门用于与媒介的沟通。

④企业产品博客。即专门为了某个品牌的产品进行公关宣传或者以为客户服务为目的所推出的博客。据相关统计，目前有 30 余个国际品牌有自己的博客。例如在汽车行业，除了去年的日产汽车 TIIDA 博客和 CUBE 博客，去年底今年初作者看到了通用汽车的两个博客，不久前福特汽车的野马系列也推出了“野马博客”，马自达在日本也为其 ATENZA 品牌专门推出了博客。今年，通用汽车还利用自身博客的宣传攻势协助成功地处理了《洛杉矶时报》公关危机。

⑤“领袖”博客。除了企业自身建立博客进行公关传播，一些企业也注意到了博客群体作为意见领袖的特点，尝试通过博客进行品牌渗透和再传播。

⑥知识库博客，或者叫 K－LOG。基于博客的知识管理将越来越广泛，使得企业可以有效地控制和管理那些原来只是由部分工作人员拥有的、保存在文件档案或者个人电脑中的信息资料。知识库博客提供给了新闻机构、教育单位、商业企业和个人一种重要的内部管理工具。

3）*按存在方式分*

按存在方式博客可以分为 3 类。

①托管博客。无须自己注册域名、租用空间和编制网页，只要去免费注册申请即可拥有自己的 Blog 空间，是最“多快好省”的方式。

②自建独立网站的博客。有自己的域名、空间和页面风格。这需要一定的条件。（例如自己需要会网页制作，需要懂得网络知识）当然，自己域名的博客更自由，有最大限度的管理权限。

③附属博客。将自己的 Blog 作为某一个网站的一部分。（如一个栏目、一个频道或者一个地址）

这 3 类之间可以演变，甚至可以兼得，一人拥有多种博客网站。

3．博客的发展历史

博客的出现是近几年的事情，但是要书写博客历史，却不是一件轻松的事情。许多史料必须像挖掘“古董”一样去求证，而且分歧和争议颇多。比如谁是“博客之父”这个问题想要有一个明确的答案是不可能的，因为牵涉许多大名鼎鼎的人物。

（1）最早的博客网站。显然最早的博客是作为网络“过滤器”的作用出现的，那就是挑选一些特别的网站，并做简单的介绍。因此有人认为浏览器发明人 Marc Andreesen 开发的 Mosaic 的 What's New 网页就是最早的博客网页。Justin Hall 的黑社会链接网页也是最早的博客网站原型之一。

（2）最早的博客命名人。著名科幻作家 William Gibson 在 1996 年预言了职业博客：“用不了多久就会有人为浏览网页，精选内容，并以此为生，的确存在着这样的需求。”Userland 公司 CEO Dave Winer，在 1997 年开始运作的 Scripting News 开始真正具备了博客的基本重要特性,并且他将这些功能集成到免费软件"Frontier 脚本环境"。

1997 年 12 月,Jorn Barger 运行的"Robot Wisdom Weblog"第一次使用 Weblog 这个正式的名字。至今,在博客领域,他还是一位非常有影响力的人物。由 Matt Haughey 发起的社区博客网站 Metafilter 虽然被广为批评,但是很长一段时间里,它的确是比其他博客网站更有意思。

而目前最流行的词汇"blog",一般被公认为是 Peter Merholz 在 1999 年才命名的。这一年,也是博客开始高速发展的一年,主要是由于 Blogger、Pita、Greymatter、Manila、Diaryland、Big Blog Tool 等众多自动网络出版免费软件的发布,而且它们往往还提供免费的服务器空间。有了这些,一个博客就可以零成本地发布、更新和维护自己的网站。其中 Pyra 公司出品的 Blogger 是最流行和最有影响的工具。当时,他们有着一支网络出版软件的"梦之队"。但是,这种成功并没有为公司带来利润,甚至由于财务压力,2001 年 1 月公司大裁员,并一口气裁到了极限,梦之队也分崩离析,只留下一名正式员工 Evan Williams,他是创始人之一,另一名创始人是新英格兰人 Meg Hourihan。

(3)最重要的问题——到底什么叫博客,它与个人网站、社区、网上刊物、微型门户、新闻网页等究竟有什么区别。最明确的区别方式当然就是形式而不是内容,因为博客的内容五花八门。Evan Williams 的定义非常简洁:"博客概念主要体现在 3 个方面:频繁更新(Frequency)、简短明了(Brevity)以及个性化(Personality)。"而后来继续演化,更规范更明晰的形式界定为:①网页主体内容由不断更新的、个人性质的众多"帖子"组成;②它们按时间顺序排列,而且是倒序方式,也就是最新的放在最上面,最旧的在最下面;③内容可以是各种主题、各种外观布局和各种写作风格,但是文章内容必须以"超链接"作为重要的表达方式。如果无法满足这些条件,就不能称为正式的博客网站。

由于博客并不是纯粹的技术创新,而是一种逐渐演变的网络应用。博客天然的草根性,决定了人们很难来认定一个正式的"博客之父",也没有人敢于戴上这顶帽子,否则,一定会被打得头破血流。

博客编年史如下。

1993 年 6 月:最古老的博客原型—— NCSA 的"What's New Page"网页,主要是罗列 Web 上新兴的网站索引,这个页面从 1993 年 6 月开始,一直更新到 1996 年 6 月为止。

1994 年 1 月:Justin Hall 开办 Justin's Home Page(Justin 的个人网页),不久里面开始收集各种地下秘密的链接,这个重要的个人网站可以算是最早的博客网站之一。

1997 年 4 月 1 日:Dave Winer 开始出版 Scripting News。这个网站是由早期的 Davenet 演变而来,最早为 1994 年 10 月 7 日。

1997 年 12 月:Jorn Barger 最早用 Weblog 这个术语来描述那些有评论和链接,而且持续更新的个人网站。

1998 年 5 月 7 日:Peter Merholz 开始出版网站(根据他自己的档案记录)。

1998 年 9 月 15 日:Memepool 开始出版,最早的链接是关于"Alex Chiu's Eternal Life Device"。

1999 年:Peter Merholz 以缩略词"blog"来命名博客,成为今天最常用的术语。

1999 年 5 月 28 日,Cam 在他个人博客网站 Camworld 中写道:"Dave Winer 开始了最早

的博客网站，Camworld 无须隐瞒地表示，模范和追随 Scripting News。”

2000 年 4 月 12 日：Weblogs eGroups 的邮件列表终止，Jorn Barger 和 Dave Winer 的鼻祖之争开始公开化。

2000 年 8 月 22 日：Winer 在 FoRK 的邮件列表中贴出帖子，爆发争吵。

2000 年 10 月：Jakob Neilsen 表示“一般的博客网站都不忍卒读”。

2000 年 10 月 14 日：Dave Winer 暗示他的 Scripting News 是最早的博客网站，然后他优雅地将这项荣誉归于他很尊重的前辈——WWW 的发明人 Tim Berners - Lee。

2000 年 11 月：Winer 很快给自己找到了另一顶桂冠，Scripting News 将网站的口号变为互联网上持续运行时间最长的博客网站，开始于 1997 年 4 月 1 日。

2000 年 12 月 17 日：Userland 发布 Super Open Directory，希望成为目录创建的事实工具。

2001 年 9 月 11 日：世贸大楼遭遇恐怖袭击，博客成为信息和灾难亲身体验的重要来源。从此，博客正式步入主流社会的视野。

Userland 公司 CEO——Dave Winer 在 1997 年开始运作的 Scripting News 开始真正具备了博客的基本重要特性。并且他将这些功能集成到免费软件“Frontier 脚本环境”中。不过，这个算不算是真正的最早博客，争议颇多。有人认为，从形式上说，是 Jorn Barger 于 1997 年底建立了今天博客网站的基本模样（当时的原始模样可以上网看到）。网管人员使用 log（log files）来指称“系统记录文件”，因此几年前如果用 Google 来查 Weblog，查出来大多都是例如 Seacloak 这种网站流量分析软件，而不像今天真正的 Weblog。

有的博客因其作者及内容专业性，可按照专业划分为专业博客，如专注于电子商务/网络营销领域的实践与研究，目前着力于企业网络营销、电子商务应用、网站优化与推广、医药电子商务、SAAS、Web2.0 应用等方面思考与实践的中国老年服务网电子商务 page 博客，即是电子商务专业博客。

2002 年 5 月 17 日，Peter Merholz 在题为“词汇游戏”的帖子中如此回忆道，我一直很喜欢词汇，喜欢一遇到生词就钻到词典里面。我喜欢词汇游戏，词源学更是有趣。没有想到这种爱好居然产生了影响，大约 1999 年 4 月或者 5 月（确切的时间已经记不清楚），我在自己的主页上贴出一个帖子：“我决定把 weblog 发音为 wee' - blog，或者缩写为‘blog’。”我也没有多想，就把这个词汇用进了我的帖子中，后来大家发邮件也开始使用。

Keith Dawson 把 blog 收进了“行话查询”中。但是，如果不是 1999 年 8 月，Pyra 发布 Blogger 的话，这个词汇可能就无疾而终。Peter Merholz 由此将 blog 变成动词，后来更衍生出 blogging、blogger 或者 I blog、Blogsphere（博客世界）等的说法。

任务二 个人博客

1. 申请开通博客

现在申请开通个人博客其实是一件很简单的事情，因为各大门户网站都有自助托管博客的服务，个人用户只需提交信息就可以免费注册开通了。

1）申请

最简单的申请步骤如下。

(1)百度一下“博客”,找一家自己喜欢的网站,如百度、新浪、网易、搜狐等,都是大的网站,进入该网站首页或博客首页注册,或先看一下“帮助”、“新手上路”再注册。

还可以先在网站首页点击“邮箱”,先开通邮箱再注册。邮箱地址、用户名,密码一定要记好,记到手边的本子或电脑上,以后靠它登录。有许多人开通博客后忘了登录名、密码、密码提示,这就麻烦了。

(2)注册一个账号,博客首页右上角有“登录/注册”框,点击“注册”进入注册页面。填写自己的邮箱作为用户名,填写“密码”,“确认密码”,填写“验证码”,提交即可。

2)开通

(1)注册成功后,第一次登录博客,需要对自己的博客页面进行设置。博客页面的设置包括空间名称、分类、模式、模板等,博主可根据个人的喜好进行设置。(注:空间名称确定后,不要轻易改变,它可以帮助网友利用搜索引擎查找到你的博客)

系统会跳到注册成功页。点击“激活我的‘博客’”的链接,进入个人空间升级页。在升级页填写详细资料,填写“个人空间名”、“空间分类”、“所在地区”、“空间模式”(根据自己的爱好选择空间模式,比如平时比较喜欢写博客,可将“空间模式”选为“日志模式”),选一个“模板”,点击“确定”即完成个人空间的升级。

(2)升级完成后,系统会跳到你的个人空间首页,在左上角头像下面有“用户菜单”。点击最后一项“空间管理”,进入空间管理页面,开始博客之旅。里面有快速发布“日志”、“图片”、“书签”、“影音”,点击想发布的项,即可发布文章、图片、书签或影音。

3)举例

(1)百度博客的申请步骤如下。

若没有百度账号,请在“百度空间”主页点击“立即注册并创建我的空间”,按照说明进行注册。若有百度账号,请在登录框中输入用户名及密码,进行空间激活。

登录注册后为空间指定唯一的网址,一旦申请成功即不可更改。

完成“激活您的空间”页面内容的填写,点击“创建空间”按钮,完成创建。

(2)新浪博客的申请步骤如下。

如果拥有新浪 UC 号或者新浪邮箱,可用该账号直接登录。

如果没有,到博客首页 http://login. sina. com. cn/signup/signupmail. php? entry = blog,点击“开通博客”的按钮。

进入填写资料的页面,填写资料进行注册,如图 9-1 所示。填写完成后,点击“注册”就可以了。

填写完资料后,提交邮箱,新浪系统会提示发送了一个激活邮件到填写的指定邮箱,如图 9-2 所示。

sina新浪博客 | 注册新浪博客

注册新浪博客，仅需30秒。

邮箱地址：　我没有邮箱　请输入邮箱名

登录密码：

确认密码：

博客昵称：

验证码：

看不清，换一张？

我已经看过并同意《新浪网络服务使用协议》

注册

图 9-1　注册新浪博客

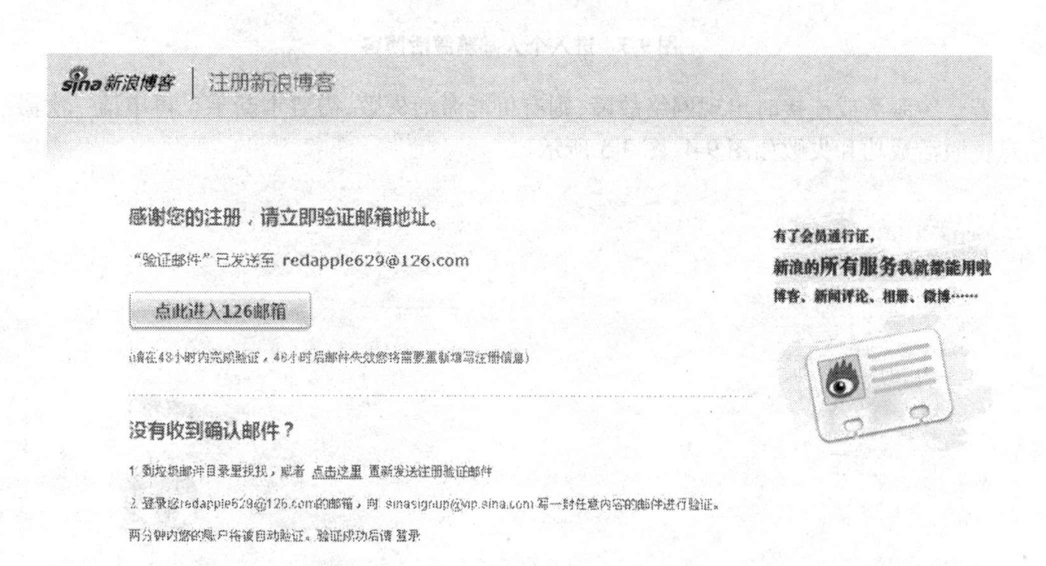

图 9-2　注册成功

进入邮箱后可以查看到由“新浪博客”发送的一封新邮件，打开后可以看见一个激活链接，点击即可，如图 9-3 所示。

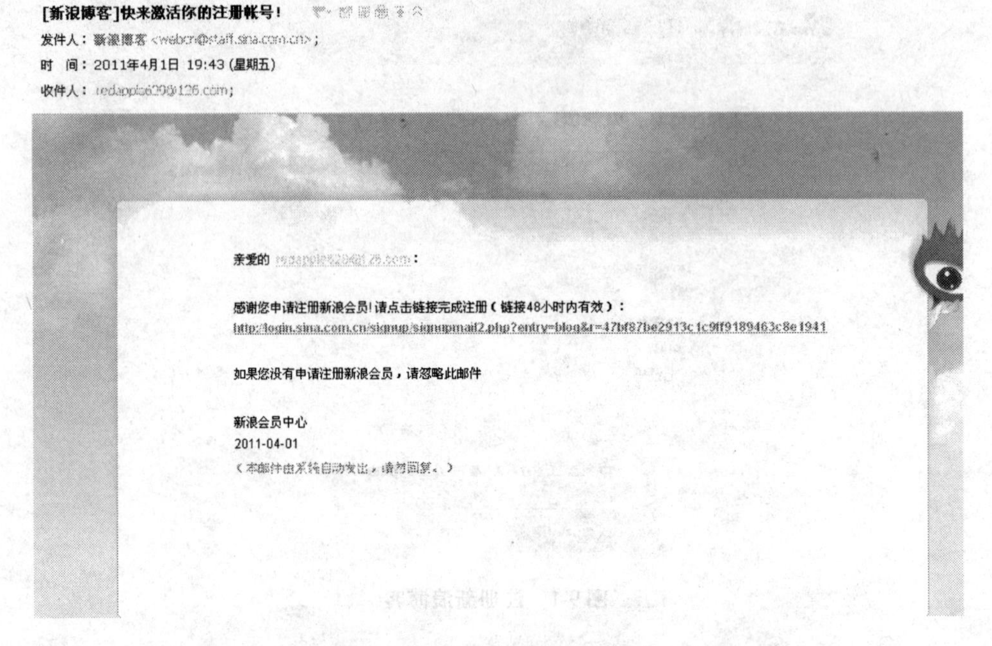

图 9-3 进入个人邮箱激活博客

若已经激活或连接时出现网络故障,则有可能激活失败,需要重新手工再申请一次激活信息。激活成功和失败如图 9-4、图 9-5 所示。

图 9-4 激活成功

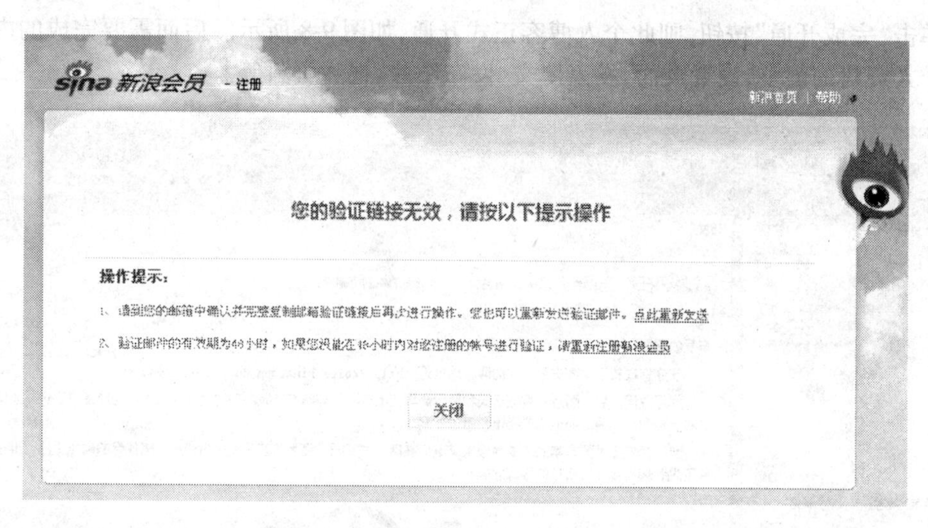

图 9-5　激活失败

成功以后再次登录新浪博客首页，就会发现已经用刚才申请的账户登录，如图 9-6 所示。

图 9-6　开通成功后成功登录

2. 完成博客建设

申请开通博客成功以后，正常登录网站主页，点击“我的博客”进入个人博客主页，此时博客还未正式开通，需要完成博客空间的建设，如图 9-7 所示。

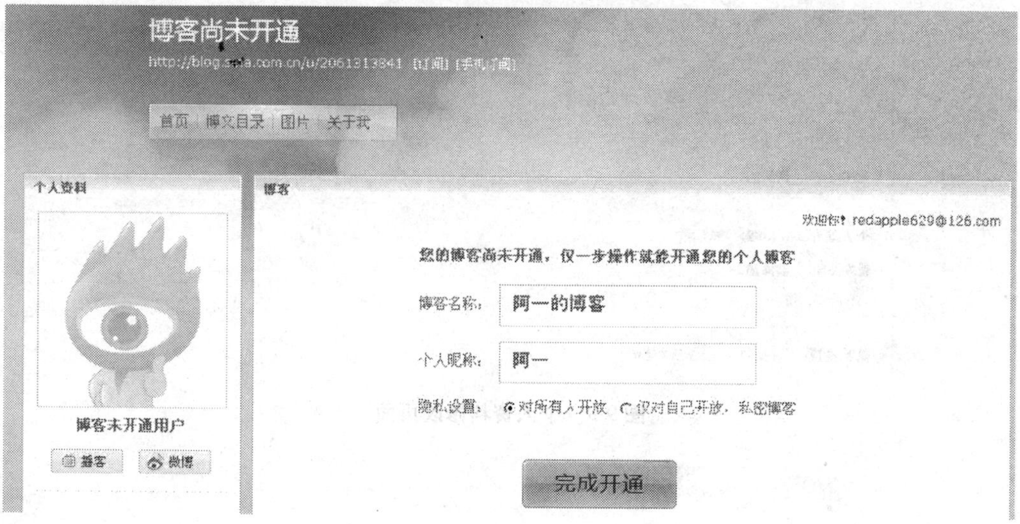

图 9-7　登录“我的博客”1

单击“完成开通”按钮，则此个人博客正式开通，如图 9-8 所示。后面需要完成的内容还包括个人资料的健全，设置页面，发表博文，发布图片、视频资料等。

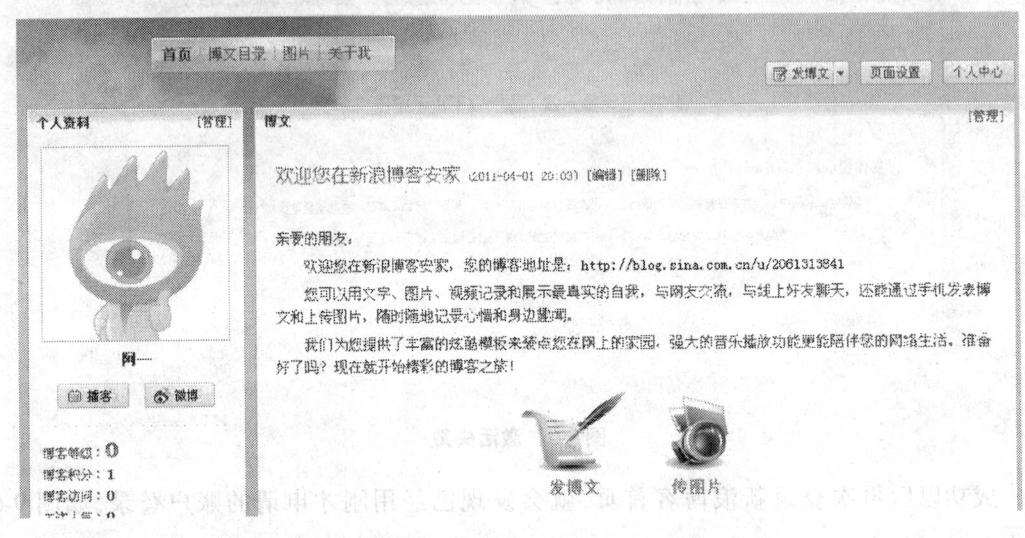

图 9-8　登录“我的博客”2

1) 完善个人资料

单击头像右上方的【管理】，进入个人资料修改页面，如图 9-9 所示。在页面内可修改个人信息，上传个人头像和资料，修改登录密码等。值得一提的是，新浪的博客是可以修改网站地址的，所以用户可以根据自身情况修改网站地址，以便后期推广自己的博客，如图 9-10 所示。

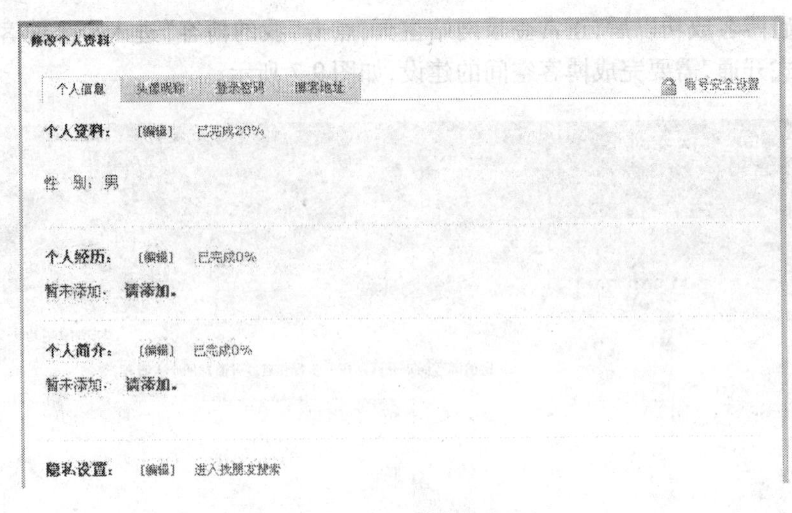

图 9-9　个人资料修改页面

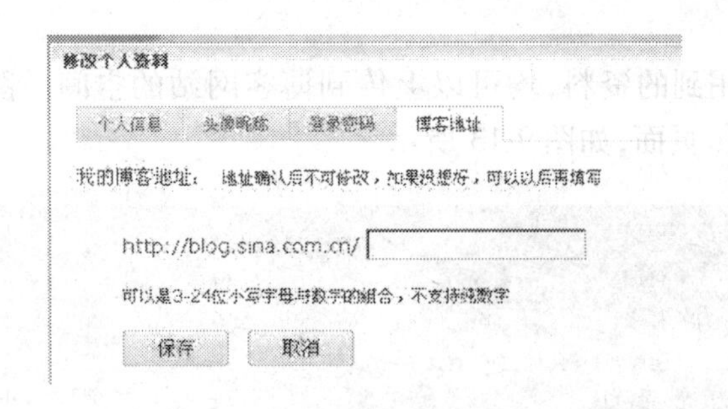

图 9-10　修改博客地址

2)发表博文

单击主页内的“发博文”按钮，进入博文发布页面，如图 9-11 所示。

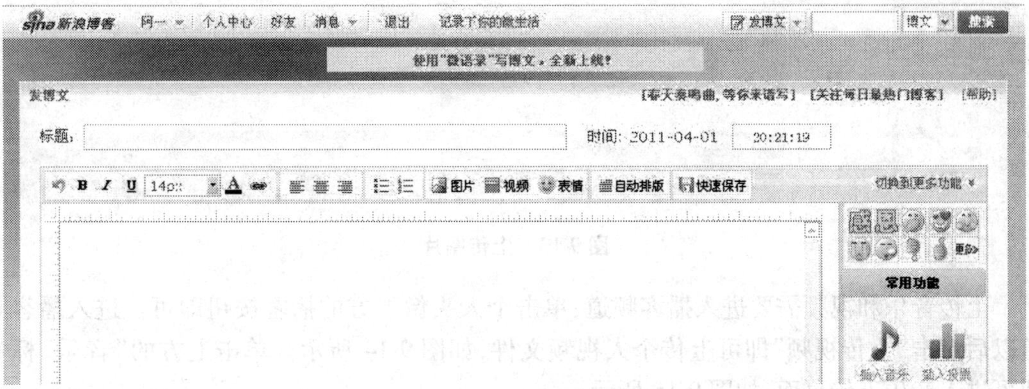

图 9-11　博文发布

此页面内的操作与编写普通文档无异，用户可以根据自己的喜好编撰文章。在新浪的博文编写中，用户还可以插入图片和视频资料，使博客文章更加生动。编写完后，可以回到主页单击“博文目录”按钮查看和管理，如图 9-12 所示。

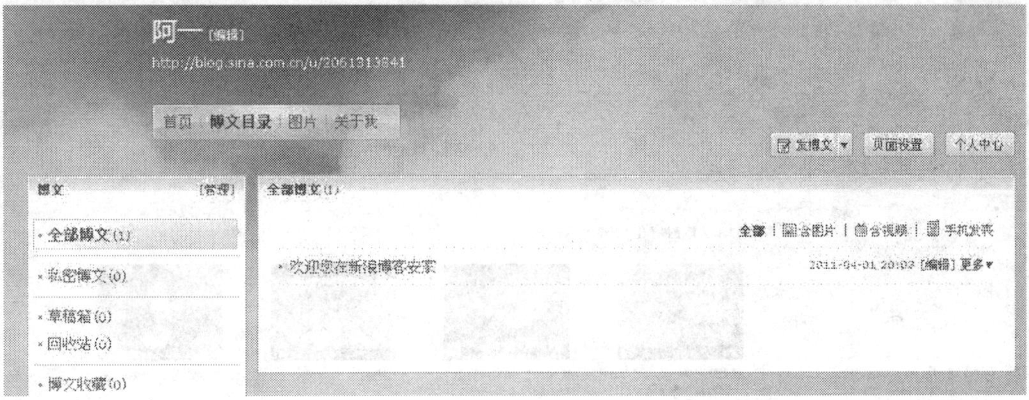

图 9-12　博文目录

3)资料上传

所有博客内所使用到的资料,均可以上传到博客网站的空间。图片资料可以单击“图片”按钮,进入图片上传页面,如图 9-13 所示。

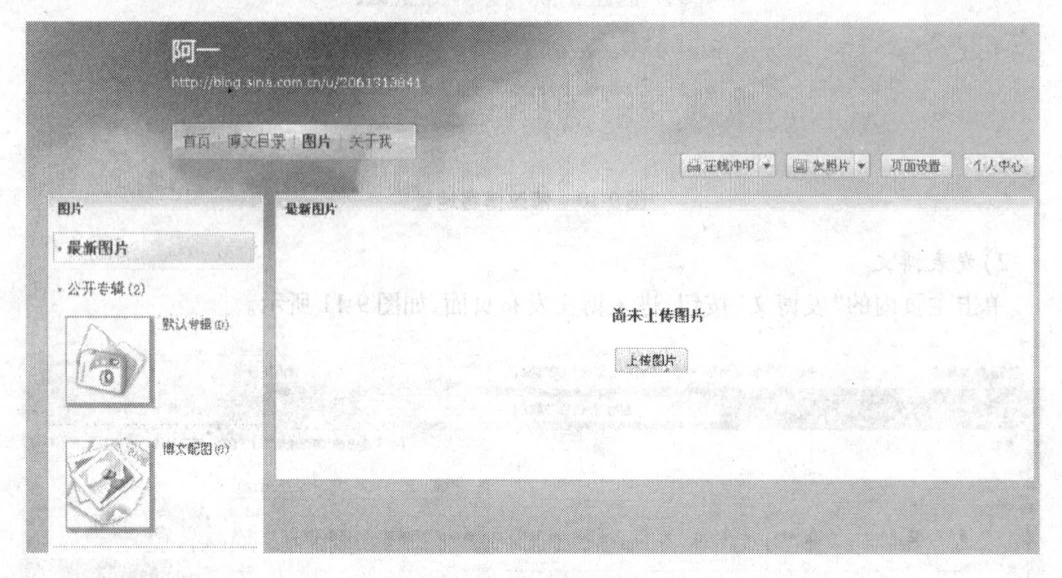

图 9-13　上传图片

上传音乐和视频需要进入播客频道,单击个人头像下方的播客按钮即可。进入播客频道以后点击“上传视频”即可上传个人视频文件,如图 9-14 所示。单击上方的“音乐”标签即可进入音乐上传页面,如图 9-15 所示。

图 9-14　上传视频

上传的这部分资料,在以后的博文编写中是可以随时调用的。

图 9-15　上传音乐

4) 关于微博

微博，即微博客(MicroBlog)的简称，是一个基于用户关系的信息分享、传播以及获取平台，用户可以通过 Web、WAP 以及各种客户端组件个人社区，以 140 字左右的文字更新信息，并实现即时分享。最早也是最著名的微博是美国的 twitter，根据相关公开数据，截至 2010 年 1 月份，该产品在全球已经拥有 7 500 万注册用户。2009 年 8 月份中国最大的门户网站新浪网推出“新浪微博”内测版，成为门户网站中第一家提供微博服务的网站，微博正式进入中文上网主流人群视野。本任务只是简单提一下进入和开通新浪微博的方法，后文还会详细介绍微博。

(1) 单击博客头像下的“微博”按钮，进入微博主页，如图 9-16 所示。

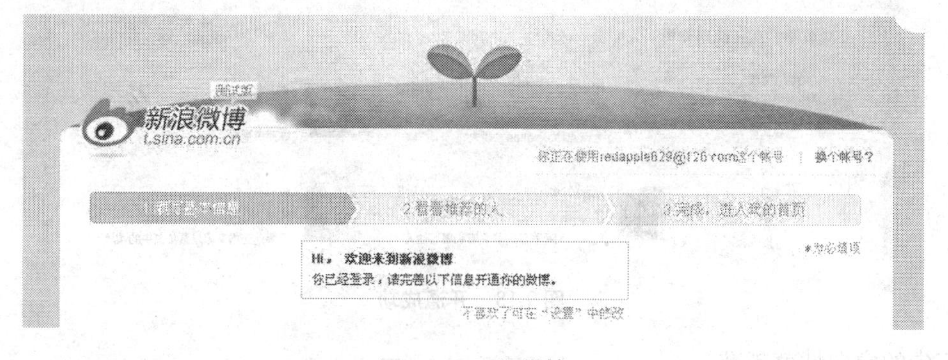

图 9-16　开通微博

(2) 填写相关资料，单击“开通微博”即可，如图 9-17 和 9-18 所示。

关于博客建设其他方面的操作，用户可以在使用过程中逐步体验，本文不做详述。

2. 博客的营销推广

博客营销推广是指企业或者个人通过博客这种网络应用平台进行自我宣传，以其达到宣传企业形象、企业产品、品牌以及个人品质的营销目的。

博客是个人网上出版物，拥有其个性化的分类属性，因而每个博客都有其不同的受众群体，其读者也往往是一群特定的人，细分的程度远远超过了其他形式的媒体。而细分程度越

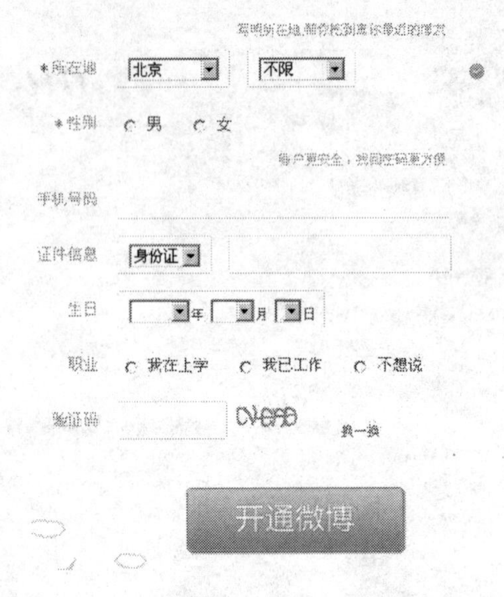

图 9-17 填写微博资料

图 9-18 开通成功

高，广告的定向性就越准。

每个博客都拥有一个相同兴趣爱好的博客圈子，而且在这个圈子内部的博客之间的相互影响力很大，可信程度相对较高，朋友之间互动传播性也非常强，因此可创造的口碑效应和品牌价值非常大。虽然单个博客的流量绝对值不一定很大，但是受众群明确，针对性非常强，单位受众的广告价值自然就比较高，所能创造的品牌价值远非传统方式的广告所能比拟。

随着"芮成钢评论星巴克"、"DELL 笔记本"等多起博客门事件的陆续发生，证实了博客作为高端人群所形成的评论意见影响面和影响力度越来越大，博客渐渐成为了网民们的

"意见领袖",引导着网民舆论潮流,他们所发表的评价和意见会在极短时间内在互联网上迅速传播开来,对企业品牌造成巨大影响。

由于主要仅集中于教育和刺激小部分传播样本人群上,即教育、开发口碑意见领袖,因此口碑营销成本比面对大众人群的其他广告形式要低得多,且结果也往往能事半功倍。

如果企业在营销产品的过程中巧妙地利用口碑的作用,必定会达到很多常规广告所不能达到的效果。例如,博客赢利模式和传统行业营销方式创新,都是时下社会热点议题,因而广告客户通过博客口碑营销不仅可以获得显著的广告效果,而且还会因大胆利用互联网新媒体进行营销创新而吸引更大范围的社会人群、营销业界的高度关注,引发各大媒体的热点报道,这种广告效果必将远远大于单纯的广告投入。

运用口碑营销策略,激励早期采用者向他人推荐产品,劝服他人购买产品。最后,随着满意顾客的增多会出现更多的"信息播种机"、"意见领袖",企业赢得良好的口碑、长远利益也就得到保证。

推广自己的博客是需要技巧的。首先在做一个博客之前一定要想一想,做这个博客是为了什么？也就是说利用这个博客达到什么目的？是为了扩大自己企业或是产品的知名度？还是想要给自己的网站增加流量？或只是单纯想要在搜索自己的时候,在首页占一个位置？因为虽然博客营销对于企业宣传能够起到一定的效果,可是毕竟也只是博客,企业博客也很难达到韩寒、老徐博客那么大的影响力,所以在前期弄清楚自己的目的,这也是博客营销技巧的一个重要环节。弄清楚自己的目的之后,就要根据目的来建设博客了。

如果抱着其他的目的来宣传的话,博客的选择就可以很多样,可是如果只是为了提高企业的知名度,那么除了新浪博客别无二选,因为新浪博客的流量是目前国内最大的。

在设置完博客的基本板块之后,就要先加 3 到 5 个跟自己行业有关的圈子,再到新浪首页的博客里留言 5 个就可以,记住前期的留言不要带上自己企业的信息,正常回复即可,再加上 5 个左右的好友。博客好友及博友管理界面如图 9-19、图 9-20 所示。这样做的目的是为了保证博客的收录。

博客内所发表博文的优劣,决定了提高知名度的能力,也是博客营销技巧的重要一环。如果博文新颖、独特、可读性强,前期每天两百左右的流量应该不成问题;如果维护博客的时间充裕,每天两千的流量都不是问题。如果这次你的东西让人很感兴趣,那他下次还会来;再有一种就是和名人拉关系等。

相对于网站,博客的推广还算简单。目前在使用的推广方法主要有以下 5 个。

(1)博客评论推广。评论推广是博客最核心的推广手法之一。评论推广很像和其他博友聊天,它对于新博客能起到立竿见影的效果。比如新博客只有一篇文章,就开始评论交流,用不了多久就能收到效果。但如果要和其他博客建立长久关系还需要长期互访、交流才能到达目的。

(2)微博推广。微博增加朋友圈子的能力远比普通博客的能力要强,所以通过微博能很容易地增加朋友数量。

(3)软文推广。顾名思义,它是相对于硬性广告而言,由企业的市场策划人员或广告公司的文案人员来负责撰写的"文字广告"。与硬广告相比,软文之所以叫做软文,精妙之处就在于一个"软"字,好似绵里藏针,收而不露,克敌于无形。

(4)博客群建。博客群建通俗点说就是在各大门户网站批量创建博客,编写软文或者

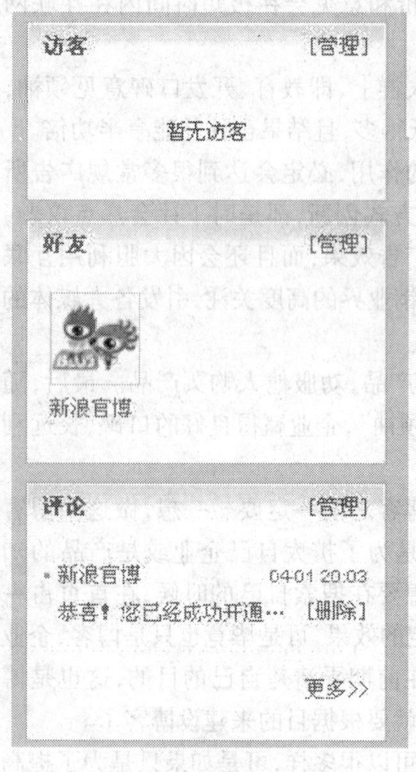

图9-19 博客好友

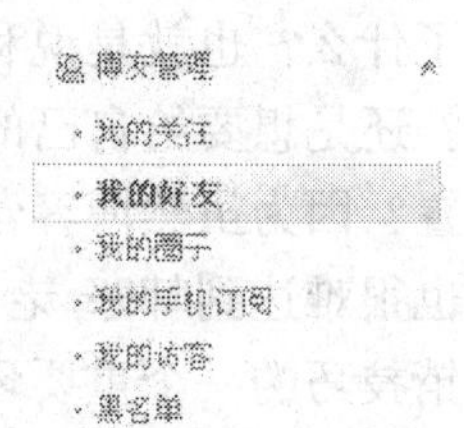

图9-20 博友管理

转载主站文章，而各个博客之间又互相友情链接，最终到达提升网站的知名度、增加外链、提高流量等目标。博客群建推广并不是注册一堆博客就完了，这些博客需要"养"，每天都需要更新文章，贵在坚持。可能好多人有所误解，以为博客群建推广效果来得快，实际上，刚建立博客效果不会马上突显，需要大量文章的积累和长时间的坚持。

(5)写好内容。这个是博客推广的根本。

3. 微博

相对于博客需要组织语言陈述事实或者采取修辞手法来表达心情，微博只言片语"语录体"的即时表述更加符合现代人的生活节奏和习惯；而新技术的运用则使得用户(作者)也更加容易对访问者的留言进行回复，从而形成良好的互动关系。综上所述，微博占据了天时地利人和之机，想不红都难，如图9-21所示。

微博草根性更强，且广泛分布在桌面、浏览器、移动终端等多个平台上，有多种商业模式并存，或形成多个垂直细分领域的可能，但无论哪种商业模式，应该都离不开用户体验的特性和基本功能。

在微博上，140字的限制将平民和莎士比亚拉到了同一水平线上，这一点导致大量原创内容爆发性地被生产出来。微博的出现具有划时代的意义，真正标志着个人互联网时代的到来。博客的出现，已经将互联网上的社会化媒体推进了一大步，公众人物纷纷开始建立自己的网上形象。然而，博客上的形象仍然是化妆后的表演，博文的创作需要考虑完整的逻辑，这样大的工作量对于博客作者成为很重的负担。"沉默的大多数"在微博上找到了展示

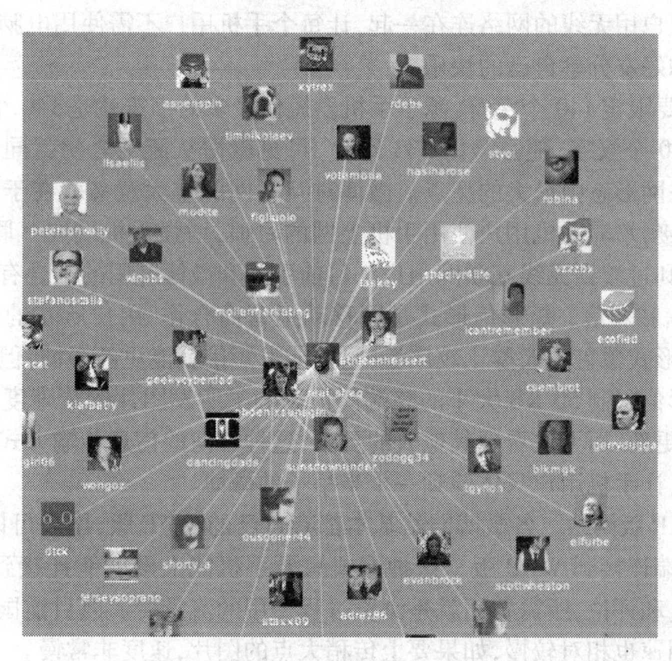

图 9-21　微博的影响力

自己的舞台。

与博客上面对面的表演不同，微博上是背对脸的交流，就好比你在电脑前打游戏，路过的人从你背后看着你怎么玩，而你并不需要主动和背后的人交流。可以一点对多点，也可以点对点。当你追随一个自己感兴趣的人时，两三天就会上瘾。移动终端提供的便利性和多媒体化，使得微博用户体验的黏性越来越强。

微博网站现在的即时通信功能非常强大，通过 QQ 和 MSN 直接书写，在没有网络的地方，只要有手机也可即时更新自己的内容，哪怕你就在事发现场。一些大的突发事件或引起全球关注的大事，如果利用各种手段在微博上发表出来，其实时性、现场感以及快捷性，甚至超过所有媒体。

微博是否成为了一个继博客之后的全新信息平台？似乎从目前看来，还很难。作者曾经尝试过用微博来发布新闻：见证中国第一条自主研发的等离子电视机生产线落成，但似乎连一点水花都没有溅起来。短短几十个字，也不可能让任何人在微博上成为意见领袖，最多就是如同一个通讯社记者那样，将一个最新的即时新闻用最少的言语，以最快的速度通过手机或其他方式发布在网上。

以个人面向网络的即时广播，通过群聚的方式，每个人都可以形成一个自己的听众群落；用微博的方式，将个人的见解和观点发布给自己的听众，以最精练的词汇来表达最高深的观点。某种程度上来说，这种将微博和即时通信软件的兼容并包，以群广播的模式来形成自己的意见圈子的做法，与之前一味模仿的同类手法相比，在形式上确实有了进步，感觉较为新颖。但能否继续下去，人气在短时间之内是否可获得快速突破，赢利模型是否有新的发展，仅靠一款内测产品目前尚难做出判断。微博即时广播的方式能否真正形成一种意见领袖的圈子，以类似名言警句的模式来发展成社会圈子的大舞台，也未可知。

微博的主要发展运用平台应该是以手机用户为主，微博以电脑为服务器、以手机为平台,把每个手机用户用无线的网络连在一起,让每个手机用户不需使用电脑就可以发表自己的最新信息,并和好友分享自己的快乐。

微博之所以要限定 140 个字符,源于手机发短信最多的字符就是 140 个(微博进入中国后普遍默认为 140 个汉字,随心微博 333 字)。可见微博从诞生之初就同手机应用密不可分,更是其在互联网形态中最大的亮点。微博对互联网的重大意义就在于建立手机和互联网应用的无缝连接,培养手机用户使用手机上网的习惯,增强手机端同互联网端的互动,从而使手机用户顺利过渡到无线互联网用户。目前手机和微博应用的结合有 3 种形式。

(1)通过短信和彩信。短彩信形式是同移动运营商合作,用户所花的短彩信费用由运营商收取。这种形式覆盖的人群比较广泛,只要能发短信就能更新微博,但对用户来说更新成本太大,并且彩信限制 50 KB 大小的弊端严重影响了所发图片的清晰度。最关键的是这个方法只能提供更新,而无法看到其他人的更新,这种单向的信息传输方式大大降低了用户参与性和互动性,让手机用户只体验到一个半吊子的微博。

(2)通过 WAP 版网站。各微博网站基本都有自己的 WAP 版,用户可以通过登录 WAP 或通过安装客户端连接到 WAP 版。这种形式只要手机能上网就能连接到微博,可以更新也可以浏览、回复和评论,所需费用就是浏览过程中用的流量费。但目前国内的 GPRS 流量费还相对较高,网速也相对较慢,如果要上传稍大点的图片,速度非常慢。

(3)通过手机客户端。手机客户端分两种。

一种是微博网站开发的基于 WAP 的快捷方式版。用户通过客户端直接连接到经过美化和优化的 WAP 版微博网站。这种形式中用户行为主要靠主动来实现,也就是用户想起更新和浏览微博的时候才打开客户端,其实也就相当于在手机端增加了一个微博网站快捷方式,使用操作上的利弊同 WAP 网站基本相同。

另一种是利用微博网站提供的 API 开发的第三方客户端。这种客户端在国内还比较少,国际上比较有名的是 twitter 的客户端 Gravity 和 Hesine(和信)。Gravity 是专门为 twitter 开发的,需要通过主动联网登录,但操作架构和界面经过合理设计,用户体验非常好,美中不足的是目前只支持 S60 的系统。和信是国内公司开发的,目前不但支持 twitter,还支持国内的各主流微博。与其他客户端不同的是,和信的客户端是利用 IP Push 技术提供微博更新和下发通道,不但能够大大提升用户更新微博的速度,更重要的是能将微博消息推送到用户的手机,用户不用主动登录微博就能浏览和互动。和信支持的系统平台比较多,但缺点是在非智能机上的体验还不是很好。

相对于短彩信和 WAP 形式,客户端的形式更符合无线互联网的发展趋势。尽管目前手机系统平台比较复杂,客户端开发起来难度很大,并且各客户端在非智能机上的发挥和体验整体都不佳,但是随着智能机逐渐平民化,无线网络速度的提升和流量资费的下调,手机和微博的结合肯定越来越密切。当山寨手机都能尽情地玩转微博的时候,相信微博会为互联网和移动互联网的应用带来很多革命性的变化。

任务三 论坛系统介绍

1. 论坛概述

论坛又名网络论坛(BBS),是 Internet 上的一种电子信息服务系统。它提供一块公共电子白板,每个用户都可以在上面书写,可发布信息或提出看法。它是一种交互性强、内容丰富而即时的 Internet 电子信息服务系统。用户在 BBS 站点上可以获得各种信息服务,发布信息,进行讨论、聊天等。

那么什么是 BBS 呢? BBS 的英文全称是 Bulletin Board System,翻译为中文就是“电子布告栏系统”。BBS 最早是用来公布股票价格等信息的,当时 BBS 连文件传输的功能都没有,而且只能在苹果计算机上运行。早期的 BBS 与一般街头和校园内的公告板性质相同,只不过是通过网络传播或获得消息而已。后来,有些人尝试将苹果计算机上的 BBS 转移到个人计算机上,BBS 才开始渐渐普及开来。近些年来,由于爱好者们的努力,BBS 的功能得到了很大的扩充。

目前,通过 BBS 可随时取得国际最新的软件及信息,也可以通过 BBS 和别人讨论计算机软件、硬件、Internet、多媒体、程序设计以及医学等各种有趣的话题,更可以利用 BBS 刊登一些“征友”、“廉价转让”及“公司产品”等启事。而且这个园地就在你我的身旁。只要拥有 1 台能上网的计算机,就能够进入这个“超时代”的领域,进而去享用它无比的威力。

论坛一般由站长(创始人)创建,并设立各级管理人员对论坛进行管理,包括论坛管理员(Administrator)、超级版主(Super Moderator,有的称“总版主”)、版主(Moderator,俗称“斑猪”、“斑竹”)。超级版主是低于站长(创始人)的第二权限(不过站长本身也是超级版主,超级管理员,Administrator),一般来说超级版主可以管理所有的论坛版块(普通版主只能管理特定的版块)。

现在的论坛几乎涵盖了我们生活的各个方面,几乎每一个人都可以找到自己感兴趣或者需要了解的专题性论坛。而各类网站、综合性门户网站或者功能性专题网站也都青睐于开设自己的论坛,以促进网友之间的交流,增加互动性和丰富网站的内容。论坛就其专业性可分为以下两类。

(1)综合类论坛。综合类的论坛包含的信息比较丰富和广泛,能够吸引几乎全部的网民来到论坛。但是由于广便难于精,所以这类的论坛往往存在着弊端,即不能做到全部精细和面面俱到。通常大型的门户网站有足够的人气和凝聚力以及强大的后盾支持能够把门户类网站做到很强大,但是对于小型规模的网络公司,或个人简历的论坛站,就倾向于选择专题性的论坛,来做到精致。

(2)专题类论坛。此类论坛是相对于综合类论坛而言。专题类的论坛能够吸引真正志同道合的人一起来交流探讨,有利于信息的分类整合和搜集。专题性论坛对学术科研教学都起到重要的作用,例如购物类论坛、军事类论坛、情感倾诉类论坛、电脑爱好者论坛、动漫论坛,这样的专题性论坛能够在单独的一个领域里进行版块的划分设置。但是有的论坛把专题性直接做到最细化,这样往往能够取得更好的效果,如返利论坛、养猫人论坛、吉他论坛、90 后创业论坛等。

如果按照论坛的功能性来划分,又可分为以下 4 类。

(1)教学型论坛。这类论坛通常如同一些教学类的博客,或者是教学网站。重心放在对一种知识的传授和学习上。在计算机软件等技术类的行业,这样的论坛发挥着重要的作用,通过在论坛里浏览帖子、发布帖子能迅速地与很多人在网上进行技术性的沟通和学习,譬如金蝶友商网。

(2)推广型论坛。这类论坛通常不是很受网民的欢迎,因其生来就注定是要作为广告的形式,为某一个企业,或某一种产品进行宣传服务。从2005年起,这样形式的论坛很快成立起来,但是往往很难吸引人。单就其宣传推广的性质,很难有大作为,所以这样的论坛寿命经常很短,论坛中的会员也几乎是由受雇佣的人员非自愿地组成。

(3)地方性论坛。地方性论坛是论坛中娱乐性与互动性最强的论坛之一。不论是大型论坛中的地方站,还是专业的地方论坛,都有很热烈的网民反响。比如百度长春贴吧、北京贴吧,或者是清华大学论坛、一汽公司论坛、罗定E天空等,地方性论坛能够更大距离地拉近人与人的沟通。另外由于是地方性的论坛,对其中的网民也有一定的局域限制。论坛中的人或多或少都来自于相同的地方,这样既有那么一点点真实的安全感,也少不了网络特有的朦胧感,所以这样的论坛常常受到网民的欢迎。

(4)交流性论坛。交流性的论坛又是一个广泛的大类。这样的论坛重点在于会员之间的交流和互动,所以内容也较丰富多样,有供求信息、交友信息、线上线下活动信息、新闻等。这样的论坛是将来论坛发展的大趋势。

2. 简易论坛建设简介

如何做论坛?这是现在很多网民比较感兴趣的话题,很多人想做一个自己的论坛,自己当版主,拥有一个与好友知己交流的网上乐园。要建立一个论坛,通常需要以下步骤。

1)注册域名

注册一个域名,域名可以任取,只要是别人没有注册的都可以,例如 www. red. net、www. td. net 等。可在这里查询域名能否注册:http://www. cqmp. com。如果是注册免费论坛,则可以找专业的免费论坛托管网站,如:http://www. 5d6d. comd 等,如图9-22所示。

图9-22 申请免费论坛域名

2)申请空间

可以申请免费的虚拟主机空间。如果不想速度太慢,建议购买虚拟主机空间。现在虚拟主机空间已经非常便宜了,绝大多数个人用户都能承受,例如 www. ttdd. net 的空间,100M的才百余元。如果是免费论坛,则需要提交申请人的个人信息,如图9-23所示。

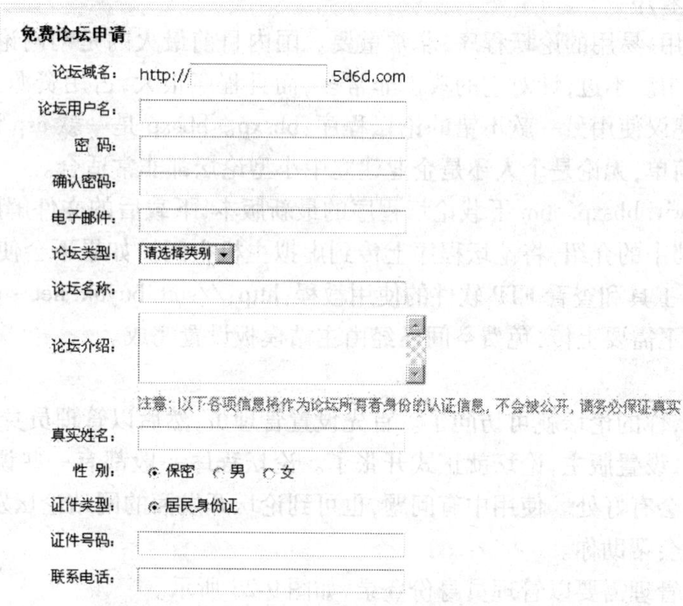

免费论坛申请

论坛域名：http:// .5d6d.com
论坛用户名：
密 码：
确认密码：
电子邮件：
论坛类型：请选择类别
论坛名称：
论坛介绍：

注意：以下各项信息将作为论坛所有者身份的认证信息，不会被公开，请务必保证真实

真实姓名：
性 别：保密 男 女
证件类型：居民身份证
证件号码：
联系电话：

图 9-23　申请免费论坛空间

3）域名解析

注册好域名、空间后，需要将域名解析到空间，空间绑定域名，这些一般由域名、空间的服务商搞定。这样，就可上传文件到空间，通过域名来访问了。如果是免费论坛，则需要将如图 9-24 所示注册信息填写好。

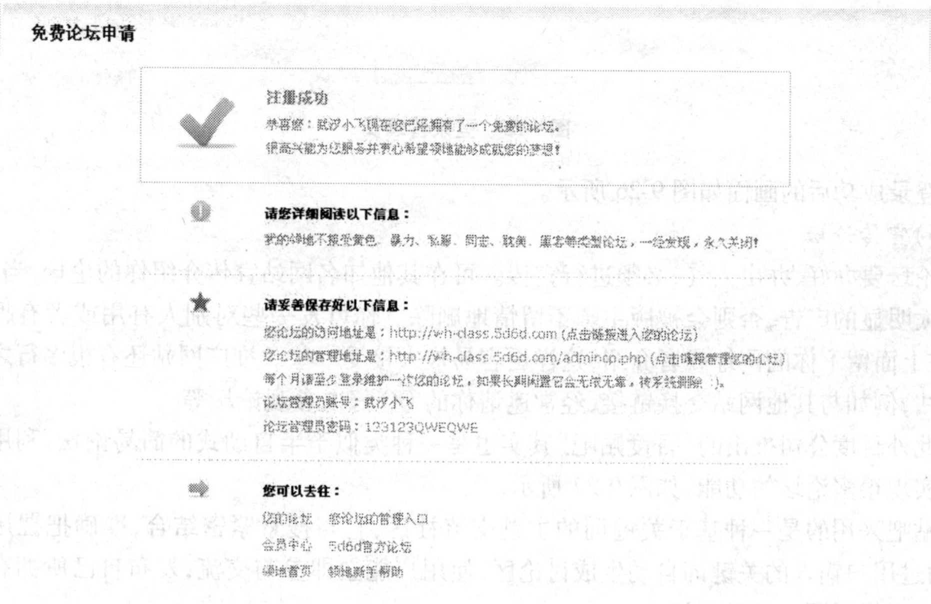

免费论坛申请

注册成功
恭喜您：武汐小飞现在您已经拥有了一个免费的论坛。
很高兴能为您服务并衷心希望领地能够成就您的梦想！

请您详细阅读以下信息：
我的领地不接受黄色、暴力、私服、同志、耽美、黑客等类型论坛，一经发现，永久关闭！

请妥善保存好以下信息：
您论坛的访问地址是：http://wh-class.5d6d.com (点击链接进入您的论坛)
您论坛的管理地址是：http://wh-class.5d6d.com/admincp.php (点击链接管理您的论坛)
每个月请至少登录维护一次您的论坛，如果长期闲置它会无依无靠，被系统删除 :)。
论坛管理员账号：武汐小飞
论坛管理员密码：123123QWEQWE

您可以去往：
您的论坛　您论坛的管理入口
会员中心　5d6d官方论坛
领地首页　领地新手帮助

图 9-24　申请成功

4）上传论坛程序

选择一款实用、易用的论坛程序，非常重要。国内目前最火的是动网论坛，它占据了国内论坛的半壁江山。不过，针对它的攻击非常多，而且程序很大，占用资源大，功能复杂，使用麻烦。因此，建议使用另一款不错的论坛程序：bbsxp。bbsxp 是一款 asp 论坛，小巧简洁，功能不错，使用简单，无论是个人还是企业建立中小型论坛都非常适合。

到 http://www.bbsxp.com 下载论坛程序的最新版本，下载后的文件解压中有详细的说明，按照说明文档中的介绍，将论坛程序上传到虚拟主机空间。如果不会使用 FTP 软件，可在这里下载 FTP 工具和查看 FTP 软件的使用教程：http://soft.buyok.net/soft/ftp/。

免费论坛则不需要上传，免费空间已经由主站模板设置完成。

5）管理论坛

上传完成后，你的论坛就可访问了。首先设置管理员，然后以管理员身份登录论坛的后台添加论坛栏目、设置版主，论坛就正式开张了。论坛程序一般都有一些说明文档，刚开始多看看说明文档会有好处。使用中有问题，也可到论坛开发商的网站论坛发帖求助，一般会有很多热心的人会帮助你。

对于论坛的管理需要以管理员身份登录，如图 9-25 所示。

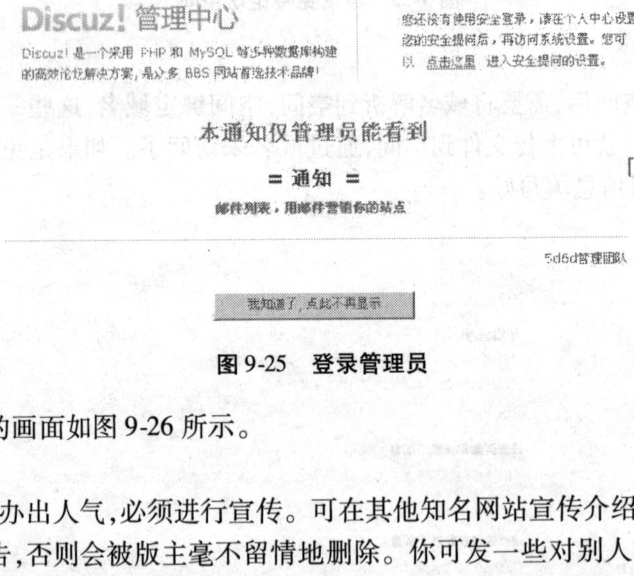

图 9-25　登录管理员

登录成功后的画面如图 9-26 所示。

6）宣传论坛

论坛要办好、办出人气，必须进行宣传。可在其他知名网站宣传介绍你的论坛，当然，不能是太明显的广告，否则会被版主毫不留情地删除。你可发一些对别人有用或者有趣的东西，在上面留下你的网址或者介绍，这样更容易被人接受一些。推广网站还有很多行之有效的办法，例如与其他网站交换链接、经常邀请你的 QQ 好友参观论坛等。

此外百度公司推出的“百度贴吧”其实也是一种类似于半自助式的简易论坛，利用贴吧也能实现很多论坛的功能，如图 9-27 所示。

贴吧采用的是一种基于关键词的主题交流社区，它与搜索紧密结合，准确把握用户需求，通过用户输入的关键词自动生成讨论区，使用户能立即参与交流，发布自己所拥有的其他人感兴趣话题的信息和想法。

贴吧的使用方法非常简单，用户输入关键词后即可进入一个讨论区，称为 XX 吧。如该吧已被创建则可直接参与讨论，如果尚未被建立，则可直接申请建立该吧。

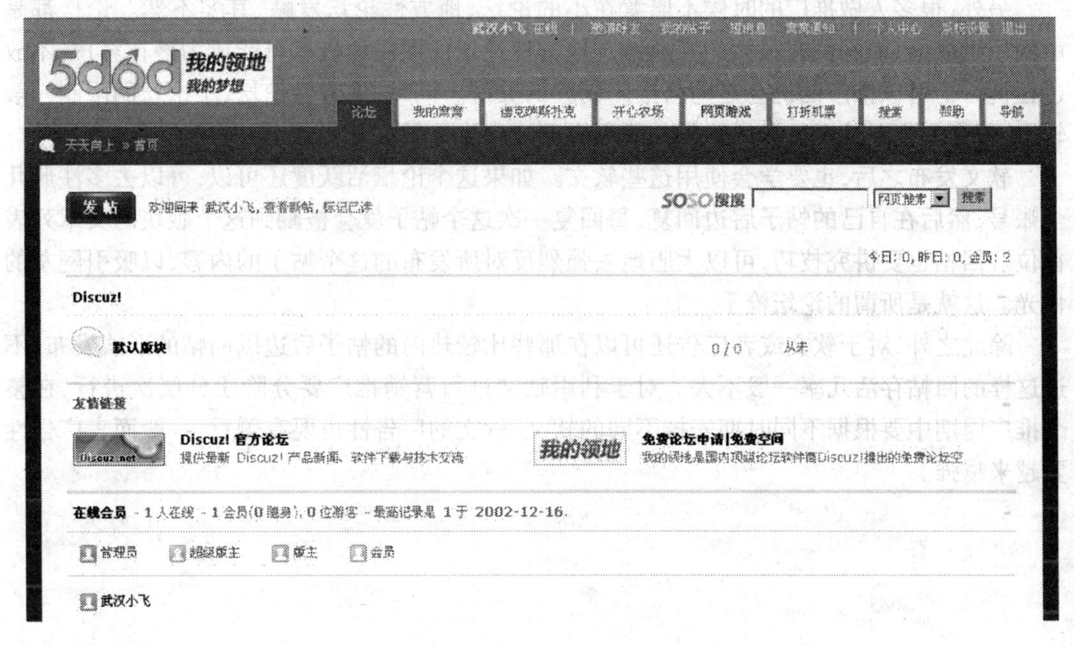

图 9-26　以管理员身份登录

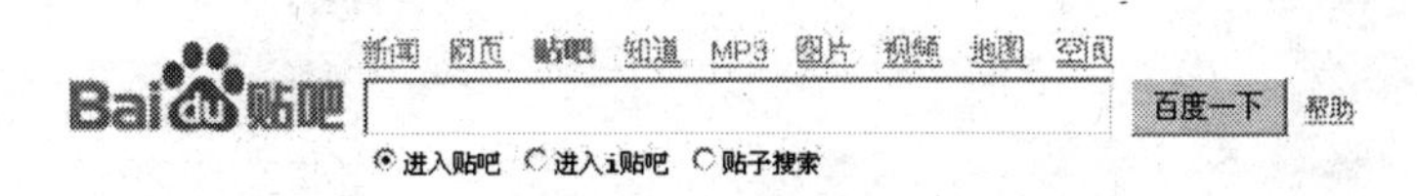

图 9-27　百度贴吧

贴吧的其他常规操作如下。

(1)进入贴吧。来到贴吧首页,在搜索框内填入一个词,点击"百度一下"按钮,就直接进入贴吧了。

(2)浏览帖子。进入贴吧后,点击任何一个题目就可以看到帖子的内容。

(3)发布新帖。进入贴吧想发言？点击导航条上方的"发表新留言"或是每篇帖子后面的"回复此发言",在右边的框里填上观点,再点击"发表帖子",所说的话就出现在网页最上方了。

(4)搜索帖子。在搜索框中输入关键词,选择"帖子搜索",点击"百度一下"按钮即可。如果是期望在某吧内搜索,可以点击搜索框右边的"吧内搜索",按照页面提示进行操作。

论坛软文的推广是论坛营销成败的关键,有了论坛数据了、有了营销软文了,那么怎么将这些信息传播出去呢？要记住一点,再美丽的软文也是广告。随着营销领域的发展,人们对软文的免疫力也越来越强,论坛管理人员对软广告的判断能力也越来越高、处罚力度也越来越大,那么摆在每一个论坛营销人员面前的问题就是该怎么发布信息。

大部分论坛都会有灌水专区、杂谈之类的版块,如果实在找不到与自己所发布的信息完全符合的版块,建议发布在这样的版块里。再者如果你的内容广告性较强而这个论坛又没有广告专栏,也建议发布在这样的版块,以提高帖子存活几率。当然如果这个论坛有广告专栏,广告性太强的软文还是建议发布到广告区里去。

另外,很多人做推广的时候不愿意在小的论坛、地方性论坛发帖,其实不然。论坛都是由网民组成的,而网民有很大的互通性。地方性论坛的网民也极有可能成为潜在客户,不放过任何一个可以推广的机会是网络推广制胜的关键。同时,地方性论坛、小论坛的限制一般较少,像青州交友社区这样的论坛一般不会删掉广告性的帖子。

软文发布之后,也要学会使用这些软文。如果这个论坛活跃度还可以,可以去多注册几个账号,然后在自己的帖子后边回复,每回复一次这个帖子就会被翻到这个版块的文章列表首位。回帖也要讲究技巧,可以大胆地去强烈反对所发布的这个帖子的内容,以吸引网友的目光。这就是所谓的论坛枪手。

除此之外,对于软文或者广告还可以在那些比较热门的帖子后边以回帖的形式发布,不过这样的回帖存活几率一般不大。对于利用软文进行营销推广要分阶段分层次进行,在整个推广周期中要根据不同时期安排不同的软文,软文的广告性也要有侧重,一般而言广告性要越来越强。

模块十　其他 Internet 应用

任务目标

- 掌握网络电话 Skype 的使用
- 了解网上银行的开通方法
- 掌握网上银行的基本使用

模块七中已介绍 QQ 和 MSN，本模块介绍另一款即时通信软件 Skype。另外介绍网上银行的应用。

任务一　网络电话 Skype

Skype 可以说是现在网络中最著名的网络电话软件了，Skype 是网络即时语音沟通工具。具备 IM 所需的其他功能，比如视频聊天、多人语音会议、多人聊天、传送文件、文字聊天等功能。它可以免费高清晰地与其他用户语音对话，也可以拨打国内国际电话，无论固定电话、手机、小灵通均可直接拨打，并且可以实现呼叫转移、短信发送等功能。

1. Skype 的软件界面

在使用 Skype 之前，电脑上最好是已装备了扬声器和麦克风设备，如果需要进行视频通话，还需要一个摄像头。软件可以直接去 Skype 的官方网站（http://Skype. tom. com）上下载。

软件的安装都大同小异，不过多叙述。和 QQ、MSN 一样，想使用 Skype 也得有一个账号，软件安装并启动后，可以在软件的登录界面中点击“注册”按钮进行账号注册。

账号的注册非常简单，在这里不过多介绍。登录 Skype 之后，如图 10-1 所示便为 Skype 的软件界面。

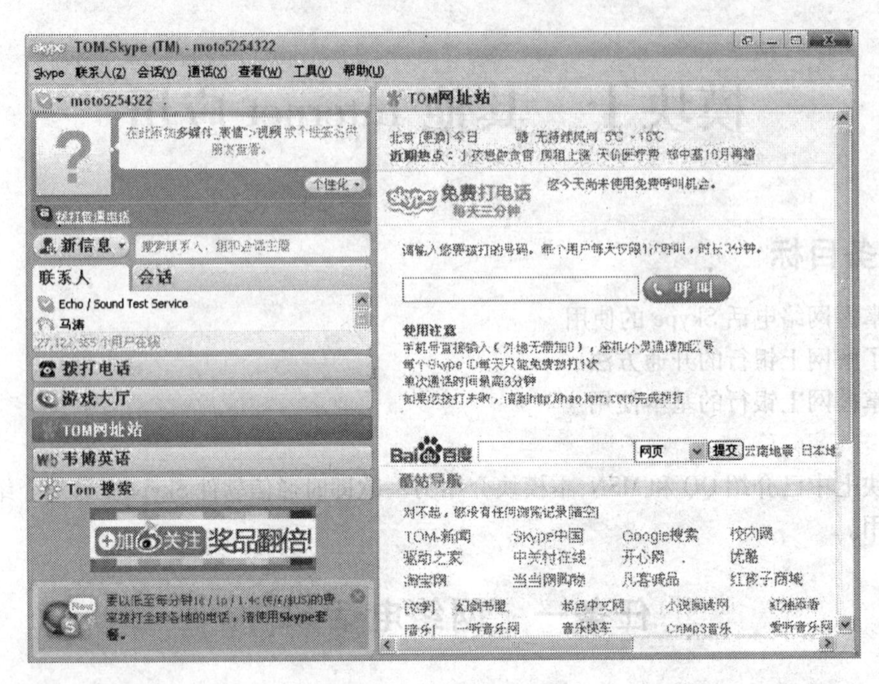

图 10-1 Skype 界面

Skype 的界面分左右两个区域，点击左侧的各项功能，右侧区域会显示相应的内容。Skype 的顶部显示 Skype 的软件名称和用户账号名。接下来是菜单栏，Skype 的菜单命令不是很多。左侧的首部是账号信息和头像；向下一点是“添加新的联系人”和“搜索联系人”文本框。然后是“联系人”列表和“会话”列表，“联系人”列表中显示着所有的联系人，可以通过 Skype 像 QQ 一样直接联系，也可以向联系人拨打普通电话；“会话”列表中显示着已接电话和已拨电话。再向下是“拨打电话”功能，点击之后，右侧的区域会显示为电话拨号界面，可以输入对方的电话号码进行拨打。“游戏大厅”是 Skype 的娱乐功能。“TOM 网址站”就是各种网址分类，方便用户访问网站。

点击菜单“Skype”→“个人资料”→“编辑个人资料”命令，便会弹出如图 10-2 所示的窗口，在该窗口中可以编辑自己的个人资料。

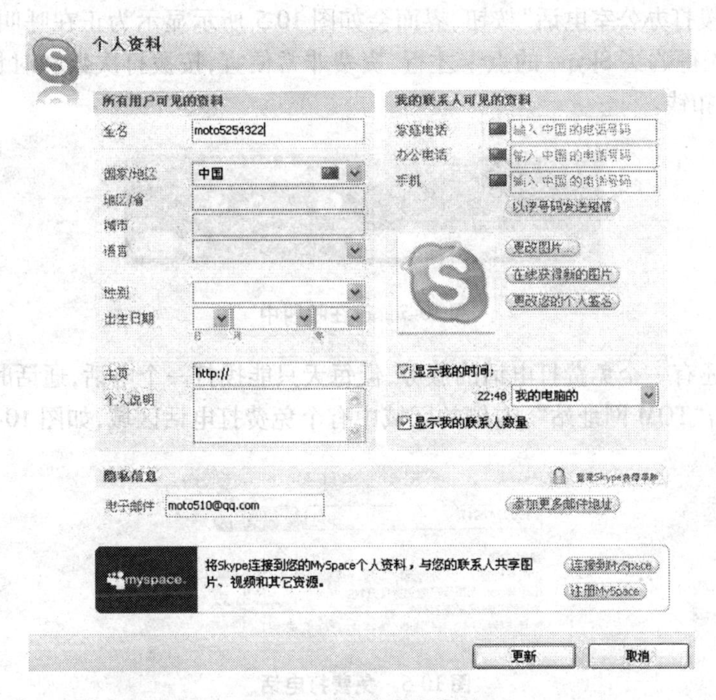

图 10-2　编辑个人资料

2. 添加 Skype 好友和拨打电话

(1)点击菜单“联系人”→“新联系人”命令,弹出如图 10-3 所示的窗口。在该窗口中选择“使用更多功能”里的“保存电话号码到联系人名单里”,然后在窗口中输入联系人的姓名、电话分类、国家和电话号码,不论对方的电话是移动、联通还是电信,都可以。

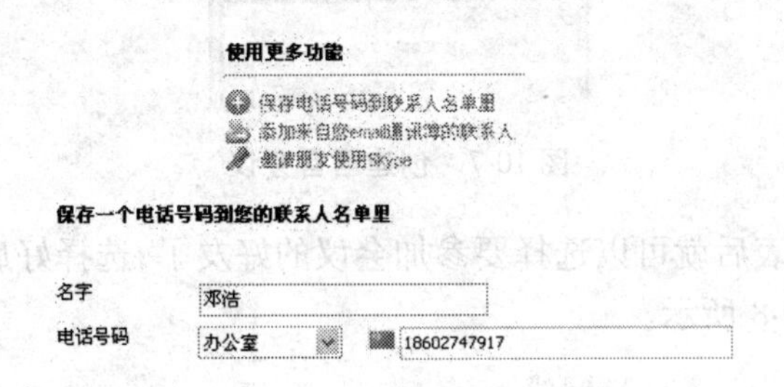

图 10-3　添加联系人

(2)添加联系人之后,点击左侧的“联系人”列表中的联系人,右侧的区域会显示如图 10-4 所示的按钮。右侧的信号图标显示着当前的网络状态,网络信号越强,拨号的成功率和通话质量也就会越好。

图 10-4　拨打电话按钮

(3)点击“拨打办公室电话”按钮，界面会如图 10-5 所示显示为正在呼叫中。要使用这种拨号方式首先得购买 Skype 的点卡才行，资费非常便宜，按拨打次数和时长付费，打多少扣多少，不打不扣钱。

图 10-5　正在呼叫中

(4)Skype 还有一个免费打电话的服务，但每天只能拨打一个电话，通话时间也只能在 3 分钟以内。点击“TOM 网址站”，右侧的区域中有个免费打电话区域，如图 10-6 所示。

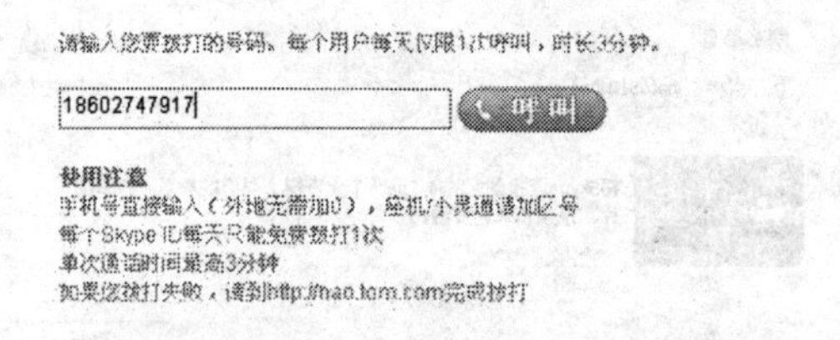

图 10-6　免费打电话

3. Skype 的语音会议

(1)Skype 支持最多 10 人的多人语音会议，并且音质非常清晰。点击“工具”→“创建语音会议”命令，如图 10-7 所示。

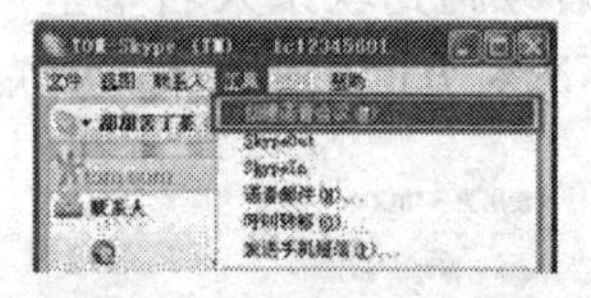

图 10-7　创建语音会议

(2)当弹出好友列表后就可以选择要参加会议的好友了，选择好后点击“添加”后，再点击“开始”按钮，如图 10-8 所示。

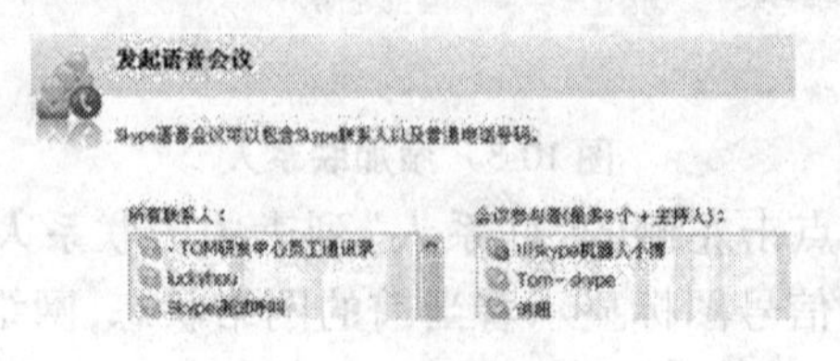

图 10-8　添加好友

(3)选择好需要参加会议的好友之后，点击绿色的电话按钮即可开始语音会议，点击红色的电话按钮可以结束通话，最多可支持 10 人，如图 10-9 所示。

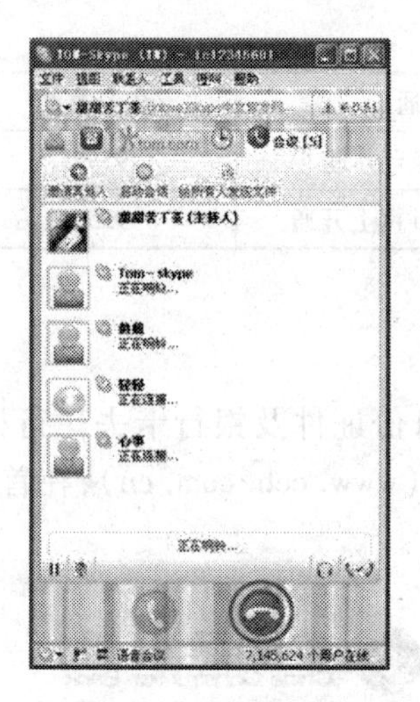

图 10-9　语音会议

任务二　网上银行的应用

网上银行一般包含两个层次的含义,一个是机构概念,指通过信息网络开办业务的银行;另一个是业务概念,指银行通过信息网络提供的金融服务,包括传统银行业务和因信息技术应用带来的新兴业务。

在日常生活和工作中,提及网上银行更多是第二层次,即网上银行服务。网上银行业务不仅仅是传统银行产品简单从网上的转移,其他服务方式和内涵也发生了一定的变化,而且由于信息技术的应用,又产生了全新的业务品种。

1. 不同银行的开通方式

每个银行的网银开通方式各不相同,表 10-1 将部分银行的网银开通方式做了一个简要的说明。

表 10-1　部分银行网银开通方式

银行	网上开通	银行热线	其他说明
中国工商银行	带身份证去柜台办理	95588	开通支付功能需到银行柜台申请电子银行口令卡或 U 盾
中国建设银行	www. ccb. com. cn 网上开通	95533	单笔 500 元以下在线即可开通。单笔 500 元以上需携带身份证与建行卡到柜台开通
中国农业银行	带身份证去柜台办理	95599	
招商银行	www. cmbchina. com 网上开通	95555	电话开通网银需柜台办理
中国银行	带身份证去柜台办理	95566	
中国民生银行	www. cmbc. com. cn 网上开通	95568	
中国邮政	带身份证去柜台办理	11185	
中国交通银行	带身份证去柜台办理	95559	

续表

银行	网上开通	银行热线	其他说明
光大银行	带身份证去柜台办理	95595	
兴业银行	www.cib.com.cn 网上开通	95561	

2. 登录网上银行

(1)以建设银行为例,先持身份证件及银行卡去建行柜台进行签约,成为建行签约用户。然后再登录建设银行的网站(www.ccb.com.cn),在首页中选择“个人网上银行登录”按钮,如图 10-10 所示。

图 10-10 个人网上银行登录

(2)首次登录网上银行时,先设置网上银行的登录密码,如图 10-11 所示,点击下方的“设置网上银行登录密码”。

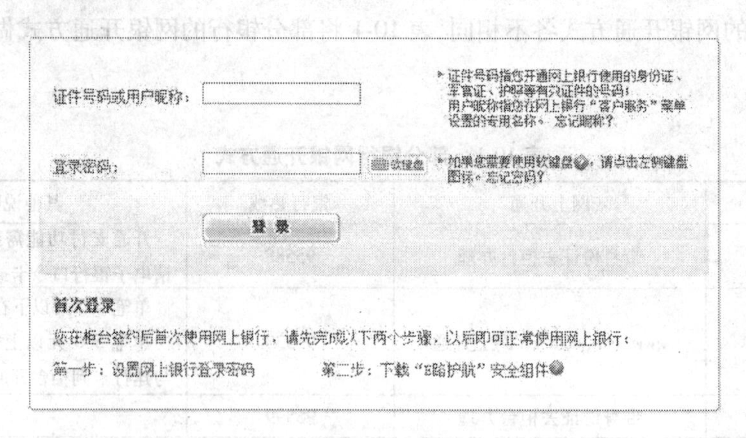

图 10-11 设置网上银行登录密码

(3)在显示的页面中,根据柜台开通时所有的证件号码和姓名进行登录,如图 10-12 所示。

(4)安装证书。以前的建设银行的证书只能与一台电脑进行绑定,只能在绑定了证书

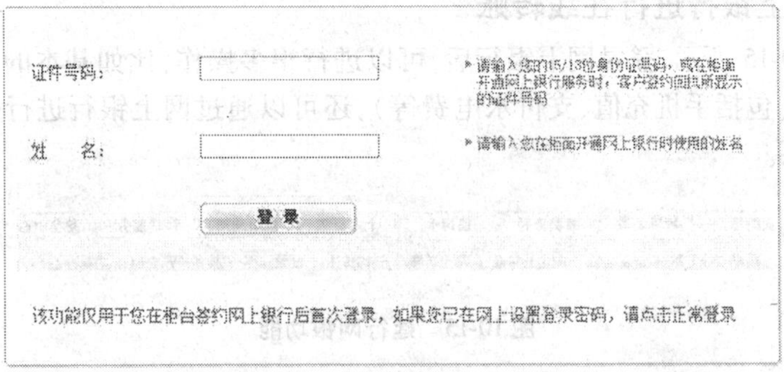

证件号码：　　▶请输入您的15/18位身份证号码，或在柜面开通网上银行服务时，客户签约回执所显示的证件号码

姓　　名：　　▶请输入您在柜面开通网上银行时使用的姓名

登 录

该功能仅用于您在柜台签约网上银行后首次登录，如果您已在网上设置登录密码，请点击正常登录

图 10-12　输入证件号码和姓名

的电脑上进行网上银行的付账和转账的操作。虽然安全性比较高，但不能换到其他的电脑上操作，不是很方便。现在办理建设银行的网上银行时，可以办理一个 U 盘型的电子证书，这样不管是在哪台电脑上进行付账和转账，只要插上这个 U 盘就可以了，很方便。如图 10-13 所示便是在安装电子证书的界面。

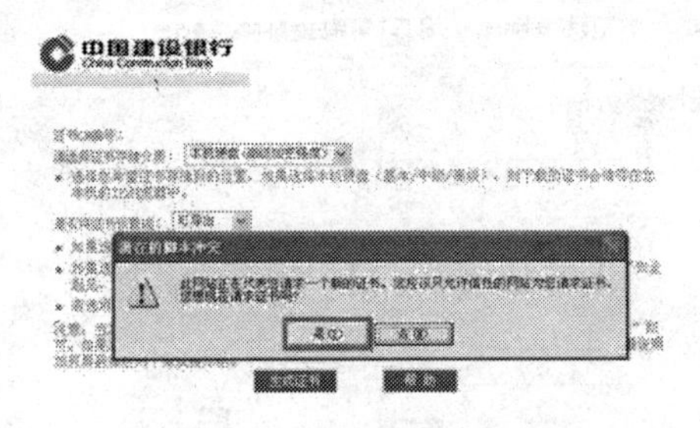

图 10-13　安装电子证书

（5）电子证书安装完成，并设置好登录密码后，就可以登录自己的网上银行了，如图 10-14 所示即是成功登录网上银行的界面。

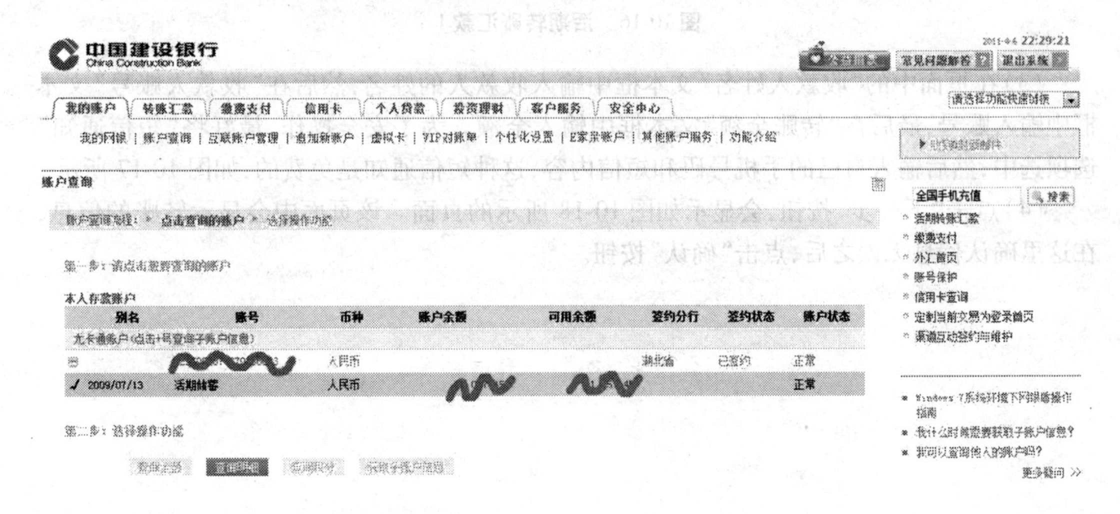

图 10-14　成功登录

3. 使用网上银行进行在线转账

(1)如图 10-15 所示,登录网上银行后,可以进行很多操作,比如基本的查询余额、网上转账、网上缴费(包括手机充值、支付水电费等),还可以通过网上银行进行外汇买卖,或股票和基金的购买。

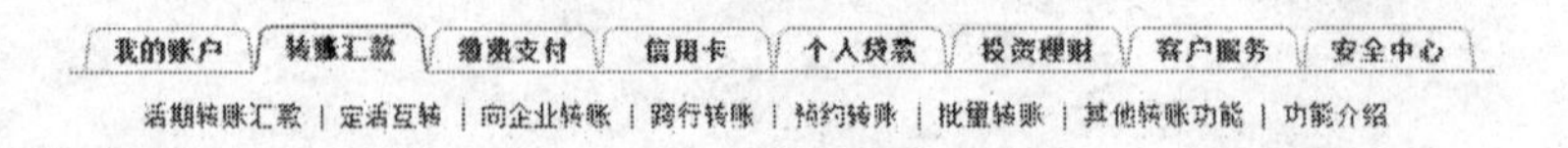

图 10-15　建行网银功能

(2)选择网上银行上方的“转账汇款”按钮,转账的方式有很多种,这里选择比较常用的“活期转账汇款”业务,页面如图 10-16 所示。

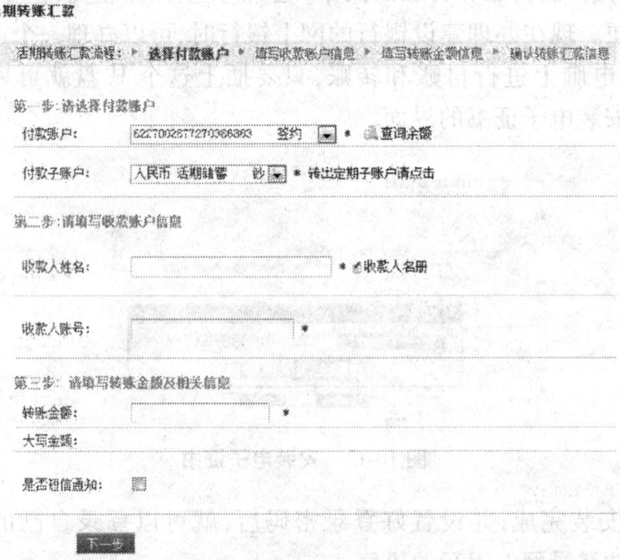

活期转账汇款
活期转账汇款流程: ▸ 选择付款账户 ▸ 填写收款账户信息 ▸ 填写转账金额信息 ▸ 确认转账汇款信息
第一步:请选择付款账户
付款账户: 6227002877270366363 签约 * 查询余额
付款子账户: 人民币 活期储蓄 钞 * 转出定期子账户请点击
第二步:请填写收款账户信息
收款人姓名: * 收款人名册
收款人账号: *
第三步: 请填写转账金额及相关信息
转账金额: *
大写金额:
是否短信通知:
下一步

图 10-16　活期转账汇款 1

(3)在页面中的“收款人姓名”文本框中输入收款人的姓名,然后在“收款人账号”文本框中输入账号,最后在“转账金额”文本框中输入金额。为了安全操作,最好将“短信通知”选项选中,然后输入自己的手机号码和短信内容,这种短信通知是免费的,如图 10-17 所示。

(4)点击“下一步”按钮,会显示如图 10-18 所示的页面。该页面中会显示转账的信息,在这里确认信息无误之后,点击“确认”按钮。

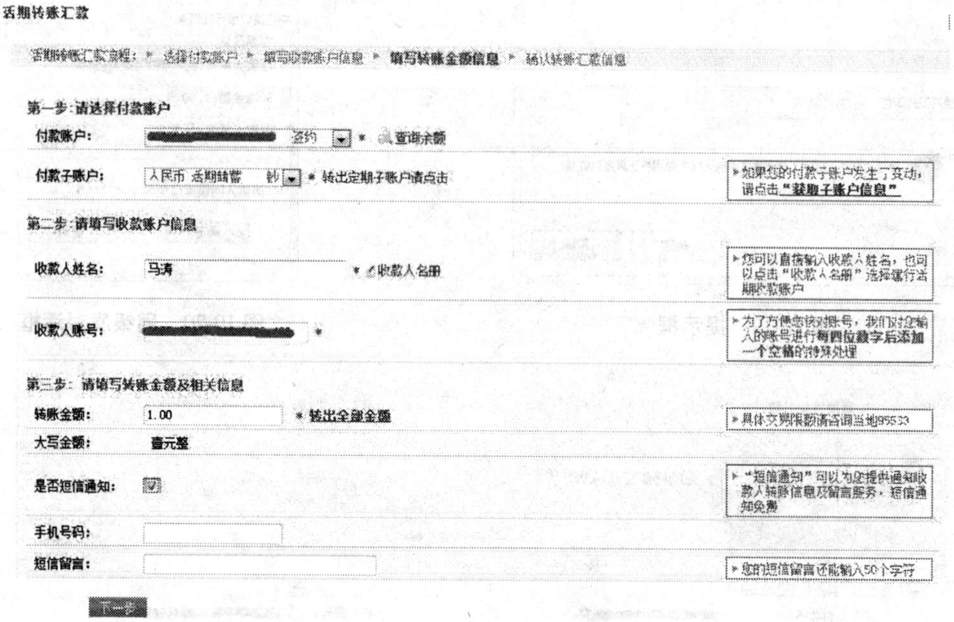

活期转账汇款

活期转账汇款流程：▶ 选择付款账户 ▶ 填写收款账户信息 ▶ 填写转账金额信息 ▶ 确认转账汇款信息

第一步：请选择付款账户

付款账户：　签约　* 查询余额

付款子账户：人民币 活期储蓄 钞　* 转出定期子账户请点击

▶如果您的付款子账户发生了变动，请点击"获取子账户信息"

第二步：请填写收款账户信息

收款人姓名：马涛　* 收款人名册

▶您可以直接输入收款人姓名，也可以点击"收款人名册"选择建行活期收款账户

收款人账号：　*

▶为了方便您核对账号，我们对您输入的账号进行每四位数字后添加一个空格的特殊处理

第三步：请填写转账金额及相关信息

转账金额：1.00　* 转出全部金额

▶具体交易限额请咨询当地95533

大写金额：壹元整

是否短信通知：

▶"短信通知"可以为您提供通知收款人转账信息及留言服务，短信通知免费

手机号码：

短信留言：

▶您的短信留言还能输入50个字符

下一步

图 10-17　活期转账汇款 2

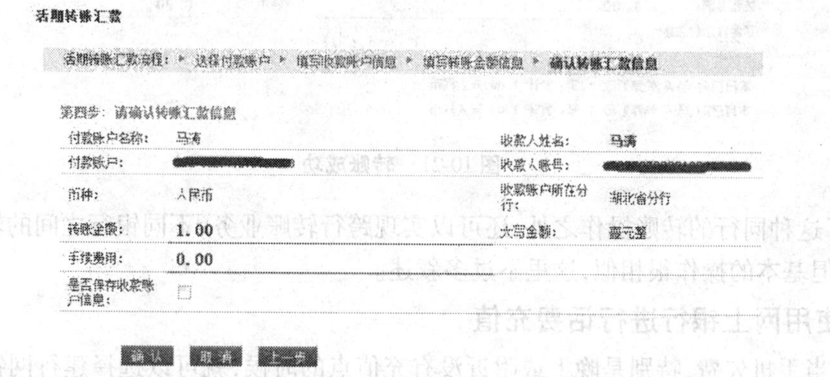

图 10-18　活期转账汇款 3

（5）如果没有插入 U 盘版的电子证书，会弹出如图 10-19 所示的对话框。将 U 盘版的电子证书插入电脑中，再点击"确定"，就会弹出输入付款密码的对话框，如图 10-20 所示，在对话框中输入正确的付款密码。

（6）最后，会显示如图 10-21 所示的消息，代表转账成功。如果勾选了"短信通知"的选项，也会收到建设银行发送过来的短信。

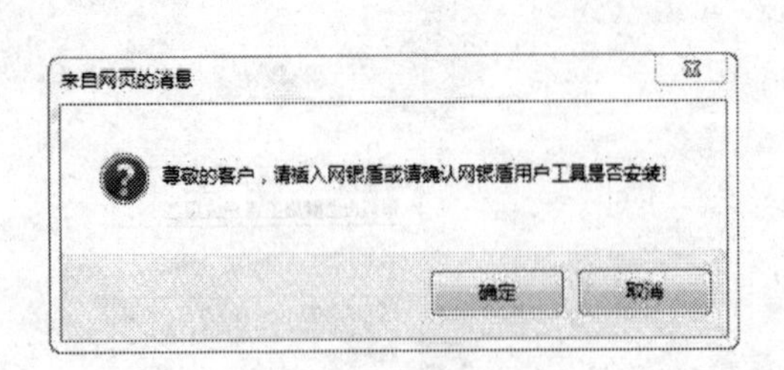

图 10-19 提示框

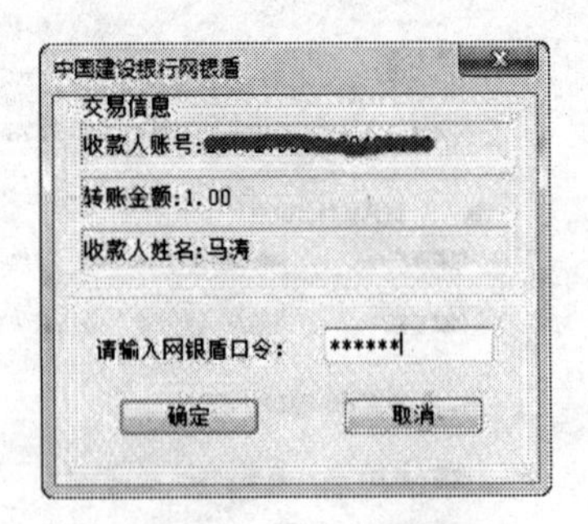

图 10-20 网银盾对话框

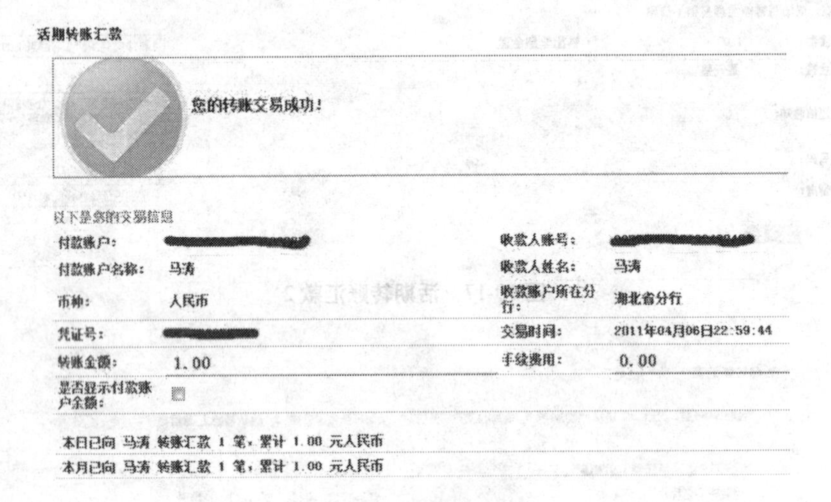

图 10-21 转账成功

除了这种同行的转账操作之外，还可以实现跨行转账业务，不同银行之间的转账收费各不相同，但基本的操作很相似，这里不过多叙述。

4. 使用网上银行进行话费充值

(1)当手机欠费，特别是晚上或附近没有充值点的时候，就可以选择建行网银的在线充值功能，它支持全国的移动、联通和电信的手机充值业务，速度非常快。登录网银后选择“缴费充值”栏目，然后再选择“全国手机充值”，页面显示如图 10-22 所示。

(2)在“手机号”文本框中输入需要充值的手机号，“确认手机号”文本框再次输入相同的手机号，“面值”中可以选择充值的金额，最少金额为 50 元，在“付款账号”中选择付款的银行账号，然后点击“下一步”，进行如图 10-23 所示的页面。

(3)同在线转账一样，插入 U 盘版的电子证书后，点击“确定”，然后输入付款密码就可以完成在线充值了。

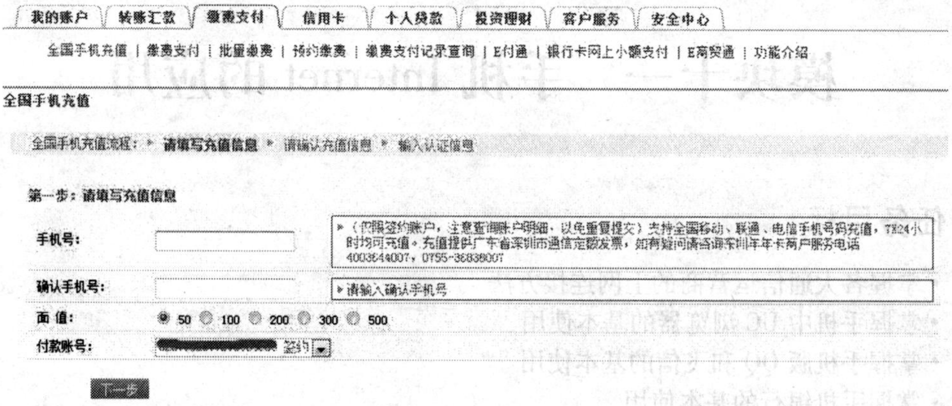

我的账户 | 转账汇款 | 缴费支付 | 信用卡 | 个人贷款 | 投资理财 | 客户服务 | 安全中心

全国手机充值 | 缴费支付 | 批量缴费 | 预约缴费 | 缴费支付记录查询 | E付通 | 银行卡网上小额支付 | E商贸通 | 功能介绍

全国手机充值

全国手机充值流程：▸ 请填写充值信息 ▸ 请确认充值信息 ▸ 输入认证信息

第一步：请填写充值信息

手机号：　▸（仅限签约账户，注意查询账户明细，以免重复提交）支持全国移动、联通、电信手机号码充值，7X24小时均可充值。充值提供广东省深圳市通信定额发票，如有疑问请咨询深圳年年卡商户服务电话4003644007，0755-36838007

确认手机号：　▸请输入确认手机号

面　值：　50　100　200　300　500

付款账号：　签约

下一步

图 10-22　手机充值 1

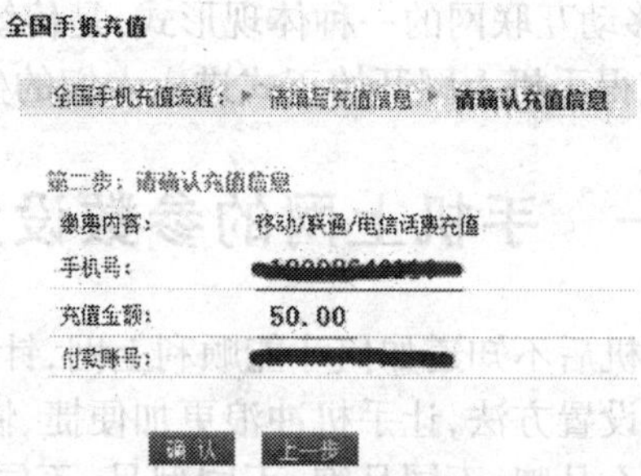

全国手机充值

全国手机充值流程：▸ 请填写充值信息 ▸ 请确认充值信息

第二步：请确认充值信息

缴费内容：　移动/联通/电信话费充值

手机号：

充值金额：　50.00

付款账号：

确认　上一步

图 10-23　手机充值 2

模块十一 手机 Internet 的应用

任务目标

• 掌握各大通信运营商的上网连接方法
• 掌握手机中 UC 浏览器的基本使用
• 掌握手机版 QQ 和飞信的基本使用
• 掌握手机银行的基本使用

手机上网是指利用支持网络浏览器的手机通过 WAP 协议,同互联网相连,从而达到网上冲浪的目的,手机上网是移动互联网的一种体现形式,是传统电脑上网的延伸和补充。特别是现在 3G 网络的开通,使得手机上网开始正式进入人们的生活。

任务一 手机上网的参数设置方法

很多人在购买了新的手机后不知道如何才能顺利上网,针对这一问题,本任务将详细介绍各个运营商的网络接入点设置方法,让手机冲浪更加便捷、愉快。

手机上网要看手机是什么品牌,不同品牌、不同型号、不同手机系统的手机上网设置各不相同。本任务介绍的连接方法兼容大多数手机,如果一些特殊型号的手机使用此方法还不能正常上网,可以联系自己的通信服务商查询。

在开始连接网络之前,最好是先确认一下手机是否已开通 GPRS 网络服务,并查询一下相应收费标准。

1. 中国移动上网设置

中国移动上网设置如表 11-1 所示。

表 11-1 中国移动上网设置

WAP 上网设置(GPRS)	收发彩信 MMS 设置	GPRS 移动互联网
(1)主页:http://wap.monternet.com (2)数据承载方式:GPRS (3)网关地址:10.0.0.172 (4)网关端口号:9201,部分手机需要设置为 80 (5)超时上限:建议为 600 (6)APN 设置:CMWAP (7)客户名设置:空 (8)客户密码设置:空 (9)鉴定:普通	(1)连接名称:中国移动彩信(GPRS) (2)数据承载方式: GPRS (3)接入点名称:CMWAP (4)用户名:无 (5)密码:无 (6)鉴定:普通 (7)网关 IP 地址:10.0.0.172 (8)MMSC 服务器地址: http://mmsc.monternet.com (9)连接安全:关 (10)连接类型:永久	(1)连接名称:中国移动互联网(GPRS) (2)数据承载方式:GPRS (3)接入点名称:CMNET (4)用户名:无 (5)密码:无 (6)鉴定:普通 (7)网关 IP 地址:无 (8)连接安全:关 (9)连接类型:永久

2. 中国联通上网设置

中国联通上网设置如表 11-2 所示。

表 11-2　中国联通上网设置

WAP 上网设置(GPRS)	收发彩信设置
(1)主页：http://wap. uni-info. com. cn (2)GPRS 网关 IP 地址:10.0.0.172 (3)端口号码:9201/80 (4)连接类型:WSP/HTTP (5)网域接入点:UNIWAP (6)用户名:空 (7)密码:空	(1)主页：http://mmsc. myuni. com. cn (2)GPRS 网关 IP 地址:10.0.0.172 (3)端口号码:9201/80 (4)连接类型:WSP/HTTP (5)网域接入点:UNIWAP (6)用户名:空 (7)密码:空

3. 各运营商 3G 上网基本设置

3G 是第三代移动通信技术的简称,是指支持高速数据传输的蜂窝移动通信技术。3G 服务能够同时传送声音(通话)及数据信息(电子邮件、即时通信等)。代表特征是提供高速数据业务。

想使用 3G 手机上网,最基本的要求就是自己的手机必须支持 3G 技术,同时需要确认自己的手机号码能否直接支持这种 3G 业务。3G 手机上网的费用和以前 GPRS 上网的费用的计算方法不同,所以在使用 3G 手机上网之前最好是有所了解。

默认情况下,用户所使用的并支持 3G 网络的手机已做好了上网的设置,可以直接上网。

任务二　UC 浏览器的基本使用

UC 浏览器(原名 UCWEB)是一款把“互联网装入口袋”的主流手机浏览器,由优视科技(原名优视动景)公司研制开发。它兼备各种手机联网方式,速度快而稳定,具有视频播放、网站导航、搜索、下载、个人数据管理等功能,帮助用户畅游网络世界。UC 浏览器是目前中国手机用户使用最多的浏览器软件,功能强大且方便,且适用于国内目前流行的所有手机操作平台。

1. 软件基本界面介绍

(1)可以去“http://www. uc. cn”网站中下载 UC 浏览器安装包,进入下载页面后,根据自己手机的机型和系统选择正确的安装包进行下载,如图 11-1 所示。

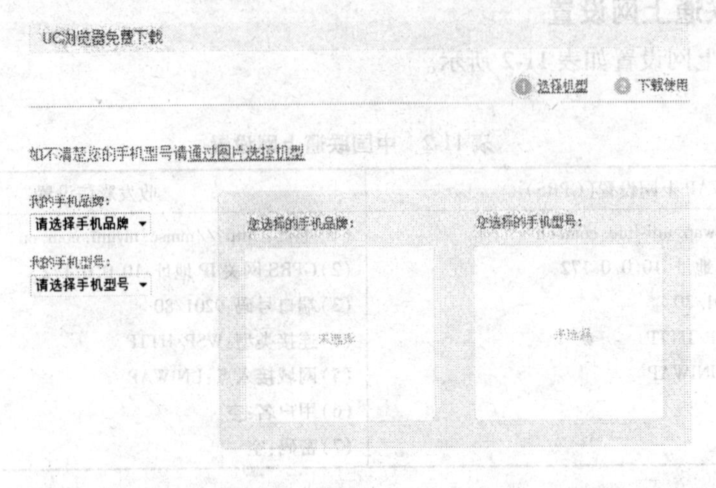

图 11-1　UC 浏览器下载

(2)软件安装包下载之后,通过数据线或蓝牙传送到自己的手机内存或手机的存储卡中,然后进行安装。软件安装完成后,在手机的相应位置可以找到软件的启动图标。启动 UC 浏览器后,界面如图 11-2 所示。

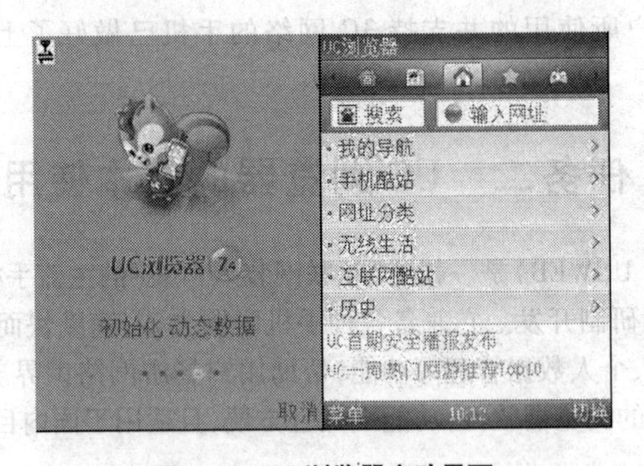

图 11-2　UC 浏览器启动界面

(3)在软件界面的上方是 UC 浏览器提供的几种常用网络服务,如收藏夹、资讯、百事通、手机视频等。中间是视图查看区,选择不同的服务时,中间区域会产生不同的变化。底部是一些常用操作按钮,如回到首页、前进、后退、软件设置等。如图 11-3 所示,UC 浏览器还会根据时段的不同而使用“夜间”模式来切换皮肤。

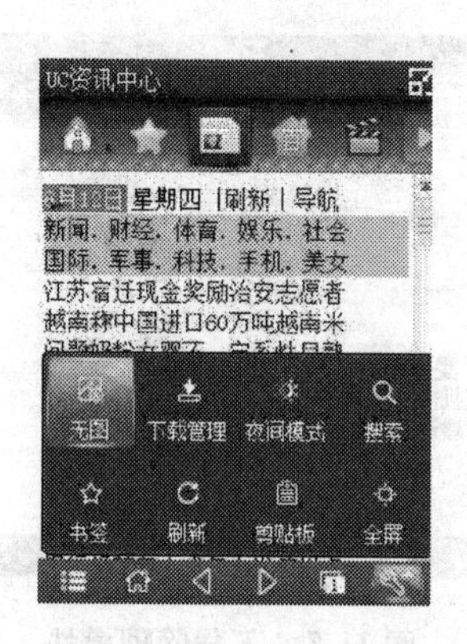

图 11-3 UC 浏览器界面

2. UC 浏览器的使用

使用手机上网,其中比较常用的功能就是浏览网站,如果是使用手机中默认的网页浏览器,功能都比较单一,同时速度也不是很快,这时 UC 浏览器的网页浏览功能就可以发挥作用了。

启动 UC 浏览器后,在软件的主界面中可以看到“百度搜索”和“输入网址”两个文本框。在搜索文本框中输入内容,可直接进行百度搜索。在网址输入框中输入网页地址可以直接链接相应的网站;如果觉得麻烦,下面的“互联网酷站”和“网站分类”中已存入了很多常用网址,点击就可以直接进入了,非常方便,如图 11-4 所示。如果所使用的是大屏幕手机,并且是使用 3G 网络的话,打开的网页和电脑上看到的网页效果基本一致的。

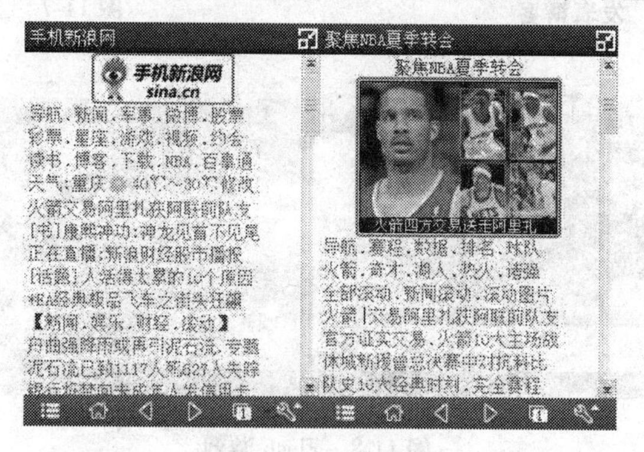

图 11-4 常用网页

使用 UC 浏览器也可进行下载,内置的下载管理模块能更好地利用网络提高下载速度,如图 11-5 所示。

进入用户中心之后,还可以使用新浪微博发表博客,如图 11-6 所示。不但可以快速发布文字版的博客,还可以上传照片,如图 11-7 所示。

UC 浏览器还支持 Flash 动画,像是网站中的 Flash 广告、Flash 游戏或是 QQ 农场、偷菜等游戏都可以完美地支持,如图 11-8 所示。

在 UC 浏览器的“生活百事通”频道,几乎可以获得所有与生活相关的资讯与服务,如淘宝、彩票、房产、机票、酒店、火车、天气、公交、黄历等。具备“搜索”功能的“黄页”频道,UC

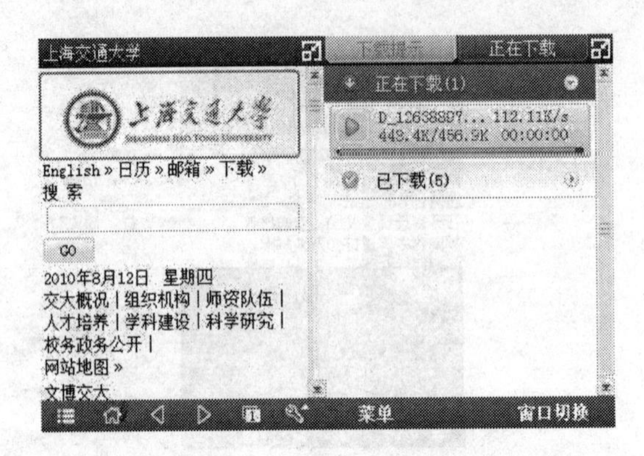

图 11-5 下载管理模块

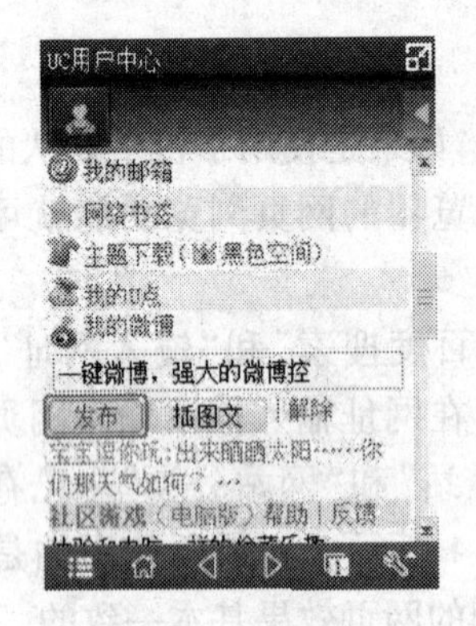

图 11-6 发表博客

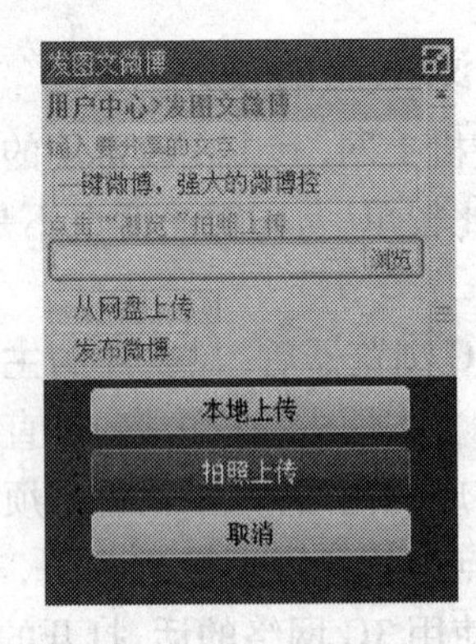

图 11-7 上传照片

图 11-8 Flash 游戏

浏览器也将 3G 时代移动互联网核心价值通过最简单的形式，传递给了用户。例如出差到北京，希望看看哪里有鲁菜，想看看离自己最近的酒吧、保龄球馆，甚至药店、宠物店、钟点工等，仅需要填写两个搜索项，即可获得完整、准确、即时的信息服务，如图 11-9 所示。

在"视频导航"频道，拥有不亚于土豆、优酷甚至迅雷影音的娱乐频道分类。无论是美剧、国产剧还是顶级大片、最新预告片、动漫、搞笑短片、MTV、新闻均应有尽有，娱乐元素十足，如图 11-10 所示。最关键的是，通过"UC 影音"软件（需独立安装），可以实现以不同格式、分辨率、画质标准的点播。

3. UC 浏览器安全防护

UC 浏览器的安全功能，主要集中在"系统设置"的"安全设置"里，与安全相关的 "网址

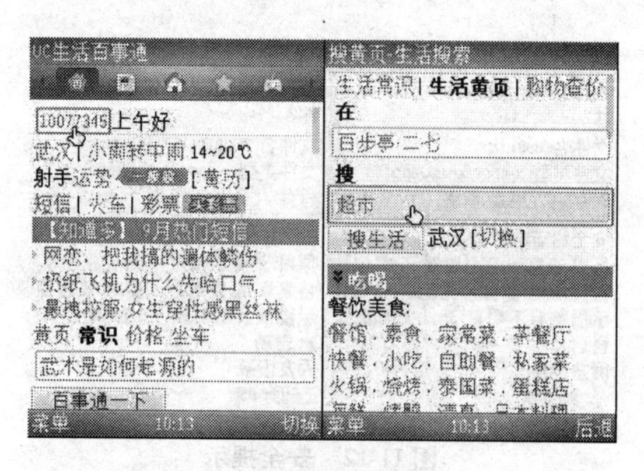

图 11-9　生活黄页

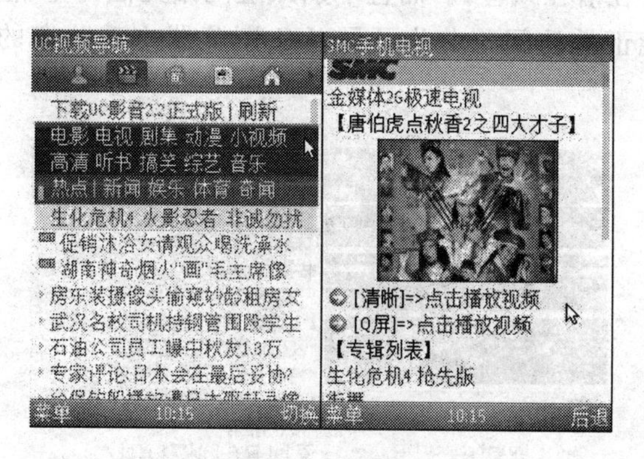

图 11-10　视频导航

安全提示”、“下载前安全提示”、“下载后安全提示”几个项目默认打开。但用户也可以自由选择开关，如图 11-11 所示。

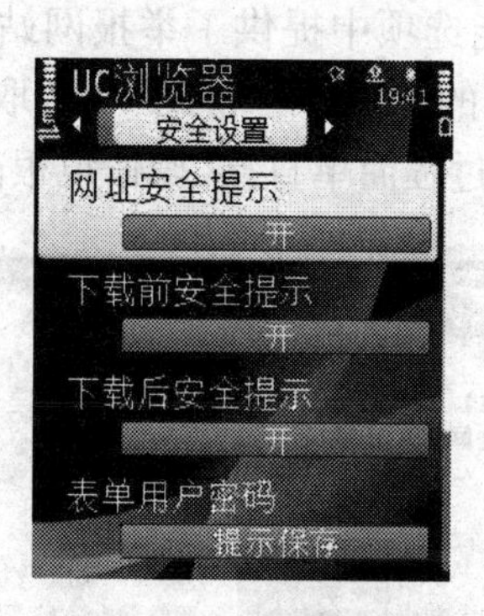

图 11-11　安全设置

针对钓鱼网站、吸费网站、欺骗用户型网站，UC 浏览器会进行主动扫描与过滤，并给予用户最醒目的风险提醒。而对于通过浏览器下载的软件，UC 提供了安全扫描功能，能够将流氓软件、吸费软件挡在进入手机前的那一步。UC 将扫描结果分为：安全、低风险、中风险、高风险 4 个提示等级。如果下载的文件有问题，UC 会及时给予提示，如图 11-12 所示。

除了病毒与木马，UC 浏览器也能及时发现钓鱼网站，UC 对此网页以红底白字的显示

下载提示　下载提示
您想要UC浏览器如何处理此文件？
文件名：0901.sisx
文件类型：x-epoc/x-sisx-app
保存 存至网盘 取消
安全扫描结果：高风险
原因：无提示私自扣费；无提示私自发短信；删除方式隐蔽；收费提示隐蔽且不明显；无法关闭开机自启动
网友投票：
顶：0票
您想要UC浏览器如何处理此文件？
文件名：200811115916816.sisx
文件类型：x-epoc/x-sisx-app
保存 存至网盘 取消
安全扫描结果：高风险
原因：无提示私自扣费；无提示私自发短信；删除方式隐蔽；收费提示隐蔽且不明显；无法关闭开机自启动
网友投票：
顶：0票

图 11-12　安全提示

方式说明“网站可能存在潜在风险”。而且个别风险网站无法打开，但在关闭 UC 浏览器的安全选项功能后却能正常访问。由此可见，UC 浏览器主动防御的能力颇为出众，如图 11-13 所示。

图 11-13　风险提示

UC 浏览器还在安全服务功能选项中提供了举报网站的功能。例如在 UC 浏览器主动识别钓鱼网站后，点选 UC 浏览器的菜单，在“帮助”中选取举报网站，该钓鱼网站的名称、网址均自动出现在该页面中。举报过程简单直接，操作也很高效，如图 11-14 所示。

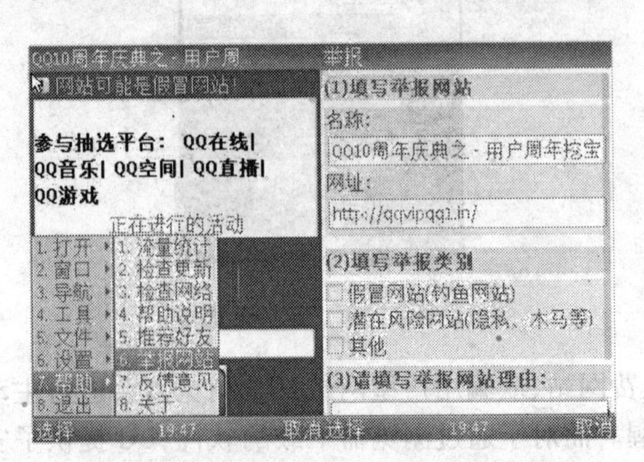

图 11-14　举报网站

任务三　手机 QQ 和飞信的使用

手机 QQ 是腾讯公司专门为手机用户打造的一款随时随地聊天的手机即时通信软件，使用户即使没有电脑照样可以跟好友聊天、语音、视频、发图片。飞信（英文名：Fetion）是中国移动推出的“综合通信服务”，即融合语音（IVR）、GPRS、短信等多种通信方式相结合，实现互联网和移动网间的无缝通信服务。

1. 手机 QQ 的使用

（1）到“http://msoft.qq.com/”QQ 手机的官方网站下载文件。在下载之前，根据提示选择自己的手机型号和系统，然后才能正确下载安装包，如图 11-15 所示。

图 11-15　下载手机 QQ

（2）下载好安装包后，通过数据线或蓝牙与手机连接，将安装包传送到手机中并进行安装。安装之后，手机 QQ 启动和登录的界面如图 11-16、图 11-17 所示。

图 11-16　手机 QQ 启动界面

图 11-17　手机 QQ 登录界面

（3）在软件的主界面上方，有 4 个功能按钮，分别是“手机 QQ”、“腾讯网”、“QQ 空间”、“导航页”栏目，选择“手机 QQ 栏目”，然后在账号和密码框中输入自己的 QQ 账号和密码然后登录手机 QQ，如图 11-18 所示。

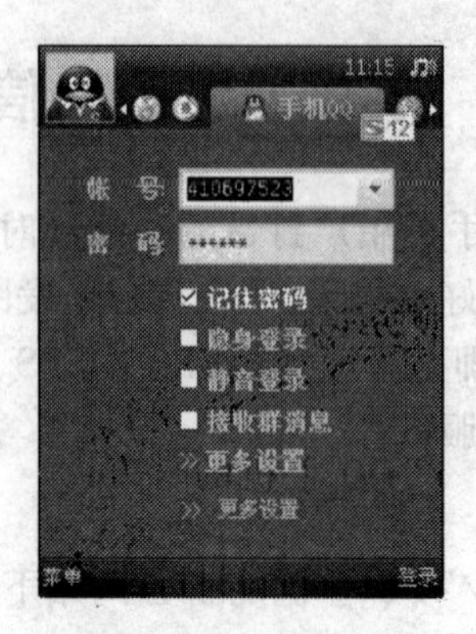

图 11-18 登录 QQ

(4)手机 QQ 的登录状态包含在线、隐身、离开、离线、移动在线 5 种,与电脑 QQ 对比少了“Q 我吧”、“忙碌”、“请勿打扰”3 种状态。其中“移动在线”是针对超级 QQ 用户的,开通后超级 QQ 可以无须上网也能保持手机 QQ 的 24 小时在线以及一系列的增强功能,如图 11-19 所示。

图 11-19 登录状态

(5)手机 QQ 支持好友分组功能,好友列表中支持自定义头像与个性签名的显示。对比旧版,新版的好友列表与相关信息加载速度有所提升,当用户选择某个好友时,该好友的头像会放大显示,方便用户看清头像。

(6)手机 QQ 聊天对话框依然简单,由聊天对话框切换区域(方便用户切换不同的聊天对象)、好友信息区域(包含好友头像与昵称及时间)、聊天记录区域、编辑区域以及工具栏区域五大块组合而成,如图 11-20 所示。

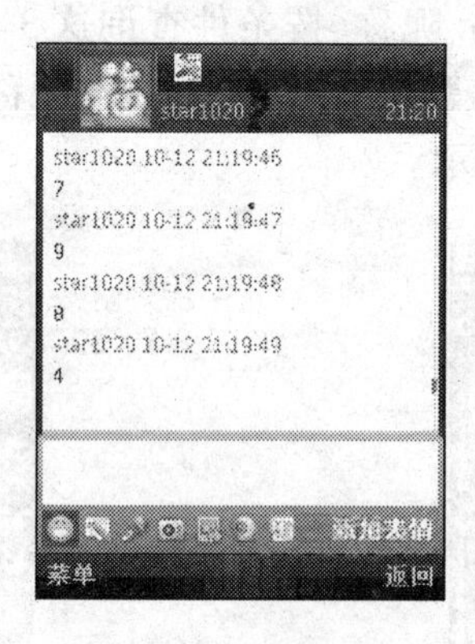

图 11-20　聊天对话框

(7)手机 QQ 支持拍照传送功能,方便用户直接把看到的新鲜事物即时分享给 QQ 好友。拍照功能支持 480×640 及 960×1 280 两种像素,传输速度较旧版有所提升,如图 11-21 所示。

图 11-21　拍照传送

(8)手机 QQ 还支持语音发送功能。当按下"传递语音"功能时,手机 QQ 将自动开启录音功能,这时用户可以将自己需要说的话录下来。按下"发送"键后自动发送语音文件给 QQ 好友,如图 11-22 所示。

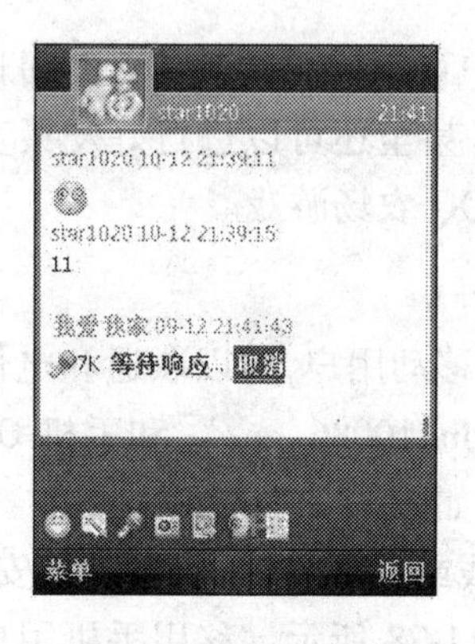

图 11-22　语音发送

(9)手机 QQ 支持按 QQ 号码、昵称、按条件查询这 3 种方式来查找添加联系人,如图 11-23 所示。查找到的联系人列表默认显示 QQ 号码与昵称,用户可以查看详细资料并可以将对方添加为好友,如图 11-24 所示。

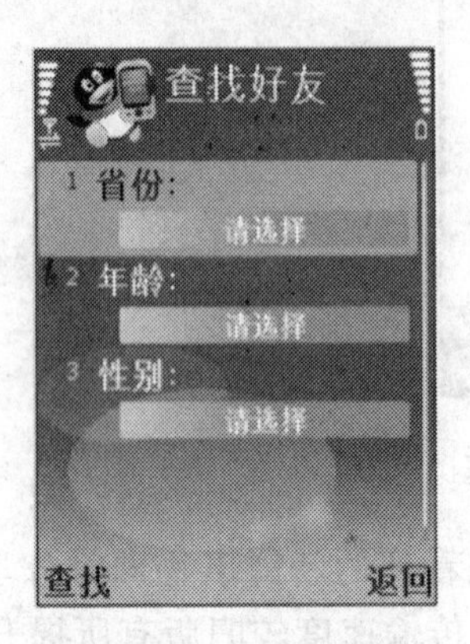

图 11-23　按条件查找

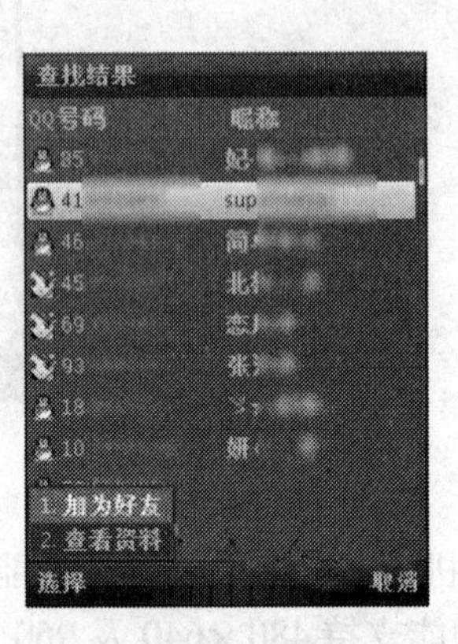

图 11-24　查找好友结果

(10)使用邮箱功能,可以轻松查看已登录 QQ 账号所关联的 QQ 邮箱的新旧邮件(亦可查看其他 QQ 账号邮箱)。用户除了可以阅读邮件,还可以进行邮件附件的下载、发送新邮件等操作,如图 11-25 所示。

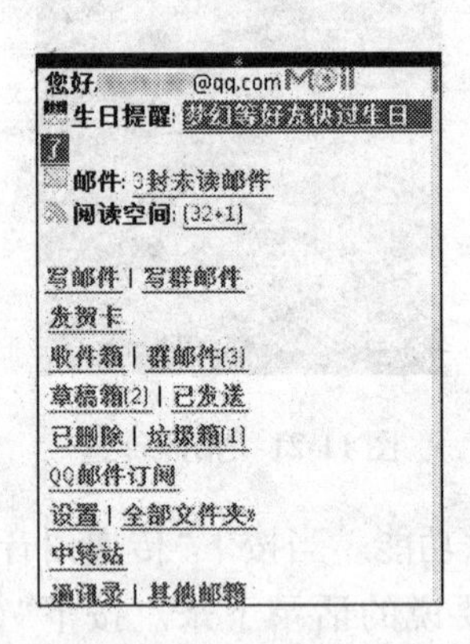

图 11-25　邮箱

(11)通过 QQ 空间功能,用户可以轻松更新 QQ 空间日志、上传图片、查看自己及好友的空间新动态,如图 11-26 所示。甚至还可以进行好友买卖、抢车位等游戏,如果用户的手机是比较新的型号,还可以运行 QQ 农场游戏。

2. 手机飞信的使用

手机飞信目前只能支持中国移动用户,所以联通和电信的手机用户暂时无法正常使用飞信。飞信的官网是“http://feixin.10086.cn/”,和手机 QQ 一样,先选择正确的手机型号和系统,才能下载正确的安装包,如图 11-27 所示。

下载好安装包后,通过数据线或蓝牙与手机连接,将安装包传送到手机中并进行安装。安装之后,启动软件的界面如图 11-28 所示。移用手机用户直接使用自己的手机进行注册和登录即可以使用飞信了。

图 11-26　QQ 空间

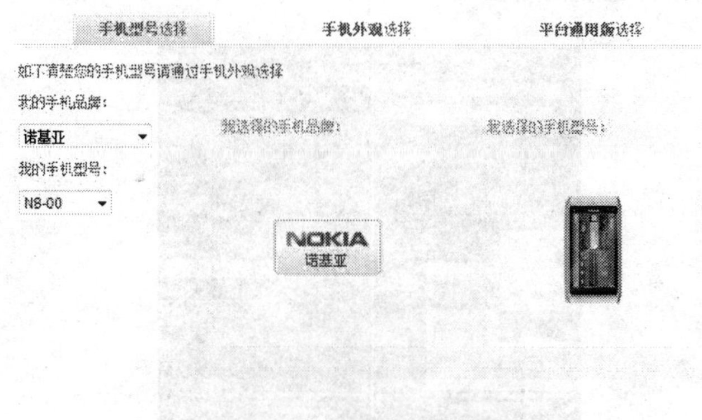

图 11-27　下载飞信安装包

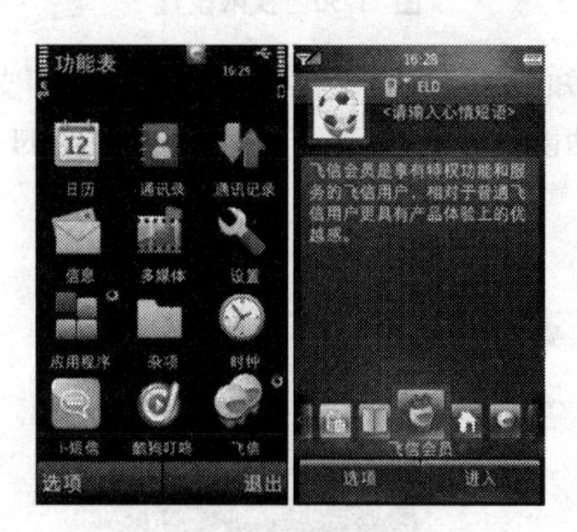

图 11-28　飞信启动界面

飞信的功能也是非常丰富的,除了基本的聊天功能外,还可以查看新闻、进入飞信空间,在线看小说等,如图 11-29 所示。

飞信提供两种好友列表显示方式:按在线状态,按登录设备。还提供分组管理,让用户可以把好友进行详细的分组,便于查找。在好友的资料中可以更改显示名称,以便于识别。飞信还提供了群聊功能,让具有同样兴趣的好友走到一起,一起狂侃。还可以对每一个好友设置不同的权限,是否向对方公开自己的信息,如手机号和姓名、生日、E-mail、电话号码、在

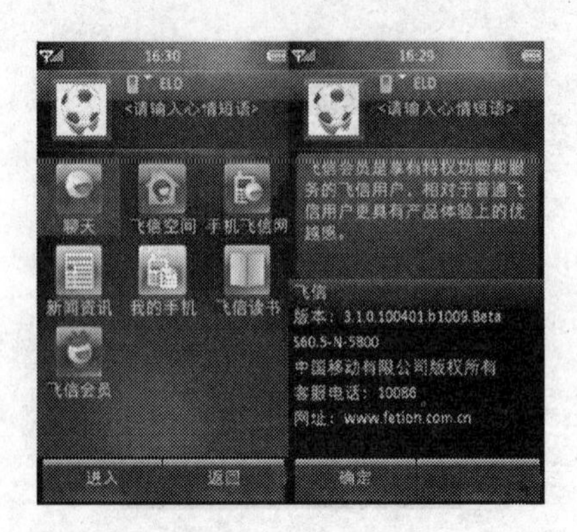

图 11-29　功能列表

线状态。用户隐私的公开程度由自己设置，非常人性化，如图 11-30 所示。

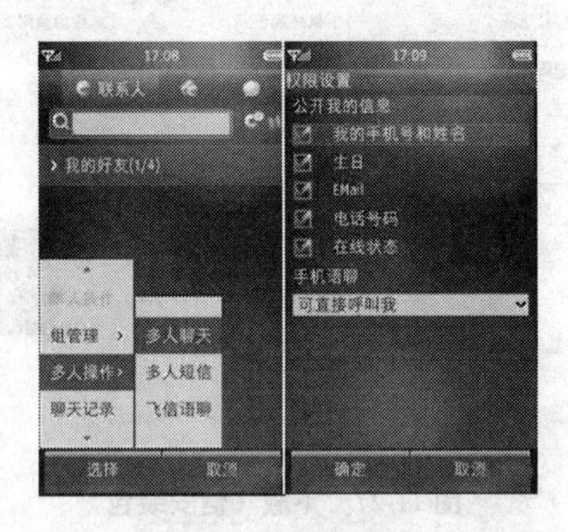

图 11-30　权限设置

在查找好友时，通过已知手机号或飞信添加好友。飞信不支持在线用户搜索添加。同时也可以开通速配交友的功能，但该功能是需要付费的，如图 11-31 所示。

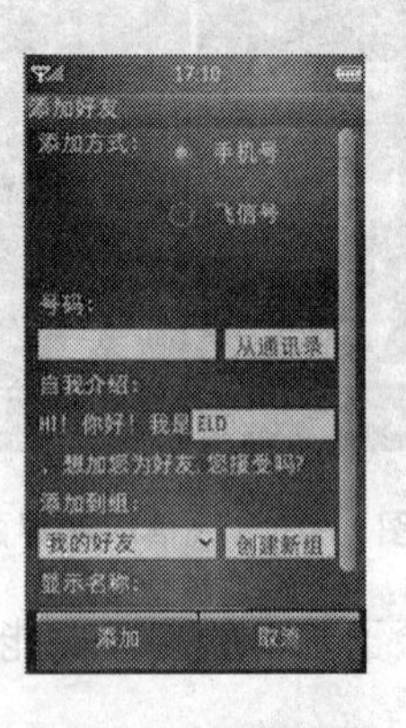

图 11-31　添加好友

手机飞信设置分为三大板块：个人设置，系统设置，安全设置。个人设置是指个人资料的详细情况，系统设置中包含提示音、自动登录等，安全设置中包含了一些关于是否公开个人信息以及是否接受语音聊天邀请的选项，如图 11-32 所示。

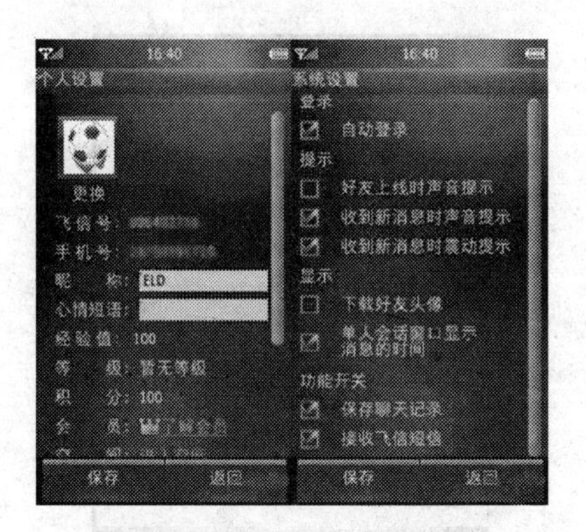

图 11-32　飞信设置

飞信还嵌入了一个浏览器,不仅支持新闻资讯的阅读,还支持自己的飞信空间。功能和 QQ 空间相似,可以上传日志或照片。同时飞信还拥有海量的电子书,大部分都可以免费在线阅读,非常实用,如图 11-33 所示。

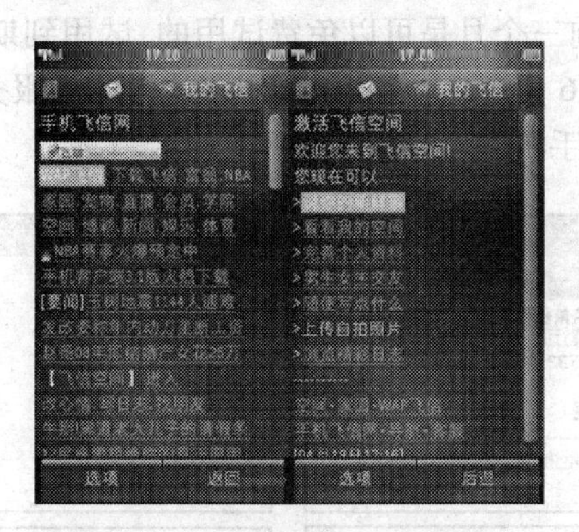

图 11-33　飞信浏览器

任务四　手机银行的使用

作为一种结合了货币电子化与移动通信的崭新服务,手机银行业务不仅可以使人们在任何时间、任何地点处理多种金融业务,而且极大地丰富了银行服务的内涵,使银行能以便利、高效而又较为安全的方式为客户提供传统和创新的服务,而移动终端所独具的贴身特性,使之成为继 ATM、互联网、POS 之后银行开展业务的强有力工具,越来越受到国际银行业者的关注。

1. 开通手机银行

不同银行之间,在办理手机银行的业务上各不相同,这里还是以建设银行为例。

首先,需要一个建行账户、有效身份证件和一部支持上网功能的手机。同时手机已开通了上网服务,银行账户最好是开通了网上银行业务。然后直接用手机上网登录建设银行的首页(wap. ccb. com),选择“开通向导”后进行自助开通手机银行业务,如图 11-34 所示。

选择“开通向导”按钮后,再显示的页面是手机银行的服务协议。选择“接受”后,在新

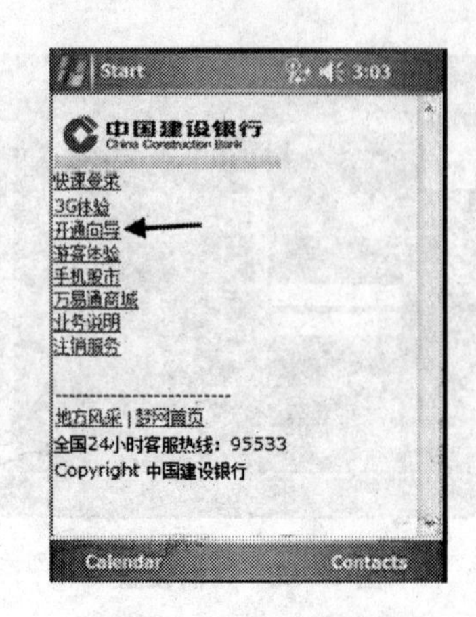

图 11-34 开通向导

的页面中选择证件类型为身份证，然后输入身份证号码。再点击“下一步”，输入自己的银行账号等相关信息号，点击“确认”就完成手机银行的开通，如图 11-35 所示。

建设银行的手机银行前三个月是可以免费试用的，试用到期后会有短信提示是否正式开通，正式开通的服务费为 6 元/月。免费试用和正式开通的服务是一样的。使用手机银行除了服务费外，还需要注意手机的 GPRS 流量。

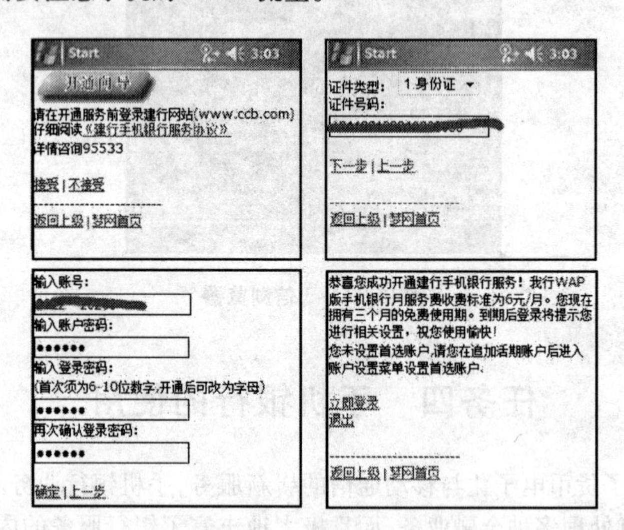

图 11-35 开通手机银行

2. 使用手机银行

(1)手机银行开通后，就可以进行登录了，如图 11-36 所示为登录后手机银行的主页。

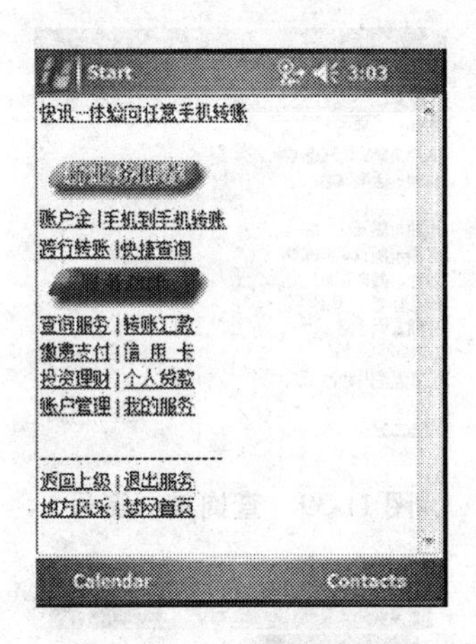

图 11-36　手机银行主页

(2)选择最常用的“查询服务”,显示如图 11-37 所示的页面。使用手机银行可以进行余额查询、明细查询、积分查询等。

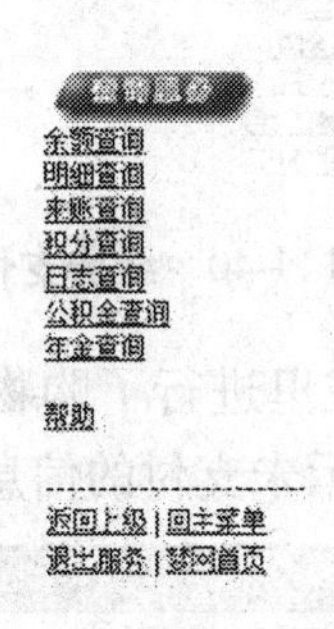

图 11-37　查询服务

(3)点击其中的“余额查询”,在如图 11-38 所示的页面中,可以查询自己开通的银行账号,同时也可以查询其他账号,例如信用卡和工资卡账号。

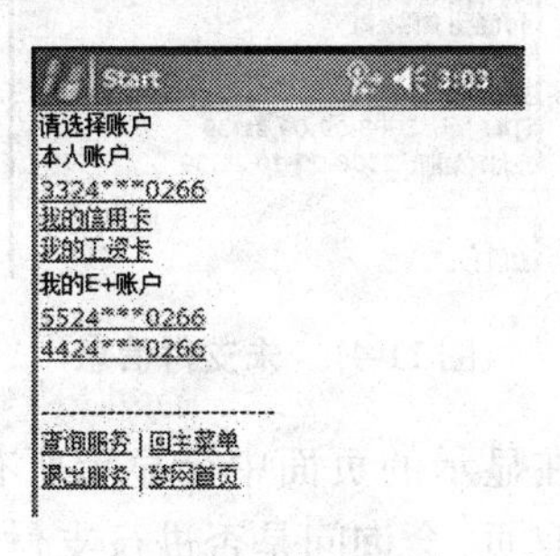

图 11-38　余额查询

(4)选择其中的任意一个账号,如图 11-39 所示,在显示的页面中就会有当前账号的余额信息,还可以点击下方的“明细查询”查询最近几个月账号中金额的收入和支出情况。

(5)点击“返回主页”按钮,回到手机银行的首页。然后选择“缴费支付”,在显示的页面中可以使用手机银行进行多种方式的缴费,例如 Q 币充值、手机充值和购买保险等,如图 11-40 所示。

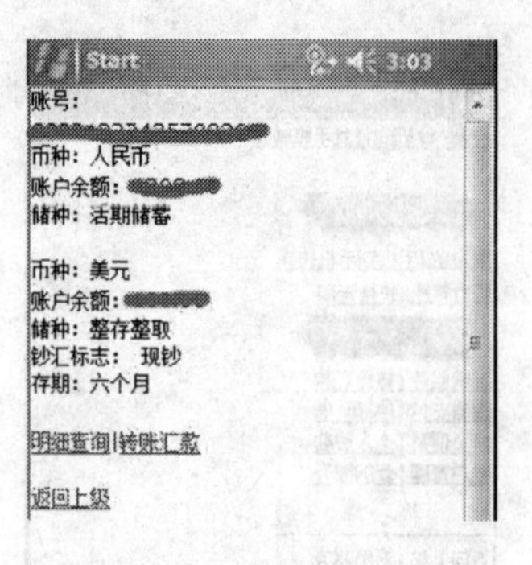

图 11-39　查询某一账号

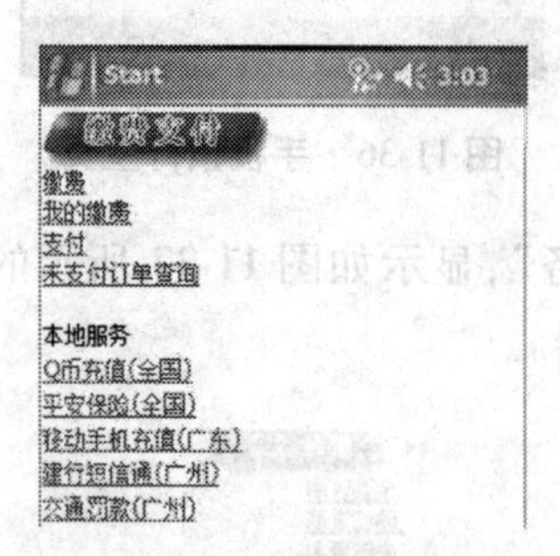

图 11-40　缴费支付

(6)如果是在淘宝或其他电子商城里进行了购物，就可以用手机银行付款，选择“未支付订单查询”，在显示的页面中就会显示未支付的信息，如图 11-41 所示。

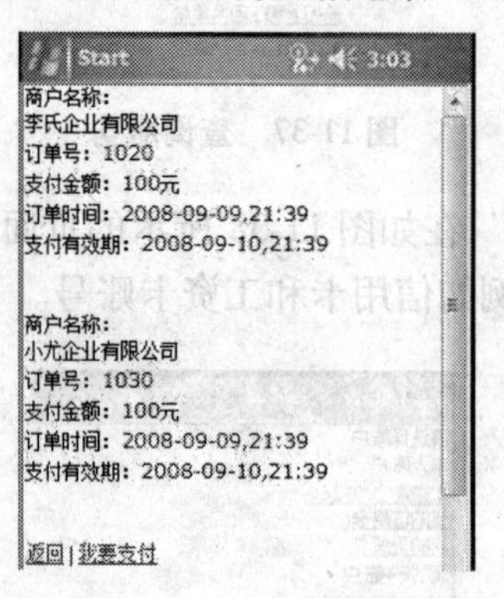

图 11-41　未支付信息

(7)点击“我要支付”按钮，在显示的页面中会显示所有需要支付的订单列表。选择其中任意一个订单，进入订单的信息页，会询问是否进行支付，选择“确定”后再显示出支付账号页面。在该页面，如果手机银行开通的银行账号没有去柜台签约相关服务，是不能使用手机进行支付的，选择一个已签约的账号进行付款，就会显示支付已成功的页面；因为建设银行的手机银行服务是让自己的手机号码和银行账号进行绑定的，所以不需要再输入其他的安全支付密码，操作非常方便。最终操作效果如图 11-42 所示。

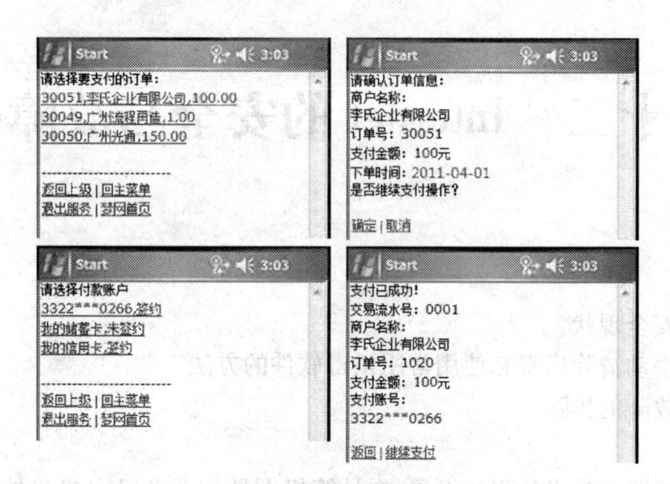
Start
3:03
请选择要支付的订单:
30051,李氏企业有限公司,100.00
30050,广州光通,150.00
返回上级 | 回主菜单
退出服务 | 梦网首页
请确认订单信息:
商户名称:
李氏企业有限公司
订单号: 30051
支付金额: 100元
下单时间: 2011-04-01
是否继续支付操作?
确定 | 取消
请选择付款账户
3322***0266,签约
我的储蓄卡,未签约
我的信用卡,签约
返回上级 | 回主菜单
退出服务 | 梦网首页
支付已成功!
交易流水号: 0001
商户名称:
李氏企业有限公司
订单号: 1020
支付金额: 100元
支付账号:
3322***0266
返回 | 继续支付

图 11-42　支付流程

模块十二　Internet 的安全与故障排查

任务目标

- 了解网络安全现状
- 学会基本手动清除病毒和使用常用杀毒软件的方法
- 掌握常见故障的排除

随着计算机互联网技术的飞速发展,在计算机上处理业务已由单机处理功能发展到面向内部局域网、全球互联网的世界范围内的信息共享和业务处理功能。网络信息已经成为社会发展的重要组成部分,涉及国家的政府、军事、经济、文教等诸多领域。其中存储、传输和处理的信息有许多是重要的政府宏观调控决策、商业经济信息、银行资金转账、股票证券、能源资源数据、科研数据等重要信息,有很多是敏感信息,甚至是国家机密。由于计算机网络组成形式的多样性、终端分布广和网络的开放性、互联性等特征,致使这些网络信息容易受到来自世界各地的各种人为攻击(例如信息泄漏、信息窃取、数据篡改、数据删添、计算机病毒等)。要保护这些信息就需要有一套完善的网络安全保护机制。

任务一　Internet 的安全现状

现在面临的计算机网络安全问题主要有哪些？面对诸多的网络安全问题,我们又能采取哪些措施呢?

1. Internet 安全的定义

国际标准化组织(ISO)将"计算机网络安全"定义为:"为数据处理系统建立和采取的技术和管理的安全保护,保护网络系统的硬件、软件及其系统中的数据不因偶然的或者恶意的原因而遭受到破坏、更改、泄露,系统连续可靠、正常地运行,网络服务不中断。"

上述计算机安全的定义包含物理安全和逻辑安全两方面的内容,其逻辑安全的内容可理解为我们常说的网络上的信息安全,是指对信息的保密性、完整性和可用性的保护。而网络安全性的含义是信息安全的引申,即网络安全是对网络信息保密性、完整性和可用性的保护。从广义来说,凡是涉及网络上信息的保密性、完整性、可用性、真实性和可控性的相关技术和理论都是网络安全的研究领域。

网络安全应具有以下 5 个方面的特征。

(1)保密性:信息不泄露给非授权用户、实体或过程,或供其利用的特性。

(2)完整性:数据未经授权不能进行改变的特性,即信息在存储或传输过程中保持不被修改、不被破坏和丢失的特性。

(3)可用性:可被授权实体访问并按需求使用的特性,即当需要时能否存取所需的信息。例如网络环境下拒绝服务、破坏网络和有关系统的正常运行等都属于对可用性的攻击。

(4)可控性:对信息的传播及内容具有控制能力。

(5)可审查性:出现安全问题时提供依据与手段。

当然,网络安全的具体含义会随着"角度"的变化而变化。比如:从用户(个人、企业等)角度,他们希望涉及个人隐私或商业利益的信息在网络上传输时受到保密性、完整性和真实性的保护,避免其他人利用窃听、冒充、篡改、抵赖等手段侵犯用户的利益和隐私;从网络运行和管理者角度说,他们希望对本地网络信息的访问、读写等操作受到保护和控制,避免出现"陷门"、病毒、非法存取、拒绝服务和网络资源非法占用和非法控制等威胁,制止和防御网络黑客的攻击;对安全保密部门来说,他们希望对非法的、有害的或涉及国家机密的信息进行过滤和防堵,避免机要信息泄露,避免对社会产生危害,对国家造成巨大损失;从社会教育和意识形态角度来讲,网络上不健康的内容,会对社会的稳定和人类的发展造成阻碍,必须对其进行控制。

2. 安全现状

近年来随着 Internet 的飞速发展,计算机网络的资源共享进一步加强,随之而来的信息安全问题日益突出。据美国 FBI 统计,美国每年网络安全问题所造成的经济损失高达75亿美元。而全球平均每20秒就发生一起 Internet 计算机侵入事件。在 Internet/Intranet 的大量应用中,Internet/Intranet 安全面临着重大的挑战,事实上,资源共享和安全历来是一对矛盾。在一个开放的网络环境中,大量信息在网上流动,这为不法分子提供了攻击目标;而且计算机网络组成形式的多样性、终端分布广和网络的开放性、互联性等特征更为他们提供了便利。他们利用不同的攻击手段,访问或修改在网中流动的敏感信息,闯入用户或政府部门的计算机系统进行窥视、窃取、篡改数据,不受时间、地点、条件的限制。其"低成本和高收益"又在一定程度上刺激了犯罪的增长,使得针对计算机信息系统的犯罪活动日益增多。

从人为(黑客)角度来看,常见的计算机网络安全威胁主要有:信息泄露、完整性破坏、拒绝服务、网络滥用。

(1)信息泄露:信息泄露破坏了系统的保密性,是指信息被透漏给非授权的实体。常见的、能够导致信息泄露的威胁有:网络监听,业务流分析,电磁、射频截获,人员的有意或无意泄漏,媒体清理,漏洞利用,授权侵犯,物理侵入,病毒,木马,后门,流氓软件,网络钓鱼。

(2)完整性破坏:可以通过漏洞利用、物理侵犯、授权侵犯、病毒、木马、漏洞来等方式实现。

(3)拒绝服务攻击:对信息或资源可以合法访问却被非法地拒绝或者推迟与时间密切相关的操作。

(4)网络滥用:合法的用户滥用网络,引入不必要的安全威胁,包括非法外联、非法内联、移动风险、设备滥用、业务滥用。

常见的计算机网络络安全威胁的表现形式主要有:窃听、重传、伪造、篡改、拒绝服务攻击、行为否认、电子欺骗、非授权访问、传播病毒。

(1)窃听:攻击者通过监视网络数据的手段获得重要的信息,从而导致网络信息的泄密。

(2)重传:攻击者事先获得部分或全部信息,以后将此信息发送给接收者。

(3)篡改:攻击者对合法用户之间的通信信息进行修改、删除、插入,再将伪造的信息发送给接收者。这就是纯粹的信息破坏,这样的网络侵犯者被称为积极侵犯者。积极侵犯者的破坏作用最大。

(4)拒绝服务攻击:攻击者通过某种方法使系统响应减慢甚至瘫痪,阻止合法用户获得服务。

(5)行为否认:通信实体否认已经发生的行为。

(6)电子欺骗:通过假冒合法用户的身份来进行网络攻击,从而达到掩盖攻击者真实身份、嫁祸他人的目的。

(7)非授权访问:没有预先经过同意就使用网络或计算机资源,被看做非授权访问。

(8)传播病毒:通过网络传播计算机病毒,其破坏性非常高,而且用户很难防范。

当然,除了人为因素,网络安全还在很大部分上由网络内部的原因或者安全机制或者安全工具本身的局限性所决定,主要表现在:每一种安全机制都有一定的应用范围和应用环境;安全工具的使用受到人为因素的影响;系统的后门是传统安全工具难于考虑到的地方;只要是程序,就可能存在 BUG。而这一系列的缺陷,更加给想要进行攻击的人以方便。因此,网络安全问题可以说是由人所引起的。

3. Internet 安全技术

Internet 安全从技术上来说,主要由防病毒、防火墙、入侵检测等多个安全组件组成,一个单独的组件无法确保网络信息的安全性。早期的网络防护技术的出发点是首先划分出明确的网络边界,然后在网络边界处对流经的信息利用各种控制方法进行检查,只有符合规定的信息才可以通过网络边界,从而达到阻止对网络的攻击、入侵的目的。目前广泛运用和比较成熟的网络安全技术主要有防火墙技术、数据加密技术、防病毒技术等。主要的网络防护措施包括以下 3 种。

1)防火墙

防火墙是一种隔离控制技术,通过预定义的安全策略,对内外网通信强制实施访问控制。常用的防火墙技术有包过滤技术、状态检测技术、应用网关技术。包过滤技术是在网络层中对数据包实施有选择的通过,依据系统事先设定好的过滤逻辑,检查数据流中的每个数据包,根据数据包的源地址、目标地址以及包所使用的端口确定是否允许该类数据包通过;状态检测技术采用的是一种基于连接的状态检测机制,将属于同一连接的所有包作为一个整体的数据流看待,构成连接状态表,通过规则表与状态表的共同配合,对表中的各个连接状态因素加以识别,与传统包过滤防火墙的静态过滤规则表相比,它具有更好的灵活性和安全性;应用网关技术在应用层实现,它使用一个运行特殊的"通信数据安全检查"软件的工作站来连接被保护网络和其他网络,其目的在于隐蔽被保护网络的具体细节,保护其中的主机及其数据。

2)数据加密与用户授权访问控制技术

与防火墙相比,数据加密与用户授权访问控制技术比较灵活,更加适用于开放的网络。用户授权访问控制主要用于对静态信息的保护,需要系统级别的支持,一般在操作系统中实现。数据加密主要用于对动态信息的保护。对动态数据的攻击分为主动攻击和被动攻击。对于主动攻击,虽无法避免,但却可以有效地检测,而对于被动攻击,虽无法检测,但却可以避免,实现这一切的基础就是数据加密。

数据加密实质上是对以符号为基础的数据进行移位和置换的变换算法,这种变换是受"密钥"控制的。在传统的加密算法中,加密密钥与解密密钥是相同的,或者可以由其中一个推知另一个，称为“对称密钥算法”。这样的密钥必须秘密保管，只能为授权用户所知，授权用户既可以用该密钥加密信息，也可以用该密钥解密信息，DES 是对称加密算法中最具代表性的算法。如果加密/解密过程各有不相干的密钥，构成加密/解密的密钥对，则称这种加密算法为“非对称加密算法”或称为“公钥加密算法”，相应的加密/解密密钥分别称为“公钥”和“私钥”。在公钥加密算法中，公钥是公开的，任何人可以用公钥加密信息，再将密文发送给私钥拥有者。私钥是保密的，用于解密其接收的被公钥加密过的信息。典型的公钥加密算法如 RSA，是目前使用比较广泛的加密算法。

3）安全管理队伍的建设

在计算机网络系统中，绝对的安全是不存在的。制定健全的安全管理体制是计算机网络安全的重要保证，只有通过网络管理人员与使用人员的共同努力，运用一切可以使用的工具和技术，尽一切可能去控制、减小一切非法的行为，尽可能地把不安全的因素降到最低。同时，要不断地加强计算机信息网络的安全规范化管理力度，大力加强安全技术建设，强化使用人员和管理人员的安全防范意识。网络内使用的 IP 地址作为一种资源以前一直为某些管理人员所忽略，为了更好地进行安全管理工作，应该对本网内的 IP 地址资源统一管理、统一分配。对于盗用 IP 资源的用户必须依据管理制度严肃处理。只有共同努力，才能使计算机网络的安全可靠得到保障，从而使广大网络用户的利益得到保障。

总之，目前 Internet 网络安全是一个综合性的课题，涉及技术、管理、使用等许多方面，既包括信息系统本身的安全问题，也有物理的和逻辑的技术措施，一种技术只能解决一方面的问题，而不是万能的。目前所打造的网络安全体系，最大的问题是需要国家政策和法规的支持及集团联合研究开发。安全与反安全就像矛盾的两个方面，总是不断地向上攀升，所以安全产业也随着新技术发展而不断发展。

任务二　计算机病毒

1. 概述

计算机病毒（Computer Virus）在《中华人民共和国计算机信息系统安全保护条例》中被明确定义，病毒指“编制者在计算机程序中插入的破坏计算机功能或者破坏数据，影响计算机使用并且能够自我复制的一组计算机指令或者程序代码”。而在一般教科书及通用资料中被定义为：利用计算机软件与硬件的缺陷，由被感染机内部发出的破坏计算机数据并影响计算机正常工作的一组指令集或程序代码。计算机病毒最早出现在 20 世纪 70 年代 David Gerrold 的科幻小说 When H. A. R. L. I. E. was One 中。最早科学定义出现在 1983 年：Fred Cohen（南加大）的博士论文“计算机病毒实验”，“一种能把自己（或经演变）注入其他程序的计算机程序”。启动区病毒、宏（Macro）病毒、脚本（Script）病毒也是相同概念传播机制，同生物病毒类似，生物病毒是把自己注入细胞之中。

病毒往往会利用计算机操作系统的弱点进行传播，提高系统的安全性是防病毒的一个重要方面，但完美的系统是不存在的。过于强调提高系统的安全性将使系统多数时间用于病毒检查，系统失去了可用性、实用性和易用性。另一方面，信息保密的要求让人们在泄密和抓住病毒之间无法选择。病毒与反病毒将作为一种技术对抗长期存在，两种技术都将随计算机技术的发展而得到长期的发展。

病毒不是来源于突发或偶然的原因。一次突发的停电和偶然的错误,会在计算机的磁盘和内存中产生一些乱码和随机指令,但这些代码是无序和混乱的。病毒则是一种比较完美的、精巧严谨的代码,按照严格的秩序组织起来,与所在的系统网络环境相适应和配合起来。病毒不会通过偶然形成,并且需要有一定的长度,这个基本的长度从概率上来讲是不可能通过随机代码产生的。现在流行的病毒是人为故意编写的,多数病毒可以找到作者和产地信息。从大量的统计分析来看,病毒作者主要情况和目的是:一些天才的程序员为了表现自己和证明自己的能力,出于对上司的不满,为了好奇,为了报复,为了祝贺和求爱,为了得到控制口令,为了软件拿不到报酬预留的陷阱等。当然也有因政治、军事、宗教、民族、专利等方面的需求而专门编写的,其中也包括一些病毒研究机构和黑客的测试病毒。图 12-1 是某病毒发作后的主机画面。

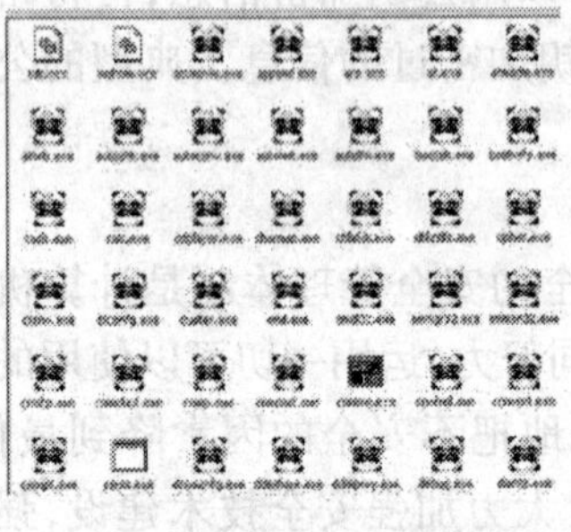

图 12-1　熊猫烧香病毒中毒后主机的画面

根据多年对计算机病毒的研究,按照科学的、系统的、严密的方法,计算机病毒可分类如下。

根据病毒存在的媒体,病毒可以划分为网络病毒,文件病毒,引导型病毒。网络病毒通过计算机网络传播感染网络中的可执行文件,文件病毒感染计算机中的文件(如 COM,EXE,DOC 等),引导型病毒感染启动扇区(Boot)和硬盘的系统引导扇区(MBR)。还有这三种情况的混合型,例如:多型病毒(文件和引导型)感染文件和引导扇区两种目标。这样的病毒通常都具有复杂的算法,它们使用非常规的办法侵入系统,同时使用了加密和变形算法。

根据病毒传染的方法可分为驻留型病毒和非驻留型病毒,驻留型病毒感染计算机后,把自身的内存驻留部分放在内存(RAM)中,这一部分程序挂接系统调用并合并到操作系统中去,处于激活状态,一直到关机或重新启动。非驻留型病毒在得到机会激活时并不感染计算机内存,一些病毒在内存中留有小部分,但是并不通过这一部分进行传染,这类病毒也被划分为非驻留型病毒。

按病毒破坏的能力可以分为无害型、无危险型、危险型、非常危险型。无害型除了传染时减少磁盘的可用空间外,对系统没有其他影响。无危险型病毒仅仅是减少内存、显示图像、发出声音及同类音响。危险型病毒在计算机系统操作中造成严重的错误。非常危险型病毒删除程序、破坏数据、清除系统内存区和操作系统中重要的信息。

这些病毒对系统造成的危害,并不是本身的算法中存在危险的调用,而是当它们传染时会引起无法预料的甚至灾难性的破坏。由病毒引起其他程序产生的错误也会破坏文件和扇区,这些病毒也按照它们引起的破坏能力划分。一些现在的无害型病毒也可能会对新版的 Windows 和其他操作系统造成破坏。例如在早期的病毒中,有一个"Denzuk"病毒在 360 KB 磁盘上很好地工作,不会造成任何破坏,但是在后来的高密度 U 盘上却能引起大量的数据丢失。

2. 常见类型

病毒的类型非常多,目前常见于计算机系统的病毒可以分为以下几类。

(1)系统病毒。系统病毒的前缀为 Win32、PE、Win95、W32、W95 等。这些病毒一般共有的特性是可以感染 Windows 操作系统的 *.exe 和 *.dll 文件,并通过这些文件进行传播,如 CIH 病毒。

(2)蠕虫病毒。蠕虫病毒的前缀是 Worm。这种病毒的共有特性是通过网络或者系统漏洞进行传播,很大部分的蠕虫病毒都有向外发送带毒邮件、阻塞网络的特性,比如冲击波(阻塞网络),小邮差(发带毒邮件)等。

(3)木马病毒、黑客病毒。木马病毒其前缀是 Trojan,黑客病毒前缀名一般为 Hack。木马病毒的共有特性是通过网络或者系统漏洞进入用户的系统并隐藏,然后向外界泄露用户的信息;而黑客病毒则有一个可视的界面,能对用户的电脑进行远程控制。木马、黑客病毒往往是成对出现的,即木马病毒负责侵入用户的电脑,而黑客病毒则会通过该木马病毒来进行控制。现在这两种类型的病毒越来越趋向于整合了。一般的木马,如 QQ 消息尾巴木马 Trojan. QQ3344,还有大家可能遇见比较多的针对网络游戏的木马病毒,如 Trojan. LMir. PSW.60。这里补充一点,病毒名中有 PSW 或 PWD 之类的一般都表示这个病毒有盗取密码的功能(这些字母一般都为“密码”的英文“password”的缩写);一些黑客程序,如网络枭雄(Hack. Nether. Client)等。

(4)脚本病毒。脚本病毒的前缀是 Script。脚本病毒的共有特性是使用脚本语言编写,通过网页进行传播的病毒,如红色代码(Script. Redlof)。脚本病毒还会有前缀 VBS、JS(表明是何种脚本编写的),如欢乐时光(VBS. Happytime)、十四日(Js. Fortnight. c. s)等。

(5)宏病毒。其实宏病毒也是脚本病毒的一种,由于它的特殊性,在这里单独算成一类。宏病毒的前缀是 Macro,第二前缀是 Word、Word97、Excel、Excel97(也许还有别的)其中之一。凡是只感染 Word 97 及以前版本 Word 文档的病毒采用 Word97 作为第二前缀,格式是 Macro. Word97;凡是只感染 Word 97 以后版本 Word 文档的病毒采用 Word 作为第二前缀,格式是 Macro. Word;凡是只感染 Excel 97 及以前版本 Excel 文档的病毒采用 Excel97 作为第二前缀,格式是 Macro. Excel97;凡是只感染 Excel 97 以后版本 Excel 文档的病毒采用 Excel 作为第二前缀,格式是 Macro. Excel,以此类推。该类病毒的共有特性是能感染 Office 系列文档,然后通过 Office 通用模板进行传播,如著名的美丽莎(Macro. Melissa)。

(6)后门病毒。后门病毒的前缀是 Backdoor。该类病毒的共有特性是通过网络传播,给系统开后门,给用户电脑带来安全隐患。

(7)病毒种植程序病毒。这类病毒的共有特性是运行时会从体内释放出一个或几个新的病毒到系统目录下,由释放出来的新病毒产生破坏,如冰河播种者(Dropper. BingHe2. 2C)、MSN 射手(Dropper. Worm. Smibag)等。

(8)破坏性程序病毒。破坏性程序病毒的前缀是 Harm。这类病毒的共有特性是本身具有好看的图标,以诱惑用户点击。当用户点击这类病毒时,病毒便会直接对用户计算机产生破坏,如格式化 C 盘(Harm. formatC. f)、杀手命令(Harm. Command. Killer)等。

(9)玩笑病毒。玩笑病毒的前缀是 Joke,也称恶作剧病毒。这类病毒的共有特性是本身具有好看的图标,以诱惑用户点击。当用户点击这类病毒时,病毒会做出各种破坏操作来吓唬用户,其实病毒并没有对用户电脑进行任何破坏,如女鬼(Joke. Girl ghost)病毒。

(10)捆绑机病毒。捆绑机病毒的前缀是 Binder。这类病毒的共有特性是病毒作者会使用特定的捆绑程序将病毒与一些应用程序,如 QQ、IE 捆绑起来,表面上看是一个正常的文件。当用户运行这些捆绑病毒时,会表面上运行这些应用程序,然后隐藏运行捆绑在一起的病毒，从而给用户造成危害，如捆绑QQ（Binder. QQPass. QQBin）、系统杀手（Binder. killsys）等。

以上为比较常见的病毒前缀，有时候还会看到一些其他的，但比较少见，这里简单提一下。

DoS：会针对某台主机或者服务器进行DoS攻击。Exploit：会自动通过溢出对方或者自己的系统漏洞来传播自身，或者其本身就是一个用于Hacking的溢出工具。HackTool：黑客工具，也许本身并不破坏你的计算机，但是会被别人加以利用，用你做替身去破坏别人。

读者可以在查出某个病毒以后通过以上所说的方法来初步判断所中病毒的基本情况，达到知己知彼的效果。在杀毒软件无法自动查杀、打算采用手工方式的时候，这些信息会给予很大的帮助。

任务三 病毒防范与查杀

1.计算机中毒常见症状和查看方法

计算机病毒的产生是计算机技术和以计算机为核心的社会信息化进程发展到一定阶段的必然产物。它产生的背景如下。

（1）计算机病毒是计算机犯罪的一种新的衍化形式。计算机病毒是高技术犯罪，具有瞬时性、动态性和随机性。不易取证，风险小破坏大，从而刺激了犯罪意识和犯罪活动。它是某些人恶作剧和报复心态在计算机应用领域的表现。

（2）计算机软硬件产品的脆弱性是根本的技术原因。计算机是电子产品。数据在输入、存储、处理、输出等环节，易误入、篡改、丢失、作假和破坏；程序易被删除、改写；计算机软件设计的手工方式效率低下且生产周期长；人们至今没有办法事先了解一个程序有没有错误，只能在运行中发现、修改错误，并不知道还有多少错误和缺陷隐藏在其中。这些脆弱性就为病毒的侵入提供了方便。

基本上当计算机中毒以后，主机都会出现相关的计算机中毒症状，常见的症状如下。

（1）计算机系统运行速度减慢。

（2）计算机系统经常无故发生死机。

（3）计算机系统中的文件长度发生变化。

（4）计算机存储的容量异常减少。

（5）系统引导速度减慢。

（6）丢失文件或文件损坏。

（7）计算机屏幕上出现异常显示。

（8）计算机系统的蜂鸣器出现异常声响。

（9）磁盘卷标发生变化。

（10）系统不识别硬盘。

（11）对存储系统异常访问。

（12）键盘输入异常。

（13）文件的日期、时间、属性等发生变化。

（14）文件无法正确读取、复制或打开。

(15)命令执行出现错误。

(16)虚假报警。

(17)换当前盘。有些病毒会将当前盘切换到 C 盘。

(18)时钟倒转。有些病毒会命令系统时间倒转,逆向计时。

(19)Windows 操作系统无故频繁出现错误。

(20)系统异常重新启动。

(21)一些外部设备工作异常。

(22)异常要求用户输入密码。

(23)Word 或 Excel 提示执行"宏"。

(24)使不应驻留内存的程序驻留内存。

如何检查电脑是否中了病毒? 一般可以采用以下检查步骤。

1)进程检查

首先排查的就是进程了,方法很简单,开机后,什么程序都不要启动。

第一步:直接打开任务管理器,查看有没有可疑的进程,如图 12-2 所示。不认识的进程可以 Google 或百度一下。

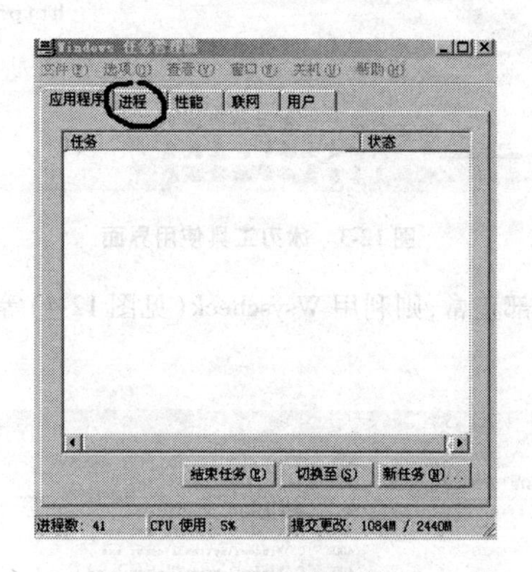

图 12-2　进程管理器

第二步:打开进程工具软件,如冰刃(见图 12-3)等,先查看有没有隐藏进程(冰刃中以红色标出),然后查看系统进程的路径是否正确。

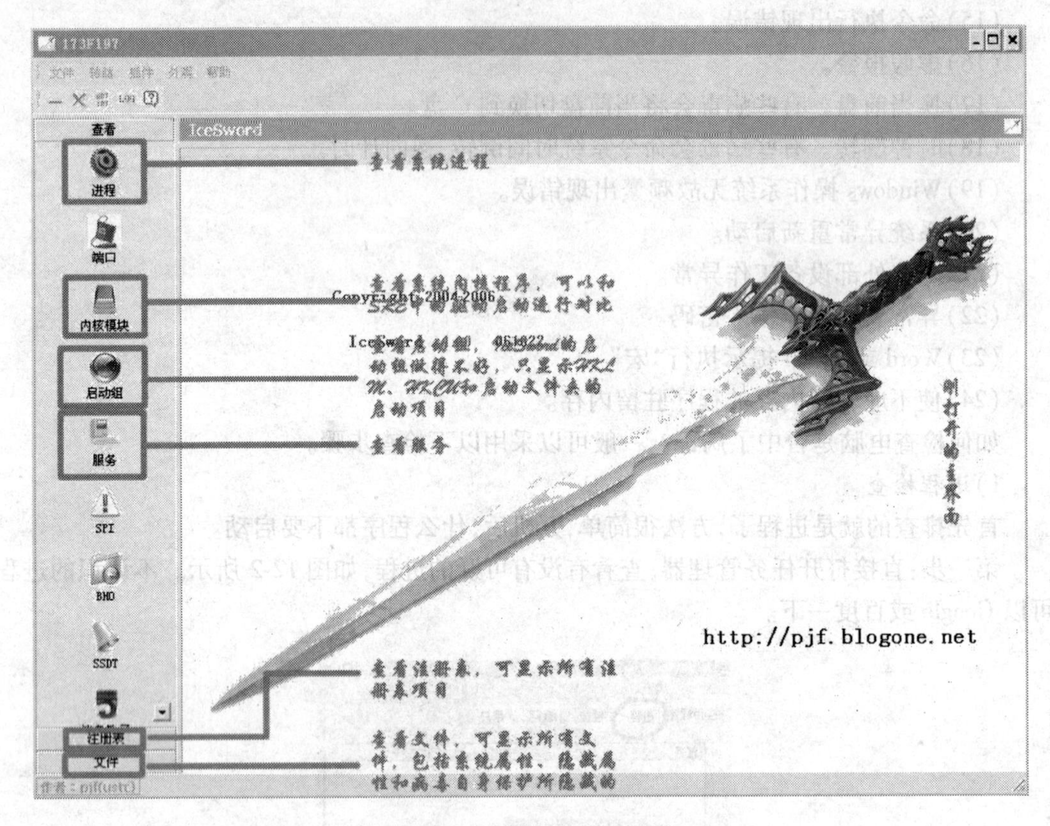

图 12-3　冰刃工具使用界面

第三步：如果进程全部正常，则利用 Wsyscheck（见图 12-4）等工具，查看是否有可疑的线程注入正常进程中。

进程管理 | 内核检查 | 服务管理 | 安全检查 | 文件管理 | 注册表管理

名称	Pid	EPROCESS	PPid	映像路径	内存	文件厂
smss.exe	252	0	4	\SystemRoot\System32\smss.exe	556K	Micro
csrss.exe	408	0	400	C:\Windows\system32\csrss.exe	2488K	Micro
wininit.exe	448	0	400	C:\Windows\system32\wininit.exe	1140K	Micro
csrss.exe	460	0	440	C:\Windows\system32\csrss.exe	14300K	Micro
winlogon.exe	508	0	440	C:\Windows\system32\winlogon.exe	1616K	Micro
services.exe	532	0	448	C:\Windows\system32\services.exe	3556K	Micro
lsass.exe	544	0	448	C:\Windows\system32\lsass.exe	5124K	Micro
lsm.exe	552	0	448	C:\Windows\system32\lsm.exe	996K	Micro
svchost.exe	672	0	532	C:\Windows\system32\svchost.exe	3964K	Micro
svchost.exe	736	0	532	C:\Windows\system32\svchost.exe	2668K	Micro
RavMonD.exe	784	0	532	C:\Program Files\Rising\Rav\RavMonD.exe	4452K	Beiji
svchost.exe	856	0	532	C:\Windows\System32\svchost.exe	9400K	Micro
svchost.exe	940	0	532	C:\Windows\System32\svchost.exe	26576K	Micro
svchost.exe	980	0	532	C:\Windows\system32\svchost.exe	9828K	Micro
audiodg.exe	1044	0	856		16000K	

模块路径	文件厂商	微软文件校验
C:\Windows\system32\RtkAPO.dll	Realtek Semiconductor Corp.	

警告！程序驱动未加载成功，一些功能无法完成！　　WangSea

图 12-4　Wsyscheck 工具使用界面

2)自启动项目

进程排查完毕,如果没有发现异常,则开始排查启动项。

第一步:用 msconfig 查看是否有可疑的服务。点击“开始”→“运行”→输入“msconfig”,点击“确定”,如图 12-5 所示。在弹出的窗口中(见图 12-6)中切换到“服务”选项卡,勾选“隐藏所有 Microsoft 服务”复选框,然后逐一确认剩下的服务是否正常。(可以凭经验识别,也可以利用搜索引擎)

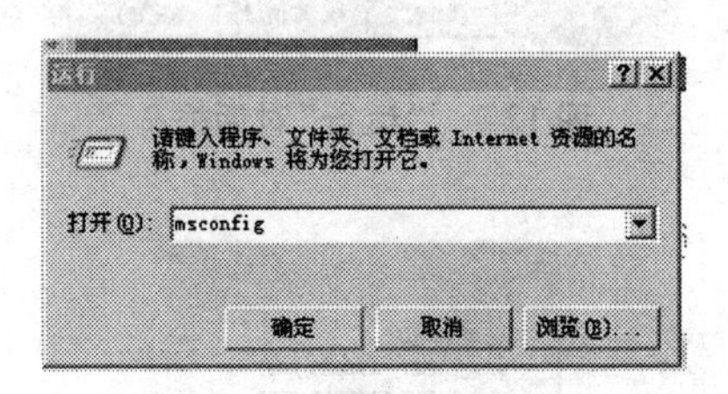

图 12-5　“运行”对话框 1

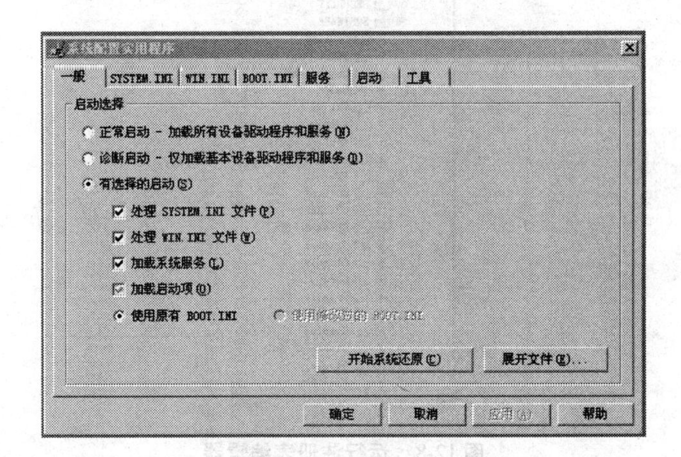

图 12-6　运行 msconfig

第二步:用 msconfig 察看是否有可疑的自启动项,切换到“启动”选项卡,逐一排查就可以了。

第三步,用 Autoruns 等,查看更详细的启动项信息(包括服务、驱动和自启动项、IEBHO 等信息)。

3)网络连接

ADSL 用户在这个时候可以进行虚拟拨号,连接到 Internet 了。然后直接用工具软件的网络连接查看是否有可疑的连接。如果发现 IP 地址异常,不要着急,关掉系统中可能使用网络的程序(如迅雷等下载软件、杀毒软件的自动更新程序、IE 浏览器等),再次查看网络连接信息。

4)安全模式

重启计算机,直接进入安全模式。如果无法进入,并且出现蓝屏等现象,则应该引起警惕,可能是病毒入侵的后遗症,也可能病毒还没有清除。

5)映像劫持

如图 12-7 所示打开注册表编辑器,定位到 HKEY _ LOCAL _ MACHINE SOFTWARE Microsoft Windows NT Current Version Image File Execution Opti,查看有没有可疑的映像劫持项目,如果发现可疑项,很可能已经中毒。

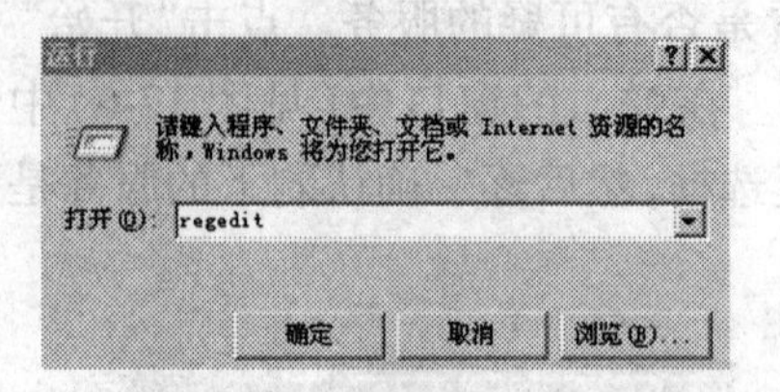

图 12-7 "运行"对话框 2

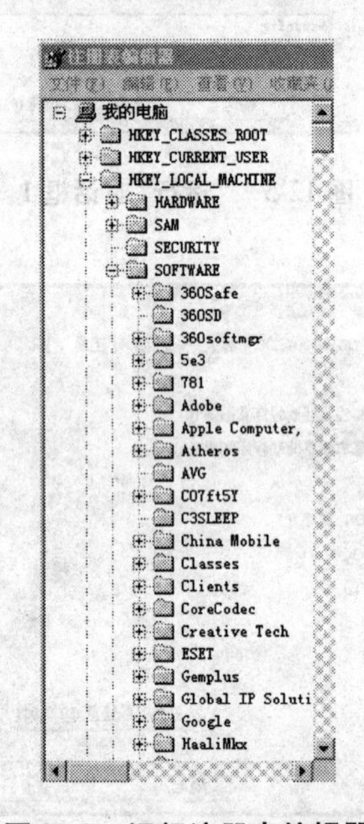

图 12-8 运行注册表编辑器

6)CPU 时间

如果开机以后,系统运行缓慢,还可以用 CPU 时间做参考,找到可疑进程(见图 12-9),方法如下。

打开任务管理器,切换到"进程"选项卡,在菜单中点击"查看"→"选择列",勾选"CPU 时间",然后"确定",单击 CPU 时间的标题,进行排序,寻找除了 SystemIdleProcess 和 SYSTEM 以外 CPU 时间较大的进程,这个进程需要引起一定的警惕。

2. 计算机病毒的传播途径和过程

在系统运行时,病毒通过病毒载体即系统的外存储器进入系统的内存储器,常驻内存。该病毒在系统内存中监视系统的运行,当它发现有攻击的目标存在并满足条件时,便从内存中将自身存入被攻击的目标,从而将病毒进行传播。而病毒利用系统 INT 13H 读写磁盘的中断又将其写入系统的外存储器 U 盘或硬盘中,再感染其他系统。

可执行文件.COM 或.EXE 感染上了病毒,例如黑色星期五病毒,它是在执行被传染的文件时进入内存的。一旦进入内存,便开始监视系统的运行。当它发现被传染的目标时,进行如下操作:①对运行的可执行文件特定地址的标志位信息进行判断是否已感染了病毒;②

当条件满足,利用 INT 13H 将病毒链接到可执行文件的首部或尾部或中间,并存在磁盘中;③完成传染后,继续监视系统的运行,试图寻找新的攻击目标。

正常的 PC DOS 启动过程是:①加电开机后进入系统的检测程序并执行该程序对系统的基本设备进行检测;②检测正常后从系统盘 0 面 0 道 1 扇区即逻辑 0 扇区读入 Boot 引导程序到内存的 0000: 7C00 处;③转入 Boot 执行;④Boot 判断是否为系统盘,如果不是系统盘则提示“non - system disk or disk error Replace and strike any key when ready”,否则,读入 IBM BIO - COM 和 IBM DOS - COM 两个隐含文件;⑤执行 IBM BIOCOM 和 IBM DOS - COM 两个隐含文件,将 COMMAND - COM 装入内存;⑥系统正常运行,DOS 启动成功。

如果系统盘已感染了病毒,PC DOS 的启动将是另一番景象,其过程为:①将 Boot 区中病毒代码首先读入内存的 0000: 7C00 处;②病毒将自身全部代码读入内存的某一安全地区、常驻内存,监视系统的运行;③修改 INT 13H 中断服务处理程序的入口地址,使之指向病毒控制模块并执行之(因为任何一种病毒要感染 U 盘或者硬盘,都离不开对磁盘的读写操作,修改 INT 13H 中断服务程序的入口地址是一项少不了的操作);④病毒程序全部被读入内存后才读正常的 Boot 内容到内存的 0000: 7C00 处,进行正常的启动过程;⑤病毒程序伺机等待,随时准备感染新的系统盘或非系统盘。

如果发现有可攻击的对象,病毒要进行下列的工作:①将目标盘的引导扇区读入内存,对该盘进行判别是否传染了病毒;②当满足传染条件时,则将病毒的全部或者一部分写入 Boot 区,把正常的磁盘引导区程序写入磁盘特定位置;③返回正常的 INT 13H 中断服务处理程序,完成对目标盘的传染。

操作系统型病毒感染非系统盘后最简单的处理方法如下。

因为操作系统型病毒只有在系统引导时才进入内存,开始活动,非系统盘感染该病毒后,不从此盘上面引导系统,则病毒不会进入内存。这时对已感染的非系统盘杀毒最简单的方法是将盘上有用的文件拷贝出来,然后将带毒盘重新格式化即可。任何病毒的传播第一步都是打开进程,所以一般有经验的计算机操作人员查看一下进程管理就能判断计算机是否已经中毒,如图 12-9 圈出的进程就是可疑的计算机病毒进程。

计算机病毒之所以称为病毒,是因为其具有传染性的本质。传统渠道通常有以下 4 种。

(1)通过 U 盘。通过使用外界被感染的 U 盘,例如,不同渠道来的系统盘、来历不明的软件、游戏盘等是最普遍的传染途径。由于使用带有病毒的 U 盘,使机器感染病毒发病,并传染给未被感染的“干净”的 U 盘。大量的 U 盘交换,合法或非法的程序拷贝,不加控制地随便在机器上使用各种软件形成了病毒感染、泛滥蔓延的温床。

(2)通过硬盘。通过硬盘传染也是重要的渠道,由于带有病毒机器移到其他地方使用、维修等,将干净的硬盘传染并再扩散。

(3)通过光盘。因为光盘容量大,存储了海量的可执行文件,大量的病毒就有可能藏身于光盘。对只读式光盘,不能进行写操作,因此光盘上的病毒不能清除。以谋利为目的的非法盗版软件制作过程中,不可能为病毒防护担负专门责任,也绝不会有真正可靠可行的技术保障避免病毒的传入、传染、流行和扩散。当前,盗版光盘的泛滥给病毒的传播带来了很大的便利。

(4)通过网络。这种传染扩散极快,能在很短时间内传遍网络上的机器。随着 Internet 的风靡,病毒的传播又增加了新的途径,它的发展使病毒可能成为灾难,病毒的传播更迅速,

IEXPLORE.EXE	user	01	38,316 K
QQ.exe	user	00	36,408 K
svchost.exe	SYSTEM	00	34,668 K
winlogon.exe	SYSTEM	00	32,608 K
explorer.exe	user	00	24,136 K
csrss.exe	SYSTEM	00	16,100 K
rsnetsvr.exe	SYSTEM	00	15,700 K
RsTray.exe	SYSTEM	00	14,228 K
InCDsrv.exe	SYSTEM	00	10,556 K
svchost.exe	SYSTEM	00	8,924 K
RavMonD.exe	SYSTEM	00	8,192 K
ScanFrm.exe	SYSTEM	00	8,192 K
IEXPLORE.EXE	user	00	7,896 K
services.exe	SYSTEM	00	7,812 K
svchost.exe	LOCAL SERVICE	00	5,848 K
spoolsv.exe	SYSTEM	00	5,764 K
taskmgr.exe	user	01	5,516 K
svchost.exe	NETWORK SERVICE	00	5,024 K
RavTask.exe	SYSTEM	00	4,896 K
svchost.exe	SYSTEM	00	4,868 K
CCC.exe	user	00	4,452 K
stacsv.exe	SYSTEM	00	4,400 K
svchost.exe	NETWORK SERVICE	00	4,052 K
alg.exe	LOCAL SERVICE	00	3,992 K
nvsvc32.exe	SYSTEM	00	3,980 K
mDNSResponder.exe	SYSTEM	00	3,864 K
MOM.exe	user	00	3,684 K
ati2evxx.exe	SYSTEM	00	3,444 K
ati2evxx.exe	SYSTEM	00	3,368 K
ctfmon.exe	user	00	3,364 K
RichVideo.exe	SYSTEM	00	3,092 K
wscntfy.exe	user	00	2,904 K
CCenter.exe	SYSTEM	00	2,492 K
360tray.exe	user	00	2,240 K
lsass.exe	SYSTEM	00	2,068 K
wdfmgr.exe	LOCAL SERVICE	00	2,052 K
TXPlatform.exe	user	00	1,536 K
Stormser.exe	SYSTEM	00	1,460 K
smss.exe	SYSTEM	00	828 K
System	SYSTEM	00	316 K
System Idle Process	SYSTEM	98	28 K

图 12-9 可疑进程

反病毒的任务更加艰巨。Internet 带来两种不同的安全威胁。一种威胁来自文件下载，这些被浏览的或被下载的文件可能存在病毒。另一种威胁来自电子邮件。大多数 Internet 邮件系统提供了在网络间传送附带格式化文档邮件的功能，因此，遭受病毒的文档或文件就可能通过网关和邮件服务器涌入企业网络。网络使用的简易性和开放性使得这种威胁越来越严重。

计算机病毒的传染分两种。一种是在一定条件下方可进行传染，即条件传染。另一种是对一种传染对象的反复传染即无条件传染。从目前病毒的蔓延传播来看，所谓条件传染，是指一些病毒在传染过程中，在被传染的系统中的特定位置上打上自己特有的标志。这一病毒在再次攻击这一系统时，发现有自己的标志则不再进行传染，如果是一个新的系统或软件，首先读特定位置的值，并进行判断，如果发现读出的值与自己标志不一致，则对这一系统或应用程序，或数据盘进行传染，这是一种情况。另一种情况，有的病毒通过对文件的类型来判断是否进行传染，如黑色星期五病毒只感染.COM 或.EXE 文件等。还有的病毒是以计算机系统的某些设备为判断条件来决定是否感染，例如大麻病毒可以感染硬盘，也可以感染 U 盘，但对 B 驱动器的 U 盘进行读写操作时不传染。但也有的病毒对传染对象反复传染，例如黑色星期五病毒只要发现.EXE 文件就进行一次传染，再运行再进行传染，反复进行下去。可见有条件时病毒能传染，无条件时病毒也可以进行传染。

2. 计算机病毒的基本防治

防治计算机病毒需要用户注意计算机的常规操作。

(1)建立良好的安全习惯。例如：对一些来历不明的邮件及附件不要打开，不要上那些不太了解的网站，不要执行从 Internet 下载后未经杀毒处理的软件等，这些必要的习惯会使计算机更安全。

(2)关闭或删除系统中不需要的服务。默认情况下，许多操作系统会安装一些辅助服务,如 FTP 客户端、Telnet 和 Web 服务器。这些服务为攻击者提供了方便,而又对用户没有太大用处,如果删除它们,就能大大减少被攻击的可能性。

(3)经常升级安全补丁。据统计,有 80% 的网络病毒是通过系统安全漏洞进行传播的,像蠕虫王、冲击波、震荡波等,所以应该定期到微软网站去下载最新的安全补丁,以防患于未然。

(4)使用复杂的密码。有许多网络病毒是通过猜测简单密码的方式攻击系统的,因此使用复杂的密码,将会大大提高计算机的安全系数。

(5)迅速隔离受感染的计算机。当计算机发现病毒或异常时应立刻断网,以防止计算机受到更多的感染,或者成为传播源,再次感染其他计算机。

(6)了解一些病毒知识。这样就可以及时发现新病毒并采取相应措施,在关键时刻使自己的计算机免受病毒破坏。如果能了解一些注册表知识,就可以定期看一看注册表的自启动项是否有可疑键值;如果了解一些内存知识,就可以经常看看内存中是否有可疑程序。

(7)最好安装专业的杀毒软件进行全面监控。在病毒日益增多的今天,使用杀毒软件进行防毒,是越来越经济的选择。不过用户在安装了反病毒软件之后,应该经常进行升级、将一些主要监控经常打开(如邮件监控、内存监控等)、遇到问题要上报,这样才能真正保障计算机的安全。

(8)用户还应该安装个人防火墙软件进行防黑。由于网络的发展,用户电脑面临的黑客攻击问题也越来越严重。许多网络病毒都采用了黑客的方法来攻击用户电脑,因此,用户还应该安装个人防火墙软件,将安全级别设为中、高,这样才能有效地防止网络上的黑客攻击。

目前个人手工杀毒的时代已经过去,各种新型病毒对技术的挑战也越来越高,所以当前对计算机的病毒查杀主要依赖各个厂商所组建的专业团队,提供的专业安全软件来实现。

一般大范围传播的病毒都会让用户在重新启动电脑的时候能够自动运行病毒,以长时间感染计算机并扩大病毒的感染能力。通常病毒感染计算机第一件事情就是杀掉它们的天敌——安全软件,比如卡巴斯基、360 安全卫士、NOD32 等等。这样用户就不能通过使用杀毒软件的方法来处理已经感染病毒的电脑。

手动杀毒方法如下。

要解决病毒首先要解决病毒在计算机重启以后自我启动的问题。通常病毒会有以下两种方式进行自我启动。

(1)直接自启动:①引导扇区;②驱动;③服务;④注册表 。

(2)间接自启动:印象劫持,autorun. inf 文件,HOOK,感染文件,放置一个诱惑图标让用户点击等。

知道病毒的启动原理,不难得出清理方式:首先删掉注册表文件中病毒的启动项。最常见启动位置在[HKEY _ LOCAL _ MACHINE\SOFTWARE\Microsoft\Windows\CurrentVersion\Run],删除该子项内所有的字符串,只留下 cftmon. exe 。立即按机箱上的重启键,不让病毒回写注册表(正常关机可能会激活病毒回写进启动项目,比如“磁碟机”)。如果病毒仍然启动,就要怀疑有服务或者驱动中毒。这个时候就需要有一定计算机操作能力的人,用批处理或者其他的程序同时找到并关闭病毒的服务和删除注册表,然后快速关机。驱动一般在系统下很难删除,所以可以用前面介绍的 Xdelete 或者 icesword,wsyscheck 或者进入 DOS,WPE 等其他系统进行删除。

上面讲过通过不让病毒在重启电脑以后启动的方法删除病毒,接下来说一下直接删除病毒文件方法。

在病毒正在运行的系统里,直接删除病毒文件会很难。如果在网上找到该病毒机理,进入 DOS,找到所有病毒文件路径,可以很轻松地删除病毒文件(除了感染型病毒)。推荐用 PE(系统预安装环境),用有一个可以启动电脑的装 PE 的 U 盘,或者光盘启动电脑,可以进入完全无毒的系统,然后使用绿色版的杀毒软件(网上有,作者试过绿色卡巴和 NOD32,很好,可以在 PE 运行)全盘查杀。杀完毒以后,先不要重新启动电脑,看看到底删除了什么,如果有被感染的系统文件删掉了,注意从相同系统拷贝一个,否则可能无法开机。然后重启,进系统用其他安全软件修复系统。

电脑感染上真正棘手的病毒,最简单有效的方法就是重装系统。如果 C 盘(系统盘)有重要资料要先备份。不能开机,可以进入 PE 备份。

如果计算机的安全状态人工维护很复杂,则推荐使用专业的安全软件来保护和查杀,主要措施如下。

(1)杀毒软件经常更新,以便快速检测到可能入侵计算机的新病毒或者变种。

(2)使用安全监视软件(和杀毒软件不同,比如 360 安全卫士、瑞星卡卡)主要防止浏览器被异常修改、插入钩子、安装不安全恶意的插件。

(3)使用防火墙或者杀毒软件自带的防火墙。

(4)关闭电脑自动播放(网上有),并对电脑和移动储存工具进行常见病毒免疫。

(5)定时全盘病毒木马扫描。

(6)注意网址正确性,避免进入病毒网站。

(7)不随意接受、打开陌生人发来的电子邮件或通过 QQ 传递的文件或网址。

(8)使用正版软件。

(9)使用移动存储器前,最好要先查杀病毒,然后再使用。

下面推荐几款软件。

(1)杀毒软件:卡巴斯基,NOD32,avast 5.0 ,360 杀毒。

(2)U 盘病毒专杀:AutoGuarder2。

(3)安全软件:360 安全卫士(可以查杀木马)。

(4)单独防火墙:天网,comodo 或者杀毒软件自带防火墙。

(5)内网用户使用 antiARP,防范内网 ARP 欺骗病毒(比如磁碟机,机械狗)。

(6)使用超级巡警免疫工具等。

3. 用 360 安全卫士和 360 杀毒保护主机及 Internet

360 创立于 2005 年 11 月,是中国领先的互联网安全公司,曾先后获得鼎晖创投、红杉资本、高原资本、红点投资、Matrinx、IDG 等风险投资商总额高达数千万美元的联合投资,其公司标志见图 12-10。

360 致力于提供高品质的免费安全服务,是拥有国内大规模、高水平安全技术团队的公司,旗下 360 安全卫士、360 杀毒、360 安全浏览器、360 保险箱、360 手机卫士等系列产品深受用户好评,使 360 成为引人瞩目的网络安全品牌。

面对互联网时代木马、病毒、流氓软件、钓鱼欺诈网页等多元化的安全威胁,360 坚持以互联网的思路解决网络安全问题。第一,以免费的方式推动基础安全服务普及,让网民无条件、无门槛地安装安全软件;第二,发展云安全体系。依靠云查杀引擎等创新技术和海量用

图 12-10　奇虎 360 公司标志

户的云安全网络，360 系列产品能够最快、最全地发现新型木马病毒以及钓鱼、挂马恶意网页，全方位保护用户的上网安全。

据艾瑞统计，360 安全卫士是中国用户量最大的安全软件。截至 2010 年 9 月，360 安全卫士覆盖了近 76% 的互联网网民，用户量超过 2.86 亿；360 杀毒正式发布仅 3 个月就成为杀毒行业用户量第一，目前网民覆盖率达到 59.3%，用户量超过 2.2 亿，这里将着重介绍 360 安全卫士和 360 杀毒的安装和使用技巧。

1）下载和安装

访问 www.360.cn 下载 360 安全卫士和 360 杀毒，如图 12-11 和图 12-12 所示。安装过程如图 12-13 和图 12-14 所示。

图 12-11　下载主页点击“免费下载”

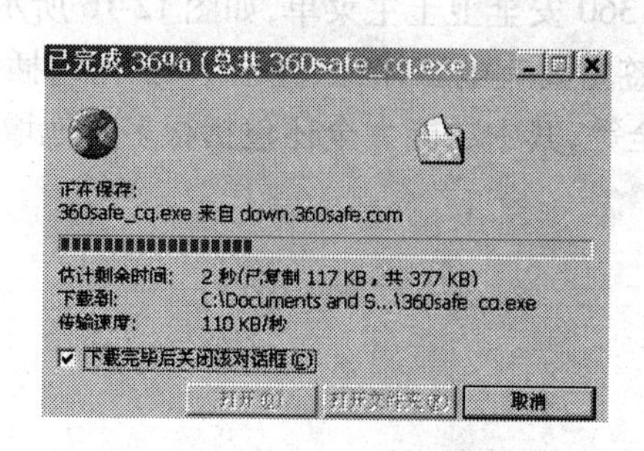

图 12-12　下载安装引导文件

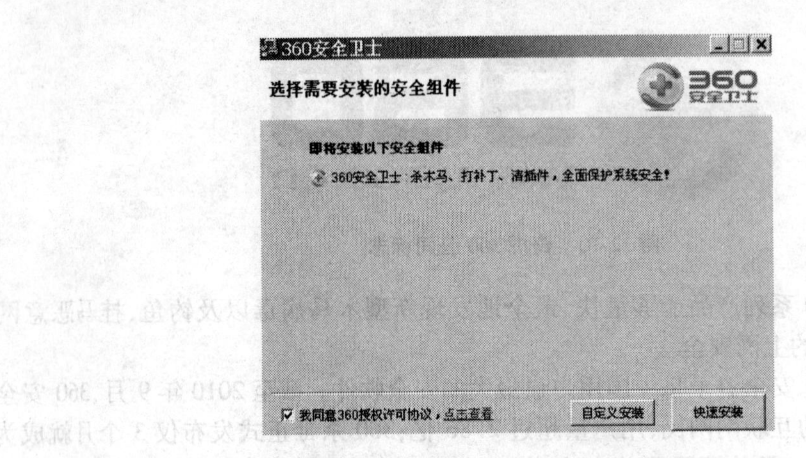

图 12-13 双击下载好的安装引导文件

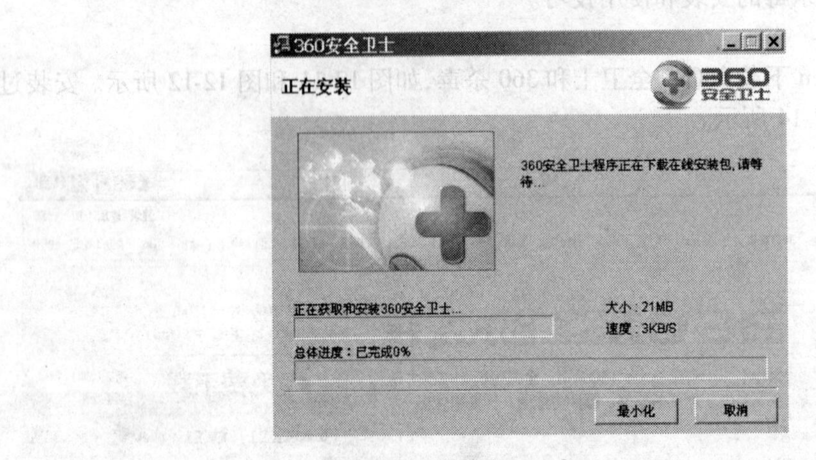

图 12-14 选择“快速安装”，程序开始安装

安装结束后，程序自动启动，任务栏将显示图标如图 12-15 所示。

360安全卫士 - 木马防火墙完全开启

5:04

图 12-15 任务栏显示图标

单击任务栏图标，启动 360 安全卫士主菜单，如图 12-16 所示。

主菜单中的“常用”标签主要有电脑体检、查杀木马、清理插件、修复漏洞、清理垃圾、清理痕迹、系统修复、功能大全等，其中功能大全还包括很多其他增强组件如图 12-17 所示。

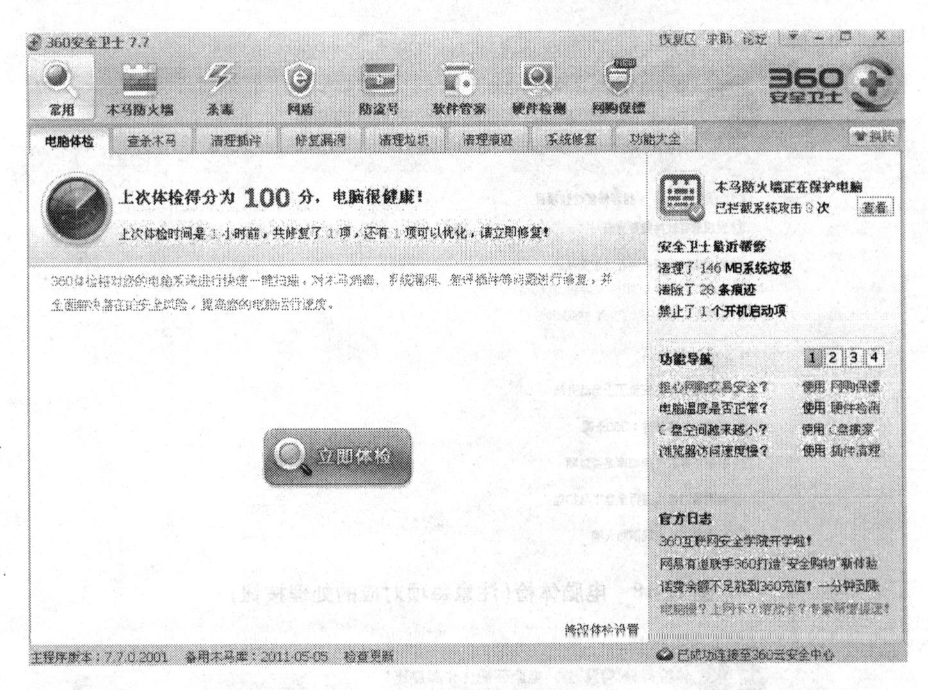

图 12-16　360 安全卫士主菜单

图 12-17　常用标签下的功能大全

一般情况下，通过对电脑进行体检，360 安全卫士就会提示需要做的设置，非常容易上手，如图 12-18 所示。

也可以用一键修复功能完成，这个功能能解决大部分安全设置，包括下载补丁、设置防火墙、安装杀毒软件、查杀木马、清理系统垃圾、优化开机选项等等，如图 12-19 所示。

对计算机有更多了解的读者可以尝试使用“常用”标签下的其他功能以及“木马防火墙”、“网盾”等标签，本文不做详细介绍。

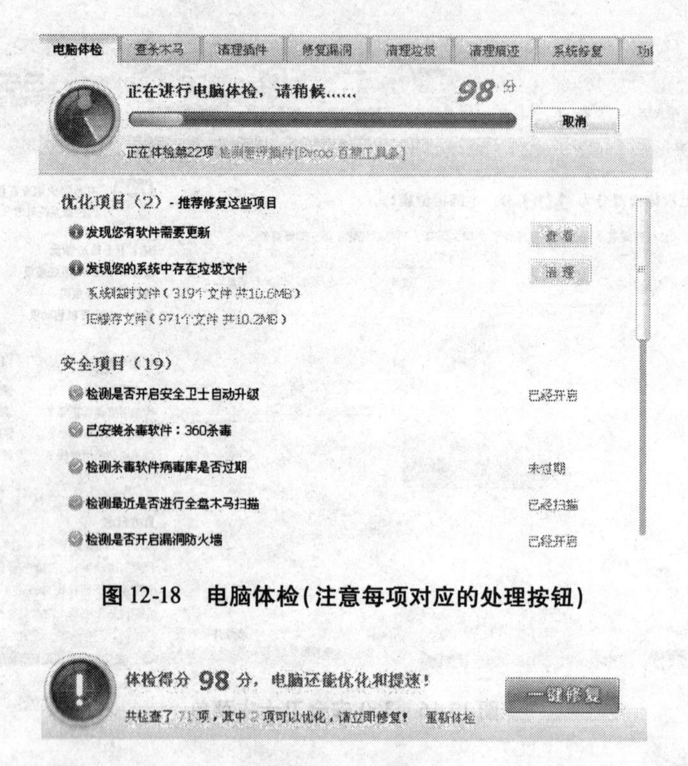

图 12-18 电脑体检(注意每项对应的处理按钮)

图 12-19 一键修复

360 杀毒软件的下载、安装大致和 360 安全卫士一样，这里略过。安装完成以后的主界面可以单击 360 安全卫士的“杀毒”标签或直接在任务栏里单击 360 杀毒图标。启动以后如图 12-20 所示。

图 12-20 360 杀毒主界面

360 杀毒本身就是一款即时防护软件,所以一旦正常启动,遇到可疑文件,360 杀毒会主动提示用户查杀病毒,如果需要手动查杀,常用的方法就是“快速扫描”,如图 12-21 所示。如果认为某些磁盘区存在病毒,也可以选择“全盘扫描”和“指定位置扫描”,如图 12-22 所示。扫描出来的结果均可以傻瓜式处理,清除或删除即可。

图 12-21　快速扫描

图 12-22　指定位置扫描

特别说明一下,360 杀毒最重要的应用是实时防护(见图 12-23),所以安装好 360 杀毒以后,一定要启动此功能。

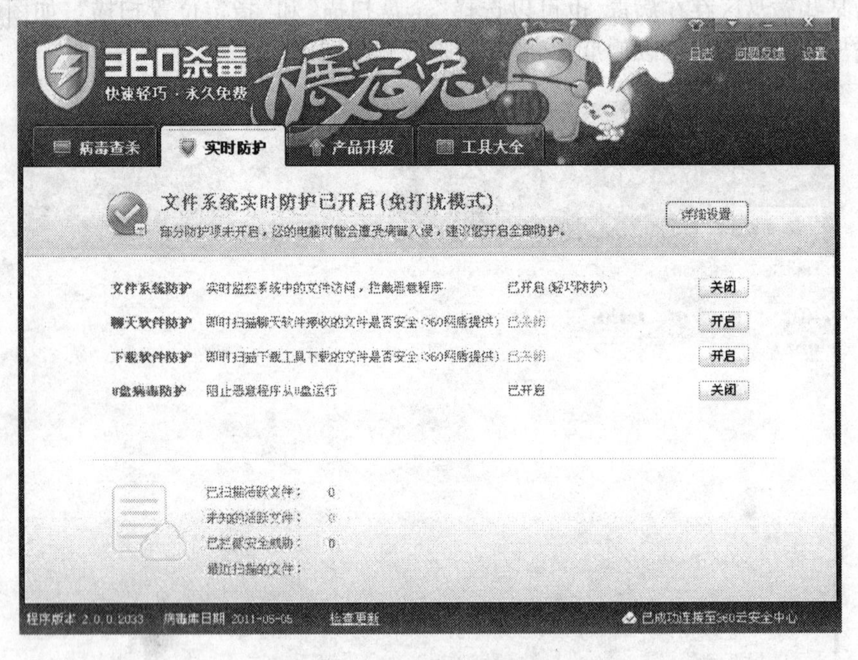

图 12-23 实时防护的基本设置

任务四 常见故障诊断与排查

1. 计算机产生故障的一般原因

计算机系统由硬件、软件和使用者组成,产生故障的主要原因有:硬件故障、电源引起的故障、工作环境引起的故障、病毒引起的故障、人为引起的故障。

这里主要介绍环境对计算机的影响。

计算机对工作环境的要求主要包括环境温度、湿度、清洁度、静电、电磁干扰、防振、接地、供电等方面,这些环境因素对计算机的正常运行有很大的影响。只有在良好的环境中计算机才可以长期正常工作。

1)温度和湿度对计算机的影响

(1)温度。计算机各部件和存储介质对温度都有严格的规定,如果超过或者无法达到这个标准,计算机的稳定性就会降低,同时使用寿命也会缩短。如温度过高时,各部件运行过程中产生的热量不易散发,影响部件的工作稳定性,并极易造成部件过热烧毁,尤其是计算机中发热量较大的信息处理器件,还会引起数据丢失及数据处理错误。经常在高温环境下运行,元器件会加速老化,明显缩短计算机的使用寿命。而温度过低时,对一些机械装置的润滑机构不利,如造成键盘触点接触不良、软驱磁头小车或打印机字车运行不畅、打印针受阻等故障。同时还会出现水汽凝聚或结露现象。所以计算机工作环境温度应保持适中,一般在 18℃ ~30℃之间。夏季,当室温达到 30℃及以上时,应减少开机次数,缩短使用时间,每次使用时间不要超过2小时。当室温在35℃以上的时候,最好不要使用计算机,以防止损坏。

(2)湿度。计算机的工作环境应保持干燥。在较为潮湿的季节中计算机电路板表面和器件都容易氧化、发霉和结露,键盘按键也可能失灵。特别是显示器管座受潮,使显示器需开机很长一段时间才能慢慢地有显示。潮湿的环境中U盘和光盘很容易发霉,如果将这些发霉的U盘或光盘放入软驱或光驱中使用,对驱动器的损伤很大。经常使用的计算机,由于机器自身可以产生一定热量,所以不易受到潮湿的侵害。在较为潮湿的环境中,建议计算机每天至少开机一小时来保持机器内部干燥。一般将计算机房的湿度保持在40%~80%之间。

2)灰尘对计算机的影响

灰尘可以说是计算机的隐形杀手,往往很多硬件故障都是由它造成的。比如U盘中的灰尘,在读写的时候不仅容易将盘片划伤,还会把灰尘传播到软驱中,以后读写时会损伤软盘。另外,灰尘沉积在电路板上,会造成散热不畅,使得电子器件温度升高,老化加快。灰尘也会造成接触不良和电路板漏电。灰尘混杂在润滑油中形成的油泥,会严重影响机械部件的运行。计算机房内灰尘粒度要求小于0.5 μm,每立方米空间的尘粒数应小于1 000粒。

3)电磁干扰对计算机的影响

计算机应避免电磁干扰。电磁干扰会造成系统运行故障,数据传输和处理错误,甚至会出现系统死机。这些电磁干扰一方面来自于计算机外部的电器设备,比如手机、音响、微波炉等,还有可能是机箱内部的组件质量不过关造成电磁干扰。

减少电磁干扰的方法是保证计算机周围不摆设容易辐射电磁场的大功率电器设备。同时选购声卡、显卡、内置MODEM卡等设备的时候,最好采用知名厂商的产品,知名品牌产生电磁干扰的可能性较小。

一般来说,可以采用计算机设备的屏蔽、接地等方法,还可以将电器设备之间相隔一定的距离(1.5 m)加以解决。

一般要求干扰环境的电磁场强应小于800 A/m。

4)静电对计算机的影响

在计算机运行环境中,常常存在静电现象。如人在干燥的地板上行走,摩擦将产生1 000 V以上的静电,当脱去化纤衣物而听见“啪、啪”的放电声时,静电已高达数万伏。

5)机械振动对计算机的影响

计算机在工作时不能受到振动,主要是因为硬盘和某些设备怕振。目前硬盘转速都保持在5 400 r/min或7 200 r/min高速运转,由于采用了温切斯特技术,硬盘的盘片旋转时,磁头是不碰盘面的(离盘面0.1~0.3 μm)。振动很容易使磁头碰击盘面,从而划伤盘面形成坏块。振动也会使光盘读盘时脱离原来光道而无法正常读盘。对于打印机、扫描仪等外设,如果没有一个稳定的操作环境,也无法提供最佳的工作状态。振动也是导致螺钉松动、焊点开裂的直接原因。因此计算机必须远离振动源,放置计算机的工作台应平稳且要求结构坚固。击键和其他操作应轻柔,运行中的计算机绝对不允许搬动。即使计算机已经关闭,强烈的振动和冲击,也会导致部件和设备的损坏。

6)接地条件对计算机的影响

由于漏电等原因,计算机设备的外壳极有可能带电,为保障操作人员和设备的安全,计算机设备的外壳一定要接地。对于公用机房和局域网内计算机的接地将尤为重要。

接地可分为直流接地、交流接地和安全接地。直流接地是指把各直流电路的逻辑地通过地网连接在一起,使其成为稳定的零电位,此接地就是电路接地。交流接地是指把三相交流电源的中性线与主接地极连通,此方法在计算机系统上是不允许使用的,接地系统的接地电阻应小于 4 Ω。

7)供电条件对计算机的影响

计算机能否长期正常运行与电源的质量和可靠有着密切的关系,因此电源应具备良好的供电质量和供电的连续性。

在供电质量方面,要求 220 V 电压和频率稳定,电压偏差≤10%;过高的电压极易烧毁计算机设备中的电源部分,也会给板卡等部件带来不利的影响。电压过低会使计算机设备无法正常启动和运行,即使能启动,也会出现经常性的重启动现象,久而久之也会导致计算机部件的损坏。因此,最好采用交流稳压净化电源给计算机系统供电。当然计算机本身电源的好坏也是非常重要的。一个质量好的计算机电源有助于降低计算机的故障率。

在供电的连续性方面,建议购置一台计算机专用的 UPS。它不仅可以保证输入电压的稳定,而且遇到意外停电等突发性事件的时候,还能够用储存的电能继续为计算机供电一段时间,这样就可以从容不迫地保存当前正在进行的工作,保证计算机数据的安全。

计算机在日常使用中,应进行经常或定期地检查和维护,以保证计算机正常运行,防止故障的发生。

2.判断故障常用方法

常规的故障判断有以下方法。

1)清洁法

有的故障往往是由于机器内灰尘较多引起的,应该先除去灰尘、氧化层,再进行后续的判断维修。

2)直接观察法

观察,是维修判断过程中第一要法,它可以有效查找和排除电路上明显的问题。要观察的内容包括周围的环境,硬件环境(例如接插头、插座和插槽等),软件环境,用户操作的习惯、过程。

3)拔插法

拔插法是将各板卡逐块拔出,每拔出一块观察连接部分有无氧化、污垢、故障现象的变化情况。如果拔出某块板卡后故障现象消失,说明故障原因是由该板卡或对应 I/O 总路线插槽及负载电路引起;如果所有板卡都拔出过而故障现象依然存在,很可能是主板发生故障。

4)交换法、比较法及振动敲击法

(1)交换法也称替换法,是指用好的同型号板卡(例如总线方式一致、功能相同的板卡或同型号芯片)去代替可能有故障的部件,根据交换后故障现象是否消失来进行判断的一种维修方法。

(2)比较法,与替换法类似,是指将两台配置相同或相似的计算机在执行相同的操作时进行比较,通过两台计算机间的不同表现来分析,以判断故障计算机在环境设置、硬件配置方面的不同,从而找出故障产生的原因。

(3)振动敲击法,这是一般用在怀疑计算机中的某部件有接触不良的故障时,通过振动、适当的扭曲,甚或用橡胶锤敲打部件或设备的特定部件来使故障复现,从而判断故障部件的一种维修方法。

5)升温降温法及程序测试法

(1)升温降温法,是人为将计算机工作的环境温度升高(例如关闭空调、用电吹风远距离加温等),以加速热稳定性差的部件故障重现;或是反之,将环境温度降低(例如将空调温度设置较低、用电风扇帮助散热等),观察故障是否消失,以确认故障部件。

(2)程序测试法,是使用诊断程序(例如随机诊断程序或专门编制的小程序)、专用维修诊断卡检查计算机各功能模块,检查磁盘数据的完整性和正确性、接口卡接口芯片故障、校正软驱磁头等,根据技术参数,来辅助硬件维修。它的应用前提是 CPU 及总线基本正常,能够运行诊断软件,能够运行安装于 I/O 总线插槽上的诊断卡。

3. 常见故障及对策

计算机故障是指造成计算机系统功能失常的硬件物理损坏或软件系统的程序错误。小故障可使计算机系统的某个部分不能正常工作或运算结果产生错误,大故障可使整套计算机系统完全不能运行。计算机系统故障分为硬件系统故障和软件系统故障。

1)硬件系统故障

硬件系统故障是指计算机中的电子元件损坏或外部设备的电子元件损坏而引起的故障。硬件系统故障分为元器件故障、机械故障、介质故障和人为故障等。

(1)元器件故障。元器件故障主要是元器件、接插件和印刷板引起的故障。

(2)机械故障。机械故障主要发生在外部设备中,如驱动器、打印机等设备,而且这类故障也比较容易发现。

(3)介质故障。介质故障主要指 U 盘、硬盘的磁道损坏,而产生读写故障。

(4)人为故障。人为故障主要因为计算机的运行环境恶劣或用户操作不当产生的。

2)软件系统故障

软件系统故障是指由软件出错或不正常的操作引起文件丢失而造成的故障。软件系统故障是一个复杂的现象,不但要观察程序本身、系统本身,更重要的是要看出现什么样的错误信息,根据错误信息和故障现象才能查出故障原因。软件系统故障可分为系统故障、程序故障和病毒故障等。

(1)系统故障。系统故障通常由系统软件被破坏、硬件驱动程序安装不当或软件程序中有关文件丢失造成的。

(2)程序故障。对于应用程序出现的故障,主要反映为应用程序无法正常使用。需要检查程序本身是否有错误(这要靠提示信息来判断),程序的安装方法是否正确,计算机的配置是否符合该应用程序的要求,是否因操作不当引起,计算机中是否安装有相互影响制约的其他软件等。

(3)病毒故障。计算机病毒是一种对计算机硬件和软件产生破坏的程序。由于病毒类型不同,对计算机资源的破坏也不完全一样。计算机病毒不但影响软件和操作系统的运行速度,还影响打印机、显示器正常工作等。轻则影响运行速度,重则破坏文件或造成死机,甚至破坏硬件。

3)常见计算机故障的处理方法

(1)接触性故障。接触性故障一般反映在各类扩展卡、内存、CPU 等与主板接触不良,或电源线、数据线、音频线等的连接不良。其中各类扩展卡、内存与主板接触不良的现象较为常见,特别是立式机箱。对接触性故障,通常只要应用插拔法或交换法即可以排除,如更换相应的插槽或用橡皮擦拭金手指,就可以排除故障。

(2)参数设置故障。CMOS 参数主要有 CPU 的频率,硬盘接口的开启,软驱的类型,内存的 CAS 等待时间以及驱动器启动顺序,病毒警告开关等。由于参数没有设置或没有正确设置,系统都会提示出错,如硬盘所在的 IDE 接口设为 NONE,则系统就提示出错,而不能用硬盘启动操作系统。

(3)硬件损坏型故障。硬件出现损坏型故障,除了本身的质量问题外,也可能是其他原因引起的,如跌落、冲撞、电源出现尖峰脉冲、CPU 超频使用等。硬件设备发生损坏性故障,一般都必须进行修理或更换。对于不能更换又无法修理的非关键组件,也可以采用屏蔽法进行处理,如主板上的二级缓存损坏,不能修复时,可以在 CMOS 设置中将其关闭。

4)按模块解析故障

下面对于一般情况下计算机所产生的故障按模块来解析一下。

(1)CMOS Setup 的错误。如果 CMOS Setup 中的硬盘参数设置不正确,因电脑无法识别硬盘而会导致系统无法启动。出现启动画面后死机,则应该检测 CMOS Setup 的内存。若要正确设置硬盘参数,可以使用 CMOS Setup 中的"IDE HDD Auto Detection"选项。

(2)系统文件的错误。Windows 启动时需要 Command. com、Io. sys、Msdos. sys、Drvspace. bin 4 个文件。如果这些文件遭破坏,即使识别了硬盘也不能启动,可以使用 Sys. com 文件恢复这些文件。用启动盘启动后,键入 Sys c:即可。

(3)初始化文件的错误。Windows 在启动时要读取 Autoexec. bat、Config. sys、system. ini、Win. ini、User. dat、System. dat 6 个文件。若其中存在错误信息有可能导致启动失败。

(4)Windows 的错误。Windows 初始画面出现后的故障大部分是软件的故障,如程序间的冲突或驱动程序的问题等。这样的问题可以用重装驱动程序,下载软件补丁等方法自行解决。

用户组装不正确或插口接触不良等也会导致系统故障。这时可以的打开电脑检查接线、插口等是否连接良好。在安装新购的硬盘、CD - ROM 等 EIDE 设备时要注意 Slave(从盘)/Master(主盘)的设置,如果设置得不正确则会无法启动或使用相应设备时发生错误。

5)常见的硬件故障的检测方法

显示器没有任何图像出现时可以使用以下方法测试出故障的部件。

(1)首先准备一个工作台,要有良好的绝缘。

(2)将主板从机箱取出,再把主板上的所有部件拔出,只留下 CPU 和 RAM。然后把主板放到工作台上。

(3)将机箱电源、键盘接好。

(4)将显卡插入 AGP 插槽。(当然,如果是 PCI 显卡则插入 PCI 插槽中)插入时注意要将显卡金手指完全地插入插槽中。

(5)接好显示器电源线、信号线。

(6)打开显示器电源,再接通机箱电源开关。然后用金属棒接触主板的电源开关。主板的电源开关是与机箱电源开关连接的部分,一般标记为“PWR SW”或“POWER SE”。

(7)如果画面上出现 BIOS 的版本信息,画面没有异常的话,说明 CPU、主板、RAM、显卡、电源、键盘都正常。

(8)关机,连接硬盘和软驱进行检测,接着连接 CD - ROM 检测,然后是声卡、Modem 等部件。如果不出现画面就说明后连接的那个部件有故障或是有兼容性问题,只需处理那个故障的部件即可。

(9)有时由于机箱漏电或与主板发生短路等问题会导致启动失败,因此如果在上面的部件检查中没有任何问题,可以将主板安装到机箱上测试。如果在测试中也没有任何错误,则说明是 CMOS Setup 错误、驱动程序不正确等软件问题,只需重新设置或安装即可。

启动是指电脑从硬盘上读取了引导程序后一直到启动好 Windows 的整个过程,在这一个阶段可以观察屏幕上的显示信息,并分析这一阶段电脑死机的原因和处理办法。

(1)开机后黑屏,显示器和机器都没有响应,开机后一点动静都没有,那么首先就必须检查供电是否正常,显示器是否已经通电了。

(2)开机后黑屏,机箱内有风扇的转动声。这是 CIH 病毒发作时的典型表现,当然这样原始的、古老的病毒现在已经没有什么危害了。排除了病毒的因素后,要注意以下硬件的工作情况:供电系统、芯片、显卡、主板和灰尘、温度因素。供电系统是指计算机电源,可以将光驱的出仓键按一下,如果光驱托盘能弹出来,那么外围电源基本没有问题。然后拆开机箱,检查一下开机后主芯片上的散热风扇是否旋转。因为芯片风扇是由主板直接供电的,如果芯片风扇没有旋转,主板供电系统就有问题,可以把主板电源插头拔出来,再重新插回去看看。接下来就是开关的故障,有些杂牌机箱上的电源开关用久了就会损坏,可以拆下机箱前面板,检查开关上的电源信号线连接到主板的哪两个跳线上,然后拔下跳线帽,用螺丝刀短接主板上的两个跳线接头,这样机器应该能够启动。如果这时系统还是无法启动,就检查显示卡和芯片的接触,把这两个部件拆下来,再重新安装回去。如果条件允许还可以使用同样型号的部件替换一下试试看。通常这样的故障是因为显示卡和芯片的接触不良造成的。

(3)开机后只检测到显卡信息就死机案例:有一位用户的计算机开机后计算机屏幕上只显示第一屏信息,也就是显卡的信息就死机了,后来把他的芯片和显卡换到作者的机器上,显卡没有问题,倒是系统自检芯片的类型不对。检查后发现原来是该用户在检修机器时不小心把芯片转接卡上的一个电容的针脚扭断了。重新焊好电容断针脚,计算机恢复正常。(转接卡是一种用来把不同接口的芯片和主板连接起来的设备)

(4)开机后系统报警。开机后显示器上没有反应,但是主板 BIOS 系统报警,这时可以参考一下主板 BIOS 报警汽笛声的资料。因为不同的主板 BIOS 的报警声是不同的,报警声也有长有断。一般遇到的就是 PC 喇叭长鸣,这是因为内存条没有正确装好,重新拔、插内存条即可。还有就是汽笛一声一声的报警,这是因为显示器不能接收到显示卡的信号,需要检查显示器的连接和重新插拔显示卡。有时候因为键盘、鼠标、主板电池的问题系统也会报警,这时已经可以看到显示器上的提示信息了。如果是 KEYBOARD 错误,那就是键盘没有接好。如果提示“CMOS....”,这就是因为主板电池已经没有电了,可以重新调换电池。如果启动后显示器上出现乱码,然后不能进入系统,那么是显示卡分配地址出现了问题,应该把主板上的电池取出来,给 CMOS 放电,清除原来的计算机硬件信息(如果在主板 BIOS 中设置了密码,但是却不幸遗忘,也可以这样做)。案例:某位用户的计算机在换了个位置后不能开机,系统报警,作者查看了以后发现他把鼠标和键盘的插头装反了,重新插拔鼠标和键盘的插头,系统就可以正常工作了。

(5)引导故障故障现象。屏幕上出现了电脑配置的信息列表后,就没有反应了,也没有看到 Starting Windows 的提示。故障诊断:如果是重新在 CMOS 中设置了硬盘的参数后,电脑可以启动的话,说明只是设置上的错误而已。检查病毒之后,电脑恢复正常的话,说明刚才是由于病毒导致电脑无法启动的。如果检查病毒之后电脑仍然不能启动,就有可能是因为硬盘的引导扇区有物理错误,因此使引导程序工作错误而导致启动失败。在这种情况下最好是请电脑专家来解决一下,以免造成硬盘上的数据丢失。

(6)开机后无法找到硬盘。

故障现象 1:屏幕上出现"Disk Boot Failure, Insert System Disk And Press Enter"。故障诊断:具体的操作是进入 CMOS 设置后,选择"IDE HDD Auto Detection"项目,看是否可以检测到硬盘的存在,系统自检过程中全部选择"Y"。若没有检测到硬盘,首先要考虑硬盘是否有问题,可以通过听硬盘的运转声音或者把硬盘接到其他的电脑上来判断。如果硬盘有问题,硬盘上高价值的数据可以找专门的数据恢复公司来恢复;如果可以正确地检测到硬盘,要先确认一下检测到的硬盘的容量和其他的参数是否和实际的硬盘参数相同。是相同的,说明系统应该是正常的,可能只是 CMOS 中的硬盘参数的设置信息丢失了。不同,说明系统一定出现故障了,有可能是主板的故障,也有可能是硬盘数据线故障。

故障现象 2:屏幕上出现"Not Found any [active partition] in HDD Disk Boot Failure, Insert System Disk And Press Enter"。故障诊断:一是硬盘还没有被分区,处理办法就比较简单,用 U 盘启动电脑,然后运行分区程序 FDISK,对硬盘进行分区即可;二是硬盘上没有活动的分区,处理办法同上,运行分区程序 FDISK 设置一下活动分区。

故障现象 3:屏幕上出现"Miss operation system"。故障诊断:造成这种情况的原因是,硬盘已经分好区并设置了活动分区,但硬盘没有格式化,也没有安装操作系统。开机后系统提示"HDD CONTROL FAILURE",硬盘电源线可能接触不良,硬盘的数据线接反了。如果启动时系统提示"Primary master hard disk fail",是因为没有正确设置硬盘。开机后出现"I/O ERROR"错误,这是系统提示输入/输出错误,这有可能是因为 C 盘上的 IO. SYS 文件损坏,也有可能是硬盘的主引导扇区被破坏了。

(7)分区表故障故障现象。屏幕上出现"Invalid partition table"的提示。故障诊断:如果是安装了新硬盘的话,就重新分区、格式化。如果硬盘早些时候可以用,说明当前硬盘的分区表遭到了破坏,有可能是病毒造成的。如果硬盘上有重要数据,可以用 KV300 来恢复硬盘上的逻辑分区。如果硬盘上没有重要的数据,可以对硬盘重新分区、格式化,然后用杀毒软件检查病毒,特别是 CIH 病毒,它的拿手戏就是破坏硬盘数据。

(8)开机后系统文件丢失,Windows 无法启动。开机后系统提示"DISK BOOT FAILURE, INSERT SYSTEM DISK AND PRESS ENTER"。这是系统提示找不到启动分区硬盘或者硬盘上没有启动文件,插入启动盘后按回车键。这时首先要检查 BIOS 中的硬盘设置是否正确,如果还是不行,硬盘上的文件可能已经被破坏了,可以从 U 盘或者可启动的光盘启动计算机(注意要在 BIOS 设置启动顺序)。启动后检查硬盘上的文件,如果能找到硬盘,而且还可以查看其他的磁盘分区,则计算机只不过是因为 Windows 启动文件被破坏了。如果这时找不到硬盘,或者只能找到 C 盘,则硬盘分区表损坏了,可以使用 DOS 命令"FDISK/

MBR”来尝试修复硬盘主引导扇区。如果找到的硬盘上什么都没有,那么是硬盘上的文件分配表损坏了,这可能是病毒的缘故,可以使用数据恢复软件来恢复原来的文件。

(9)Windows 启动时死机。启动到“STARTING WINDOWS”时死机,这多半是因为 Windows 启动文件损坏,系统无法继续引导。最大的可能是内存条有错误,或者没有插紧。也可能是因为计算机已经持续工作了很长时间,或者是由于机箱内的灰尘太多,导致机箱内温度很高,计算机需要清理和休息。

(10)出现 Windows 屏幕时死机。案例:有位用户的板卡因为遭到雷击损坏,导致无法进入 Windows,故障表现就是启动到 Windows 出现蓝色桌面背景时死机(没有桌面图标),但是可以进入安全模式。Ghost 还原失败,重新安装操作系统失败。而实际上只需要去除掉损坏的板卡就可以了。当然这样的故障是无法预见的。作者最近也有这样的体验,Windows 启动到桌面就无法进行了,当时并没有进行什么操作,进入安全模式取消了最近安装的虚拟光驱 Daemon 自启动后,故障解决。

(11)启动后报错,自动重新启动。启动计算机后,无缘无故就重新启动,这种情况很少见,一般来说是内存条质量太差。

(12)启动后自动进入“安全模式”。这种情况是因为计算机上的硬件设置有错误或者安装了不匹配的驱动程序,一般来说可能是硬盘的 IDE 驱动程序没有正确安装,或者错误地设置了 DMA 属性,也有可能是安装的显示卡驱动程序有问题。可以在安全模式删除有问题的硬件,然后回到 Windows 中重新安装相应的正确驱动程序。

(13)系统提示注册表有错误,不能启动。Windows 注册表错误是很严重的错误,可以尝试在开机时进入纯 DOS 模式,在 C:WINDOWSCOMMAND 运行 DOS 命令“SCANREG. EXE”选择 START - VIEW BACKUPS,根据日期选择一个系统自动备份的注册表文件来尝试恢复注册表。一般来说注册表错误 80% 都是由于内存引起的,如果计算机频繁出现这样的错误,可以重新插拔内存条,或者换一个插槽试一试。

(14)启动蓝屏。这是 Windows 的严重错误,通常可以进入安全模式尝试修改驱动程序,或者重新从其他地方拷贝系统文件,否则只能重新安装操作系统。案例:有一位用户的计算机突然出现机器常常无故断电,敲几下机箱就会重新启动,有时一开始就无法启动系统的故障。分析:断电时显示器和机箱风扇都在运行,显然和电源无关,可以肯定是机箱内的部件接触不良。找到开机键和 RESET 键,检测后发现没有问题,直接短接后可以启动系统。开机后硬盘正常运转,那么出现故障的只可能是显示卡、芯片和主板。用替换法替换显示卡后故障依旧,所以断定是芯片接触不良,多次重新插拔芯片后,系统终于正常了。

判断问题、分析问题和解决问题是大家都应该遵循的原则。系统能不能通过自检是一个问题(系统自检是指系统在开机时检查系统部件完整性的过程,如果自检通过了就会“滴”的响一声),系统能不能进入操作系统是一个问题,而操作系统能不能正常工作又是一个问题。如果进操作系统都有困难,那么计算机里的资料要想保全下来也成问题。在开机时出现的故障通常都是由硬件引发的。一台计算机出现故障,首先要确认电源有没有问题,然后是机箱内的各个部件的接触问题,再后是开关,最后是用部件替换法来逐个检查硬件是否有问题。如果遭到病毒的侵袭,最重要的是首先保全硬盘上有用的资料(可以把硬盘拆下来,把硬盘接到其他计算机上,把资料保存到其他硬盘上去),如果计算机上没有什么重要的东西,格式化就可以解决问题。

参考文献

[1] 王冀鲁. 网络技术基础与 Internet 应用[M]. 北京:清华大学出版社,2009.
[2] 陈 强. Internet 应用教程[M]. 3 版. 北京:清华大学出版社,2008.
[3] 杨 莉. Internet 应用[M]. 北京:电子工业出版社,2009.
[4] 周 舸. Internet 技术与应用. 北京:人民邮电出版社,2008.
[5] 尚晓航. Internet 技术与应用[M]. 2 版. 北京:中国铁道出版社,2009.
[6] 吕新平. 大学计算机基础[M]. 3 版. 北京:人民邮电出版社,2009.
[7] 沈晓凡. 计算机应用基础[M]. 北京:中国铁道出版社,2009.
[8] 魏 亮. 计算机网络基础实用教程[M]. 北京:北京邮电大学出版社,2010.
[9] 龚 娟. 计算机网络基础[M]. 北京:人民邮电出版社,2008.